蒋杰◎编著

PHOTOSHOP CC 从入门到精通

中国铁道出版社有限公司
CHINA RAILWAY PUBLISHING HOUSE CO., LTD.

内容简介

本书是一本讲解Photoshop CC从入门到精通的学习工具书，全书共13章，主要包括Photoshop知识入门、常规处理操作、高级编辑技巧、自动化处理与动态技术以及综合实例5个部分。通过对本书的学习，不仅能让读者轻松掌握Photoshop CC软件的使用方法，更能满足平面设计、广告摄影、影像创意以及网页制作等工作的需要。

本书在讲解的过程中穿插了大量“拓展知识”版块，用于对相关知识进行提升或延展。此外，还增加了“案例精解”版块，让读者学会更多的进阶技巧，提高工作效率。

本书主要定位于希望快速入门学习Photoshop的初、中级用户，适合不同年龄段的平面设计、广告摄影、影像创意或网页制作等相关工作人员阅读使用。

图书在版编目（CIP）数据

Photoshop CC从入门到精通 / 蒋杰编著 .—北京：中国铁道出版社有限公司，2020.1

ISBN 978-7-113-26394-2

Ⅰ.①P… Ⅱ.①蒋… Ⅲ.①图象处理软件 Ⅳ.①TP391.413

中国版本图书馆CIP数据核字（2019）第244616号

书　　名：Photoshop CC从入门到精通
作　　者：蒋　杰

责任编辑：张亚慧　　**读者热线电话**：010-63560056
责任印制：赵星辰　　**封面设计**：宿　萌

出版发行：中国铁道出版社有限公司（100054，北京市西城区右安门西街8号）
印　　刷：中国铁道出版社印刷厂
版　　次：2020年1月第1版　2020年1月第1次印刷
开　　本：787 mm×1 092 mm　1/16　**印张**：20.5　**字数**：437千
书　　号：ISBN 978-7-113-26394-2
定　　价：79.00元

关于本书编写

在当前这个信息技术高速发展的时代，不管是生活还是工作，或多或少都会涉及图像的设计与制作。同时，人们对图像的质量与效果的要求也越来越高，图像编辑与处理已经成为大众必备的一项技能。

Photoshop是一款专业的图形图像处理软件，拥有强大的图片编辑能力，具有功能强大、兼容性好、插件众多以及界面人性化等特点，被广泛应用于平面设计、广告摄影、影像创意以及网页制作等领域。Photoshop CC 2019作为当前最新版本，新增了许多实用性很强的功能，能大幅提高用户工作效率。

不过，想要使用Photoshop进行图像的设计与制作并不是一件容易的事情。因此，我们特意编写了这本简单、实用的Photoshop工具书，通过简练的言语，贴合实际的案例，使用户能更轻松地掌握Photoshop的各项功能。

关于本书内容

本书共13章，从Photoshop知识入门、常规处理操作、高级编辑技巧、自动化处理与动态技术、综合实例5个方面向读者传递知识与技能，各部分的具体内容如下。

章节介绍	内容体系	作用
第1～2章	主要介绍Photoshop的基础知识和简单的图像处理方法，内容包括：Photoshop CC轻松入门，Photoshop中图像的处理基础。	通过本部分的学习，读者可以对Photoshop进行初步了解，掌握基础知识。
第3～6章	主要介绍图像的常规操作处理，内容包括：创建选区实现抠图，图层对象的创建与编辑，图像的润色与修饰，以及图像的色彩调整技术。	让读者掌握多种图像处理技巧，如选取、绘制、修饰以及调色等。

续表

章节介绍	内容体系	作用
第7～10章	主要介绍图像的高级编辑处理技巧，内容包括：蒙版和通道的应用，路径的绘制与编辑，文字设计的全方位解析，以及滤镜的特殊效果。	让读者通过掌握这些图像处理的高级技巧，制作出具有特效的图像。
第11～12章	主要介绍自动化处理与动态技术知识，内容包括：Web图形操作与自动化处理，动态图像处理与3D立体效果。	帮助读者实现高效图像处理，制作动态图像与立体图像。
第13章	该部分为综合案例，内容包括：人物图像后期精修，时尚纸质手提袋制作，创意平面广告设计。	让读者快速吸收与掌握相关知识，做到融会贯通。

关于本书特点

特点	特点说明
专题精讲	本书体系完善，由浅入深地全面讲解了Photoshop CC中的各项功能，其内容包括Photoshop CC轻松入门、Photoshop中图像的处理基础、创建选区实现抠图、图层对象的创建与编辑、图像的润色与修饰、图像的色彩调整技术、蒙版和通道的应用、路径的绘制与编辑、文字设计的全方位解析、滤镜的特殊效果、Web图形操作与自动化处理、动态图像处理与3D立体效果等。
知识丰富	在本书讲解的过程中安排了多个“拓展知识”版块，用于对相关知识的提升或延展。另外，在一些章节的最后还增加了“案例精解”版块，让读者学会更多的进阶技巧，以提高工作效率。
语言轻松	总体而言，本书语言简洁，重点突出，通俗易懂，让读者能充分享受阅读的过程。另外，所有内容均配图与操作指导，读者可以更容易对照学习。
资源赠送	本书超值附赠了Photoshop CC中的各种基本操作教学视频以及本书相关的案例精解和综合案例制作视频，读者可以在电脑上换一种方式轻松学习；也可以在手机上观看，随时随地学习，快速提高

关于本书读者

本书主要定位于希望快速入门学习Photoshop的初、中级用户，适合不同年龄段从事平面设计、广告摄影、影像创意以及网页制作等相关工作人员。此外，本书也适用于Photoshop完全自学者、各类社会培训学员使用，或作为各大、中专院校的教材使用。

由于编者经验有限，加之时间仓促，书中难免会有疏漏和不足，恳请专家和读者不吝赐教。

编　者

2019年10月

CONTENTS

目录

第1章 Photoshop CC轻松入门

1.1 初识Photoshop CC......2

1.1.1 Photoshop的应用领域......2

1.1.2 Photoshop CC新增功能......6

1.1.3 Photoshop CC软件界面简介......12

1.2 Photoshop CC的优化设置......15

1.2.1 使用预设的工作区......15

1.2.2 创建自定义工作区......15

1.2.3 自定义彩色菜单命令......17

1.2.4 自定义工具快捷键......18

1.3 图像的显示设置与编辑操作......19

1.3.1 在不同的屏幕模式下工作......19

1.3.2 在多个窗口中查看图像......21

1.3.3 用抓手工具移动画面......24

1.3.4 用旋转视图工具旋转画布......24

1.3.5 用缩放工具调整窗口比例......25

1.3.6 图像编辑的辅助操作......26

1.4 图像的打印与输出......29

1.4.1 设置打印基本选项......29

1.4.2 使用色彩管理进行打印......30

1.4.3 快速打印一份图像文件......32

第2章 Photoshop中图像的处理基础

2.1 数字图像的基础知识......34

2.1.1 位图与矢量图......34

2.1.2 像素与分辨率......36

2.1.3 Photoshop 支持的图像格式......37

2.2 图像文件的基本操作......39

2.2.1 新建与保存图像文件......39

2.2.2 打开与关闭图像文件......40

2.2.3 置入图像文件......41

2.2.4 导入/导出图像文件......43

2.2.5 图像的拷贝与粘贴操作......44

2.2.6 图像的变换与变形操作......45

2.3 调整图像与画布......48

2.3.1 调整图像尺寸与存储大小......49

2.3.2 裁剪图像大小......49

2.3.3 修改画布尺寸......50

2.3.4 旋转图像......51

2.4 撤销和还原图像操作......52

2.4.1 菜单撤销图像操作......52

2.4.2 面板撤销任意操作 53
2.4.3 利用快照还原图像 55
2.4.4 创建非线性历史记录 56

案例精解：通过置入功能将两幅图像进行合成......................56

第3章 创建选区实现抠图

3.1 制作选区常用技法 60

3.1.1 基本形状选择法 60
3.1.2 色调差异选择法 60
3.1.3 钢笔工具选择法 61
3.1.4 快速蒙版选择法 61
3.1.5 简单选区细化法 62
3.1.6 通道选择法 63

3.2 选区的基本操作 63

3.2.1 创建选区 63
3.2.2 全选与反选选区 67
3.2.3 取消选择与重新选择 69
3.2.4 移动选区 70
3.2.5 修改选区 71

3.3 选区的编辑操作 73

3.3.1 填充选区 74
3.3.2 描边选区 76
3.3.3 存储选区 77
3.3.4 载入选区 79

案例精解：抠出白云图像并将其合成到新图像中 79

第4章 图层对象的创建与编辑

4.1 图层的创建与基本编辑操作........82

4.1.1 创建不同类型的图层 82
4.1.2 选择图层 86
4.1.3 复制与删除图层 87
4.1.4 隐藏与锁定图层 89
4.1.5 图层的合并和层组 89
4.1.6 为图层设置名称与颜色 91
4.1.7 栅格化图层内容 92

4.2 应用图层样式效果 93

4.2.1 图层样式的应用方法 93
4.2.2 隐藏图层样式 97
4.2.3 复制与粘贴图层样式 98
4.2.4 移动图层样式 99
4.2.5 缩放图层样式 100
4.2.6 清除图层样式 101

4.3 使用“样式”面板 101

4.3.1 应用“样式”面板中的样式... 101
4.3.2 保存图层样式 102
4.3.3 删除“样式”面板中的样式... 103
4.3.4 将样式存储到样式库 104
4.3.5 载入样式库中的样式 105

4.4 图层的其他应用 106

4.4.1 创建填充图层 106
4.4.2 创建调整图层 107
4.4.3 将背景图层转换为普通图层... 108

案例精解：制作绚丽的彩条字 109

第5章 图像的润色与修饰

5.1 使用色彩进行创作......................112

5.1.1 设置前景色与背景色..............112
5.1.2 使用拾色器设置颜色..............113
5.1.3 使用吸管工具设置颜色..........114
5.1.4 使用“颜色”面板调整颜色...116
5.1.5 使用“色板”面板设置颜色...118

5.2 图像绘制工具.............................118

5.2.1 形状绘制工具组......................118
5.2.2 画笔工具组..............................122
5.2.3 历史画笔工具组......................126
5.2.4 渐变工具..................................130

5.3 图像修复工具.............................134

5.3.1 仿制图章工具..........................134
5.3.2 图案图章工具..........................135
5.3.3 橡皮擦工具..............................137
5.3.4 污点修复画笔工具..................139
5.3.5 修复画笔工具..........................140
5.3.6 修补工具..................................141

5.4 图像修饰工具.............................142

5.4.1 模糊工具..................................142
5.4.2 锐化工具..................................143
5.4.3 涂抹工具..................................144
5.4.4 减淡工具..................................145
5.4.5 加深工具..................................146

案例精解：将人物的头发调整为自己喜欢的颜色............147

第6章 图像的色彩调整技术

6.1 色彩调整的基础知识..................150

6.1.1 色彩的三要素..........................150
6.1.2 色彩的搭配..............................152
6.1.3 使用色系表..............................155

6.2 图像的颜色模式与转换.............157

6.2.1 灰度模式..................................157
6.2.2 位图模式..................................157
6.2.3 双色调模式..............................159
6.2.4 索引颜色模式..........................160
6.2.5 RGB颜色模式.........................161
6.2.6 CMYK颜色模式.......................161
6.2.7 Lab颜色模式...........................162
6.2.8 多通道颜色模式......................163

6.3 图像色彩的快速调整..................164

6.3.1 使用“自动色调”命令..........164
6.3.2 使用“自动对比度”命令.......164
6.3.3 使用“自动颜色”命令..........165

6.4 图像色彩的基本调整..................166

6.4.1 使用“亮度/对比度”命令......166
6.4.2 使用“色阶”命令.................167
6.4.3 使用“曲线”命令.................168
6.4.4 使用“曝光度”命令.............169

6.5 图像色彩的高级调整..................170

6.5.1 使用“自然饱和度”命令.......170
6.5.2 使用“色相/饱和度”命令......171
6.5.3 使用“色彩平衡”命令..........172
6.5.4 使用“黑白”和“去色”命令...173
6.5.5 使用“通道混合器”命令.......174
6.5.6 图像色彩的特殊调整..............174

案例精解：对偏色照片进行颜色调整...176

第7章 蒙版和通道的应用

7.1 蒙版的基本操作 180

7.1.1 蒙版的用途 180
7.1.2 蒙版的“属性”面板 181
7.1.3 使用快速蒙版 184
7.1.4 使用图层蒙版 185
7.1.5 使用矢量蒙版 188
7.1.6 使用剪贴蒙版 191

7.2 通道的基本操作 192

7.2.1 认识“通道”面板 192
7.2.2 通道的几种类型 193
7.2.3 选择、复制与删除通道 196
7.2.4 合并通道 198

案例精解：利用颜色通道修改图像色调 199

第8章 路径的绘制与编辑

8.1 了解路径和锚点 202

8.1.1 矢量工具创建的内容 202
8.1.2 认识路径和锚点 203

8.2 绘制路径 204

8.2.1 使用钢笔工具绘制 205
8.2.2 使用自由钢笔工具绘制 207

8.3 编辑锚点与路径 208

8.3.1 选择锚点和路径 208
8.3.2 添加与删除锚点 209
8.3.3 改变锚点类型 210
8.3.4 路径与选区相互转换 211
8.3.5 填充路径 212
8.3.6 描边路径 214

案例精解：通过描边路径制作精美图像 215

第9章 文字设计的全方位解析

9.1 创建不同形式的文字 218

9.1.1 文字工具的基础知识 218
9.1.2 创建点文字和段落文字 220
9.1.3 点文字与段落文字的转换 222

9.2 创建变形文字和路径文字 223

9.2.1 创建变形文字 223
9.2.2 文字变形的重置和取消 224
9.2.3 创建路径文字 225

9.3 格式化字符和段落 226

9.3.1 认识“字符”面板 226
9.3.2 认识“段落”面板 227
9.3.3 创建段落样式 228

9.4 编辑文字的操作 229

9.4.1 将段落文字转换为形状 229
9.4.2 栅格化文字图层 229
9.4.3 文字的拼写检查 230

案例精解：为菜单价格设置特殊的字体样式 231

第10章 滤镜的特殊效果

10.1 认识滤镜......234

10.1.1 滤镜的作用和分类......234
10.1.2 “滤镜”下拉菜单的分类......236

10.2 特殊滤镜......237

10.2.1 滤镜库......237
10.2.2 “自适应广角”滤镜......237
10.2.3 Camera Raw滤镜......238
10.2.4 “镜头校正”滤镜......239
10.2.5 “液化”滤镜......239
10.2.6 “消失点”滤镜......240

10.3 滤镜组滤镜......241

10.3.1 “风格化”滤镜组......242
10.3.2 “模糊”滤镜组......242
10.3.3 “模糊画廊”滤镜组......243
10.3.4 “扭曲”滤镜组......243
10.3.5 “锐化”滤镜组......244
10.3.6 “视频”滤镜组......244
10.3.7 “像素化”滤镜组......245
10.3.8 “渲染”滤镜组......245
10.3.9 “杂色”滤镜组......246
10.3.10 “其他”滤镜组......246

10.4 外挂滤镜......247

10.4.1 安装外挂滤镜......247
10.4.2 常见的外挂滤镜......248

案例精解：使用滤镜制作网点图像......250

第11章 Web图形操作与自动化处理

11.1 创建与编辑切片......254

11.1.1 创建和删除切片......254
11.1.2 选择、移动和调整切片......255
11.1.3 组合与锁定切片......256
11.1.4 转换为用户切片......257

11.2 Web图形输出......258

11.2.1 优化图像......258
11.2.2 Web图形输出设置......260

11.3 文件的自动化操作......261

11.3.1 认识“动作”面板......262
11.3.2 播放动作......263
11.3.3 录制动作......263
11.3.4 在动作中插入命令......265
11.3.5 在动作中插入菜单项目......265

11.4 自动化处理大量文件......266

11.4.1 批处理图像文件......267
11.4.2 创建快捷批处理......268

案例精解：录制用于处理照片的动作...269

第12章 动态图像处理与3D立体效果

12.1 视频文件的基本操作......272

12.1.1 创建视频文件与视频图层......272
12.1.2 打开与导入视频......273
12.1.3 校正视频中像素的长宽......274

12.2 创建与编辑时间轴动画............275

12.2.1 认识视频的"时间轴"面板...275

12.2.2 获取视频中的静帧图像........276

12.2.3 指定时间轴帧速率................277

12.2.4 解释视频素材.......................278

12.2.5 替换视频素材.......................279

12.3 创建与编辑帧动画...................279

12.3.1 认识动画的"时间轴"面板...280

12.3.2 创建帧动画...........................280

12.3.3 保存帧动画...........................283

12.4 创建3D对象.............................284

12.4.1 创建3D明信片......................284

12.4.2 创建3D模型..........................285

12.4.3 创建3D形状..........................285

12.4.4 创建深度映射3D网格...........286

12.5 调整3D对象.............................286

12.5.1 设置3D对象的模式...............286

12.5.2 设置3D对象的材质...............288

12.5.3 设置3D对象的场景...............288

12.6 渲染与输出3D文件..................289

12.6.1 渲染3D模型..........................289

12.6.2 存储3D文件..........................291

12.6.3 导出3D图层..........................292

第13章 综合实战案例应用

13.1 人物图像后期精修...................294

13.1.1 面部皮肤瑕疵处理................294

13.1.2 消除眼部的眼袋....................296

13.1.3 调整皮肤的肤色....................297

13.1.4 修正唇部的色彩....................298

13.1.5 增强脸部的立体感................300

13.1.6 加深眉毛的颜色....................302

13.1.7 调整图像的色调....................302

13.2 时尚纸质手提袋制作...............304

13.2.1 制作纸质手提袋的背景........304

13.2.2 制作纸质手提袋的正面........307

13.2.3 制作纸质手提袋的侧面........309

13.2.4 设计纸质手提袋效果图........309

13.3 创意平面广告设计...................312

13.3.1 处理广告背景.......................313

13.3.2 抠取与修饰主体对象............314

13.3.3 文字添加与色调调整............316

第1章

01

Photoshop CC轻松入门

学习目标

Photoshop CC作为一款专业的图形图像处理软件，是一个优秀设计师必备的工具之一。多数人对于Photoshop CC的了解仅限于“一个很好的图像编辑软件”，并不知道它的强大功能。用户若想要利用Photoshop CC进行高效的图形图像处理，首先需要全面了解Photoshop CC的基础知识，从而轻松入门。

知识要点

- 初识Photoshop CC
- Photoshop CC的优化设置
- 图像的显示设置与编辑操作
- 图像的打印与输出

效果预览

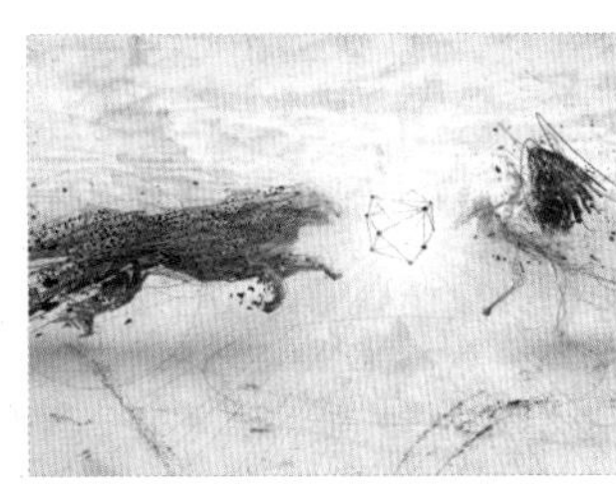

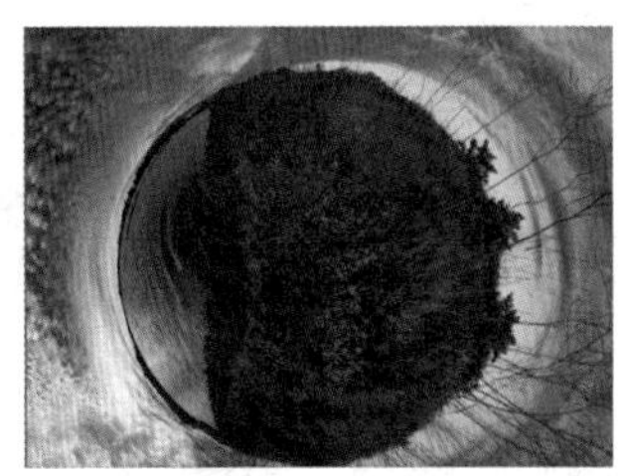

1.1 初识Photoshop CC

Adobe Photoshop（简称“PS”）是由Adobe Systems开发和发行的图像处理软件，主要处理以像素所构成的数字图像，可以高效地进行图片编辑工作。截至2019年1月，Adobe Photoshop CC 2019为市场最新版本。

1.1.1 Photoshop的应用领域

目前，Photoshop可以说是市场中最优秀的图像处理软件之一，不仅拥有强大的图像处理功能，而且应用范围也非常广泛，如平面设计、广告摄影、视觉创意、艺术文字、网页设计以及建筑效果图后期修饰等。

1.在平面设计中的应用

平面设计是Photoshop应用最为广泛的领域之一，如图书封面、招贴与海报等，而Photoshop强大的绘画功能为设计师提供了更广阔的创作空间，使他们可以随心所欲地对作品进行编辑与处理，从而创作出极具想象力的作品，如图1-1所示。

图1-1

2.在广告摄影中的应用

在广告摄影工作中，对视觉要求非常严格，需要使用最简洁的图像和文字给观看者以最强烈的视觉冲击。此时可以通过Photoshop对图像进行艺术处理，然后使其获得最好的效果，如图1-2所示。

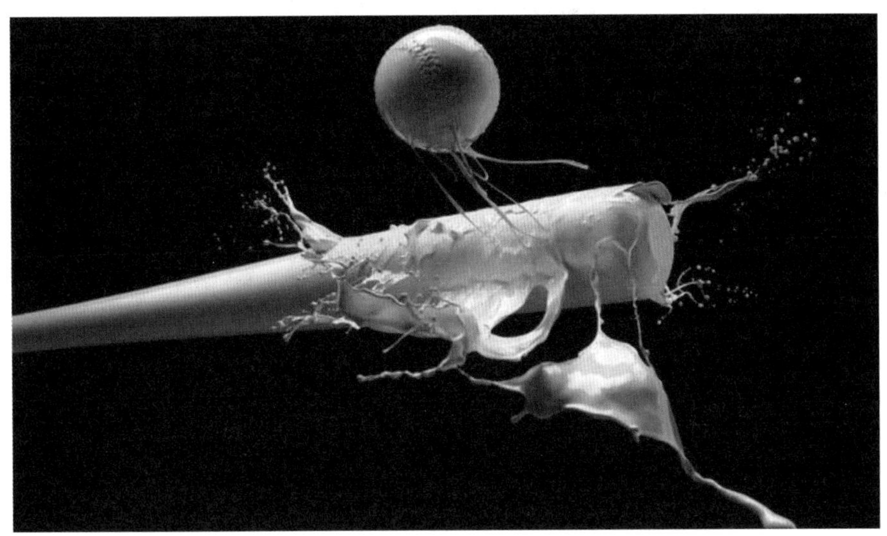

图1-2

3.在视觉创意中的应用

Photoshop最擅长的应用就是视觉创意，通过Photoshop的艺术处理可以将没有关联的多个图像组合在一起。用户也可以发挥想象自行设计富有创意的作品，从而利用色彩效果在视觉上表现全新的创意，如图1-3所示。

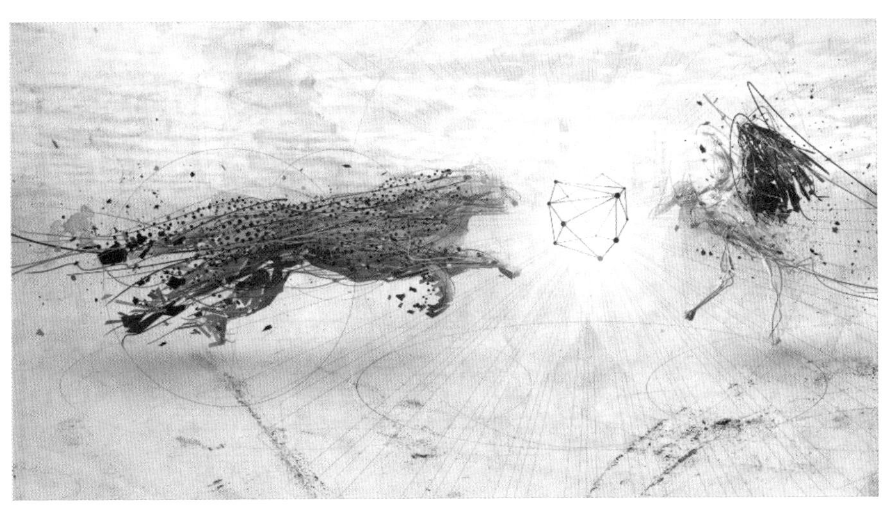

图1-3

4.在艺术文字中的应用

普通的文字通过Photoshop处理后可以发生各种各样的变化，并且这些经过艺术化处理后的文字变得精美绝伦，可以直接为图像增加艺术效果，如图1-4所示。

图1-4

5.在网页设计中的应用

目前，随着互联网的不断发展，学习和掌握Photoshop的用户也越来越多，这是因为Photoshop是制作网页时必不可少的网页图像处理软件，所以Photoshop的作用也越来越强大， 如图1-5所示。

图1-5

6.在数码照片处理中的应用

由于Photoshop可以对各种数码照片进行合成、修复和上色等（如为数码照片中的人物更换发型、去除斑点、偏色校正和更换背景等），所以Photoshop也是婚纱影楼设计师的得力助手，如图1-6所示。

图1-6

7.在建筑效果图后期修饰中的应用

在制作建筑效果图时，经常需要制作许多三维场景、人物以及背景等，这时就可以通过Photoshop来增加并调整颜色效果，如图1-7所示。

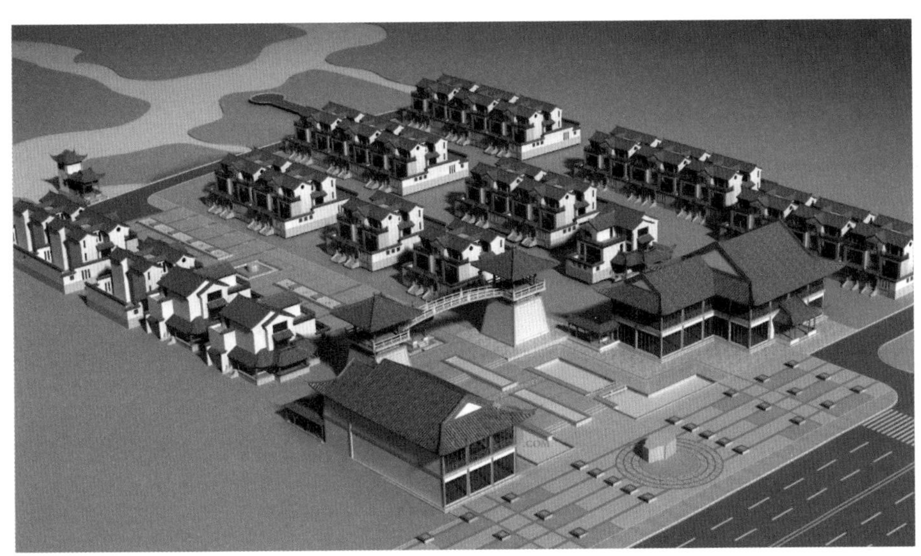

图1-7

8.在动画与CG设计中的应用

Maya和3d Max等三维动画渲染和制作软件在制作贴图时，为了达到更好的效果，常需要借助Photoshop来制作模型贴图。使用Photoshop制作场景和人物皮肤贴图不仅可以获得更加逼真的效果，还能快速为动画与CG设计进行渲染，如图1-8所示。

图1-8

1.1.2

Photoshop CC新增功能

Photoshop图像处理软件因为强大的功能而受到众多用户的喜爱，所以其版本升级也就成为人们重点关注的对象，下面就来体验一下Photoshop CC 2019的新功能。

1.“主页”屏幕的改进

从Photoshop CC 2018开始就增设了通过“主页”屏幕快速开始使用功能，不过这在极大程度上不符合一直使用之前版本用户的习惯，很多用户也就不太喜欢这个“主页”屏幕的出现，反而觉得有些碍手碍脚，但又不知道去哪里关闭这个功能，从而对图像编辑与处理造成了不少困扰。

而Photoshop CC 2019意识到了这个问题，但是并没有取消“主页”屏幕，而是按【Esc】键可以暂时收起“主页”屏幕。如果用户不想其总跳出来干扰自己，则可以在“首选项”窗口中进行设置。

另外，Photoshop CC 2019的“主页”屏幕还加入了“学习”功能，便于用户直观了解新功能和访问学习内容，并直接跳转到打开的文档，这对新学习Photoshop的用户非常有帮助，如图1-9所示。

图1-9

2.重新构思“内容识别填充”功能

在以前的Photoshop版本中，也有内容识别填充的功能，不过识别所需要采样的区域不能自定义，这就导致部分填充无法达到用户想要的效果。而Photoshop CC 2019版本中的专用“内容识别填充”工作区，可以为用户提供交互式编辑体验，进而让用户获得无缝的填充结果。借助 Adobe Sensei 智能技术，用户可以选择要使用的源像素，并且可以旋转、缩放和镜像源像素。同时还可以获取有关变更的实时全分辨率预览效果以及一个可将变更结果保存到新图层的选项。

简而言之，Photoshop CC 2019把“内容识别填充”功能单独列了出来，用户可以在菜单栏中单击“编辑”菜单项，选择“内容识别填充”命令，然后就能自定义要识别的区域，如图1-10所示的半透明绿色区域就是采样的区域，我们可以把其他区域抹掉，从而使得到的效果更加符合真实环境。

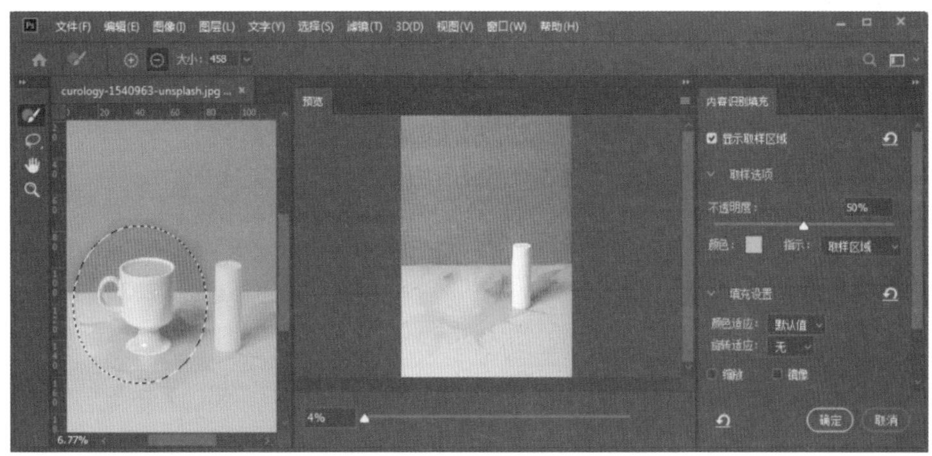

图1-10

3.可轻松实现蒙版功能的图框工具

使用过Adobe InDesign的用户可能对图框工具比较熟悉，Adobe这次把该工具整合到了Photoshop中。图框工具的增加对设计制作版面的工作者而言无疑是个好消息，它将形状或文本转变为图框，可用作占位符或向其中填充图像，如图1-11所示。如果想要替换图像，只需将另一幅图像拖放到图框中，图像会自动缩放以适应大小需求。

使用以前版本的Photoshop进行排版时，会根据需要对置入版面的图像进行裁剪，为了不破坏原图通常会使用蒙版去遮挡不需要的部分，这样修改起来也方便。不过，有了图框工具就更加方便了，只需要先在空白版面上建立好形状不同的画框，再把图像依次拖到画框上，图像便会自动嵌入，还可随意变换大小和移动画面，使之达到最佳效果，如图1-11所示。

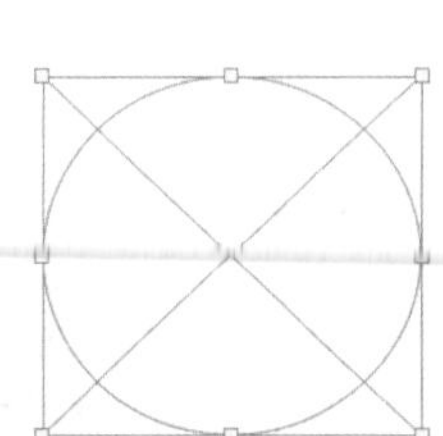

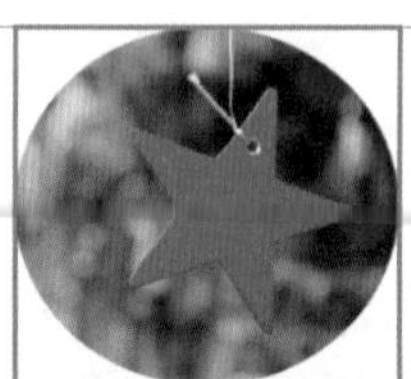

图1−11

若想要将输入的文字也嵌入到画面中，则可以在“图层”面板的文字图层上单击鼠标右键，在弹出的快捷菜单中选择“转换为图框”命令，即可将文字转换为画框。

4.多步撤销只需要按【Ctrl + Z】组合键

在Photoshop CC 2019中，用户可以使用【Ctrl+Z】组合键还原多个步骤（原来需要按【Ctrl+Alt+Z】组合键），就像在Office应用程序中一样。默认情况下，系统会启用这种还原多个步骤的模式。

5.文字输入的自动提交

用户在输入文字时，不管是在画布上单击或在工具箱中双击“文字工具”选项，系统都会自动放置示例文字 “Lorem Ipsum”的文本模式，并处于块定义的状态下，方便随时替换需要的文字。

与之前版本不同的是，不需要在工具选项栏中单击“确认”按钮进行确定，或者设置【Esc】键来提交文本，新增的自动提交功能只需要将鼠标移至任意空白处单击鼠标左键即可，如图1-12所示。

图1-12

6.实时混合模式预览

在Photoshop CC 2019中，用户可以滚动查看各个混合模式选项，以了解它们在图像上的实际效果。当用户在“图层”面板和“图层样式”对话框中滚动查看不同的混合模式选项时，Photoshop将在画布上显示混合模式的实时预览效果，如图1-13所示。

图1-13

7.对称模式

在Photoshop CC 2019中，可以绘制完全对称的图案和曲线。使用画笔、混合器画笔、铅笔或橡皮擦工具时，单击“选项”栏中的蝴蝶图标（“设置绘画的对称选项”按钮），即可从可用的对称类型中选择，如垂直、水平、双轴、对角、波纹、圆形、螺旋线、平行线，径向和曼陀罗。在绘制过程时，描边将在对称线上实时反映出来，让用户能够轻松创建复杂的对称图案，如图1-14所示。

图1-14

8.使用色轮选取颜色

将色谱直观显示为“色轮”，可以轻松选择出对比色和互补色，因为色轮实现了色谱的可视化图表，明确描述出色彩的关系，让用户能够轻松地选取出需要的颜色，如图1-15所示。

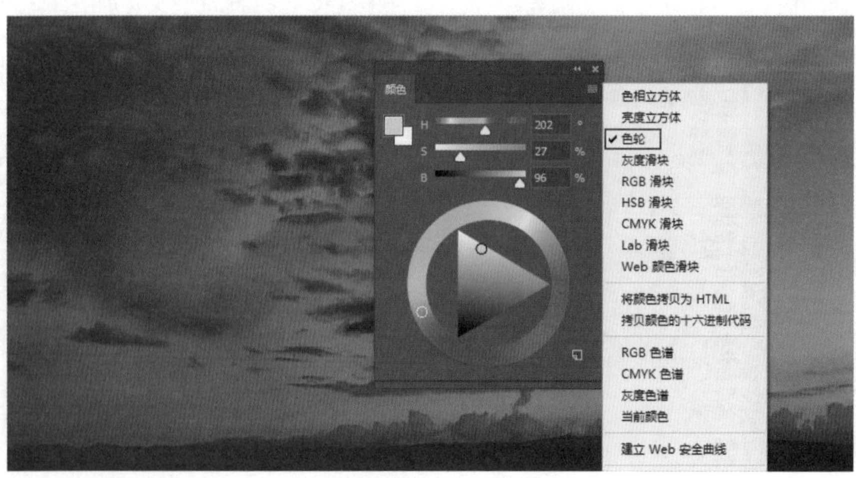

图1-15

9.分布间距

通常情况下，用户会选择移动工具来进行排版。但在排版中有多个图形散落版面时，通过单击“工具选项”栏中的“对齐”或“分布”按钮，可以快速进行对齐和分布统一编队，但在对象众多的情况下，间距的控制不尽如人意。

此时，可以通过新增的“分布间距”功能来解决，只要定好头尾的位置，选择需要重整编队所有对象的图层，除了正常的“对齐”与“分布”功能，加上“分布间距”功能就能做到整齐划一，如图1-16所示。

图1–16

10.缩放 UI 大小的首选项

用户可以在缩放Photoshop UI时获得更多的控制权，并且可以独立于其他的应用程序。对 Photoshop UI 单独进行调整，以获得恰到好处的字体大小，如图1-17所示。

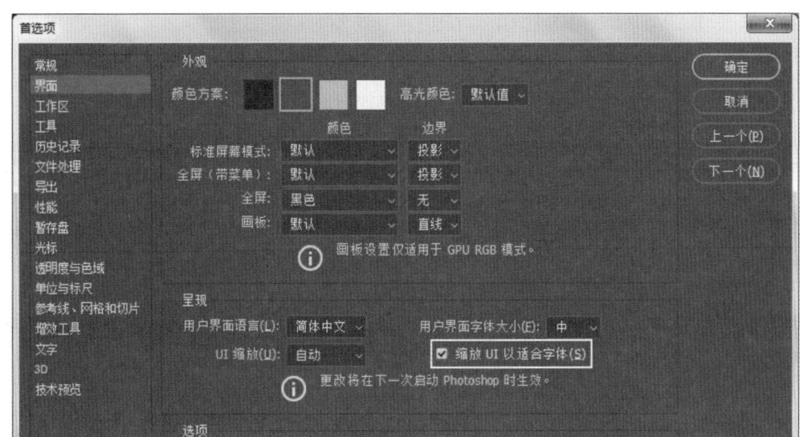

图1–17

1.1.3

Photoshop CC软件界面简介

在使用Photoshop CC 2019处理与编辑图像之前，首先需要认识其工作界面的几大组成部分。Photoshop CC 2019的工作界面简单而实用，使用户可以获得更加高效的图像处理与编辑体验。其中，Photoshop CC 2019的工作界面主要包括如图1-18所示的几大部分，下面分别进行介绍。

图1-18

● 菜单栏 菜单栏位于Photoshop工作界面的最上方，包括文件、编辑、图像、图层、文字、选择、滤镜、3D、视图、窗口和帮助菜单项，而每个菜单项中又包含多个可以执行的命令，单击目标菜单项即可打开相应的菜单，如图1-19所示。

图1-19

● 标题栏 标题栏中显示了文档的相关信息，如文档名称、文件格式、窗口缩放比例和颜色模式等。如果文档中包含多个图层，则标题栏中还会显示当前工作图层的名称，如图1-20所示。

图1-20

● 工具栏（箱） 通常情况下，工具栏位于工作界面的左侧，用户可以根据自己的习惯将其拖动到其他位置。同时，利用工具栏中提供的工具可以进行选择、绘画、取样、编辑、移动、注释和查看图像等操作，还可以更改前景色和背景色，并进行图像的快速蒙版等操作，如图1-21所示。

图1-21

● 工具选项栏 工具选项栏简称选项栏，默认情况下位于菜单栏的下方，用户可以

通过拖动手柄去移动选项栏。选项栏的参数不是固定的，会随着所选工具的不同而改变，如图1-22所示。

图1-22

● 面板 通常情况下，面板是以组的方式出现的，这也是Adobe系列软件常用的一种面板排列方法，以前被称为浮动面板，因为它们可以移动，从最近几个版本开始，才将这些面板默认设置靠在工作界面的右侧，如图1-23所示。

图1-23

● 状态栏 状态栏位于Photoshop工作界面的底部，主要用来缩放和显示当前图像的各种参数信息，以及当前所用的工具信息。如果单击图像信息区后的小三角，在弹出的快捷菜单中还可以选择任意选项查看图像的其他信息。

● 文档窗口 在Photoshop中打开或创建图像文件时，系统就会创建一个文档窗口。其中，文档窗口位于工作界面的中间位置，是显示和编辑图像的区域。如果需要同时对多张图像进行编辑，则可以通过平铺、在窗口中浮动或将所有内容合并到选项卡中的方式实现。

1.2 Photoshop CC的优化设置

在Photoshop CC中，默认对某些显示位置与内容进行设置，为了提高工作效率，用户可以根据自己的使用习惯，对Photoshop CC的工作界面进行优化设置。

1.2.1 使用预设的工作区

为了帮助用户在处理与编辑图像时简化某些操作，Photoshop系统专门内置了几种预设的工作区，如绘画、摄影以及排版规则等。用户可以直接应用这些内置的工作区，其具体操作如下。

在“桌面”左下角单击“开始”按钮，选择“所有程序”命令进入到应用程序菜单列表中，然后选择“Adobe Photoshop CC 2019”命令启动Photoshop CC应用程序。此时，就会进入到Photoshop CC的开始界面中，单击“窗口”菜单项，选择“工作区”命令，在其子菜单中可以查看到多个预设的工作区选项，如这里选择“摄影”命令即可快速使用预设的摄影工作区，如图1-24所示。

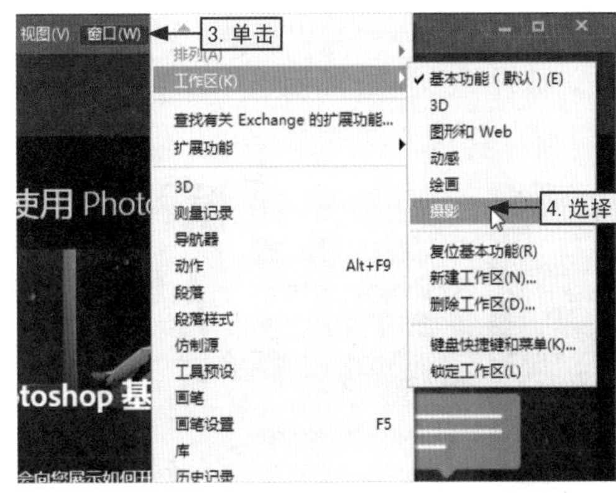

图1-24

1.2.2 创建自定义工作区

由于Photoshop具有非常大的用户群体，而每个用户使用Photoshop的用途也不同，经常使用到的工具也不同。此时，用户就可以根据自己的实际需要对工作区进行自定义，其具体操作如下。

知识实操

步骤01 进入Photoshop的工作界面中，在菜单栏中单击“窗口”菜单项，选择需要使用的面板命令，如这里选择“导航器”命令，如图1-25所示。

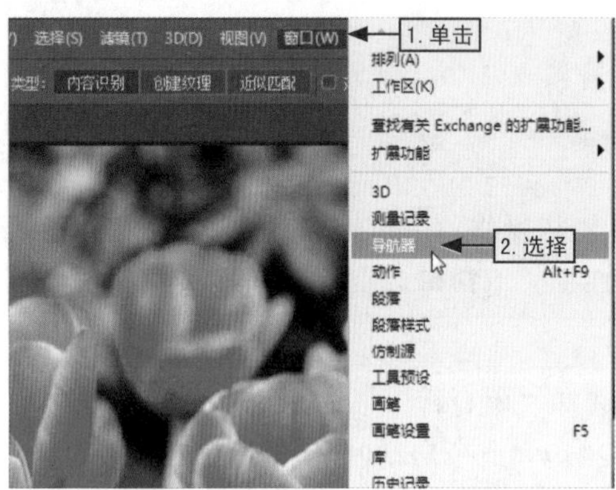

图1-25

步骤02 此时，可以在面板区域中显示“导航器”面板。然后在不需要使用的面板上单击鼠标右键，选择“关闭”命令关闭该面板，如图1-26所示。

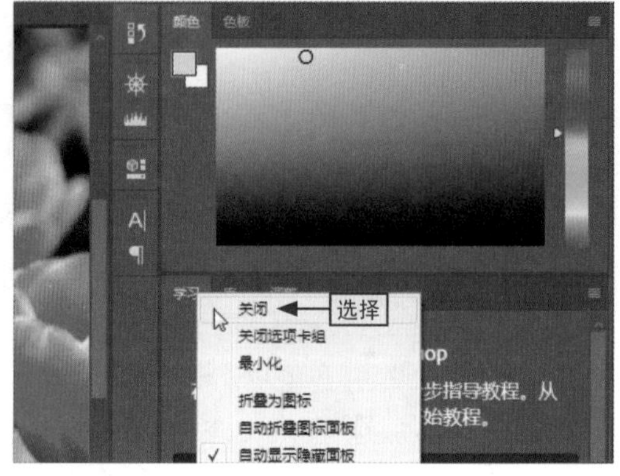

图1-26

步骤03 以相同的方法打开与关闭其他面板，然后在菜单栏中单击“窗口”菜单项，选择“工作区/新建工作区”命令，如图1-27所示。

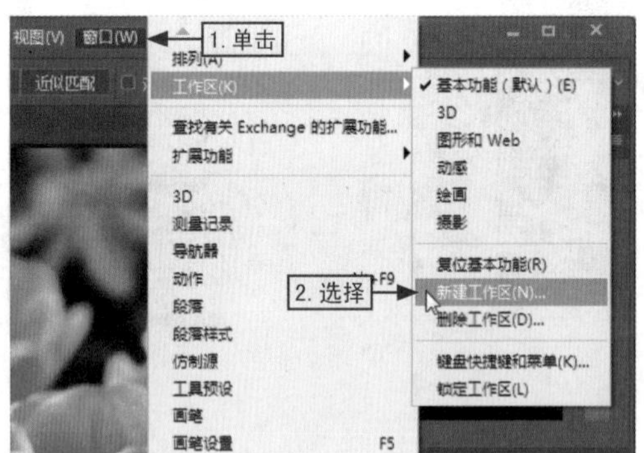

图1-27

步骤04 在打开的“新建工作区”对话框中的“名称”文本框中输入新建工作区的名称，然后单击“存储”按钮即可完成操作，如图1-28所示。

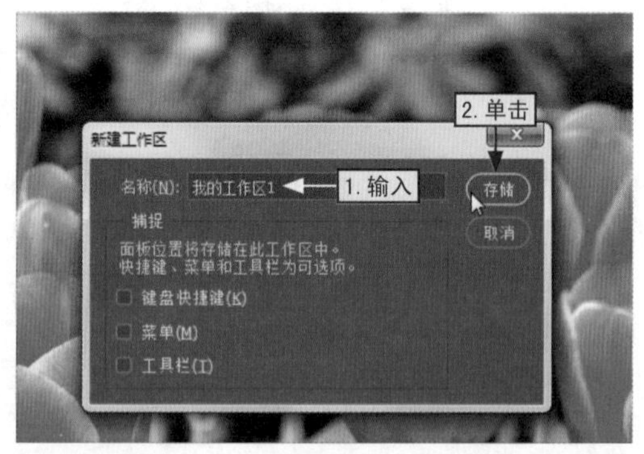

图1-28

步骤05 工作区创建好后，默认会应用该自定义工作区。若其他时候需要调用该工作区，只需要在菜单栏中单击“窗口”菜单项，选择“工作区”命令，在其子菜单中选择该工作区即可，如图1-29所示。

图1-29

拓展知识 | 删除自定义工作区

对于不需要使用的自定义工作区，为了避免其占用系统内存，用户可以手动将其删除（要确保被删除的自定义工作区当前没有被应用），其具体操作是：在菜单栏中单击"窗口"菜单项，选择"工作区/删除工作区"命令。打开"删除工作区"对话框，在"工作区"下拉列表框中选择需要删除的自定义工作区选项，然后单击"删除"按钮即可完成操作，如图1-30所示。

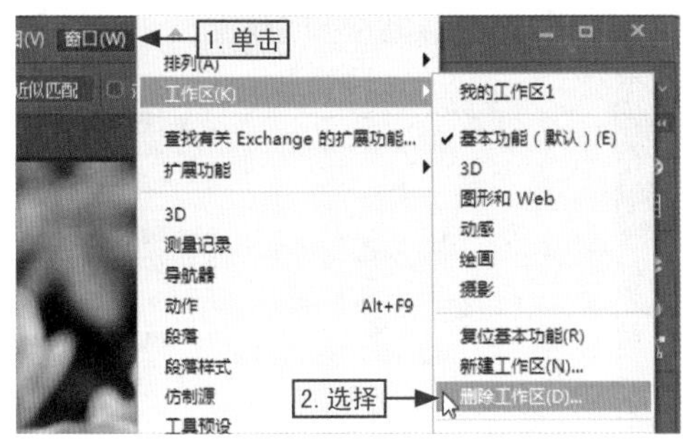

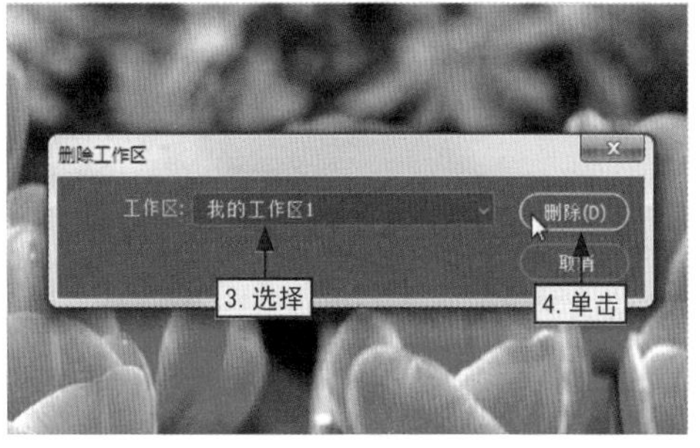

图1-30

1.2.3 自定义彩色菜单命令

对于经常使用的命令，用户可以将其设置为彩色，这样就能在使用时对其进行快速调用，从而提高图像的处理与编辑效率，其具体操作如下。

知识实操

步骤01 在菜单栏中单击"编辑"菜单项，在打开的列表中选择"菜单"命令，如图1-31所示。

步骤02 在打开的"键盘快捷键和菜单"对话框中展开"选择"目录，在其列表中选择"反选"选项，如图1-32所示。

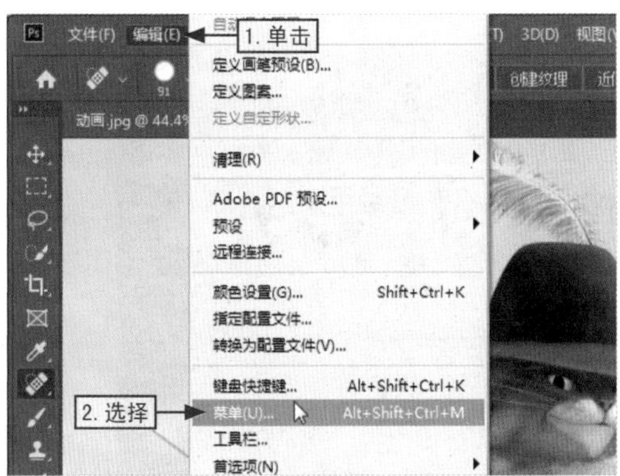

图1-31

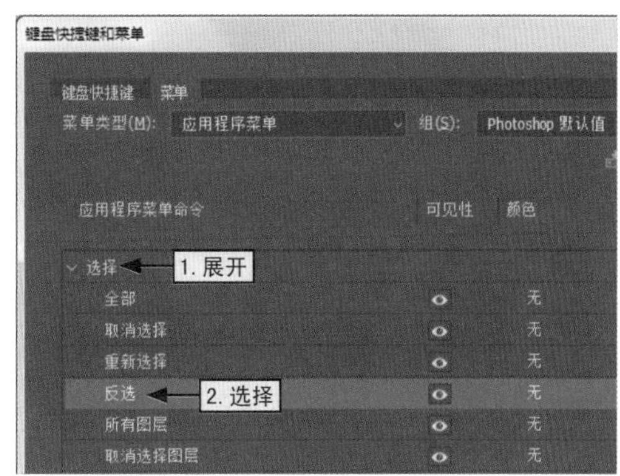

图1-32

步骤03 在选项右侧的“颜色”栏下单击对应的“无”下拉列表框，在打开的下拉列表中选择“红色”选项，然后单击“确定”按钮，如图1–33所示。

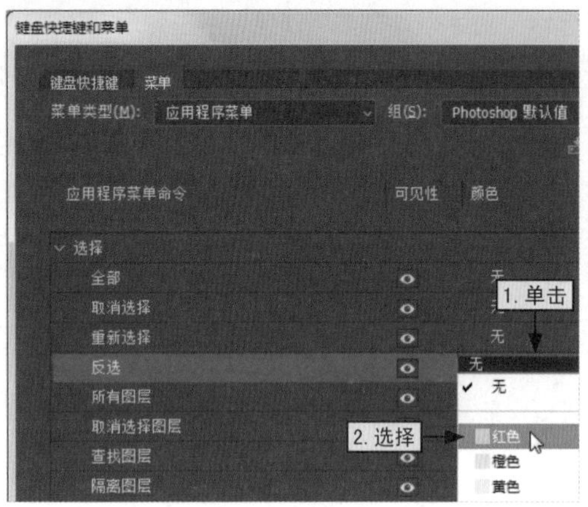

图1–33

步骤04 返回到工作界面中，在菜单栏中单击“选择”菜单项，在打开的列表中即可查看到“反选”命令被红色底纹突出显示，如图1–34所示。

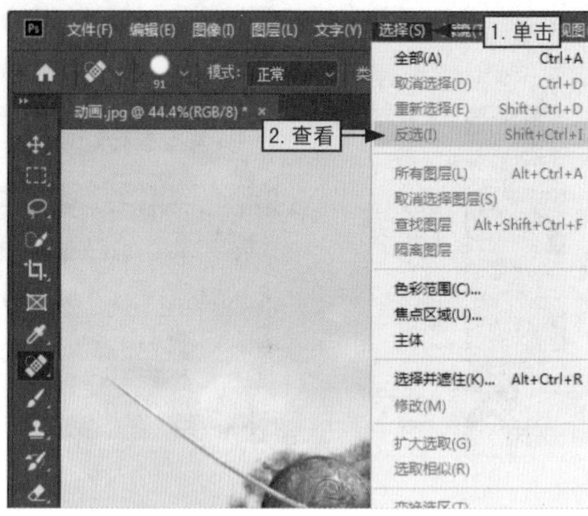

图1–34

1.2.4

自定义工具快捷键

对于经常使用的某些Photoshop工具，用户可以为其自定义快捷键，这样就能通过快捷键快速启动需要的工具，其具体操作如下。

通过“菜单”命令打开“键盘快捷键和菜单”对话框，单击“键盘快捷键”选项卡，在“快捷键用于”下拉列表框中选择“工具”选项，在“工具面板命令”栏中选择“单行选框工具”选项，在其后的文本框中输入快捷键，单击“接受”按钮，然后单击“确定”按钮即可，如图1-35所示。

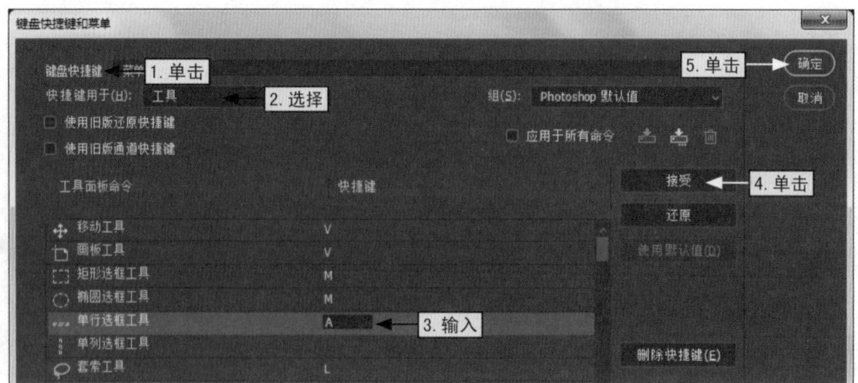

图1–35

1.3 图像的显示设置与编辑操作

用户在编辑与处理图像时，经常需要放大或缩小文档窗口的显示比例、移动画面的显示位置等，从而更好地查看或处理文档窗口中的图像。在Photoshop中，内置了许多调整文档窗口的命令和工具，其具体介绍如下。

1.3.1 在不同的屏幕模式下工作

在Photoshop CC中，内置了3种显示图像的屏幕模式，分别是标准屏幕模式、带有菜单栏的全屏模式和全屏模式，通过工具箱中的更改屏幕模式功能即可实现各屏幕模式间的自由切换。

1.标准屏幕模式

默认情况下，Photoshop的屏幕模式为标准屏幕模式，该模式中会显示菜单栏、标题栏、滚动条以及其他屏幕元素内容，如图1-36所示。

图1-36

2.带有菜单栏的全屏模式

带有菜单栏的全屏模式会显示出全屏窗口，包含有菜单栏、工具箱和50%的灰色背景，而没有标题栏、滚动条以及其他屏幕元素，如图1-37所示。

图1-37

3.全屏模式

简而言之，全屏模式就是进行全屏显示，只有黑色的背景，没有菜单栏、标题栏、滚动条以及其他屏幕元素，如图1-38所示。

图1-38

1.3.2 在多个窗口中查看图像

Photoshop中的图像文件是以各自独立的文档窗口进行显示的，如果同时打开多个图像文件，则会同时打开多个文档窗口。为了便于对图像进行查看，用户可以选择适合自己的文档窗口排列方式。此时，需要在菜单栏中单击“窗口”菜单项，选择“排列”命令，即可在其子菜单中选择需要的文档窗口排列方式，如图1-39所示。

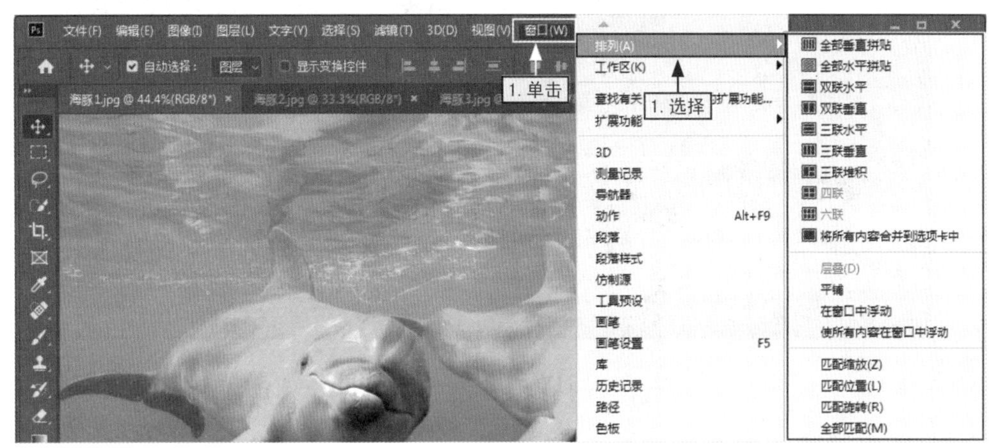

图1-39

1.层叠

层叠显示方式是指从屏幕的左上角到右下角以堆叠和层叠方式显示未停靠的窗口，只有浮动式窗口才能使用“层叠”命令，其效果如图1-40所示。

图1-40

2.平铺

平铺是以边靠边的方式显示窗口，关闭一个文档窗口时，其他窗口也会自动调整大小，以填满空缺处，其效果如图1-41所示。

图1-41

3.在窗口中浮动

在窗口中浮动是指用户可以让当前窗口自由浮动，只需要拖动标题栏即可移动文档窗口，其效果如图1-42所示。

图1-42

4.将所有内容合并到选项卡中

将所有内容合并到选项卡中的操作可以让所有内容被合并到选项卡中，并全屏显示其中的一个图像，然后将其他图像隐藏在选项卡中，其效果如图1-43所示。

图1-43

5.图像文件的其他排列方式

除了上述介绍的几种常见的排列方式外，Photoshop中还有其他几种排列方式，其具体介绍如下。

● 使所有内容在窗口中浮动 该操作可以将所有文档窗口变为浮动窗口，文档窗口将以类似层叠的形式重新排列。

● 匹配缩放 该操作可以将所有窗口都匹配到与当前窗口相同的缩放比例，如当前窗口的缩放比例为100%，另外一个窗口的缩放比例为50%，在选择“窗口/排列/匹配缩放”命令后，该窗口的显示比例将被会调整为100%。

● 匹配位置 该操作可以将所有窗口中图像的显示位置都匹配到与当前窗口相同，如当前窗口中的图像位置显示为偏右侧，在选择“窗口/排列/匹配位置”命令后，其他窗口中图像的位置也将显示偏右侧。

● 匹配旋转 该操作可以将所有窗口中画布的旋转角度都匹配到与当前窗口相同，如当前窗口中图像的画布旋转了120°，选择“窗口/排列/匹配旋转”命令后，其他窗口中图像的画布也将旋转120°。

● 全部匹配 该操作可以将所有窗口中的缩放比例、图像显示位置以及画布旋转角度与当前窗口匹配。

● 为（文件名）新建窗口 该操作可以为当前文档创建一个新的文档窗口，这与复制窗口不同，新建的文档窗口与原文档窗口在名称和其他方面完全相同。

● 排列多个文档 在打开多个文档窗口后，可以选择“窗口/排列”下拉菜单中的多个排列命令。例如，全部垂直拼贴、全部水平拼贴、双联水平、双联垂直、三联水平、三联垂直、三联堆积、四联或六联等。

1.3.3

用抓手工具移动画面

当图像尺寸过大或者因为放大了文档窗口的显示比例，而导致图像在文档窗口中无法完全显示出来时，用户可以使用抓手工具移动画面，从而对图像的不同区域进行详细查看，其具体操作如下。

在工具箱中单击“抓手工具”按钮，然后将鼠标光标移动到图像上。此时，鼠标光标变成✋状，按住鼠标左键并拖动鼠标，即可将需要查看的部分显示在文档窗口的合适位置，如图1-44所示。

图1-44

拓展知识 | 使用抓手工具缩放窗口

用户使用抓手工具除了可以移动画面位置外，还可以对窗口比例进行调整。在选择抓手工具后，将鼠标光标移动到文档窗口中，按住【Alt】键后单击鼠标即可缩小窗口，按住【Ctrl】键后单击鼠标即可放大窗口。

1.3.4

用旋转视图工具旋转画布

在Photoshop中对图像进行编辑与处理时，为了便于操作，用户可以使用旋转视图工具将画布旋转到合适的角度，其具体操作如下。

在工具箱的抓手工具上单击鼠标右键，选择“旋转视图工具”选项，将鼠标光标移动到图像上并按住鼠标左键（此时会出现一个罗盘，红色的指针指向北方），然后拖动鼠标即可调整画布角度，如图1-45所示。

图1-45

1.3.5

用缩放工具调整窗口比例

如果文档窗口中的图像大小不合适，或者需要对具体区域进行查看与编辑，则可以使用缩放工具快速调整文档窗口的比例，以便对图像进行操作，其具体操作如下。

在工具箱中单击“缩放工具”按钮，然后将鼠标光标移动到图像上。此时，鼠标光标变成🔍状，单击鼠标即可放大文档窗口的显示比例（持续单击鼠标则会持续放大显示比例），如图1-46所示。

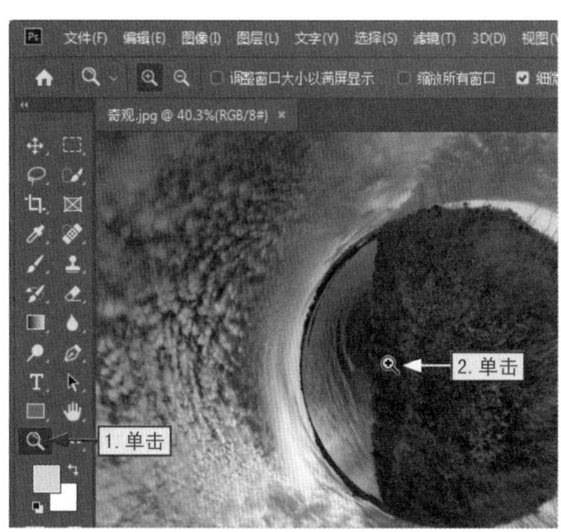

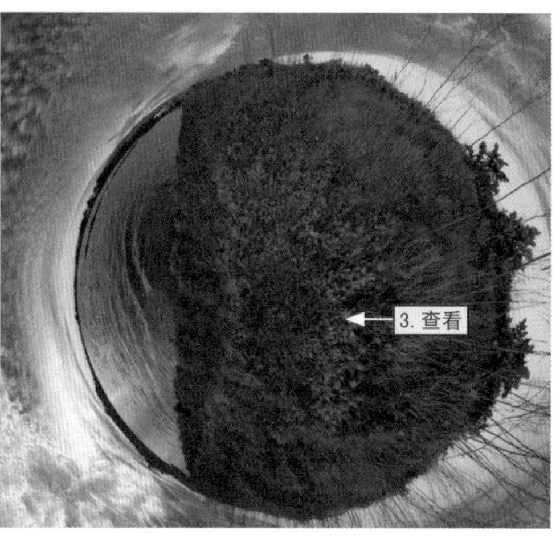

图1-46

拓展知识 | 使用缩放工具缩小窗口比例

如果需要缩小文档窗口中图像的比例，则可以在选择缩放工具后，在工具选项栏中单击“缩小”按钮，然后单击图像即可完成操作，如图1-47所示。

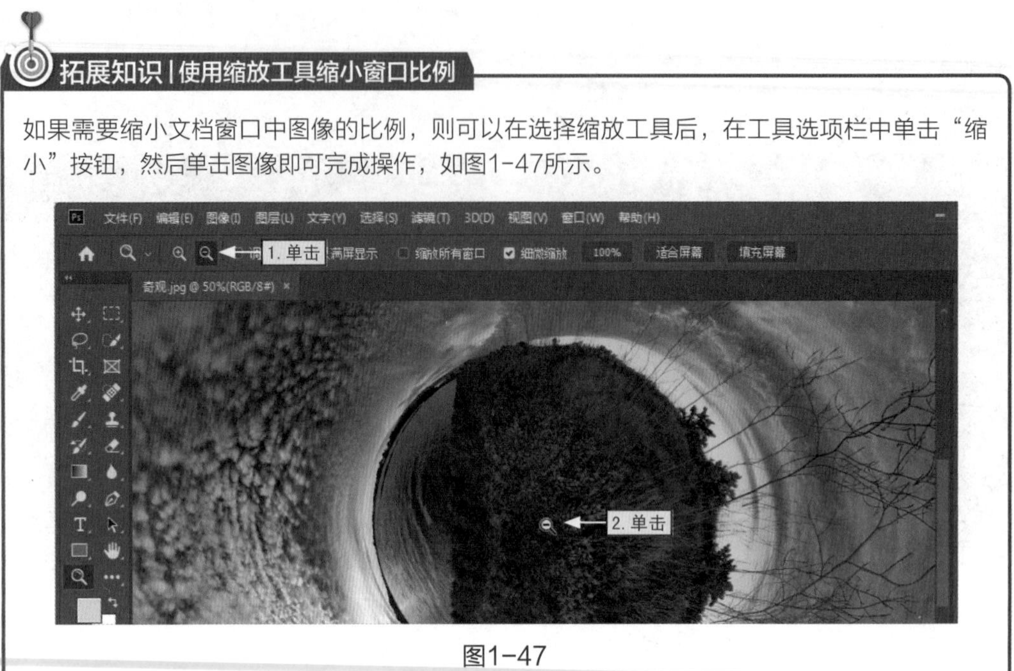

图1-47

1.3.6

图像编辑的辅助操作

在使用Photoshop编辑和处理图像时，用户可以借助一些辅助工具来提高工作效率，如标尺、参考线、网格和标注等。这些辅助工具不能单独用来编辑和处理图像，但是可以帮助用户更好地完成相关操作。

1.使用标尺定位图像

标尺显示了当前鼠标光标所在位置的坐标，使用标尺可以确定图像或图像元素的具体位置，其具体操作如下。

步骤01 在菜单栏中单击“视图”菜单项，选择“标尺”命令（或按【Ctrl+R】组合键），如图1-48所示。

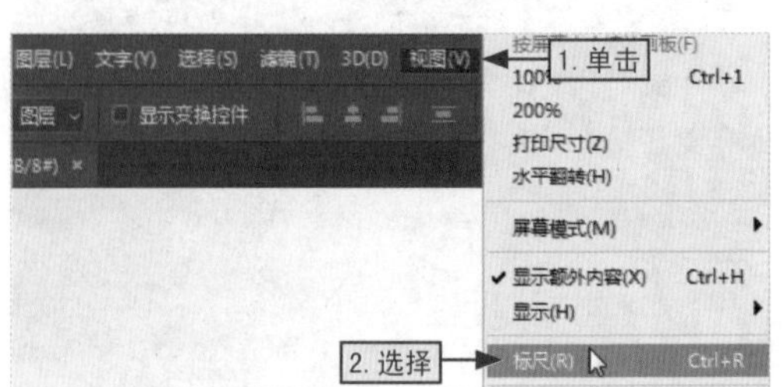

图1-48

步骤02 此时，可以在文档窗口的顶部和左侧查看到标尺，标尺的原点默认位于窗口的左上角，将鼠标的光标移动到标尺的原点上，如图1-49所示。

图1-49

步骤03 按住鼠标左键并向右下方拖动鼠标，图像上就会显示出十字线，将十字线拖放到合适的位置，然后释放鼠标，此处将会成为标尺原点的新位置，如图1-50所示。

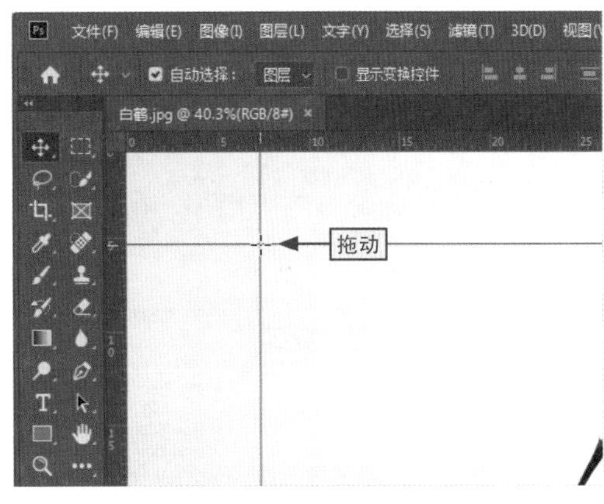

图1-50

2.使用参考线准确编辑图像

参考线是便于用户进行参考的线条，浮在图像表面且不会被打印出来。在编辑图像时如果需要对多个素材进行对齐排列，则可以使用Photoshop中的参考线来辅助对齐，其具体操作如下。

将鼠标光标移动到水平标尺上，按住鼠标左键并向下拖动，到适合位置释放鼠标即可创建水平参考线，以相同方法可以创建垂直参考线，如图1-51所示。

图1-51

3.使用网格准确调整图像

在Photoshop CC中，为了更加精准地调整图像元素的对称性和大小，用户可以利用网格工具来辅助操作，具体操作如下。

在菜单栏单击“视图”菜单项，选择“显示/网格”命令，操作完成后即可在图像编辑窗口中查看到网格，如图1-52所示。

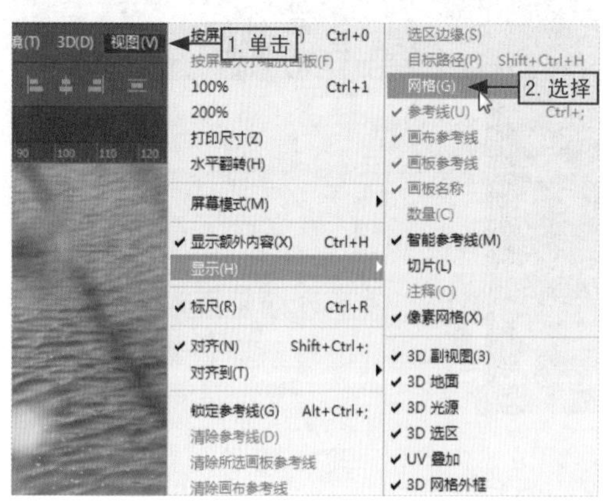

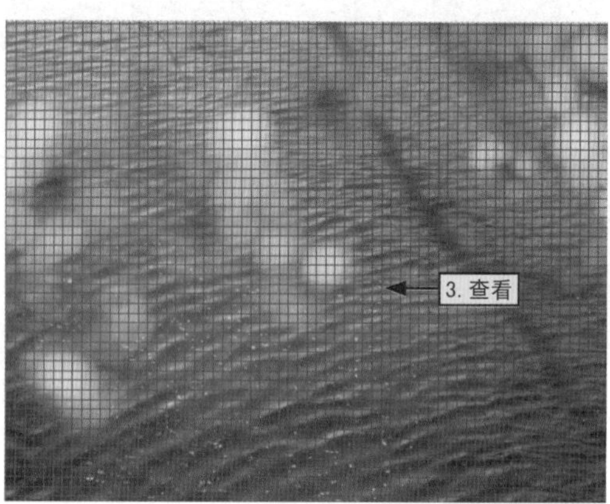

图1-52

4.为图像添加注释进行标注

如果用户想要给他人传达一些与图像有关的信息或说明，可以通过对图像添加注释的方式来实现，因为使用注释工具可以在图像的任何位置添加文字注释信息，其具体操作如下。

在工具箱的吸管工具组上单击鼠标右键，选择“注释工具”选项，此时鼠标光标变成了注释工具样式，在图像上的合适位置单击鼠标，在打开的“注释”面板中输入相关注释信息即可，如图1-53所示。

图1-53

1.4 图像的打印与输出

在Photoshop CC中，不仅可以直接将编辑与处理好的图像打印到纸张或胶卷上，还能将其打印或输出到其他介质上，如印版、数字印刷机等。

1.4.1 设置打印基本选项

在使用Photoshop CC打印图像之前，为了使打印效果更加符合用户的需求，可以先进行打印预览，然后对份数和位置等相应参数进行设置。只需要在菜单栏中单击“文件”菜单项，选择“打印”命令，即可打开“Photoshop打印设置”对话框，然后在“Photoshop打印设置”对话框中进行相关参数设置即可，如图1-54所示。

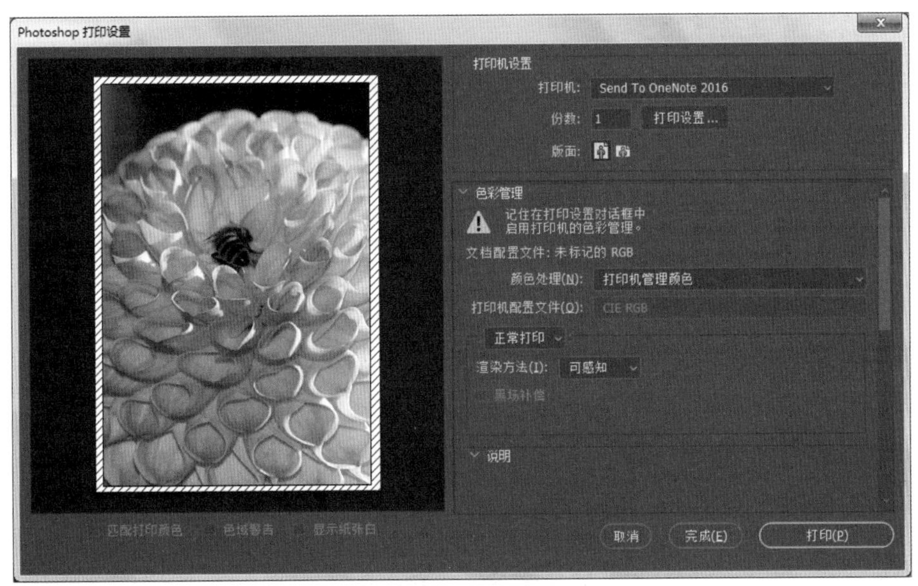

图1-54

Photoshop CC对打印基本选项进行了简化，将打印预览与打印机设置都合并到了“Photoshop打印设置”对话框中，从而使用户的操作也变得简单，下面来了解一下“Photoshop打印设置”对话框中的一些常见参数。

● 打印预览框 打印预览框用于预览图像的最终打印效果，将鼠标光标移动到图像的控制点上，按住鼠标左键并拖动鼠标，即可调整图像的预览大小。

● “打印机设置”栏 在“打印机设置”栏中可以选择打印机、设置打印的份数以

及更改图像在纸张上的方向，单击“打印设置”按钮还可以对打印页面进行设置。

● “位置和大小”栏 在“位置和大小”栏中可以设置图像在纸张上的位置与尺寸，其默认为居中打印。

● “打印标记”栏 在“打印标记”栏中可以设置在打印的纸张上添加角裁剪标志、说明、中心裁剪标志、标签以及套准标记。如果想要直接通过Photoshop进行商业印刷，则可以指定某些标记。

● “函数”栏 在“函数”栏中包含“背景”“边界”和“出血”等参数按钮，单击任意按钮都可以打开对应的设置对话框。

● “完成”与“打印”按钮 单击“完成”按钮后，Photoshop将会保存当前参数设置，但不会马上进行打印；只有单击“打印”按钮，系统才会立即进行打印操作。

1.4.2 使用色彩管理进行打印

在Photoshop CC中，如果开启了Photoshop处理色彩管理功能，用户就可以充分利用自定的颜色配置文件，同时还可以选择让打印机来管理颜色。

1.由 Photoshop决定打印颜色

与打印机管理颜色相比，针对特定打印机、油墨和纸张组合的自定颜色配置文件通常可以让Photoshop管理颜色获得更好的效果，其具体设置如下。

在菜单栏中单击“文件”菜单项，选择“打印”命令打开“Photoshop打印设置”对话框，在“色彩管理”栏的“颜色处理”下拉列表框中选择“Photoshop 管理颜色”选项，并选择与输出设备和纸张类型最匹配的配置文件即可，如图1-55所示。

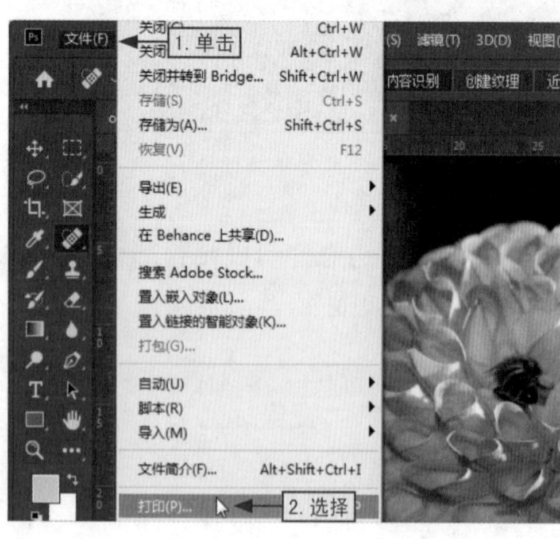

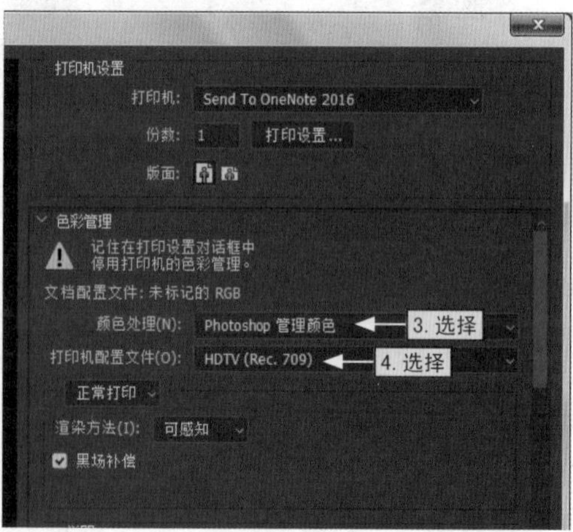

图1-55

若存在与当前打印机相关联的配置文件，它们就会自动出现在列表的顶部，并处于选择状态。配置文件对输出设备的行为和打印条件（如纸张类型、纸张大小等）描述得越精准，色彩管理系统在转换文档中实际颜色的数字值就越准确。

2.打印印刷校样

印刷校样，也称为校样打印或匹配打印，是对最终输出在印刷机上的印刷效果进行打印模拟。一般情况下，印刷校样在比印刷机便宜的输出设备上生成，而某些喷墨打印机的分辨率也可以生成可用作印刷校样的便宜印稿，其具体操作如下。

在菜单栏中单击“视图”菜单项，选择“校样设置”命令，然后在其子菜单中选择想要模拟的输出条件，如图1-56所示。通过使用预置值或创建自定校样设置，用户就能设置印刷校样，视图也会根据选取的校样自动更改。

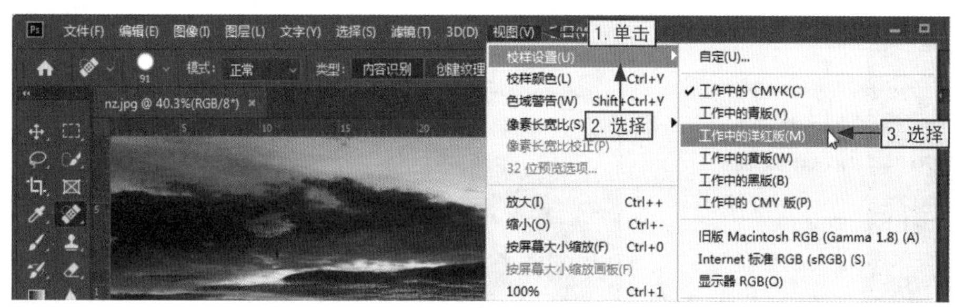

图1-56

如果没有针对打印机和纸张类型自定义配置文件，用户可以考虑使用打印机驱动程序来处理颜色转换，其具体操作如下。

打开“Photoshop打印设置”对话框，在“色彩管理”栏的“颜色处理”下拉列表框中选择“Photoshop 管理颜色”选项，在“打印机配置文件”下拉列表框中选择适用于输出设备的配置文件，然后在“校样设置”下拉列表框中选择“印刷校样”选项，即可进行校样设置，如图1-57所示。

图1-57

1.4.3 快速打印一份图像文件

如果只是使用当前默认的打印设置快速打印一份图像文件，只需要选择“打印一份”选项即可实现，其具体操作如下。

在菜单栏中单击“文件”菜单项，选择“打印一份”选项（或直接按【Alt+Shift+Ctrl+P】组合键）即可立即打印出一份图像文件，如图1-58所示。

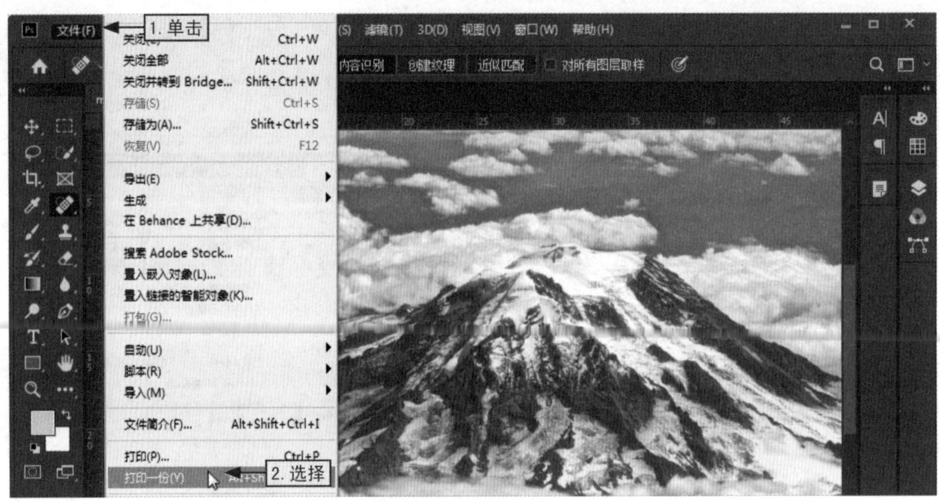

图1-58

Photoshop中图像的处理基础

学习目标

使用Photoshop CC对图像进行处理前，我们需要先学习其基本操作方法。简而言之，就是需要先掌握数字图像的基础知识、图像文件的基本操作、调整图像的画布以及撤销和还原图像操作。

知识要点

- 数字图像的基础知识
- 图像文件的基本操作
- 调整图像与画布
- 撤销和还原图像操作

效果预览

2.1 数字图像的基础知识

在Photoshop中，图像处理是指对图像进行编辑、修饰以及合成等方面的处理。不过在对图像进行处理之前，需要先了解数字图像的基础知识，如位图与矢量图、像素与分辨率以及Photoshop支持的图像格式等。

2.1.1 位图与矢量图

计算机的图像主要分为两种类型，即位图和矢量图，两种类型图像各有优缺点，应用的领域也各有不同。Photoshop就是比较典型的位图图像软件，不过它也具有一些矢量功能，如钢笔工具，下面我们就来认识一下这两种图像类型。

1.认识位图与矢量图

位图，又称为点阵图像、像素图或栅格图像，是由称作像素（图片元素）的单个点组成，这些点可以进行不同的排列和染色以构成各类图样。当放大位图时，可以看见图像被分成很多色块（锯齿效果），而且放大的位图属于失真状态。平时拍摄的照片、扫描的图片等都属于位图，常用的位图处理软件是Photoshop和Windows系统自带的画图程序，如2-1右图所示为位图放大后的效果。

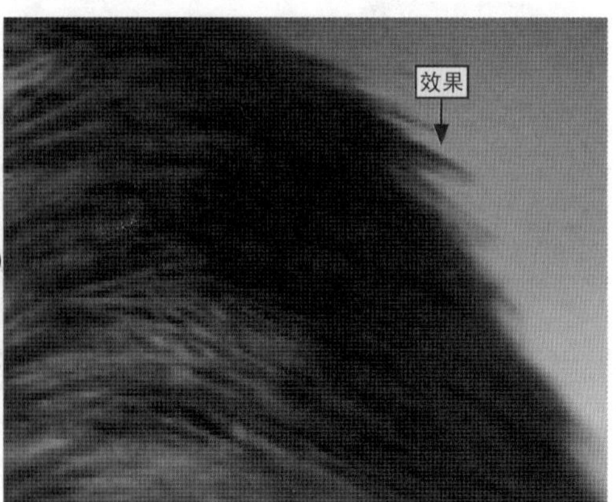

图2-1

矢量图，也称为面向对象的图像或绘图，是根据几何特性来绘制图形。矢量图中的图形元素（点和线段）称为对象，每个对象都是一个单独的个体，具有大小、方向、轮廓、颜色和屏幕位置等属性。由于矢量图放大后不会失真，适用于图形设计、文字设计和一些标志设计、版式设计等，如2-2右图所示为矢量图放大后的效果。

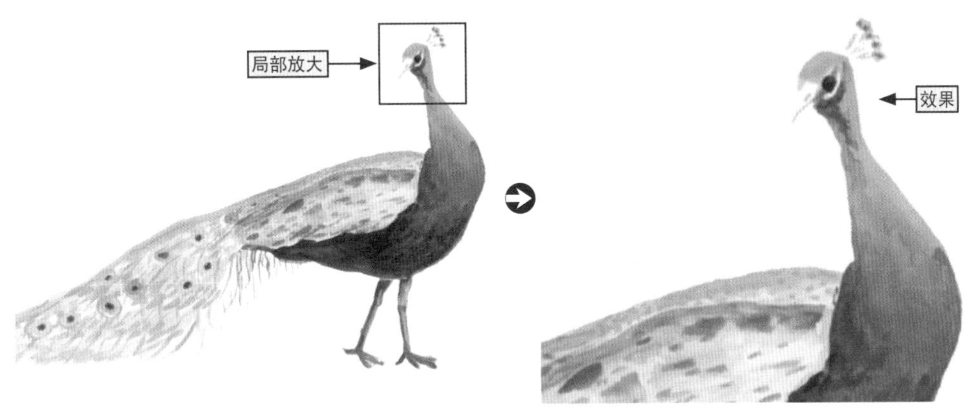

图2-2

2.位图与矢量图的具体区别

在设计工作中，需要非常了解位图与矢量图的区别，因为制图结果会直接影响打印质量的精细度，其具体区别如下。

- **关联分辨率** 位图是由无数个像素点构成，与分辨率存在紧密联系。当图像被放大时，像素点也会被放大，但每个像素点表示的是单一的颜色，所以被放大的位图会出现马赛克状；而矢量图与分辨率没有多大关联，可以将其进行任何比例的放大或缩小，或者以任意分辨率进行输出与打印，其清晰度都不会受到影响。
- **色彩丰富度** 位图的色彩相对于矢量图而言丰富许多，它不仅可以表现出色彩丰富的图像，还可以较为逼真的表现各类实物；而矢量图的色彩就比较简单，也无法逼真的表现实物，通常用来表示标识、图标以及Logo等简单直接的图像。
- **文件类型** 位图的文件类型比较多，常见的有*.cdr、*.ai、*.eps、*.dwg、*.dxf、*.wmf以及*.emf等。一般情况下，矢量格式里可以兼容位图格式。
- **占用空间** 图像越清晰或颜色信息越多，图像文件所占用的空间越大。其中，位图表现的色彩比较丰富，所以占用的空间会很大；而矢量图表现的图像颜色比较单一，所以占用的空间比较小。
- **相互转换** 通常情况下，想要将位图转换为矢量图，必须经过复杂而庞大的数据处理，最终生成的矢量图质量也会下降；而想要将矢量图转换为位图则很简单，只需要通过图像软件即可快速实现。

拓展知识 | 位图与矢量图的常见规律

从上述内容中我们可以总结出一些位图与矢量图的常见规律，其具体介绍如下。

位图的常见规律：1.图像的色彩越丰富，文件的字节数越多；2.图像的尺寸越大，文件的字节数越多；3.常用的位图软件有Photoshop、Photo Painter、Photo Impact、Paint Shop Pro以及Painter等。

矢量图的常见规律：1.常见的线条图和卡通图，保存为矢量图会比位图小很多；2.无限放大矢量图的细节，不会造成失真和色块；3.矢量图的大小与图像中元素的个数和每个元素的复杂程度成正比，与图像尺寸和色彩的丰富程度无关；4.常用的矢量图软件有Illustrator、CorelDraw、FreeHand以及AutoCAD等。

2.1.2 像素与分辨率

像素与分辨率是Photoshop中最常用的两个概念，对它们的设置决定了文件的大小及图像的质量。对于想要学好Photoshop的读者来说，像素与分辨率是必须要了解的重点知识。

1.像素

像素（Pixel）是构成图像的基本单元，通常以像素每英寸PPI（Pixels Per inch）为单位来表示影像分辨率的大小。图像具有连续性的浓淡阶调，如果把图像放大数倍，可以发现这些连续色调是由许多色彩相近的小方点组成，而这些小方点就是构成影像的最小单元——像素。这种最小的图形单元在屏幕上显示通常是单个的染色点，越高位的像素拥有的色板越丰富，越能表达颜色的真实感。

一个像素的尺寸大小无法直接进行衡量，因为它实际上只是屏幕上的一个光点，不过它可以用一个数或一对数字表示。例如，一个“0.3兆像素”数码相机，它有额定30万像素；“800×600显示器”，表示横向800像素和纵向600像素，所以其总数为800×600=480000像素。

在计算机显示器、电视机或数码相机等屏幕上都使用像素作为基本度量单位，屏幕的分辨率越高，像素就越小。

2.分辨率

确保图像具有合适的分辨率，是使用Photoshop处理图像的首要条件。分辨率是指单位长度中所表达或选取的像素数目，也就是说图像水平和垂直方向的像素数量决定了其分辨率。一般情况下，图像的分辨率越高，所含有的像素就越多，图像也就越清晰，印刷的质量也就越好。当然，这也会增加图像文件占用的存储空间。其中，分辨率的类型有很多种，常见的如图2-3所示。

图像分辨率

指图像中存储的信息量，在Photoshop中以厘米为单位来计算分辨率。图像分辨率决定了图像输出的质量，和图像尺寸的值共同决定了图像文件的大小，且该值越大图形文件所占用的磁盘空间也就越多。另外，图像分辨率以比例关系影响着文件的大小，即文件大小与其图像分辨率的平方成正比。例如，保持图像尺寸不变，将图像分辨率提高1倍，则文件大小增大为原来的4倍。

扫描分辨率

指在扫描一张图像之前所设定的分辨率，对所生成图像文件的质量和使用性能有影响，决定图像将以何种方式显示或打印。一般情况下，扫描图像是为了通过高分辨率的设备输出。若图像扫描分辨率过低，输出效果会变得粗糙；若图像扫描分辨率设置过高，图像中会产生超过打印所需要的信息，不但降低打印速度，还会使图像的色调出现细微丢失。

位分辨率

又称位深或颜色深度，是用来衡量每个像素储存信息的位数。位分辨率决定了每次在屏幕上可以显示多少种色彩，通常为8位、16位、24位或32位色彩。所谓的"位"，是指"2"的平方次数，8位是2的8次方，即8个2相乘等于256。因此，8位色彩深度的图像，所能表现的色彩等级是256级。

设备分辨率

又称为输出分辨率，是指各类输出设备每英寸上可产生的点数，如显示器、激光打印机以及绘图仪的分辨率。设备分辨率通过DPI（点每英寸）来衡量，计算机显示器的设备分辨率在60～120DPI之间，打印设备的分辨率在360～2400DPI之间。

网屏分辨率

又称为网幕频率，是指印刷图像所用网屏的每英寸的网线数，也就是挂网网线数，以LPI（线每英寸）来表示，如600LPI是指每英寸加有600条网线。

图2-3

拓展知识 | 像素与分辨率的关系

像素是指图像上的点数，表示图像是由多少点构成的；而分辨率是指图像像素点的密度，是用单位尺寸内的像素点（即用每英寸多少点）表示。其中，如果是像素很高的图像，将分辨率设置较高，则打印出来的图像可能并不大，但却非常清晰；反之，如果是像素较低的图像，将分辨率设置较低，则打印出来的图片可能很大，但却不是很清晰。

2.1.3 Photoshop 支持的图像格式

由于图像格式决定了图像数据的存储方式、压缩方法、Photoshop功能以及与其他应用程序的兼容性等，所以每种图像格式的作用都不相同。Photoshop作为编辑各种图

像的常用软件，支持的图像格式也有很多，下面就来认识一些常见的图像格式，以便我们做出正确的选择，如表2-1所示。

表2-1

格式名称	介绍
PSD格式	PSD格式是Photoshop的默认文件格式，文件扩展名是"*.psd"，该格式可以存储Photoshop中所有的图层、通道、参考线、注解和颜色模式等信息。在保存图像时，如果图像中包含有图层，则通常会使用PSD格式保存。PSD格式保存时会将图像文件压缩，以减少占用磁盘空间，因为PSD格式所包含图像数据信息较多（如图层、通道、剪辑路径或参考线等），所以比其他格式的图像文件要大得多。不过，PSD文件保留所有原图像的数据信息，因而修改起来较为方便，但多数排版软件不支持PSD格式的图像文件，因此需要在图像处理完以后，再转换为其他占用空间小而且存储质量好的文件格式
BMP格式	BMP格式是一种Windows或OS2标准的位图式图像文件格式，文件扩展名是"*.bmp"，支持RGB、索引颜色、灰度和位图样式模式，但不支持Alpha通道和CMYK模式的图像。BMP格式还可以支持1～24位的格式，其中对于4～8位的图像，使用RLE（Run Length Encoding）运行长度编码压缩方案，该压缩方案不会损失数据，是一种非常稳定的格式
TIFF格式	TIFF格式（标记图像文件格式）是一种无损压缩格式，便于应用程序之间和计算机平台之间进行图像数据交换，可以在许多图像软件和平台之间转换，文件扩展名是"*.tif"。另外，TIFF格式中可以加入作者、版权、备注以及自定义信息，并存放多幅图像
JPEG格式	JPEG格式（联合图像专家组）是一种有损压缩格式，此格式的图像通常用于图像预览和一些超文本文档中，文件扩展名是"*.jpg"。JPEG格式的最大特色就是文件比较小，可以进行高倍率的压缩，是压缩率最高的格式之一。不过，JPEG格式在压缩保存时会以矢量最小的方式丢掉一些肉眼不易察觉的数据，所以保存的图像与原图有所差别，没有原图的质量好，印刷品最好不要用此格式
EPS格式	EPS格式为压缩的PostScript格式，是为在PostScript打印机上输出图像而研发的格式，文件扩展名是"*.eps"。该格式可以在排版软件中以低分辨率预览，而在打印时以高分辨率输出。它不支持Alpha通道，可以支持裁切路径
GIF格式	GIF格式是CompuServe提供的一种图形格式，文件扩展名是"*.gif"。该格式只保存最多256色的RGB色阶数，使用LZW压缩方式将文件压缩而不会占用磁盘空间，所以GIF格式广泛应用于HTML网页文档中，或网络上的图片传输，但只能支持8位的图像文件
PCX格式	PCX图像格式最早是ZSOFT公司的Paintbrush图形软件所支持的图像格式，支持1～24位的图像，可以用RLE的压缩方式保存文件，文件扩展名是"*.pcx"
PNG格式	PNG格式可以用于网络图像，文件扩展名是"*.png"。该格式可以保存24位的真彩色图像，并且支持透明背景和消除锯齿边缘的功能，可以在不失真的情况下压缩保存图像。不过PNG格式不完全支持所有浏览器，在网页中使用较少
PDF格式	PDF格式是一种电子出版软件的文档格式，适用于不同的平台，文件扩展名是"*.pdf"。该格式可以存有多页信息，其中包含图形、文件的查找和导航功能。同时，由于该格式支持超文本链接，因此是网络下载中经常使用的文件

拓展知识 | AI格式

AI格式是Illustrator软件的专用文件格式，其兼容性比较高，不仅可以在CorelDRAW中打开，也可以在Photoshop中打开。

2.2 图像文件的基本操作

使用Photoshop CC是进行图像处理与编辑的第一步，也是进行图像文件的基本操作，如新建与打开图像文件、置入图像文件、导入和导出图像文件以及存储与关闭图像文件等。

2.2.1 新建与保存图像文件

在Photoshop中，不仅可以对现有的图像进行编辑与处理，还可以新建一个空白文件，然后在其上绘制或编辑图像。另外，对于编辑过的图像还需要及时进行保存。下面具体演示新建与保存图像文件的方法。

知识实操

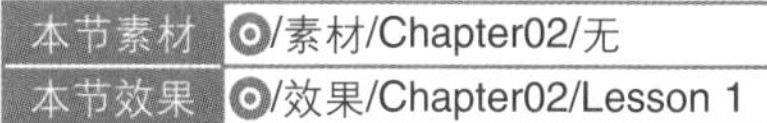

本节素材	/素材/Chapter02/无
本节效果	/效果/Chapter02/Lesson 1

步骤01 启动Photoshop CC应用程序，在开始界面中单击“新建”按钮，即可打开“新建文档”对话框，如图2-4所示。

图2-4

步骤02 设置文件名，并依次设置文件宽度、高度、分辨率、颜色模式和背景内容，单击“创建”按钮，如图2-5所示。

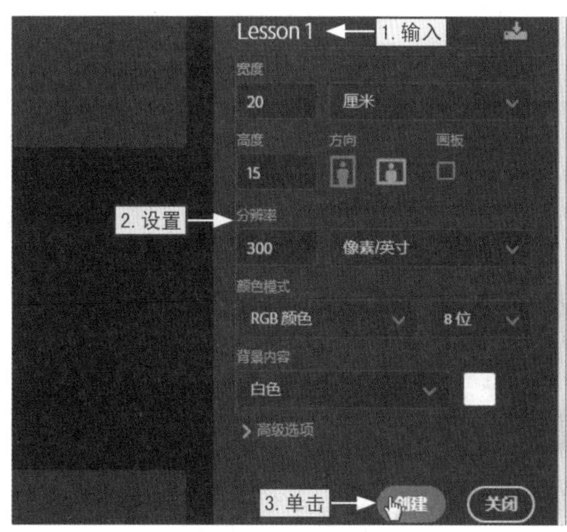

图2-5

步骤03 此时，在Photoshop的工作区将出现一个空白文件，对图像进行编辑，完成后在菜单栏中单击“文件”菜单项，选择“存储为”命令，如图2-6所示。

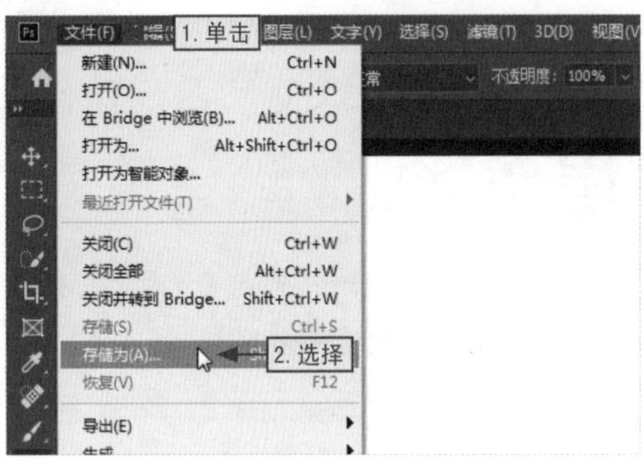

图2-6

步骤04 在打开的“另存为”对话框中选择文件的存储路径（可在“文件名”文本框中输入新的文件名），单击“保存”按钮即可，如图2-7所示。

图2-7

2.2.2 打开与关闭图像文件

如果需要对已经存在的图像文件进行编辑，如图片素材、数码照片等，则需要先在Photoshop中将其打开。完成图像文件的编辑后，还需要将其关闭，以避免因意外情况导致图像文件受到损坏。下面具体演示打开与关闭图像的相关操作。

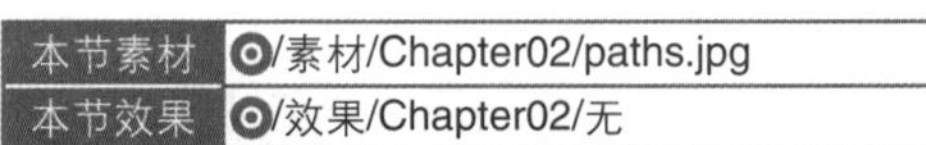

本节素材	/素材/Chapter02/paths.jpg
本节效果	/效果/Chapter02/无

步骤01 启动Photoshop CC应用程序，在Photoshop CC的开始界面中单击“打开”按钮，如图2-8所示。

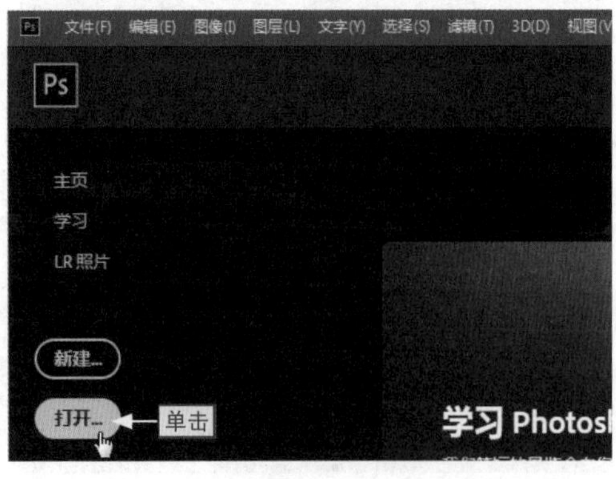

图2-8

步骤02 在打开的“打开”对话框中选择图像文件的存储路径，选择目标图像文件，单击“打开”按钮，如图2-9所示。

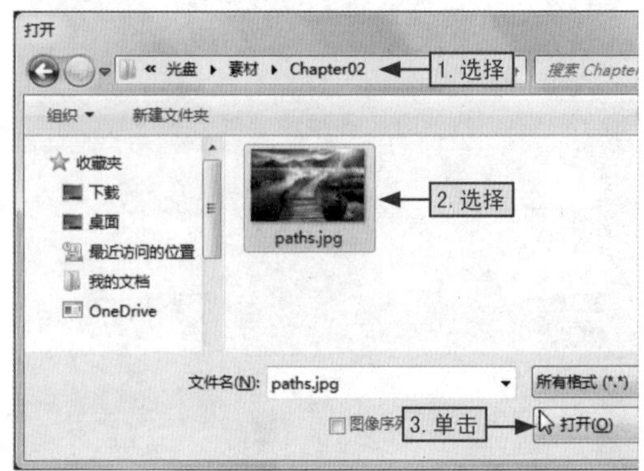

图2-9

步骤03 可对打开的图像进行编辑后，标题栏中会出现“*”符号，按【Ctrl+S】组合键对其进行保存，如图2-10所示。

图2-10

步骤04 在标题栏上单击鼠标右键，在弹出的快捷菜单中选择“关闭”命令，即可关闭当前图像文件，如图2-11所示。

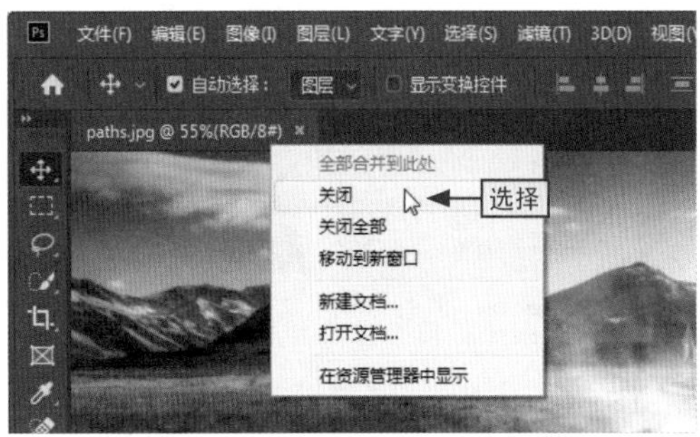

图2-11

拓展知识 | 快速保存图像文件

使用Photoshop对打开的图像进行编辑后，如果不需要更改图像文件的名称、保存位置以及文件格式，则可以在菜单栏中单击“文件”菜单项，选择“存储”选项（或直接按【Ctrl+S】组合键），即可对图像文件进行快速保存，如图2-12所示。

图2-12

2.2.3 置入图像文件

打开或新建一个图像文件后，为了丰富该图像文件，可以将已经制作好的位图、EPS、PDF或AI等矢量文件作为智能对象置入到图像文件的相应位置中，此时只需要使用Photoshop的置入对象的功能即可实现。下面通过在“中秋.jpg”文件中置入“Layer.png”图像为例讲解相关的操作，其具体操作如下。

知识实操

本节素材	/素材/Chapter02/中秋.jpg、Layer.png
本节效果	/效果/Chapter02/中秋.psd

步骤01 打开素材文件“中秋.jpg”，在菜单栏中单击“文件”菜单项，选择“置入嵌入对象”命令，如图2-13所示。

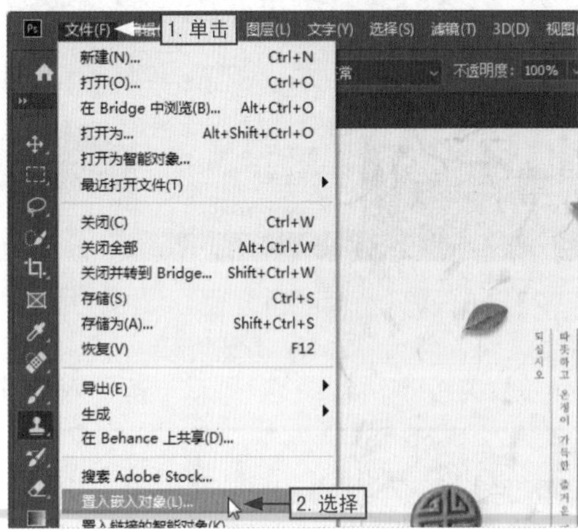

图2-13

步骤02 在打开的“置入嵌入的对象”对话框中选择需要置入的文件，单击“置入”按钮，如图2-14所示。

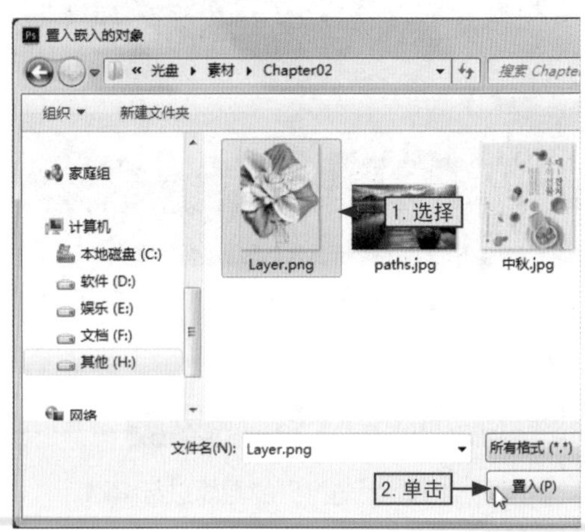

图2-14

步骤03 此时，被置入的图像会显示在被打开的图像文件上，将鼠标光标移动到图像定界框的控制点上，拖动鼠标进行等比缩放，然后调整图片的位置，在工具选项栏中单击“提交变换”按钮（或者按【Enter】键），如图2-15所示。

图 2-15

步骤04 即可将目标图像置入到图像文件的指定位置中，按【Ctrl+S】组合键即可打开“另存为”对话框，选择图像文件需要存储的路径，在“文件名”文本框中输入文件名，然后单击“保存”按钮，如图2-16所示。

图2-16

步骤05 此时，在打开的“Photoshop格式选项”提示对话框中提示最大兼容性的相关信息，单击“确定”按钮即可完成操作，如图2-17所示。

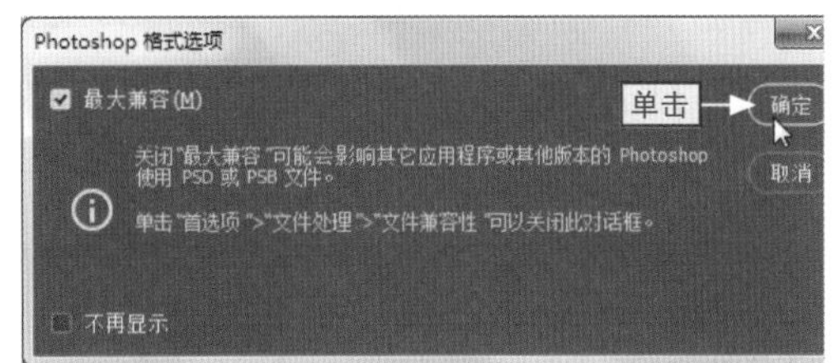

图2-17

2.2.4

导入/导出图像文件

在使用Photoshop处理图像文件时，可能需要使用外部素材文件，此时可以使用导入功能导入素材文件。图像文件处理完成后，还可以通过导出功能将图像文件导出为PNG、JPG、GIF或SVG等格式。

1.导入文件

在Photoshop中，不仅可以对静态的图像文件进行编辑与处理，还可以编辑和处理视频帧和注释等类型的文件，不过这类文件需要通过导入方式添加到Photoshop中，其具体操作是：打开或新建图像后，在菜单栏中单击“文件”菜单项，选项“导入”命令，即可在子菜单中选择相应命令，从而将文件内容导入图像中，如图2-18所示。

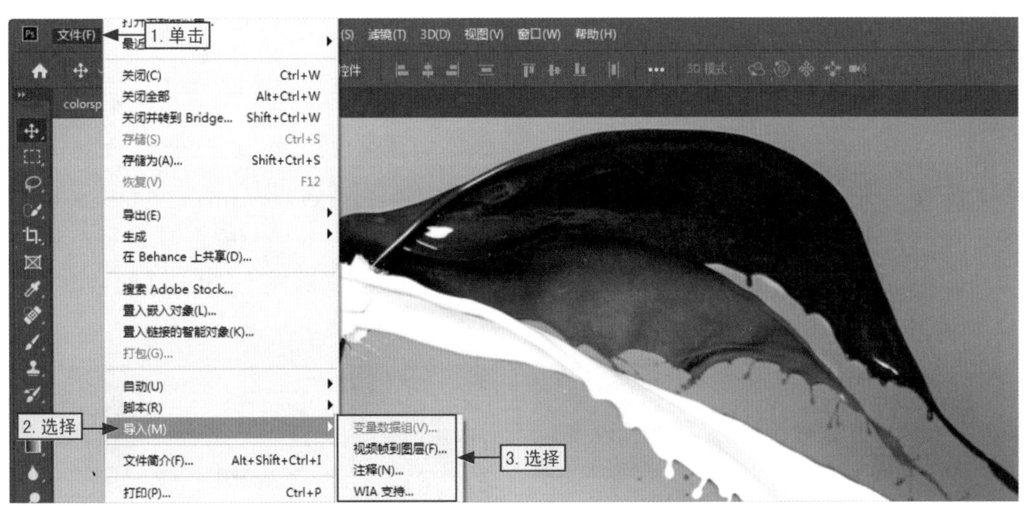

图2-18

2.导出文件

使用Photoshop创建和编辑图像文件后，可以将图像文件导出到Illustrator或视频

设备中，从而满足不同情况的需要。其具体操作是：在菜单栏中单击“文件”菜单项，选择“导出”命令，即可在子菜单中选择相应的命令，从而将图片文件导出，如图2-19所示。

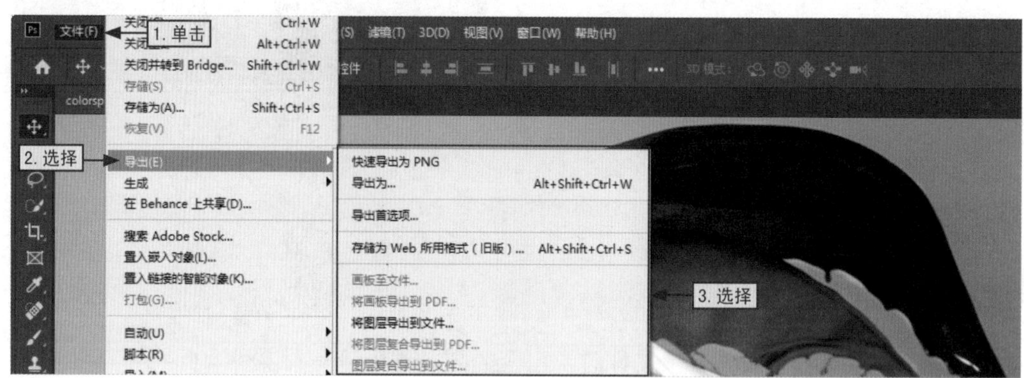

图2-19

2.2.5

图像的拷贝与粘贴操作

“拷贝”与“粘贴”命令是Photoshop中非常常见的命令，它们是用来完成复制与粘贴操作的。与其他应用程序不同的是，Photoshop不仅可以直接对图像文件进行复制粘贴操作，还可以对选区内的特殊图像区域进行复制与粘贴操作。下面通过将“动物.png”图片添加到“树.jpg”图片中为例讲解相关的操作，其具体操作如下。

本节素材	/素材/Chapter02/树.jpg、动物.png
本节效果	/效果/Chapter02/树.psd

步骤01 打开素材文件“树.jpg”和“动物.png”，在“动物.png”素材文件中单击“编辑”菜单项，选择“拷贝”选项（或按【Ctrl+C】组合键），如图2-20所示。

图2-20

步骤02 切换到“树.jpg”素材文件中，在菜单栏中单击“编辑”菜单项，选择“粘贴”选项（或按【Ctrl+V】组合键），如图2-21所示。

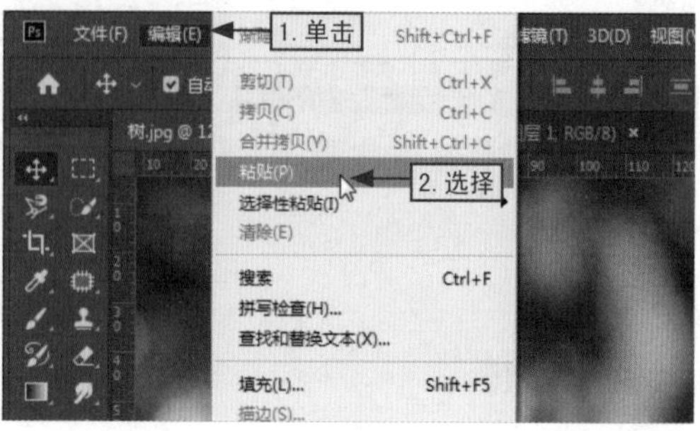

图2-21

步骤03 此时可以将外部图像粘贴到图像文件中，然后将粘贴的图像移动到合适的位置并保存即可，如图2-22所示。

图2-22

2.2.6

图像的变换与变形操作

移动图像、旋转图像、缩放图像以及扭曲图像等是图像处理最基本的操作。其中，移动图像、旋转图像和缩放图像可以称为变换操作，扭曲图像和斜切图像等又称为变形操作。经过变换操作和变形操作的图像可以满足制作时的特殊要求，下面分别介绍图像的变换与变形。

1.变换图像

旋转操作与缩放操作都是图像处理中比较常用的，它们都可以使图像发生变换，其具体操作如下。

知识实操

本节素材	/素材/Chapter02/湖畔.jpg、蜻蜓.png
本节效果	/效果/Chapter02/湖畔.psd

步骤01 打开素材文件“湖畔.jpg”和“蜻蜓.png”，在“蜻蜓.png”素材文件中选择需要移动的图像，如图2-23所示。

步骤02 按住鼠标左键并拖动图像对象到“湖畔.jpg”素材文件的标题栏上，停留片刻至切换文档，如图2-24所示。

图2-23

图2-24

步骤03 移动鼠标光标到图像画面中，释放鼠标即可将图像对象移动到该文档中，如图2–25所示。

图2–25

步骤04 在菜单栏中单击“编辑”菜单项，然后选择“自由变换”命令（或按【Ctrl+T】组合键），如图2–26所示。

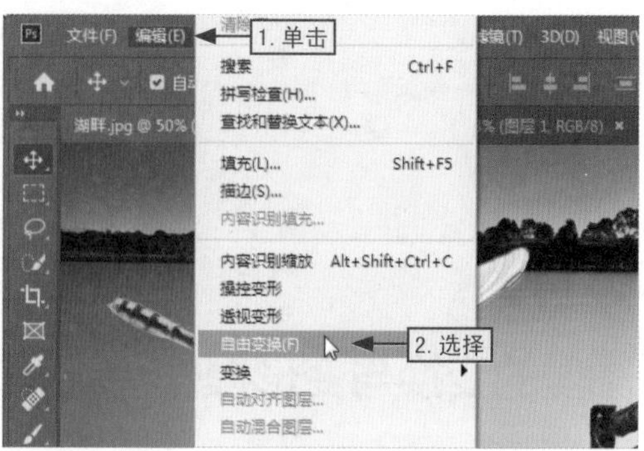

图2–26

步骤05 将鼠标光标移动到对象上方中间的控制点上方，鼠标光标成形状后按住鼠标左键并拖动鼠标旋转对象，如图2–27所示。

图2–27

步骤06 将鼠标光标移动到对象四周的控制点上，鼠标光标成形状后按住鼠标左键并拖动鼠标缩放对象，如图2–28所示。

图2–28

步骤07 操作完成后，按【Enter】键确认设置即可（若对操作结果不满意，可以按【Esc】键取消操作），如图2–29所示。

图2–29

步骤08 选择对象，然后将其移动到图像的合适位置即可，如图2–30所示。

图2–30

2.变形图像

在Photoshop中对图像进行处理与编辑时，可以利用“斜切”命令使图像沿着水平或垂直的方向进行倾斜。下面通过在杯子图像上添加孔雀图像为例来讲解相关操作，其具体操作如下。

知识实操

本节素材	/素材/Chapter02/杯子.jpg、孔雀.png
本节效果	/效果/Chapter02/杯子.psd

步骤01 打开素材文件“杯子.jpg”和“孔雀.png”，在“孔雀.png”素材文件中按【Ctrl+A】组合键全选图像，然后按【Ctrl+C】组合键对选择的图像进行复制，如图2-31所示。

步骤02 切换到“杯子.jpg”素材文件中，按【Ctrl+V】组合键粘贴图像，然后按【Ctrl+T】组合键使图像对象进入变换状态，如图2-32所示。

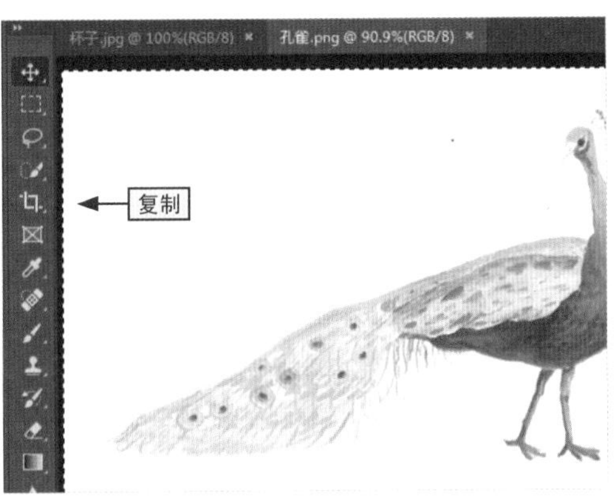

图2-31

图2-32

步骤03 将鼠标光标移动到图像对象的控制点上，调整图像对象的大小，合适后按【Enter】退出变换状态，如图2-33所示。

步骤04 将图像对象移动到合适位置，在菜单栏中单击“编辑”菜单项，选择“变换/变形”命令使图像对象进入变形状态，如图2-34所示。

图2-33

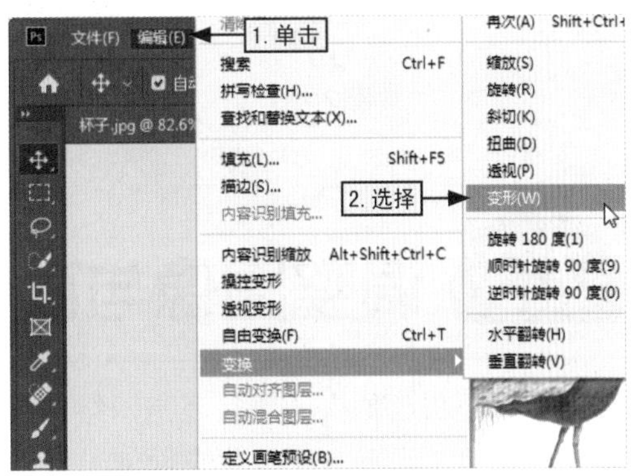

图2-34

步骤05 此时，图像对象上会出现多个变形网格，将4个锚点拖到杯体边缘（在第8章会对锚点进行详细介绍），使之与边缘对齐，如图2-35所示。

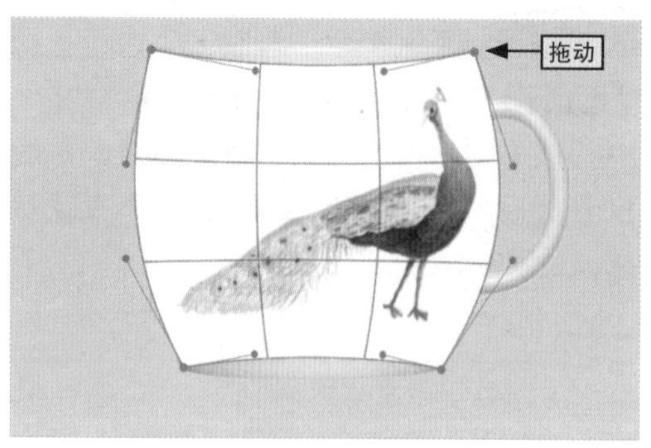

图2-35

步骤06 拖动左右两侧锚点上的方向点，使图像对象向内收缩。然后调整图像对象上面和底部的控制点，使图像对象依照杯子的结构扭曲，并覆盖住整个杯子，如图2-36所示。

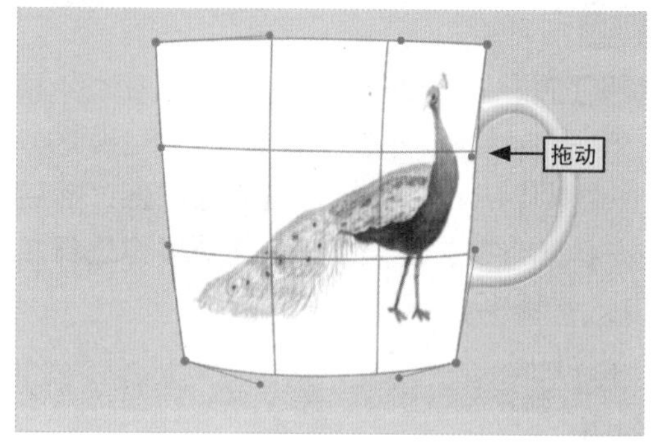

图2-36

步骤07 按【Enter】键使图像对象退出变形状态，然后在“图层”面板中单击“混合模式”下拉按钮，选择“正片叠底”选项，如图2-37所示。

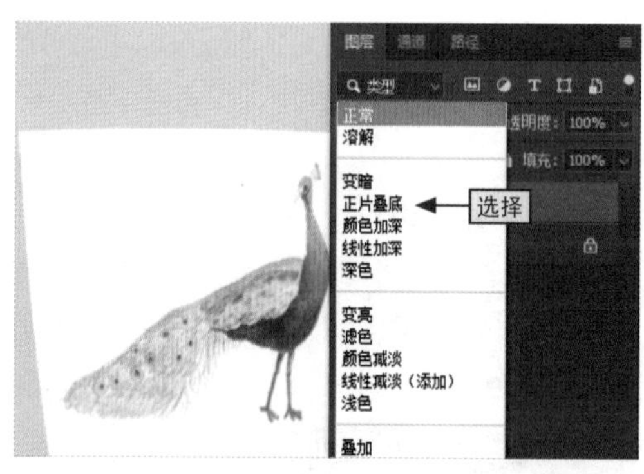

图2-37

步骤08 此时，即可看到通过变形操作将两幅图像合成在一起的最终效果，如图2-38所示。

图2-38

2.3 调整图像与画布

不管是自己拍摄的照片还是网络中下载的素材图像，都具有许多不同的用途，如制作证件照、设置为个性化桌面或装饰墙面等。不同用途所需要的图像像素与尺寸都有差别，此时就需要对图像及其画布进行调整。

2.3.1 调整图像尺寸与存储大小

通常情况下，图像的尺寸越大，图像文件的体积就会越大。为了使图像的存储大小符合实际需求，用户可以手动对图像的尺寸大小进行调整，其具体操作如下。

知识实操

本节素材	/素材/Chapter02/夕阳.jpg
本节效果	/效果/Chapter02/夕阳.jpg

步骤01 打开素材文件“夕阳.jpg”，在菜单栏中单击“图像”菜单项，选择“图像大小”命令，如图2-39所示。

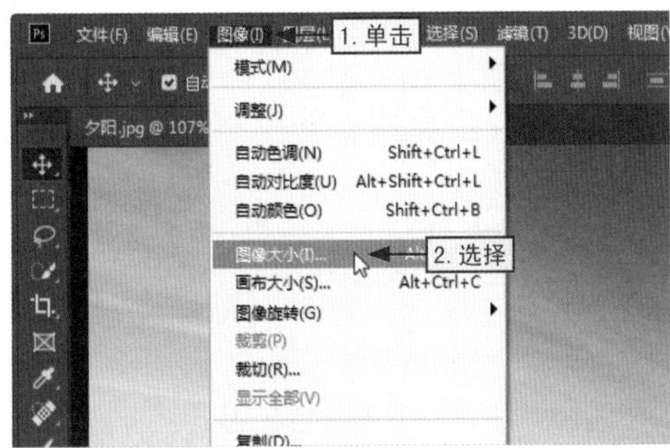

图2-39

步骤02 在打开的“图像大小”对话框中单击“不约束长宽比”按钮，分别设置宽度和高度，单击“确定”按钮即可，如图2-40所示。

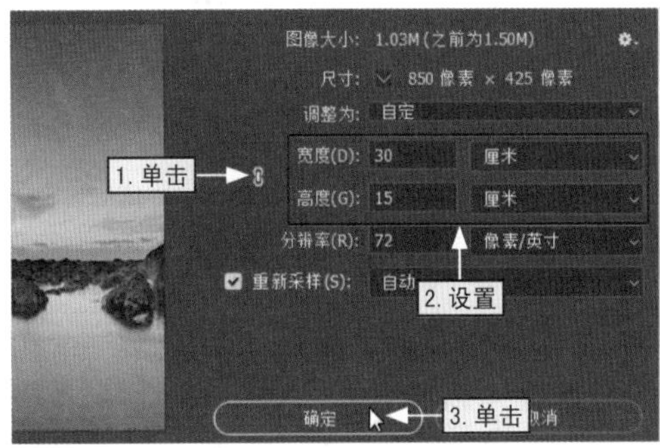

图2-40

2.3.2 裁剪图像大小

除了通过设置图像的高度与宽度来调整其尺寸大小外，还可以通过裁剪图像大小来达到目的。由于裁剪图像是通过裁剪部分图像来实现尺寸大小的调整，所以图像会减少部分区域，其具体操作如下。

知识实操

本节素材	/素材/Chapter02/枫叶.jpg
本节效果	/效果/Chapter02/枫叶.jpg

步骤01 打开素材文件“枫叶.jpg”，在工具箱中单击“裁剪工具”按钮，在工具选项栏中单击“选择预设长宽比或裁剪尺寸”下拉列表框，选择“16：9”选项，如图2-41所示。

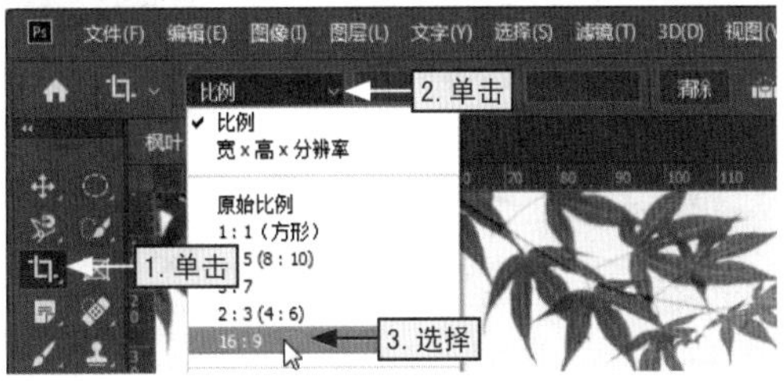

图2-41

步骤02 将鼠标光标移动到图像的控制点上，按住鼠标左键并拖动鼠标，手动调整需要裁剪掉的部分，如图2-42所示。

图2-42

步骤03 调整完成后，在工具选项栏中单击“提交当前裁剪操作”按钮，在文档窗口中即可查看到裁剪后的效果，如图2-43所示。

图 2-43

2.3.3 修改画布尺寸

在Photoshop中，画布是指整个文档的工作区域，通过对画布的尺寸进行调整，可以对图像的大小进行调整，其具体操作如下。

知识实操

本节素材	/素材/Chapter02/鸭子.jpg
本节效果	/效果/Chapter02/鸭子.jpg

步骤01 打开素材文件“鸭子.jpg”，在菜单栏中单击“图像”菜单项，选择“画布大小”命令，如图2-44所示。

图2-44

步骤02 在打开的“画布大小”对话框中分别设置宽度和高度，单击“确定”按钮，如图2-45所示。

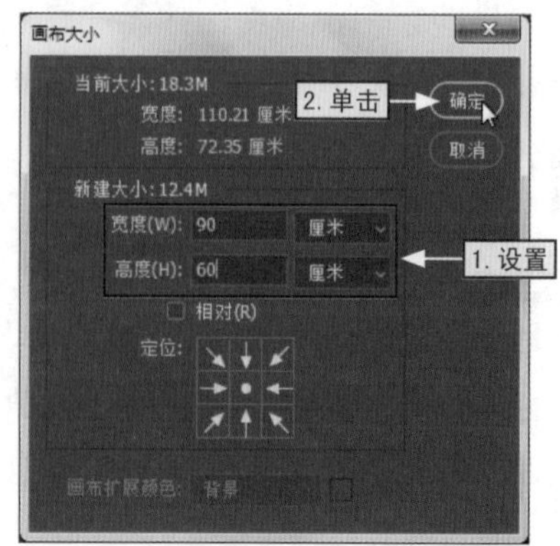

图2-45

步骤03 在打开的“Adobe Photoshop”提示对话框中，单击“继续”按钮，如图2-46所示。

图2-46

步骤04 返回到文档窗口中即可查看到画布的调整效果，如图2-47所示。

图2-47

2.3.4

旋转图像

如果对所编辑图像的方向不满意，则可以使用Photoshop的“图像旋转”命令旋转或翻转整个图像。下面以水平翻转兔子图像为例讲解相关的操作，其具体操作如下。

知识实操

本节素材	/素材/Chapter02/兔子.jpg
本节效果	/效果/Chapter02/兔子.jpg

步骤01 打开素材文件“兔子.jpg”，在菜单栏中单击“图像”菜单项，选择“图像旋转/水平旋转画布”命令，如图2-48所示。

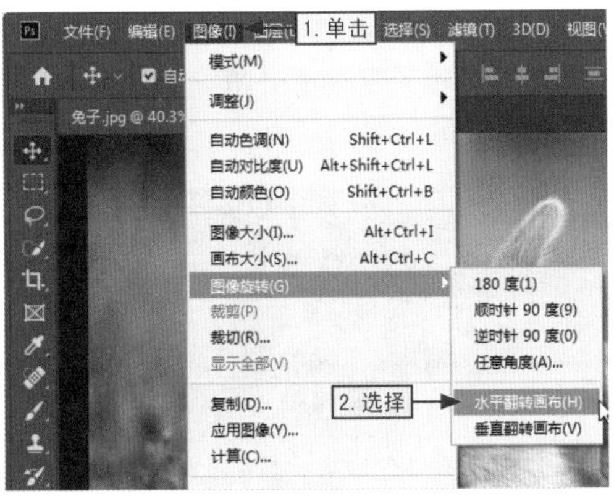

图2-48

步骤02 此时，可以在图像窗口中查看到图像对象的画布出现了水平翻转，如图2-49所示。

图2-49

2.4 撤销和还原图像操作

在对图像进行编辑与处理的过程中，如果对最终结果不满意或出现了操作失误的情况，都可以通过撤销或还原图像的操作来恢复图像。

2.4.1 菜单撤销图像操作

用户想要利用Photoshop更好、更快地编辑与处理图像文件，必须要掌握两个非常重要的工具，那就是还原与重做，这也是用户的“后悔药”。

1.还原操作

还原操作是指撤销对图像所做的最后一次修改，从而将图像还原到上一步的编辑状态中。其具体操作是：在菜单栏中单击“编辑”菜单项，选择“还原”选项（或按【Ctrl+Z】组合键）即可，如图2-50所示为还原污点修复画笔操作。

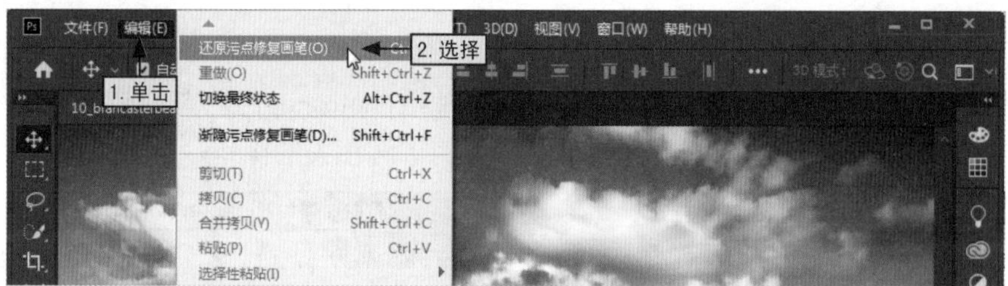

图2-50

2.重做操作

简而言之，重做就是还原的逆向操作，它可以取消还原操作，其具体操作是：在菜单栏中单击“编辑”菜单项，选择“编辑/重做”选项（或按【Shift+Ctrl+Z】组合键）即可，如图2-51所示为重做污点修复画笔操作。

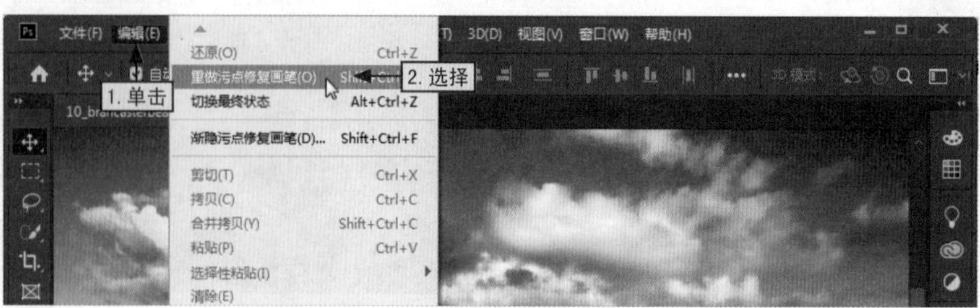

图2-51

用户如果想要将图像文件恢复到最后一次保存时的状态，可以通过恢复操作来实现，其具体操作是：在菜单栏中单击“文件”菜单项，选择“恢复”选项即可，如图2-52所示。

图2-52

2.4.2

面板撤销任意操作

在对图像进行编辑与处理时，出现一些误操作是很正常的情况，用户除了可以对其进行还原与重做外，还可以通过“历史记录”面板对其进行撤销操作。

1.认识“历史记录”面板

在菜单栏中单击“窗口”菜单项，选择“历史记录”命令即可打开“历史记录”面板，如图2-53所示。

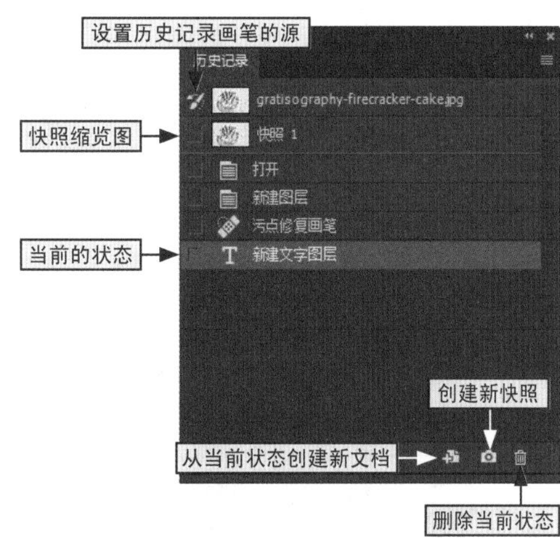

图2-53

从图2-53中可以看出，“历史记录”面板中有多个菜单选项，每个菜单选项都具有其特殊的功能，其具体介绍如图2-54所示。

设置历史记录画笔的源

在使用历史记录画笔的过程中，历史画笔的源图像就是设置历史记录画笔的源的图标所在的位置。

快照缩览图

快照缩览图用于显示被记录为快照的图像状态。

当前状态

当前状态表示将图像恢复到该状态显示的命令编辑状态。

从当前状态创建新文档

从当前状态创建新文档是指基于当前操作步骤中的图像状态，然后创建出一个新的图像文件。

创建新快照

创建新快照是指基于当前的图像状态，创建出一个新的图像快照。

删除当前状态

在“历史记录”面板中选择了一个操作步骤后，单击“删除当前状态”按钮，即可将选择的步骤及其后续的操作步骤全部删除。

图2-54

2.使用“历史记录”面板

由于还原操作和重做操作都只能撤销或恢复一步操作，所以想要撤销或恢复多步操作，就需要考虑通过“历史记录”面板来实现。

● 撤销操作 如果需要撤销某一步操作，只需要在“历史记录”面板中选择该步操作的前一步操作记录，即可撤销该步操作以后的所有操作，如图2-55所示。

● 恢复操作 当某一步或某一些操作被撤销后，还可以将其进行恢复，只需要在“历史记录”面板中选择需要恢复的操作记录，即可恢复该记录之前的所有撤销内容，如图2-56所示。

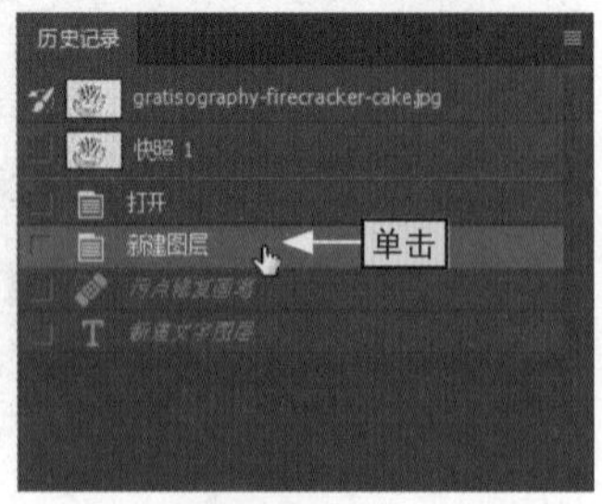

图2-55

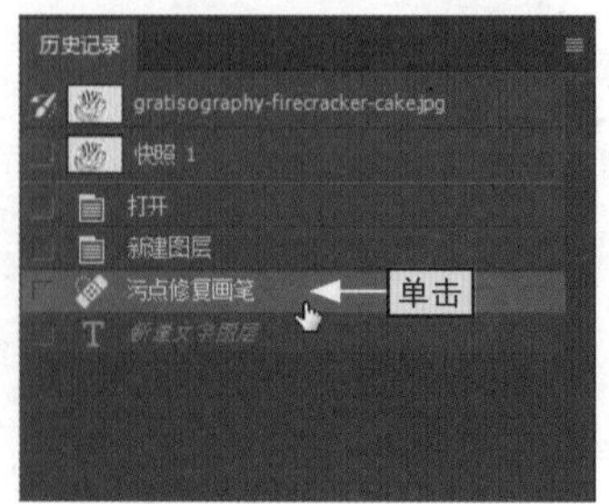

图2-56

2.4.3 利用快照还原图像

默认情况下，Photoshop的“历史记录”面板只能保存20步操作，而用户进行图像编辑与处理的操作步骤可能远远不止20步。此时，就可以通过“历史记录”面板上的快照功能来解决这个问题，下面具体介绍如何通过“历史记录”面板创建快照。

知识实操

本节素材	/素材/Chapter02/热气球.jpg
本节效果	/效果/Chapter02/热气球.jpg

步骤01 打开素材文件“热气球.jpg”，对图像进行处理后，在“历史记录”面板上单击“创建新快照”按钮，“历史记录”面板中会增加一个快照图标，如图2-57所示。

图2-57

步骤02 其中，快照会暂时保存当前的图像状态。对图像进行一些操作后，选择快照选项可将图像恢复到创建快照时的状态，如图2-58所示。

图2-58

步骤03 当关闭图像文件后，快照中的内容将不会被保存，同时“历史记录”面板上的内容也会消失，如图2-59所示。

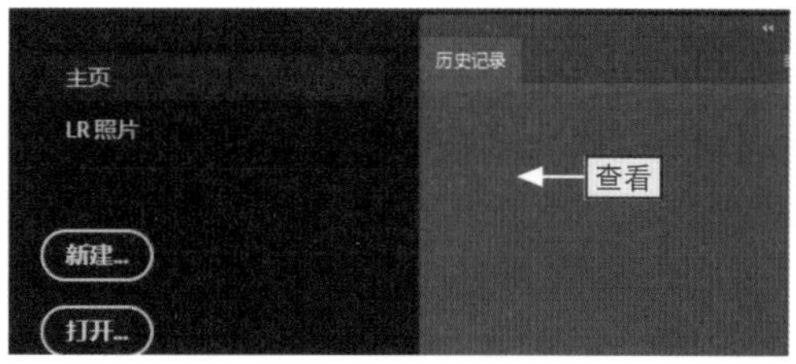

图2-59

拓展知识 | 删除历史快照

创建的快照不会与图像文件一起存储，在关闭图像文件时，快照也会被自动删除。当然，用户也可以手动删除快照，只需选择需要删除的快照，然后将其拖动到“删除当前状态”按钮上，释放鼠标即可删除。

2.4.4 创建非线性历史记录

在“历史记录”面板中单击某个操作步骤来还原图像时，该操作步骤后面的操作全部都会变成灰色，若继续进行其他操作，那么新的操作还会代替变成灰色的操作。此时，可以通过创建非线性历史记录来解决，如果创建了非线性历史记录，那么它会允许用户在更改选择的操作步骤时保留后面的操作。创建非线性历史记录的具体操作方法如下。

知识实操

步骤01 在“历史记录”面板右上侧单击▤按钮，选择“历史记录选项”命令，如图2-60所示。

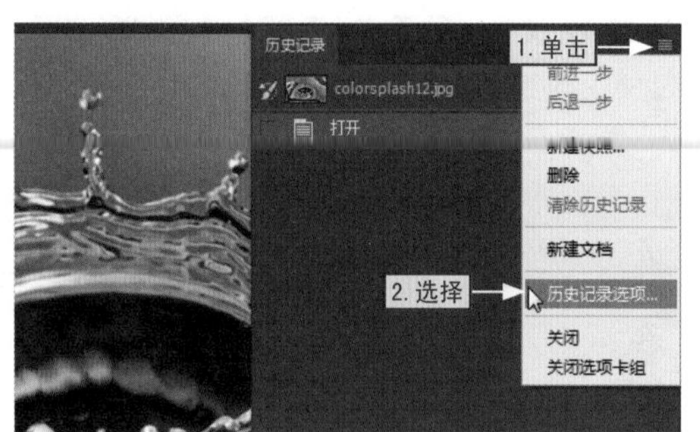

图2-60

步骤02 打开“历史记录选项”对话框，选中“允许非线性历史记录”前的复选框，单击“确定”按钮，如图2-61所示。

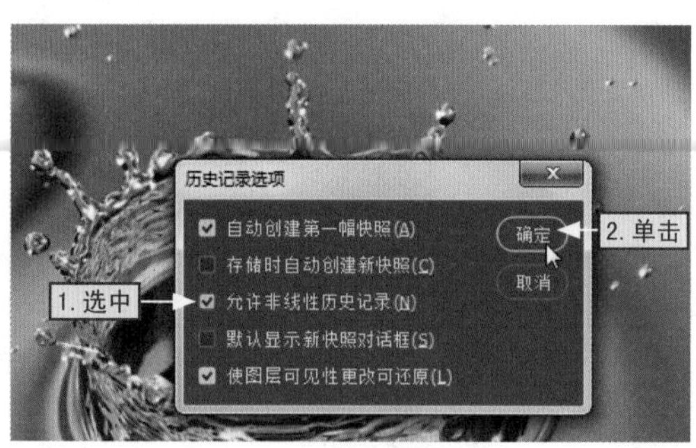

图2-61

案例精解

通过置入功能将两幅图像进行合成

在本节中主要介绍了图像处理的一些基本操作，下面通过Photoshop的置入功能将两幅图像合成在一起为例，讲解图像处理的基础操作。

本节素材	⊙/素材/Chapter02/母亲节.jpg、康乃馨.png
本节效果	⊙/效果/Chapter02/母亲节.jpg

步骤01 打开素材文件“母亲节.jpg”，在菜单栏中单击“文件”菜单项，选择“置入嵌入对象”命令，如图2-62所示。

步骤02 在打开的“置入嵌入的对象”对话框中选择需要置入的文件，单击“置入”按钮，如图2-63所示。

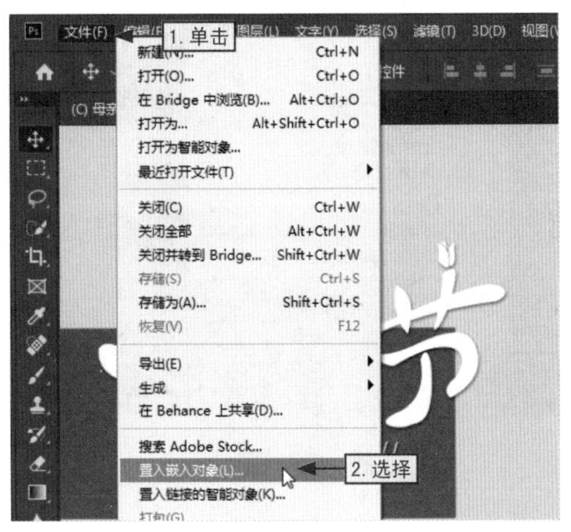

图2-62

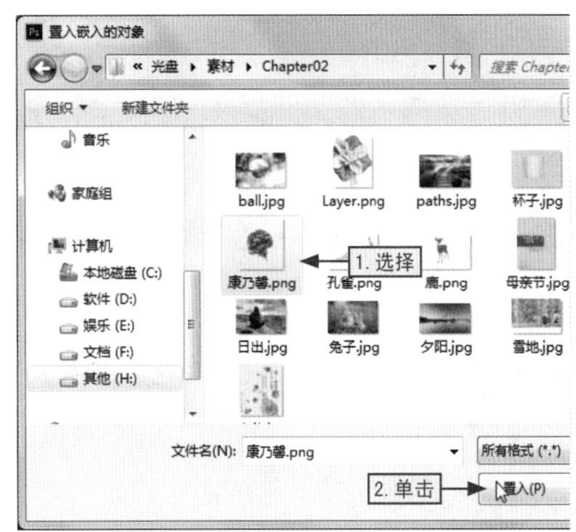

图2-63

步骤03 此时，被置入的图像会显示在被打开的图像文件上，将鼠标光标移动到图像对象四角的控制点上，按住鼠标左键并拖动鼠标对其大小进行调整，如图2-64所示。

步骤04 将鼠标光标移动到图像对象顶部中间的控制点处，鼠标光标成 形状后按住鼠标左键并拖动鼠标旋转对象，如图2-65所示。

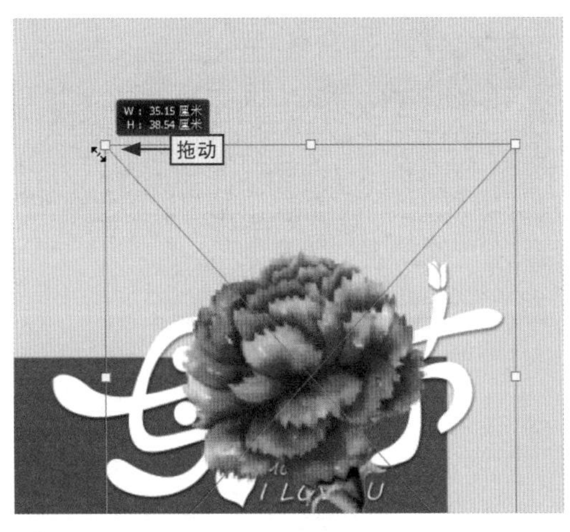

图2-64

图2-65

步骤05 按【Enter】键保存修改，在工具箱中单击“移动工具”按钮，在图像对象上按住鼠标左键将其移动到合适的位置，如图2-66所示。

步骤06 完成图像对象的大小与位置调整后，在菜单栏中单击“文件”菜单项，选择“存储为”命令，如图2-67所示。

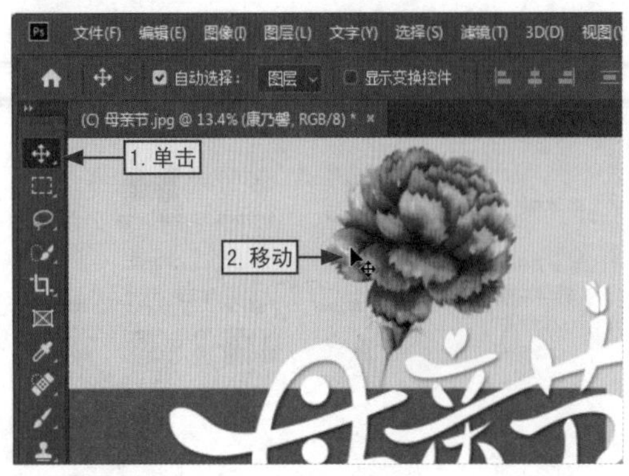

图2-66

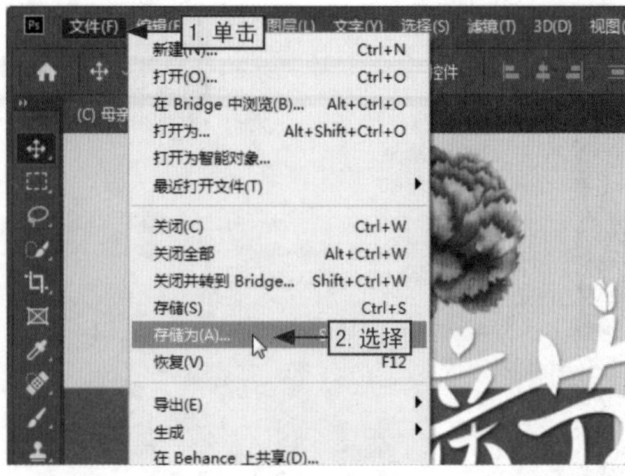

图2-67

步骤07 在打开的“另存为”对话框中选设置文件的存储路径，在“文件名”文本框中输入文件名，然后单击“保存”按钮，如图2-68所示。

步骤08 此时，在打开的“Photoshop格式选项”提示对话框中提示最大兼容性的相关信息，单击“确定”按钮即可完成操作，如图2-69所示。

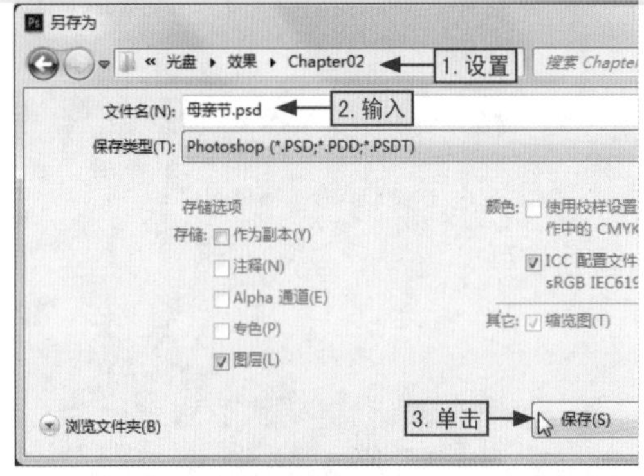

图2-68

图2-69

本例中将“康乃馨”素材图片合成到“母亲节”图片上的最终效果如图2-70所示。

图2-70

第3章

03

创建选区实现抠图

学习目标

在对图像的部分指定区域进行修改时，为了不对其他区域产生影响，就需要为指定区域创建选区。因此，为了更好地对选区进行操作，用户需要掌握制作选区常用技法、选区的基本操作以及选区的编辑操作等。

知识要点

- 制作选区常用技法
- 选区的基本操作
- 选区的编辑操作

效果预览

3.1 制作选区常用技法

Photoshop为用户提供了大量的选择工具与命令用于选择不同类型的对象。但是很多复杂的图像，如毛发、小动物等，需要多种工具配合才能将其进行选择。

所谓“抠图”，就是在Photoshop中选择对象之后，将其从背景中分离出来的整个操作过程。其中，抠图的方法有很多，如基本形状选择法、色调差异选择法等。

3.1.1 基本形状选择法

边缘为直线的对象，可以使用多边形套索工具来选择，如图3-1所示为使用多边形套索工具选择出小礼品的包装盒；如果边缘为圆形、椭圆形和矩形的对象，则可以使用选框工具来选择，如图3-2所示为使用椭圆选框工具选择出的挂钟。另外，如果对选区的形状和准确度要求不高，则可以使用套索工具手动快速绘制出选区。

图3-1

图3-2

3.1.2 色调差异选择法

简而言之，色调差异选择法就是用户可以基于色调之间的差异来建立选区。如果需要选择的对象与背景之间的色调具有明显差异，则可以直接使用色调差异选择法。想要使用此种方法来创建选区，可以选择快速选择工具、魔棒工具、“色彩范围”命令、混合颜色带和磁性套索工具等，如3-3（右图）所示为使用快速选择工具抠出的平板电脑。

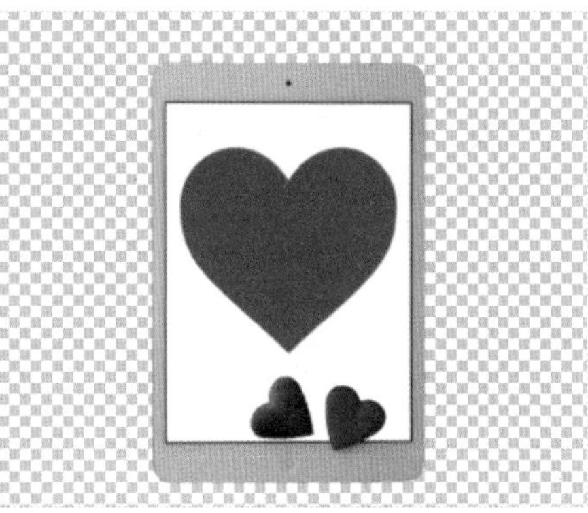

图3-3

3.1.3 钢笔工具选择法

使用Photoshop中的钢笔工具可以绘制出光滑的曲线路径，它属于矢量工具。如果被选择对象的边缘光滑，且呈现出不规则形状，用户就可以使用钢笔工具描摹出对象的轮廓，然后将轮廓转换为选区，从而选择目标对象，如图3-4所示。

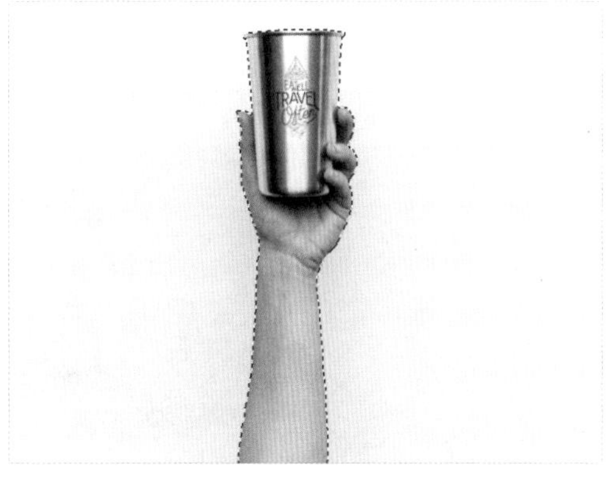

图3-4

3.1.4 快速蒙版选择法

为图像创建选区后，在工具箱中单击“以快速蒙版模式编辑”按钮，即可进入快

速蒙版状态，同时将图像上的选区转换为蒙版图像。此时，用户就可以使用各种绘图工具和滤镜对选区进行比较细致的加工，这与普通的图像处理类似。如图3-5所示为图像的普通选区，如图3-6所示为图像在快速蒙版状态下的选区。

图3-5

图3-6

3.1.5 简单选区细化法

当创建的选区不够精确时，则可以使用“调整边缘”功能来进行调整，“调整边缘”功能可以帮助用户轻松选择头发、胡须等细微的图像，还能消除选区边缘的背景色，如图3-7所示为使用“调整边缘”功能修改选区之后抠出来的孔雀。

图3-7

3.1.6

通道选择法

在Photoshop中，通道是非常强大的抠图工具，适合选择某些细节丰富的对象、透明对象以及边缘模糊的对象等。在“通道”面板中，用户可以使用画笔、滤镜、选区工具以及混合模式等工具来选择，如图3-8所示的图案就是使用通道选择法抠出来的。

图3-8

3.2 选区的基本操作

在Photoshop中编辑与处理图像时，经常需要针对局部效果进行一些调整。此时，可以通过选择特定的区域，并对该区域进行操作，就能确保其他区域不会受到影响，对此就要求用户掌握一些选区的基本操作。

3.2.1

创建选区

在对图像的局部区域进行处理时，需要先创建选区。在Photoshop中创建选区的方法有很多，创建选区的工具也有很多，其具体介绍如下。

1.使用选框工具组创建选区

Photoshop中创建选区最常用的工具就是选框工具，通过该工具可以绘制出固定的选区，如矩形、椭圆形等，其具体操作如下。

在工具箱的选框工具组上单击鼠标右键，即可看到矩形选框工具、椭圆选框工具以及单行选框工具等选框工具，如图3-9所示。

图3-9

● 矩形选框工具 使用选框工具组中的矩形选框工具，可以快速创建出矩形和正方形选区，如图3-10所示。默认情况下，矩形选框工具会创建出矩形，若想要绘制出正方形，则在选择矩形选框工具后，按住【Shift】键的同时绘制形状即可。

图3-10

● 椭圆选框工具 椭圆选框工具的使用方法与矩形选框工具的使用方法一样，用户使用椭圆选框工具可以直接创建出椭圆和圆形选区，如图3-11所示。

图3-11

● **单行选框工具与单列选框工具** 使用单行或单列选框工具可以创建出高或宽为“1”像素的行或列选区，用户只需要在选择单行或单列选框工具后，在图像上需要创建行或列选区的位置处单击鼠标即可，如图3-12所示。

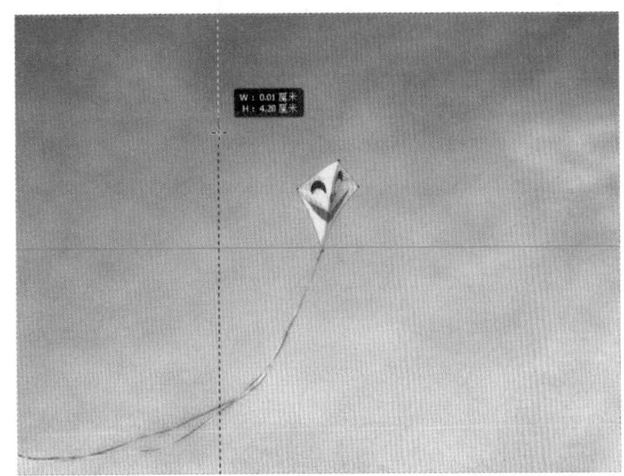

图3-12

2.使用快速选择工具创建选区

位于魔棒工具组中的快速选择工具主要通过查找和追踪图像中的边缘来创建选区。用户只需要在魔棒工具组中选择“快速选择工具”选项，即可开始使用快速选择工具创建选区，而使用快速选择工具可以创建3种状态的选区，如表3-1所示。

表3-1

选区创建方式	操作方法
创建单个图像选区	在工具箱中选择快速选择工具后，将鼠标光标移动到图像上，当鼠标光标变成⊕形状时，在需要选择的目标图像位置单击鼠标，即可创建单个图像选区
创建连续的图像选区	在工具箱中选择快速选择工具后，将鼠标光标移动到图像上，按住鼠标左键不放并拖动鼠标，即可创建出连续的图像选区
创建多个不连续的图像选区	在工具箱中选择快速选择工具后，将鼠标光标移动到图像上，单击鼠标创建第一个图像选区，然后按住【Shift】键在图像的其他位置以相同方法创建选区，即可创建多个不连续的图像选区

3.使用魔棒工具创建选区

使用魔棒工具可以快速选取图像中颜色相同或相近的区域，在选择颜色和色调比较单一的图像区域时会经常使用到该工具，其具体操作如下。

在工具箱的魔棒工具组上单击鼠标右键，选择“魔棒工具”选项，此时鼠标光标在图像上呈现形状。在工具选项栏中对魔棒工具的属性进行设置，然后在图像中需

要创建选区的位置上单击鼠标，即可快速创建一个选区。如果需要创建多个选择，则只需按住【Shift】键同时多次单击鼠标即可，如图3-13所示。

图3-13

4.使用套索工具组创建选区

在套索工具组中，具有3种可以创建不规则选区的工具，分别是套索工具、多边形套索工具和磁性套索工具，它们可以帮助用户选取需要的任意图像选区。

● 套索工具 使用套索工具可以创建出任意形状的选区，用户只需要选择该工具后，按住鼠标左键并拖动鼠标，即可创建选区，如图3-14所示。

图3-14

● 多边形套索工具 套索工具虽然可以创建出任意形状的选区，但是不容易对选区的精准度进行控制，此时可以通过多边形套索工具来弥补这个缺点。由于多边形套索工具可以做到精准创建选区，所以比较适合于边界较为复杂或直线较多的图像，如图3-15所示。

图3-15

● 磁性套索工具 在图像中创建选区时，如果被选择区域的颜色反差较大，则可以选择磁性套索工具。同时，磁性套索工具的框线会紧贴图像中定义区域的边缘创建选区，如图3-16所示。

图3-16

3.2.2 全选与反选选区

在对图像的选区进行操作时，全选选区与反选选区是两个非常常用的功能，其具体介绍如下。

1.全选选区

全选选区是指包含当前文档边界中的所有图像的选区，其具体操作如下。

在菜单栏中单击“选择”菜单项，选择“全部”选项（或按【Ctrl+A】组合键）即可，如图3-17所示。如果需要对整个图像进行复制操作，则可以在全选图像后，按【Ctrl+C】组合键即可（如果图像文档中包含多个图层，通过按【Shift+Ctrl+C】组合键也能实现复制）。

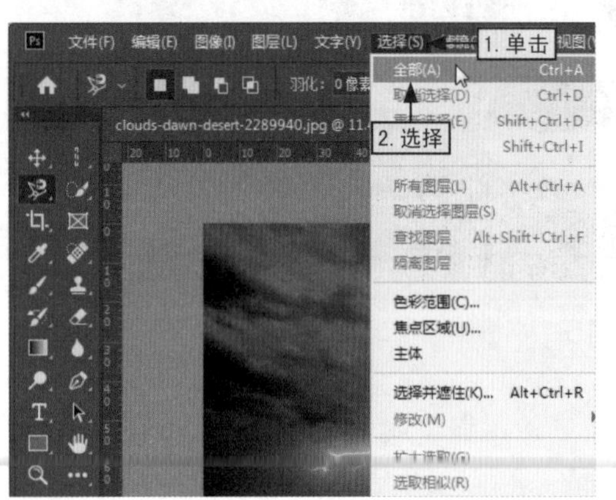

图3-17

2.反选选区

简而言之，反选选区就是将选区反转过来，从而选中除选区以外的其他图像区域，其具体操作如下。

创建目标选区，然后在菜单栏中单击“选择”菜单项，选择“反向”选项（或按【Shift+Ctrl+I】组合键）即可反选选区，如图3-18所示。

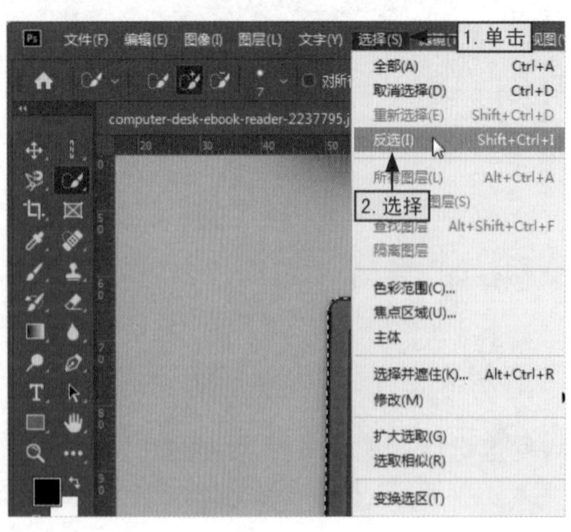

图3-18

3.2.3

取消选择与重新选择

在Photoshop中对选区进行操作时，除了全选选区与反选选区以外，取消选择与重新选择也是比较常见的两个操作，其具体介绍如下。

1.取消选择

在Photoshop中对选区内的图像操作完成后，需要将选区取消才能进行其他操作，其具体操作如下。

在菜单栏中单击“选择”菜单项，选择“取消选择”选项（或按【Ctrl+D】组合键），即可取消图像中被选择的区域，如图3-19所示。

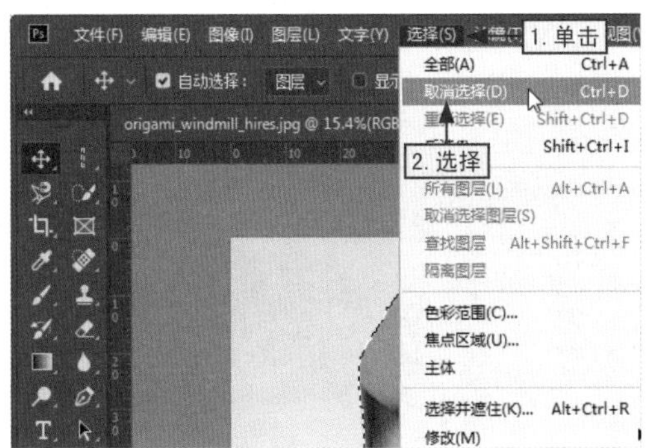

图3-19

2.重新选择

如果取消选择后需要再重新利用选区，则要重新进行选区，其具体操作如下。

在菜单栏中单击“选择”菜单项，选择“重新选择”选项（或按【Shift+Ctrl+D】组合键），即可重新选择之前所创建的选区，如图3-20所示。

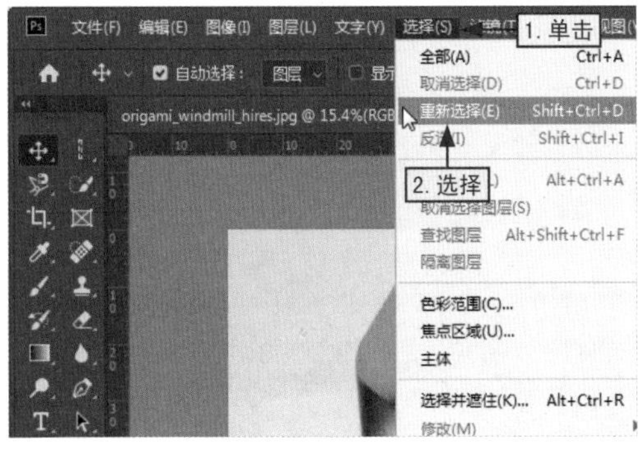

图3-20

3.2.4

移动选区

在创建选区的过程中，选框不一定与被选择图像重合在一起。为了使选框定位的位置更准确，用户可以通过移动工具对选框进行移动。

1.创建选区时移动选区

在使用选框工具或椭圆选框工具创建选区时，可以在释放鼠标之前按住空格键并拖动鼠标，则能达到移动选区的目的，如图3-21所示。

图3-21

2.创建选区后移动选区

如果用户已经在图像中创建好了选区，则只需要选择选框工具、套索工具或魔棒工具后，将鼠标光标移动到选区内，然后按住鼠标左键并拖动即可移动选区，如图3-22所示（如果用户想要微调选区的位置，则只需要按【↑】、【↓】、【←】或【→】键即可）。

图3-22

修改选区

用户通过对选区进行修改，可以使选区更符合自己的实际需求。修改选区主要分为两种情况，即增减或相交选区、扩大或缩小选区，其具体介绍如下。

1.增减或相交选区

在工具箱中选择选框工具后，工具选项栏中将会自动出现与选框工具相对应的编辑选项，分别是“新选区”“增加到选区”“从选区减去”与“与选区相交”，其具体介绍如下。

- **新选区** 在工具选项栏中单击“新选区”按钮后，若图像中没有选区，则可以创建一个选区；若图像中有选区，则可以创建一个新选区，并替换掉原有的选区。
- **增加到选区** 在工具选项栏中单击“增加到选区”按钮后，则可以在原有选区的基础上添加新的选区。
- **从选区减去** 在工具选项栏中单击“从选区减去”按钮后，则可以在原有选区中减去新创建的选区。
- **与选区相交** 在工具选项栏中单击“与选区相交”按钮后，图像中只会保留原有选区与新创建的选区相交的部分。

通常情况下，在对图像进行处理时很难一次性选择目标对象，这时就可以通过这些增减或相交选区功能来对选区进行辅助操作。

2.扩大或缩小选区

在图像上创建选区后，如果对选区的范围不满意，可以通过扩大或缩小的方式调整选区的范围，其具体操作如下。

在菜单栏中单击“选择”菜单项，选择“修改”命令，在其子菜单中可以查看到扩大或缩小选区的相关功能命令，如图3-23所示。

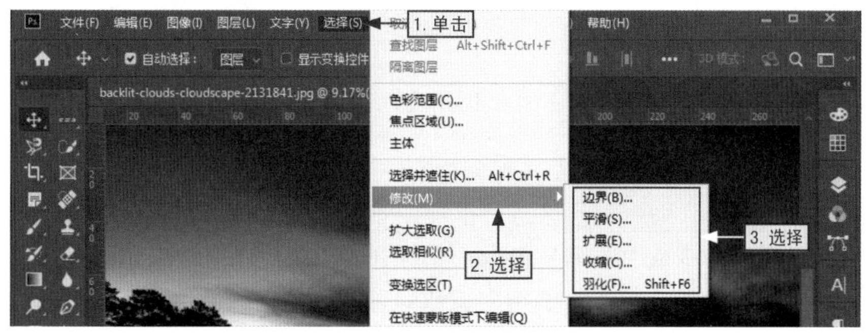

图3-23

● 边界选区 选择“边界”命令可以在已经创建的选区边缘再新建一个相同的选区，并使得选区的边缘过渡柔和。其具体操作为：在“修改”子菜单中选择“边界”命令，在打开的“边界选区”对话框设置边界的宽度，然后单击“确定”按钮即可完成操作，如图3-24所示。

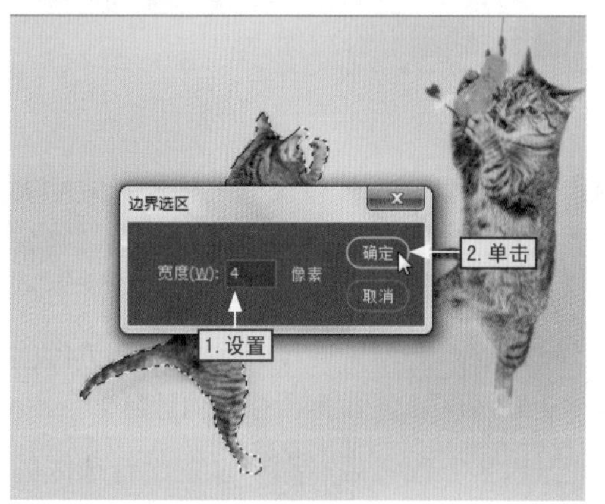

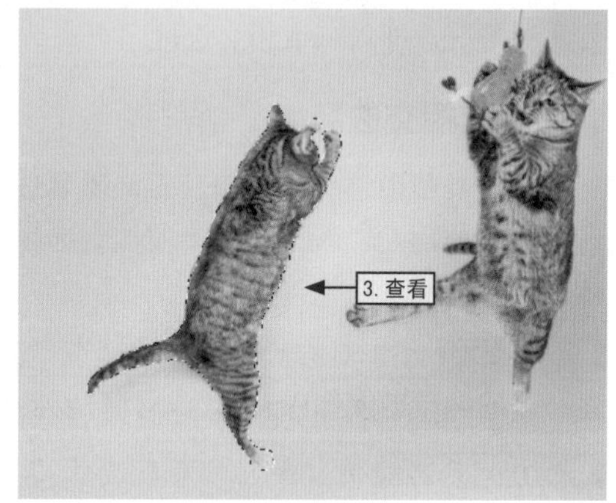

图3-24

● 平滑选区 选择“平滑”命令可以使选区的尖角变得平滑，并消除锯齿。其具体操作为：在“修改”子菜单中选择“平滑”命令，在打开的“平滑选区”对话框设置边界的宽度，然后单击“确定”按钮即可完成操作，如图3-25所示。

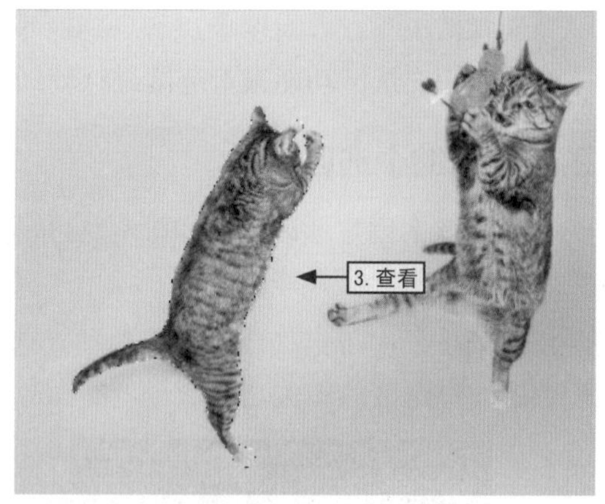

图3-25

● 扩展/收缩选区 在图像上完成选区创建后，若觉得选区偏大或者偏小，则可以通过“扩展”或“收缩”命令对选区进行扩展或收缩。其具体操作为：在“修改”子菜单中选择“扩展”命令或“收缩”命令，在打开的“扩展选区”或“收缩选区”对话框设置扩展量或收缩量，单击“确定”按钮即可完成操作，如图3-26所示为扩展选区的具体操作。

图3-26

● 羽化选区 选择“羽化”命令能够使选区边缘产生逐渐淡出的效果，让选区边缘变得平滑、自然。另外，在合成图像时，适当的羽化可以使合成效果更加自然，其具体操作为：在“修改”子菜单中选择“羽化”命令，在打开的“羽化选区”对话框设置羽化半径，然后单击“确定”按钮即可完成操作，如图3-27所示。

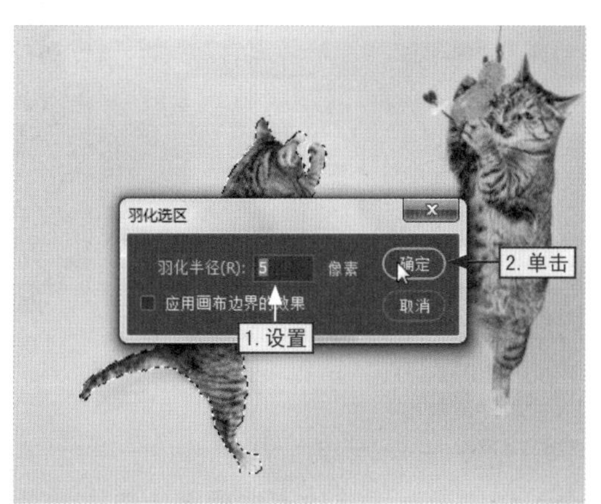

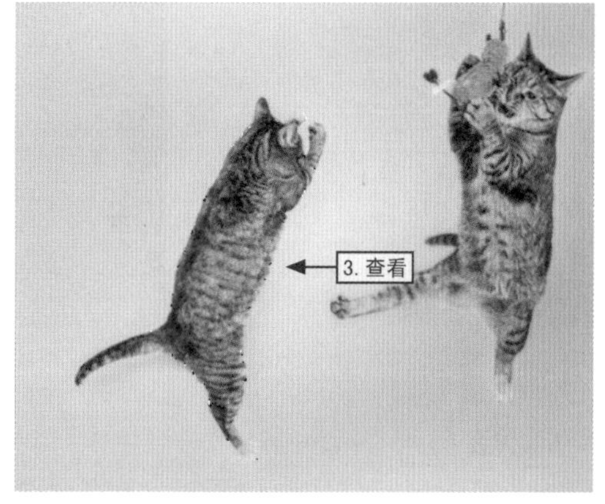

图3-27

3.3 选区的编辑操作

在对图像进行编辑与处理时，如果选区已经确定好了，但是经过调整后发现选区还是不太美观，此时就需要对选区进行一定的编辑和加工，使其与选区外的画面较好地融合。

3.3.1

填充选区

填充选区主要包括3方面的内容，即为选区填充前景色、为选区填充背景色以及为选区填充图案。填充选区主要有使用“填充”命令和油漆桶工具填充选区两种方法，其具体介绍如下。

1.使用“填充”命令填充选区

在Photoshop中，使用“填充”命令填充选区是比较常用的一种填充方式，其具体操作如下。

知识实操

本节素材	/素材/Chapter03/办公.jpg
本节效果	/效果/Chapter03/办公.jpg

步骤01 打开素材文件“办公.jpg”，在图像上创建选区，然后单击“编辑”菜单项，选择“填充”命令，如图3-28所示。

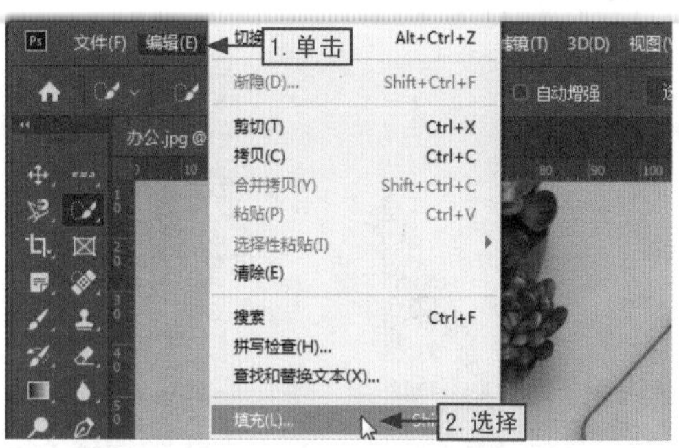

图3-28

步骤02 打开“填充”对话框，单击“内容”下拉列表框，选择“颜色...”命令，如图3-29所示。

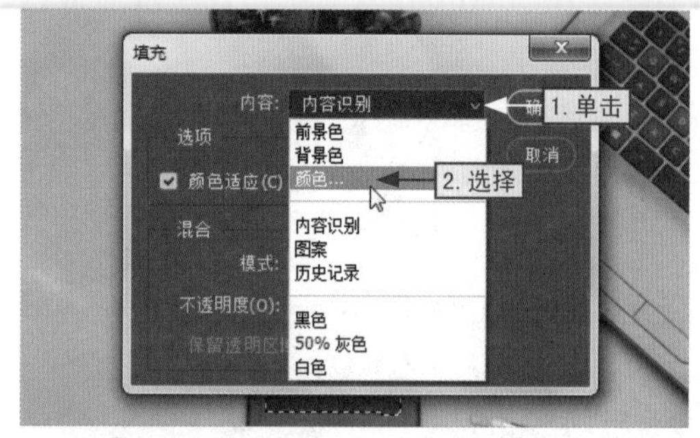

图3-29

步骤03 打开“拾色器（填充颜色）”对话框，单击鼠标选择填充颜色，单击“确定”按钮，如图3-30所示。

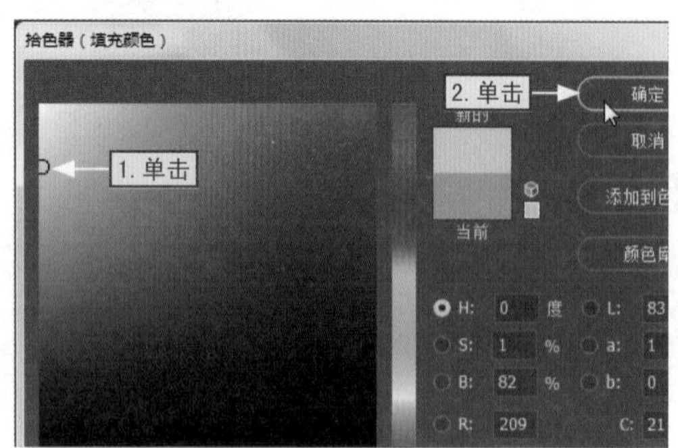

图3-30

步骤04 返回到填充对话框中，在“混合”栏中设置填充的不透明度，单击“确定”按钮，如图3-31所示。

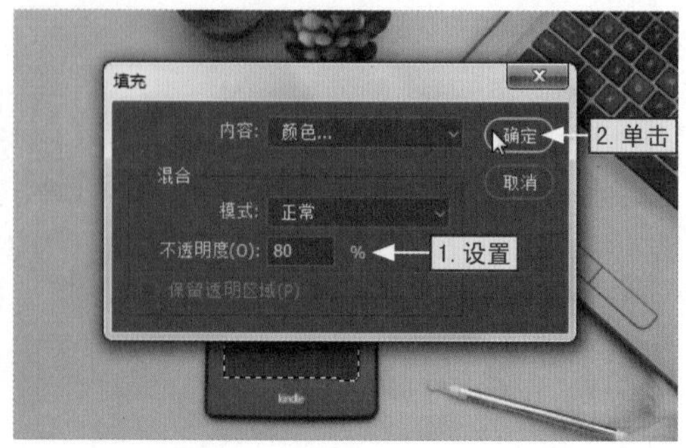

图3-31

步骤05 返回到文档窗口中，单击“选择”菜单项，选择“取消选择”命令，如图3-32所示。

步骤06 此时，即可查看到最终的填充效果，如图3-33所示。

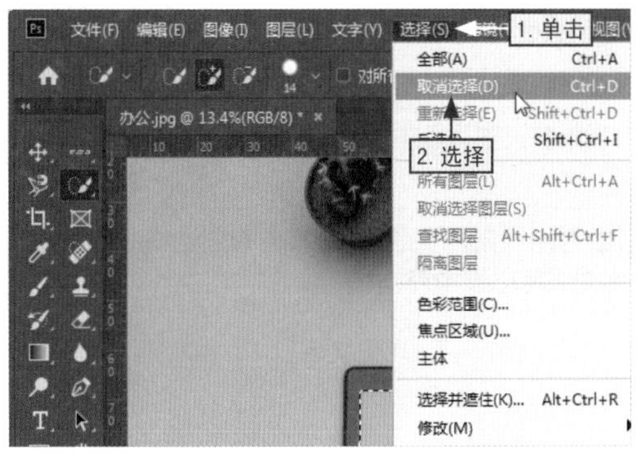

图3-32

图3-33

2.使用油漆桶工具填充选区

使用任意工具在图像中创建选区后，在工具箱中选择“油漆桶工具”选项，然后在选区中单击鼠标即可为选区指定填充颜色或图像，其着色范围取决于临近像素的颜色与被单击像素颜色之间的相似程度，如图3-34所示。

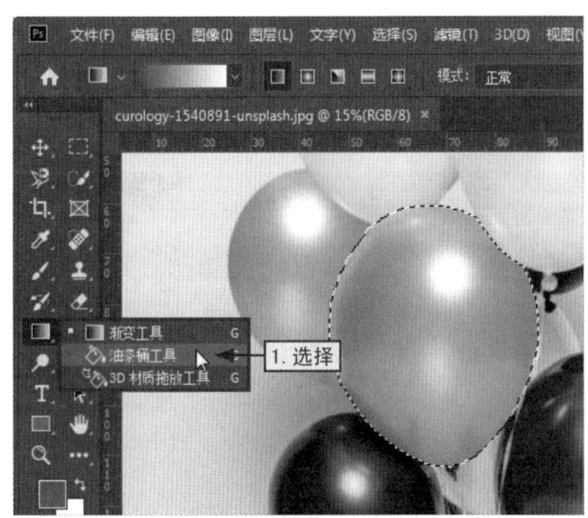

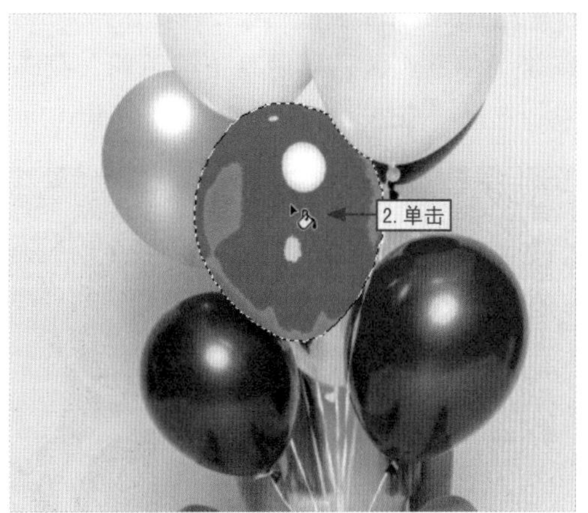

图3-34

其中，在油漆桶工具的工具选项栏中有多个选项，每个选项都具有不同的含义，其具体介绍如表3-2所示。

表3-2

选项名称	详解
“设置填充区域的源”下拉列表框	该功能用于设置填充的方式，如果选择“前景”选项，则使用前景色填充；如果选择“图案”选项，则使用定义的图案填充

续表

选项名称	详解
"图案"下拉列表框	该功能用于设置图案填充时的填充图案
"消除锯齿"复选框	该功能用于调整填充边缘的状态，选中"消除锯齿"复选框可以去除填充后的锯齿状边缘
"连续的"复选框	该功能用于设置像素的连续性，选中"连续的"复选框将只能填充连续的像素
"所有图层"复选框	该功能可以设置填充对象为所有的可见图层，如果取消选中"所有图层"复选框，则只有当前图层可以被填充

3.3.2 描边选区

描边选区是指对已经创建的选区边缘进行描边操作，也就是为选区的边缘设置颜色、宽度等，其具体操作如下。

知识实操

本节素材	/素材/Chapter03/咖啡.jpg
本节效果	/效果/Chapter03/咖啡.jpg

步骤01 打开素材文件"咖啡.jpg"，在图像上创建选区，然后单击"编辑"菜单项，选择"描边"命令，如图3-35所示。

图3-35

步骤02 打开"描边"对话框，在"描边"栏中设置宽度，然后单击"颜色"选项后的颜色条，如图3-36所示。

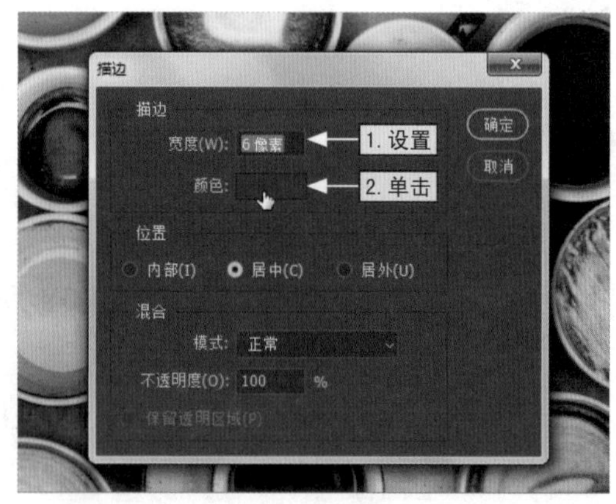

图3-36

步骤03 打开"拾色器（描边颜色）"对话框，在相应位置单击鼠标选择描边颜色，单击"确定"按钮，如图3-37所示。

步骤04 返回到"描边"对话框中，分别设置描边的位置、描边颜色的模式等参数，单击"确定"按钮，如图3-38所示。

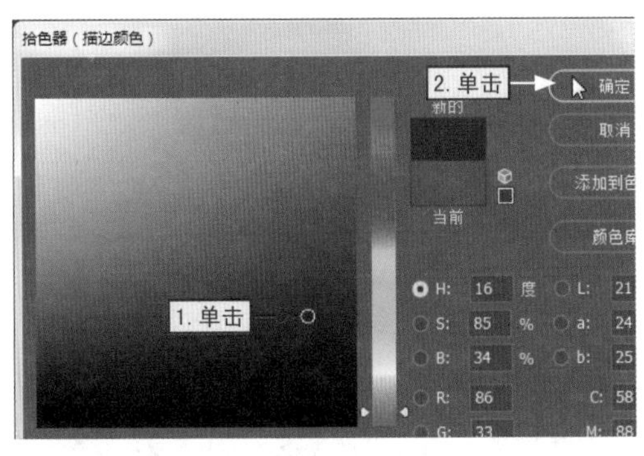

图3-37

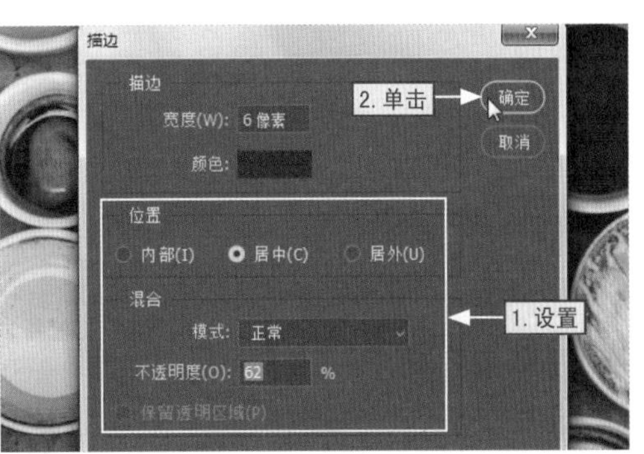

图3-38

步骤05 返回到文档窗口中，然后按【Ctrl+D】组合键取消选区，即可查看到描边效果，如图3-39所示。

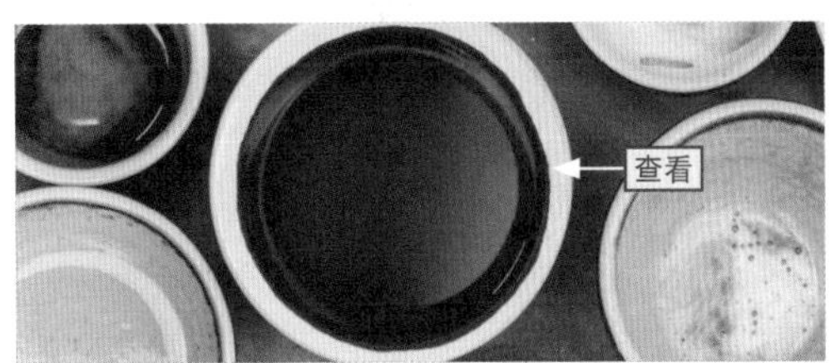

图3-39

3.3.3 存储选区

对选区调整完成后，如果希望以后可以直接使用该选区，则可以将其存储起来。存储选区主要有通过“通道”面板存储和通过“存储选区”命令存储两种方式，其具体介绍如下。

1.通过“通道”面板存储选区

通过“窗口”菜单项打开“通道”面板，然后单击其底部的“将选区存储为通道”按钮，即可将选区保存到Alpha通道中，如图3-40所示。

图3-40

2.通过“存储选区”命令存储选区

在菜单栏中单击“选择”菜单项，选择“存储选区”命令，即可打开“存储选区”对话框，在其中可对相应的存储选项进行设置，完成后单击“确定”按钮即可，如图3-41所示。

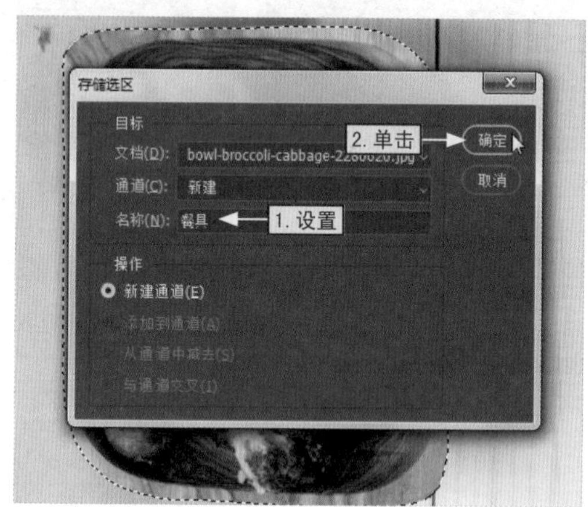

图3-41

拓展知识 | “存储选区”对话框中选项的含义

在“存储选区”对话框中，包含有多个属性选项，各选项的含义如表3-3所示。

表3-3

选项名称	详解
“文档”下拉列表框	在该下拉列表框中可以选择保存选区的目标图像位置，默认情况下为当前图像。如果选择“新建”选项，则将其保存到新图像中
“通道”下拉列表框	在该下拉列表框中，用户可以选择将选区存储到一个新建的通道中，或者将其存储到其他的Alpha通道
“名称”文本框	该文本框用于输入要存储选区的新通道名称
“操作”栏	在保存选区时，如果目标图像中包含有选区，则可以选择在通道中合并选区。若选中“新建通道”单选按钮，可将当前选区存储到新通道中；若选中“添加到通道”单选按钮，可将选区添加到目标通道的现有选区中；若选中“从通道中减去”单选按钮，可从目标通道内的现有选区中删除当前的选区；若选中“与通道交叉”单选按钮，可从当前选区和目标通道中的现有选区交叉的区域中存储一个选区

3.3.4

载入选区

如果想要调用已经定义并存储好的选区，则可以通过载入选区的方式将目标选区快速载入到图像中，其具体操作为：打开“通道”面板，然后按住【Ctrl】键，并在“通道”面板上单击存储的通道预览图，即可将选区载入到图像中，如图3-42所示。

另外，通过命令也可以载入选区，其具体操作为：在菜单栏中选择“选择/载入选区”命令，在打开的“载入选区”对话框中选择选区即可，如图3-43所示。

图3-42

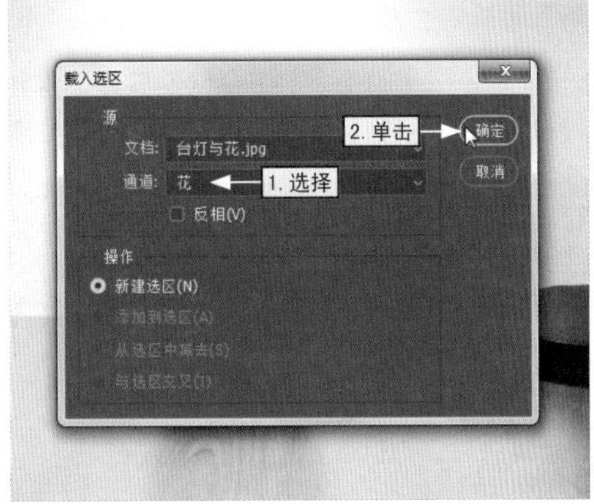

图3-43

案例精解

抠出白云图像并将其合成到新图像中

在本节中主要介绍了创建选区的相关操作，下面通过抠出干净的白云图像并将其融合到新图像中为例，讲解创建选区并实现抠图的一系列操作。

本节素材	/素材/Chapter03/冰淇淋.jpg、白云.jpg
本节效果	/效果/Chapter03/冰淇淋.psd

步骤01 打开素材文件“白云.jpg”和“冰淇淋.jpg”，在工具箱的选择工具组上单击鼠标右键，选择“魔棒工具”选项，如图3-44所示。

步骤02 在工具选项栏的“容差”文本框中输入“35”，在图像的白云上单击鼠标，为目标图像创建选区，如图3-45所示。

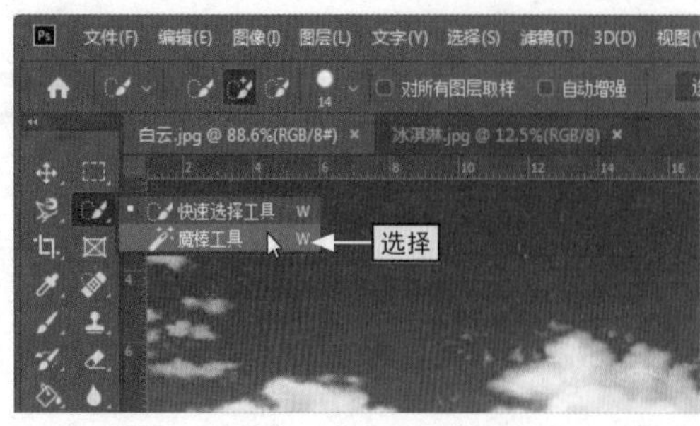

图3-44

图3-45

步骤03 选择移动工具，将选择的白云图像移动到“冰淇淋.jpg”素材文件中，并在“图层”面板中生成“图层1”图层，如图3-46所示。

步骤04 按【Ctrl+T】组合键使白云图像进入变形状态，将鼠标光标移动到图像右上角的控制点上，并按住鼠标左键进行拖动，如图3-47所示。

图3-46

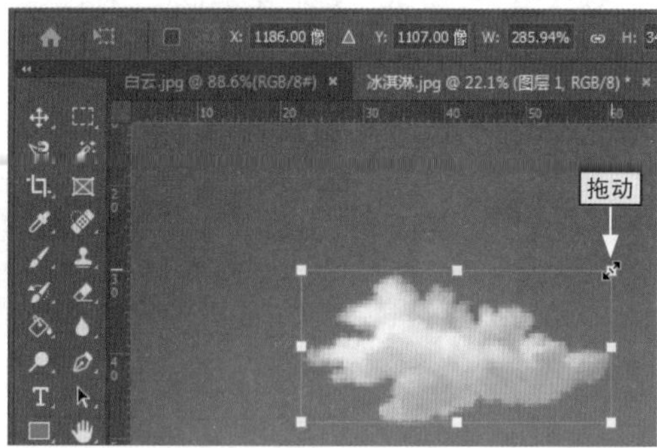

图3-47

步骤05 继续调整白云图像的位置，然后将鼠标光标移动到图像左上角控制点的上方，按住鼠标左键并拖动鼠标，对图像进行旋转，如图3-48所示。

步骤06 调整完成后按【Enter】键退出图像变形状态，此时在文档图像中可查看到图像合并后的效果，如图3-49所示。

图3-48

图3-49

第4章

04

图层对象的创建与编辑

学习目标

图层就像是含有文本、图片、表格以及插件等元素的胶片，一张张按顺序叠放在一起，组合起来就形成了一幅完整的图像。如果只对指定的图层进行操作，则其他图层不会受到任何影响。

知识要点

- 图层的创建与基本编辑操作
- 应用图层样式效果
- 使用“样式”面板
- 图层的其他应用

效果预览

4.1 图层的创建与基本编辑操作

在Photoshop中，基本上所有的图像编辑与处理操作都需要在图层上实现，所以图层是Photoshop中最重要的功能之一。若没有图层，所有的图像操作都会在同一个平面上进行，这不仅会使许多操作变得艰难，许多图像效果也无法实现。

4.1.1 创建不同类型的图层

在Photoshop CC中，通过不同的方式可以创建出不同类型的图层，如在“图层”面板中创建、使用“通过拷贝的图层”命令创建以及使用“新建”命令创建等，其具体介绍如下。

1.在“图层”面板中创建图层

创建图层最常用的方式就是在“图层”面板中创建，其主要分为两种情况，分别是在图层上方创建图层和在图层下方创建图层。

● 在图层上方创建图层 在“图层”面板下方单击“创建新图层”按钮，即可在当前图层上创建一个新图层，而新建的图层也将会自动成为当前被选择的图层，如图4-1所示。

图4-1

● 在图层下方创建图层 首先按住【Ctrl】键，然后在“图层”面板下方单击“创建新图层”按钮，即可在当前图层下方创建一个新的图层，如图4-2所示。值得用户注意的是，如果当前图层为“背景”图层，则无法在其下方创建新的图层。

图4-2

2.使用“新建”命令创建图层

如果用户想要在创建图层的同时为新建图层设置属性，如图层名称、样式以及模式等，则可以通过“新建”命令来实现，其具体操作如下。

知识实操

本节素材	/素材/Chapter04/小熊.jpg
本节效果	/效果/Chapter04/小熊.psd

步骤01 打开素材文件“小熊.jpg”，在菜单栏中单击“图层”菜单项，选择“新建/图层”命令，如图4-3所示。

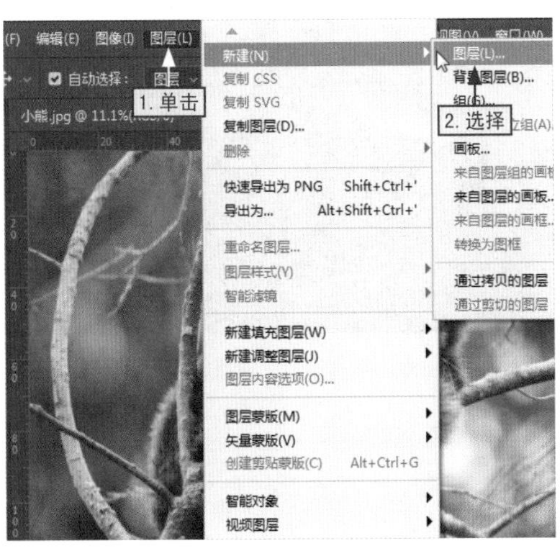

图4-3

步骤02 打开“新建图层”对话框，在“名称”文本框中输入图层的名称，依次设置颜色、模式以及不透明度等属性，然后单击“确定”按钮，如图4-4所示。

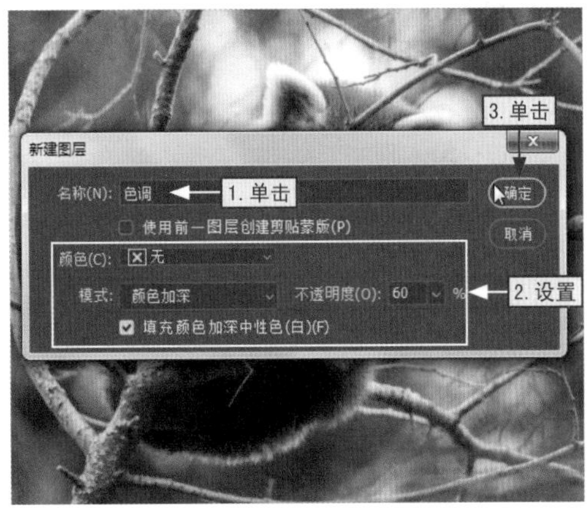

图4-4

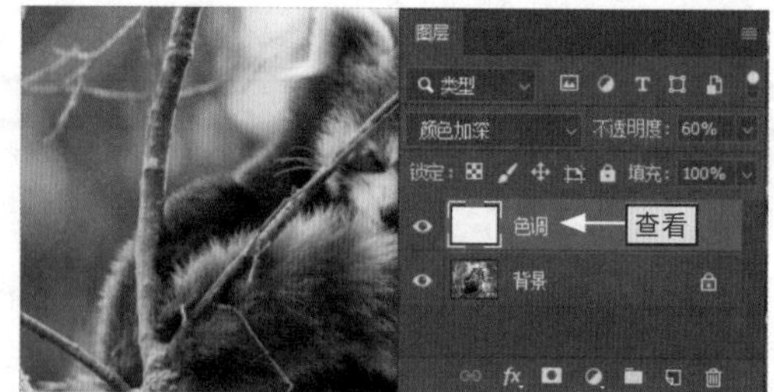

步骤03 此时，可以在“图层”面板中查看到创建的新图层，名为“色调”，然后按【Ctrl+S】组合键对图像进行保存即可完成操作，如图4-5所示。

图4-5

拓展知识 | “颜色”下拉列表框的具体功能

在“新建图层”对话框的“颜色”下拉列表框中，具有多个颜色选项，这些颜色选项可以对图层进行颜色标记。在Photoshop中，使用颜色标记图层称为颜色编码，为了有效区分不同用途的图层或图层组，可以为其设置一个能区别于其他图层或图层组的颜色。

3.使用“通过拷贝的图层”命令创建图层

在Photoshop中，若图像中没有创建选区，则可以通过“通过拷贝的图层”命令对当前图层进行快速复制；若图像中创建了选区，则可以通过“通过拷贝的图层”命令将选区中的图像快速复制到新图层中，且原图层中的内容不变，其具体操作如下。

在菜单栏中单击“图层”菜单项，选择“新建/通过拷贝的图层”命令，即可在“图层”面板中查看到创建的新图层，如图4-6所示。

图4-6

4.创建图层背景

通常情况下，在创建一个图像文件时，其背景颜色一般为白色。若前期没有为图像文件创建背景（即使用透明色作为背景），则可以在图像处理好后，再为其添加一

个合适的背景，这时就需要为图像创建图层背景，其具体操作如下。

知识实操

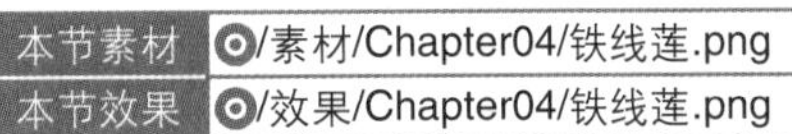

本节素材	/素材/Chapter04/铁线莲.png
本节效果	/效果/Chapter04/铁线莲.png

步骤01 打开素材文件“铁线莲.png”，在工具箱中单击“背景色”按钮打开“拾色器（背景色）”对话框，如图4-7所示。

图4-7

步骤02 将滑块拖动到目标颜色区域，选择需要的背景颜色，然后单击“确定”按钮，如图4-8所示。

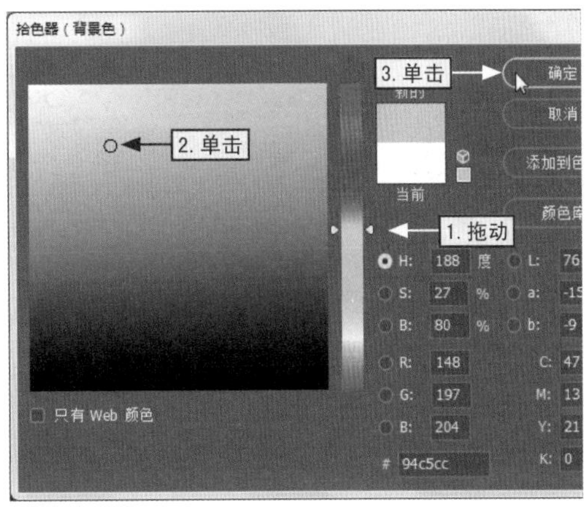

图4-8

步骤03 返回到文档窗口中，在菜单栏中单击“图层”菜单项，选择“新建/图层背景”命令，如图4-9所示。

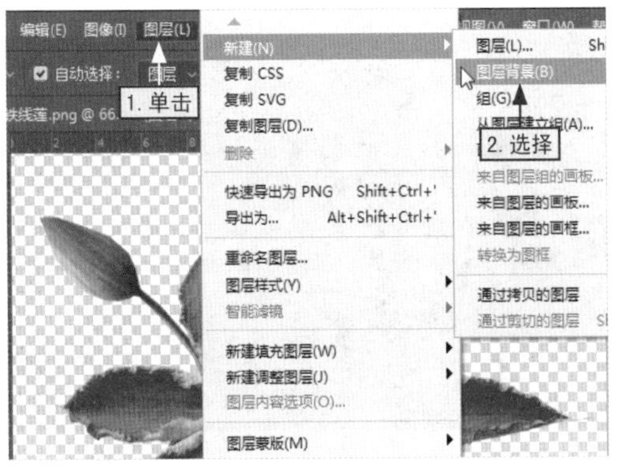

图4-9

步骤04 此时，可以看到图像添加了背景（颜色为背景色），而且当前图层也被转换为背景图层，如图4-10所示。

图4-10

拓展知识 | “图层”面板的作用

“图层”面板不仅可以用来创建、编辑和管理图层，还可以查看图像所有的图层、图层组与图层效果。

4.1.2

选择图层

如果想要对图层进行编辑，首先需要选择目标图层，选择图层的方式有很多，如选择一个图层、选择多个图层以及选择所有图层等，其具体介绍如下。

● 选择一个图层 选择一个图层的操作很简单，只需要在“图层”面板上直接单击目标图层选项即可选择该图层，而该目标图层也将成为当前图层，如图4-11所示。

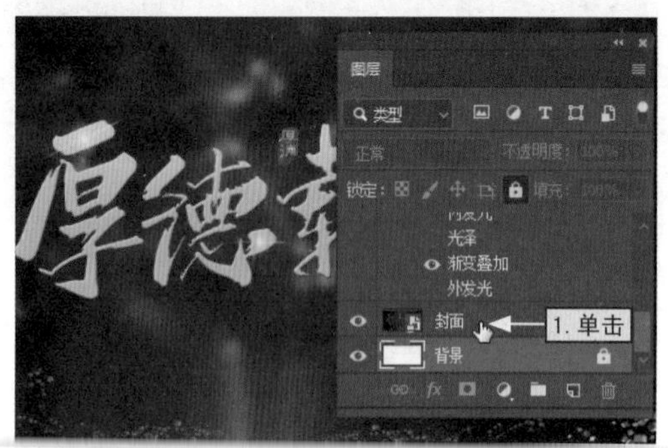

图4-11

● 选择多个图层 如果需要在“图层”面板中选择多个相邻的图层，则可以先选择第一个图层，然后按住【Shift】键后再选择最后一个图层，如图4-12所示。如果需要在“图层”面板中选择多个不相邻的图层，则可以先选择第一个图层，然后按住【Ctrl】键后再选择其他图层，如图4-13所示。

图4-12

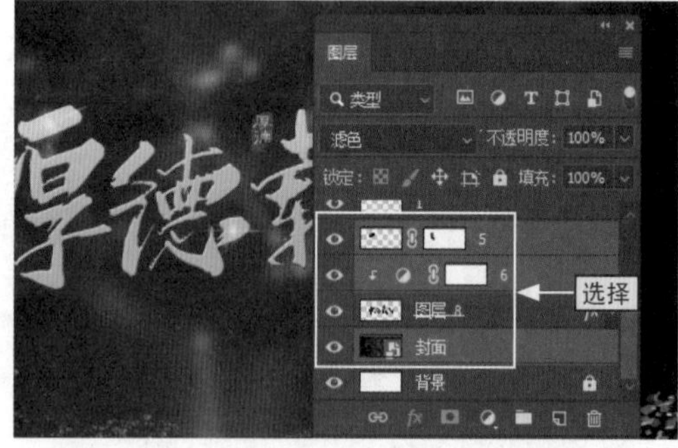

图4-13

● 选择所有图层 如果需要在“图层”面板中选择所有图层，则可以通过命令来实现。其具体操作为：在菜单栏中单击“选择”菜单项，然后选择“所有图层”选项即可，如图4-14所示。

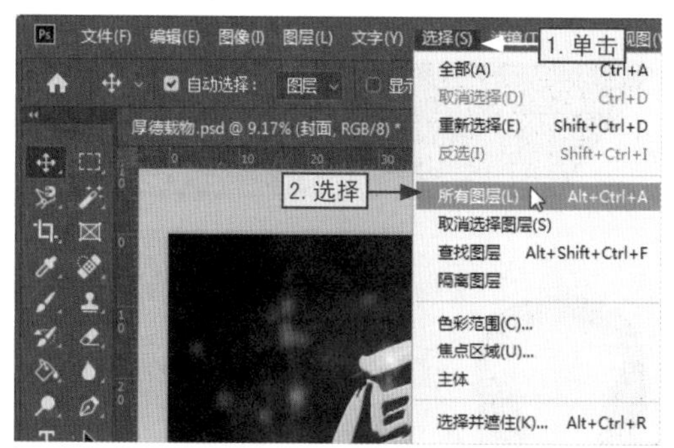

图4-14

如果想要退出图层的选择状态，则只需在菜单栏中单击“选择”菜单项，选择“取消选择图层”选项即可，如图4-15所示。

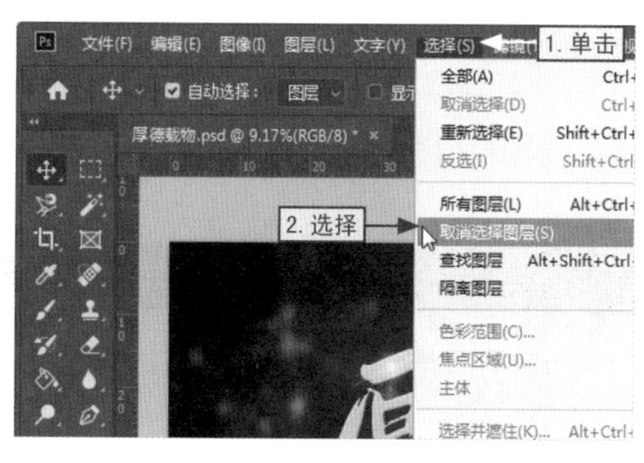

图4-15

4.1.3

复制与删除图层

在使用Photoshop编辑与处理图像时，复制图层与删除多余图层是比较常见的操作，其具体介绍如下。

1.复制图层

在Photoshop中，复制图层主要有两种方式，分别是在“图层”面板中复制图层和通过命令复制图层。

● 在“图层”面板中复制图层 在“图层”面板中选择需要复制的图层，按住鼠标左键并将其拖动到“创建新图层”按钮上，即可快速复制图层，如图4-16所示。

图4-16

● 通过命令复制图层 在“图层”面板中选择需要复制的图层，在菜单栏中单击“图层”菜单项，选择“复制图层”命令。打开“复制图层”对话框，输入图层名称并设置相关选项，然后单击“确定”按钮即可，如图4-17所示。

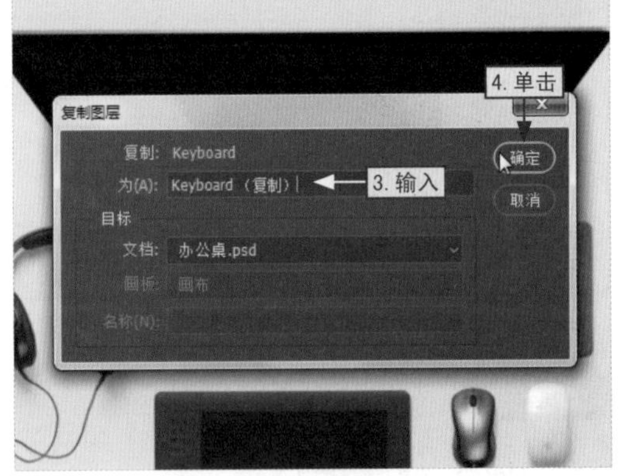

图4-17

2.删除图层

在对图像进行编辑与处理时，可能会产生一些多余的图层，为了不影响图像文件的大小和保持“图层”面板的整洁，可将那些不需要的图层删除，其具体操作如下。

在“图层”面板中，直接将需要删除的图层拖动到“删除图层”按钮上，即可删除该图层，如图4-18所示。另外，在“图层”面板中选择需要删除的图层，在菜单栏中单击“图层”菜单项，然后选择“删除/图层”命令，也可以删除当前图层，如图4-19所示。

图4-18

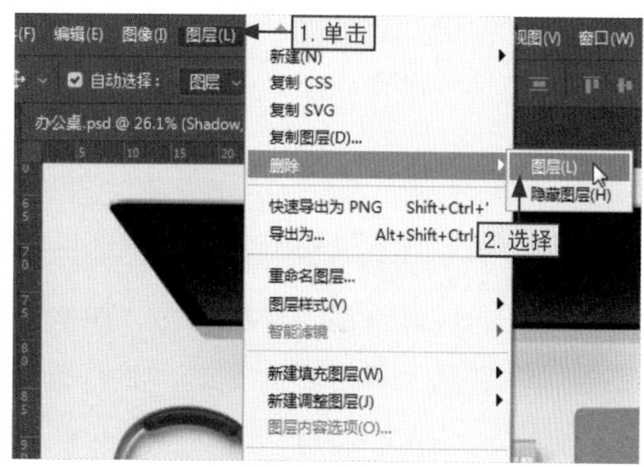

图4-19

4.1.4

隐藏与锁定图层

如果一个图像文档中包含有多个图层，在某个图层进行编辑与处理时，为了避免因其他图层遮挡视线而影响操作，用户可以暂时将这些未进行操作的图层隐藏起来。另外，为了防止对其他图层做出错误操作，还可以将其锁定起来，具体操作如下。

在“图层”面板中选择需要隐藏的图层，单击目标图层左侧的“指示图层可见性”图标，即可将其隐藏起来，如图4-20所示。而在“图层”面板中选择需要锁定的图层，单击“锁定全部”按钮，即可将目标图层锁定，如图4-21所示。

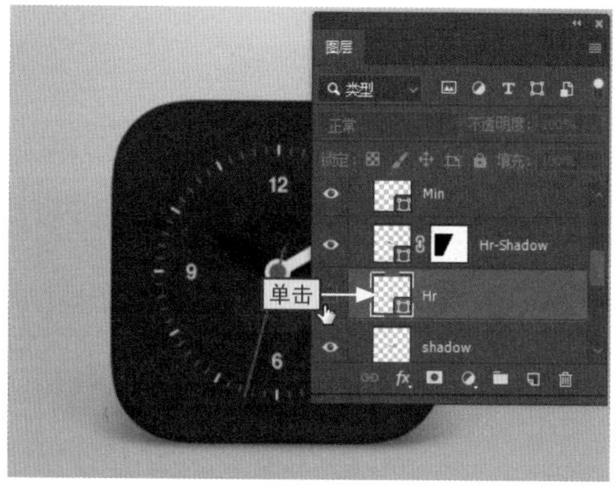

图4-20

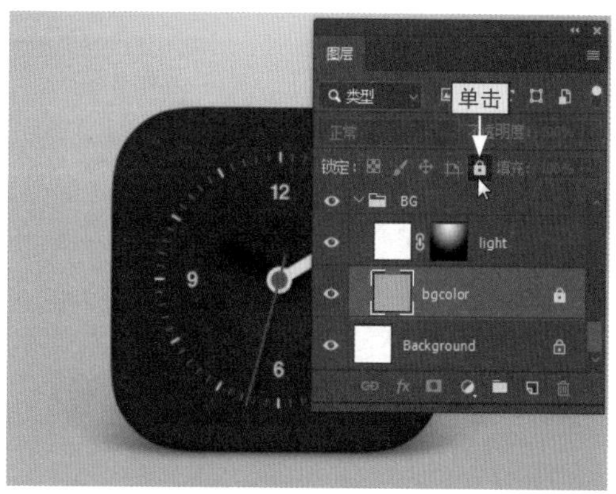

图4-21

4.1.5

图层的合并和层组

在对图像进行编辑与处理的过程中，可以将编辑好的多个图层合并为一个图层，

从而减小图像文档的体积。另外，若要对多个图层进行相同操作，则可以将它们进行层组，其具体操作如下。

知识实操

本节素材	/素材/Chapter04/手表.psd
本节效果	/效果/Chapter04/手表.psd

步骤01 打开素材文件“手表.psd”，在“图层”面板中选择“背景”和“阴影”图层，并在其上单击鼠标右键，然后选择“合并图层”命令，如图4-22所示。

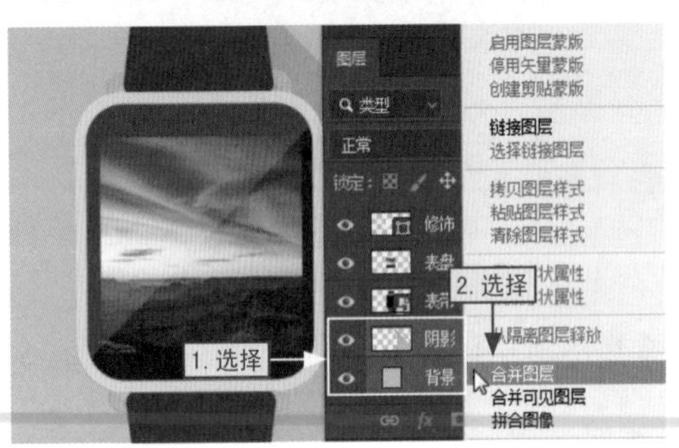

图4-22

步骤02 此时，所选的多个图层将被合并为一个图层，并以排列第一的图层名称命名，即将“阴影”图层和“背景”图层合并为“阴影”图层，如图4-23所示。

图4-23

步骤03 选择要合并的“表盘”和“表带”两个图层，并在其上右击，选择“从图层建立组...”命令，如图4-24所示。

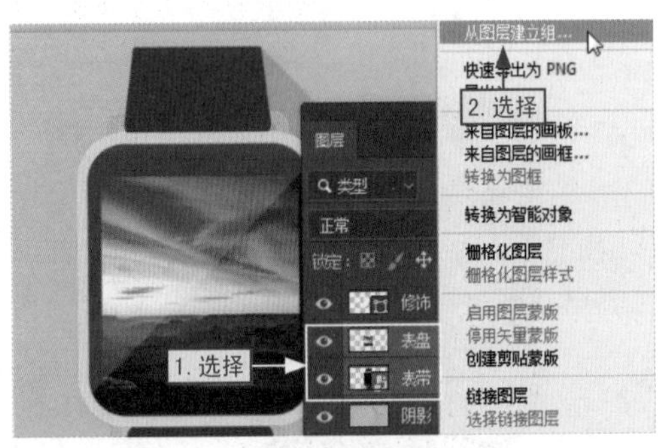

图4-24

步骤04 打开“从图层新建组”对话框，在“名称”文本框中输入组名称，然后单击“确定”按钮，如图4-25所示。

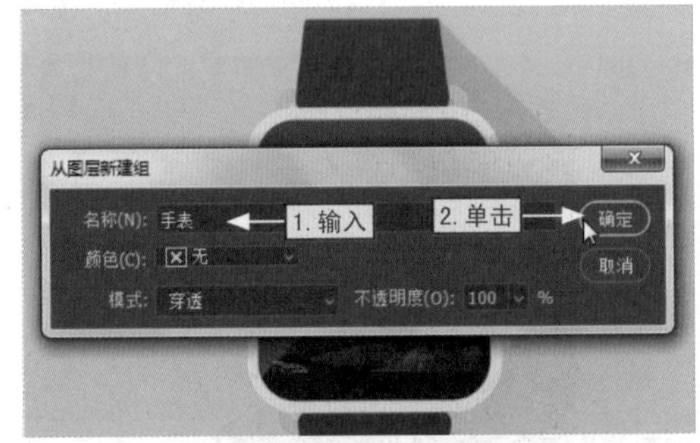

图4-25

步骤05 此时，在“图层”面板上会自动创建一个名为“手表”图层组，将之前选择的图层包含其中（如果还需要将其他图层加入该组中，直接通过鼠标将其拖动到组中即可），如图4-26所示。

图4-26

4.1.6 为图层设置名称与颜色

如果图像文档中具有较多的图层，则可以为这些图层设置一些容易识别的名称，或者为其添加便于区分的颜色，从而可以在多个图层中快速找到目标图层，其具体操作如下。

知识实操

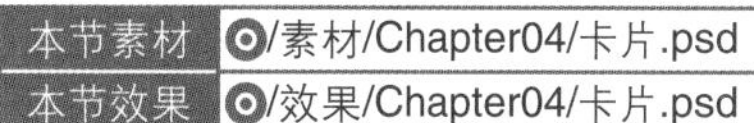

本节素材	/素材/Chapter04/卡片.psd
本节效果	/效果/Chapter04/卡片.psd

步骤01 打开素材文件“卡片.psd”，在“图层”面板中选择要改名的图层“图层0”，在菜单栏中单击“图层”菜单项，选择“重命名图层”命令，如图4-27所示。

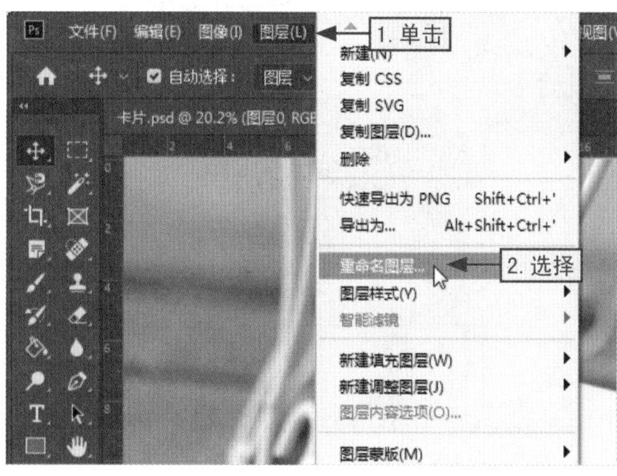

图4-27

步骤02 此时，在“图层”面板的目标图层中会激活名称文本框，在文本框输入需要新名称，按【Enter】键即可，如图4-28所示。

图4-28

步骤03 保持该图层的选择状态，在其上单击鼠标右键，在弹出的快捷菜单中选择“红色”命令，如图4-29所示。

图4-29

步骤04 此时，即可查看到该图层的名称被修改为“Layer 1”，其图层缩略图前被标记为红色，如图4-30所示。

图4-30

4.1.7 栅格化图层内容

对于包含矢量数据（如文字图层、形状图层、矢量蒙版或智能对象等）和生成的数据（如填充图层）的图层，不能使用绘画工具或滤镜。此时，需要将这些图层进行栅格化，使其内容转换为平面的光栅图像，然后才能对其进行相应的编辑操作，其具体操作如下。

在选择目标图层后，在菜单栏中单击“图层”菜单项，选择“栅格化”命令，然后在其子菜单中选择相应命令，即可栅格化图层中的内容，如图4-31所示。

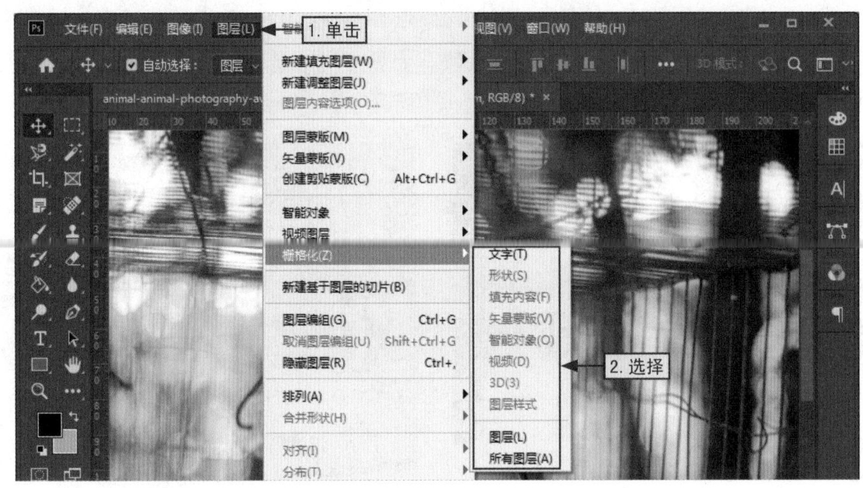

图4-31

在“图层/栅格化”命令的子菜单中含有多个命令，如文字、形状、填充内容以及矢量蒙版等，而每个选项代表着不同的含义，其具体介绍如表4-1所示。

表4-1

选项名称	介绍
文字	对文字图层进行栅格化操作，使文字内容变成光栅图像，而图层在栅格化后，文字内容将不能再被修改
形状	对形状图层进行栅格化
填充内容	对形状图层的填充内容进行栅格化，并为形状创建矢量蒙版
矢量蒙版	对矢量蒙版进行栅格化，并将其转换为图层蒙版
智能对象	对智能对象进行栅格化操作，使其转换为像素
视频	对视频图层进行栅格化，选择的图层将拼合到“时间轴”面板中的当前帧中

续表

选项名称	介绍
图层样式	对图层样式进行栅格化，将其应用到图层内容中
图层	对当前选择的图层进行栅格化
所有图层	对包含矢量数据、智能对象和产生数据的所有图层进行栅格化

4.2 应用图层样式效果

图层样式是指为图层中的普通图像添加指定样式，从而制作出具有投影、发光或叠加等特殊效果，如玻璃上的水珠、复古文字以及部分被遮挡的月光等。另外，图层样式的操作具有较强的灵活性，用户可以根据实际需要对其进行修改、删除或隐藏。

4.2.1 图层样式的应用方法

用户想要为图层应用样式，从而为其添加各种炫酷的效果，则需要先打开“图层样式”对话框，因为“图层样式”对话框中内置了多种图层样式，如图4-32所示。

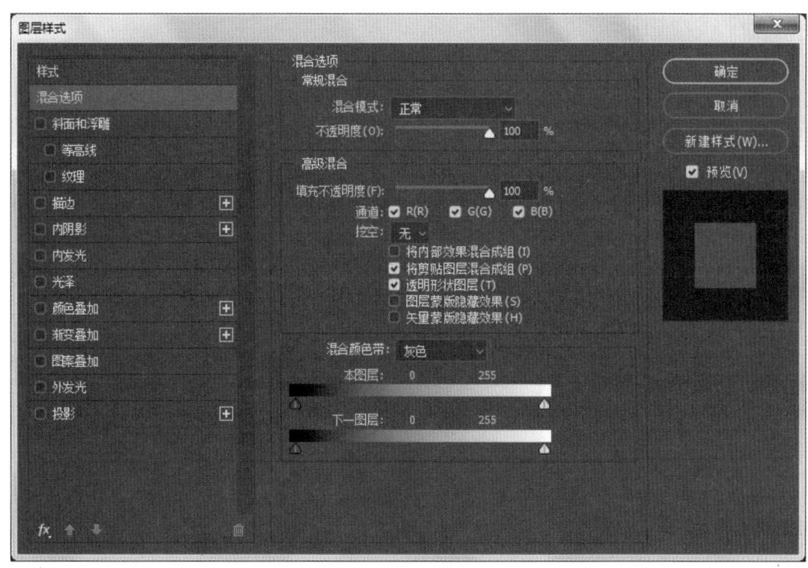

图4-32

打开“图层样式”对话框的方式有很多，如通过菜单栏打开“图层样式”对话话

框、通过“图层”面板打开“图层样式”对话框等。选择需要添加样式效果的图层后，然后选择以下任一方式打开“图层样式”对话框，就能对其设置效果。

● 通过菜单栏打开“图层样式”对话框 在“图层”面板上选择目标图层后，单击“图层”菜单项，选择“图层样式”命令，然后在其子菜单中选择一种图层样式即可，如选择“斜面和浮雕”命令，如图4-33所示。

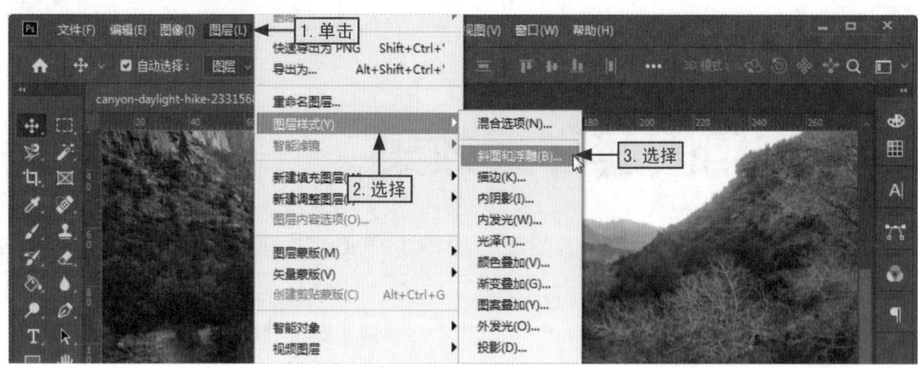

图4-33

● 通过双击鼠标打开“图层样式”对话框 通过双击鼠标打开“图层样式”对话框是比较简单的方式，在“图层”面板的目标图层上双击鼠标即可，如图4-34所示。

● 通过“图层”面板打开“图层样式”对话框 通过“图层”面板打开“图层样式”对话框是最常用的方式，在“图层”面板上选择目标图层后，单击“添加图层样式”下拉按钮，在弹出的下拉菜单中选择一种图层样式命令，如选择“描边”命令，如图4-35所示。

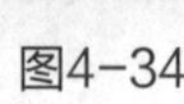

图4-34

图4-35

1.斜面和浮雕

“斜面和浮雕”效果可以为图层添加各种组合的高光与阴影，从而使图层中的对象呈现出立体的浮雕效果，如图4-36所示为整个图层应用了“斜面和浮雕”图层样式的前后对比效果。

图4-36

2.描边

“描边”效果可以使用颜色、渐变颜色或图案来对当前图层上的对象、文本或形状的轮廓进行描画，它对于边缘清晰的形状特别有用，如图4-37所示为文字图层应用“描边”图层样式的前后对比效果。

图4-37

拓展知识 | 颜色叠加

在“图层样式”对话框左侧列表中有“颜色叠加”选项，该效果是指在图层对象上叠加一种颜色，即使用一种颜色填充到应用样式的图层对象上。通过设置颜色的混合模式与透明度，就能对叠加效果进行控制。

3.内阴影

“内阴影”效果可以为图层上的对象、文本或形状的内边缘添加阴影，从而使图

层中的对象产生一种凹陷效果，而该图层样式对文本对象效果更佳，如图4-38所示为化妆品瓶图层应用“内阴影”图层样式的前后对比效果。

图4-38

4.内发光

“内发光”效果可以帮助图层上的对象、文本或形状的边缘添加向内发光的效果，如图4-39所示为文字应用“内发光”图层样式的前后对比效果。

图4-39

拓展知识 | 外发光

“图层样式”对话框左侧列表中有“外发光”选项，该效果可以帮助图层上的对象、文本或形状的边缘添加向外发光效果，从而让图层对象、文本或形状更精致。

5.光泽

“光泽”效果会对图层对象内部应用阴影，与对象的形状互相作用，主要通过选择不同的“等高线”来改变光泽的样式，通常用于创建规则波浪形状，从而产生光滑的磨光及金属效果，如图4-40所示为文字应用“光泽”图层样式的前后对比效果。

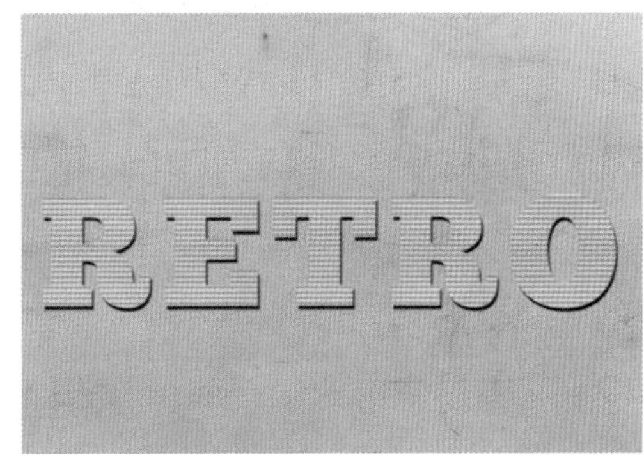

图4-40

6.投影

“投影”效果可以为图层上的对象、文本或形状添加阴影，从而使其产生立体效果，如图4-41所示为孔雀应用“投影”图层样式的前后对比效果。

图4-41

4.2.2 隐藏图层样式

隐藏图层样式是将所添加的图层样式进行暂时的清除，若需要可以重新显示，其具体操作如下。

在“图层”面板中选择需要隐藏图层样式的图层，单击图层样式前的“切换单一图层效果可见性”图标按钮，即可隐藏图层样式，如图4-42所示。

图4-42

4.2.3

复制与粘贴图层样式

如果在一个图像文档中含有多个图层，且多个图像需要应用同一种样式，则可以先为其中的某个图层应用样式，然后将图层样式复制和粘贴到其他图层中，其具体操作如下。

知识实操

本节素材	/素材/Chapter04/立夏.psd
本节效果	/效果/Chapter04/立夏.psd

步骤01 打开素材文件“立夏.psd”，在“图层”面板中选择需要应用图层样式的图层，单击“添加图层样式”下拉按钮，选择“颜色叠加”选项，如图4-43所示。

步骤02 打开“图层样式”对话框，左侧列表中会默认选中“颜色叠加”复选框，在右侧的“颜色”栏中单击“设置叠加颜色”按钮，如图4-44所示。

图4-43

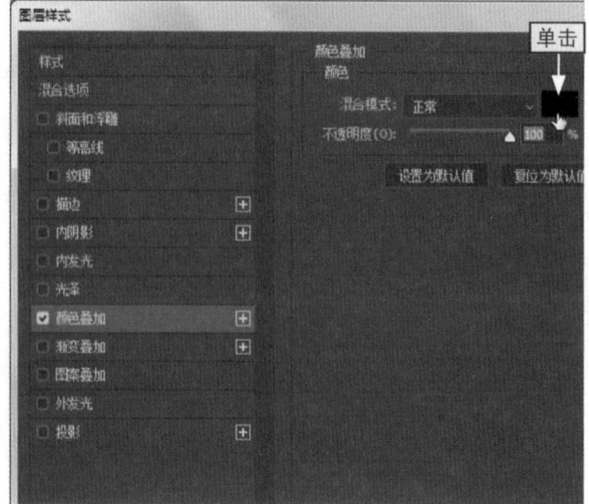

图4-44

步骤03 打开“拾色器（叠加颜色）”对话框，选择目标颜色，依次单击“确定”按钮，然后返回到“图层”面板中，如图4-45所示。

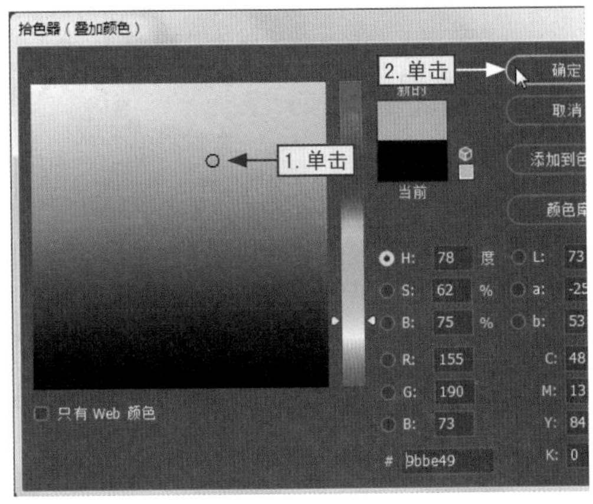

图4-45

步骤04 此时，在设置了图层样式的图层中会显示图层样式图标，然后在其上单击鼠标右键，选择“拷贝图层样式”命令，如图4-46所示。

图4-46

步骤05 选择需要设置相同图层样式的图层，并在其上单击鼠标右键，选择“粘贴图层样式”命令，如图4-47所示。

图4-47

步骤06 使用相同的方法为其他图层添加图层样式，完成后即可查看其最终效果，如图4-48所示。

图4-48

4.2.4 移动图层样式

通过移动图层样式操作可以将某一图层上的图层样式移动到其他图层上，其具体

操作如下。

在“图层”面板中选择添加有图层样式的图层，按住鼠标左键不放将鼠标光标移动到图层样式上，将图层样式拖动到目标图层后释放鼠标即可，如图4-49所示。

图4-49

4.2.5

缩放图层样式

使用Photoshop图层样式中的“缩放效果”命令，可以对所选择的图层效果进行缩放，使图像效果更加精致。当对一个图层应用了多种图层样式时，“缩放效果”则更能发挥其独特的作用。另外，由于缩放操作是对多个图层样式同时起作用，所以能够省去单独调整每一个图层样式的麻烦，其具体操作如下。

在“图层”面板选择目标图层，单击“图层”菜单项，选择“图层样式/缩放效果”命令。打开“缩放图层效果”对话框，在“缩放”组合框中输入相应数值，单击“确定”按钮即可，如图4-50所示。

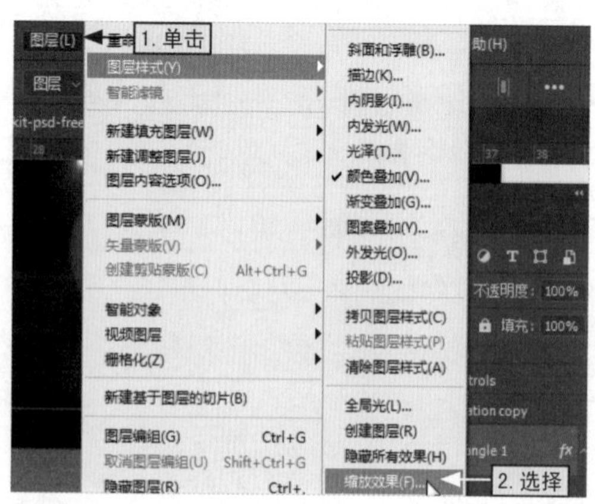

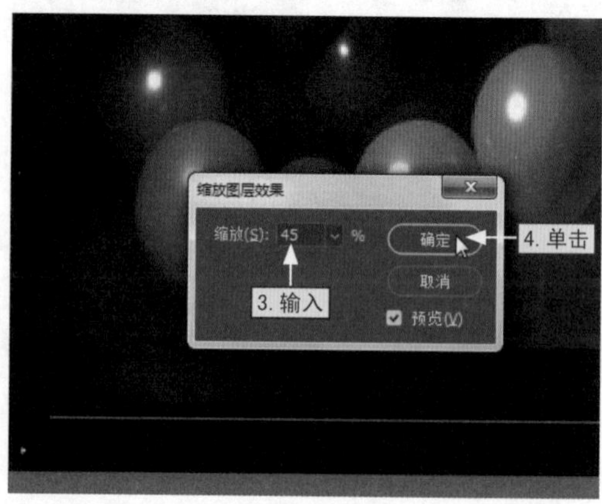

图4-50

4.2.6

清除图层样式

如果想要删除图层中的图层样式，则可以通过“清除图层样式”命令来实现，其具体操作如下。

在“图层”面板中选择需要删除图层样式的图层，并在其上单击鼠标右键，在弹出的快捷菜单中选择“清除图层样式”命令即可，如图4-51所示。

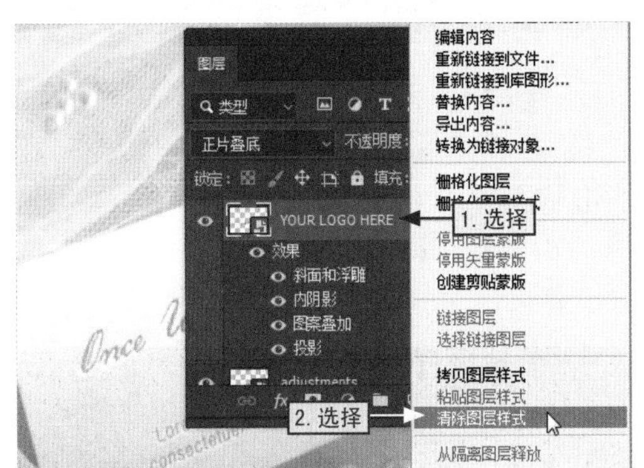

图4-51

4.3 使用“样式”面板

Photoshop中的图层样式具有非常重要的作用，通过对图层样式的调整和设置可以制作出很多精美的图像效果。同时，用户还可以使用“样式”面板来保存、管理和应用图层样式，另外，还可以将系统提供的预设图层样式或外部样式库载入到“样式”面板中，从而方便使用。

4.3.1

应用“样式”面板中的样式

用户想要应用“样式”面板中的样式，首先需要通过“窗口/样式”命令打开“样式”面板，如图4-52所示。在“样式”面板中可以看到Photoshop为用户提供的各种预设的图层样式，如图4-53所示。

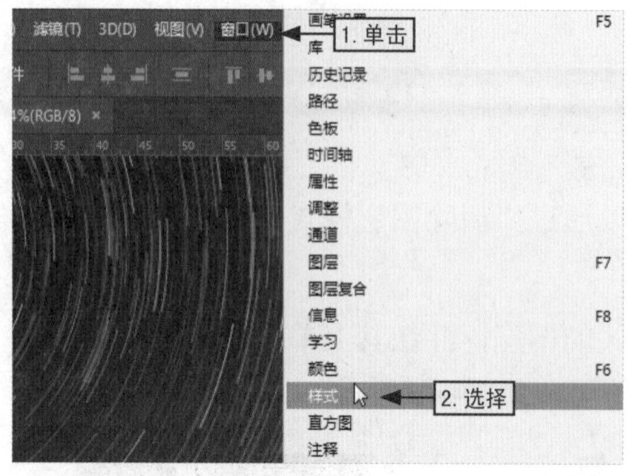

图4-52

图4-53

通过“样式”面板可以快速为图层应用图层样式，其具体操作是：在“图层”面板中选择目标图层，然后在“样式”面板中单击需要使用的样式即可，如图4-54所示为应用“样式”面板中内置样式的图像前后对比效果。

图4-54

拓展知识 | 使用“样式”面板的注意事项

通常情况下，在为目标图层应用“样式”面板中的图层样式时，如果该图层中已经存在图层样式效果，则“样式”面板中的效果会覆盖原有的效果，即原有效果会被替换掉。如果用户想要保留图层中原有的样式效果，则可以先按住【Shift】键，再通过“样式”面板应用图层样式。

4.3.2 保存图层样式

为了提高工作效率，用户可以将设置好的图层样式保存到“样式”面板中，便于下次直接使用，其具体操作如下。

知识实操

本节素材	/素材/Chapter04/包装盒.psd
本节效果	/效果/Chapter04/包装盒.psd

步骤01 打开素材文件“包装盒.psd”，在“图层”面板中选择应用了图层样式的“图标”图层，如图4-55所示。

图4-55

步骤02 打开“样式”面板，然后在面板的底部单击“创建新样式”按钮，如图4-56所示。

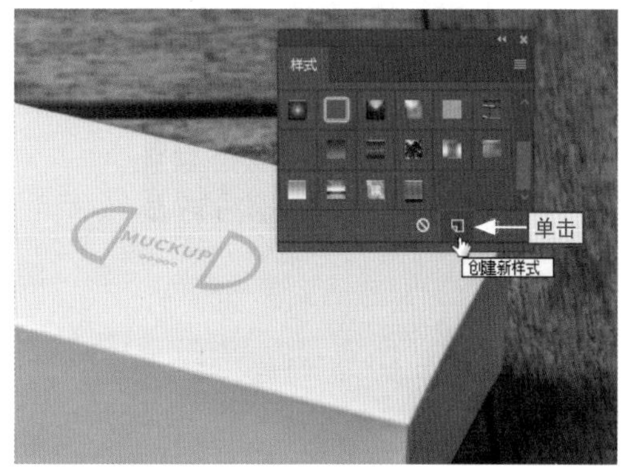

图4-56

步骤03 打开“新建样式”对话框，在“名称”文本框中输入新样式的名称，然后单击“确定”按钮，如图4-57所示。

图4-57

步骤04 返回到“样式”面板中，即可在样式列表最后查看到保存的样式，如图4-58所示。

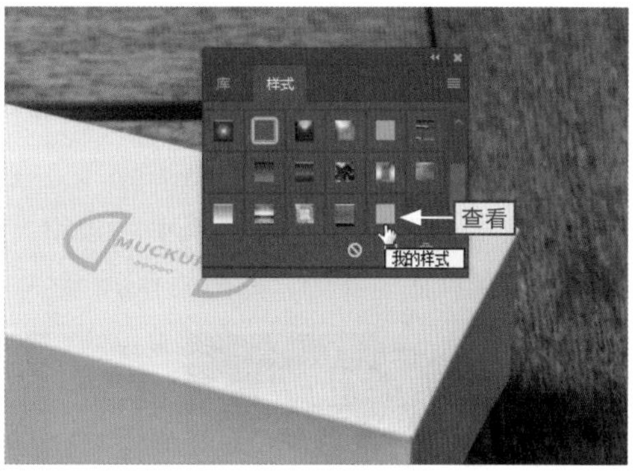

图4-58

4.3.3 删除“样式”面板中的样式

为了节省系统空间，用户还可以将一些不再使用的图层样式从“样式”面板中删

除，其具体操作如下。

在“样式”面板中选择目标样式，然后将其拖动到“删除样式”按钮上，即可快速将其删除，如4-59左图所示。另外，选择要删除的图层样式，单击鼠标右键，选择“删除样式”命令也可以将其删除，如4-59右图所示。

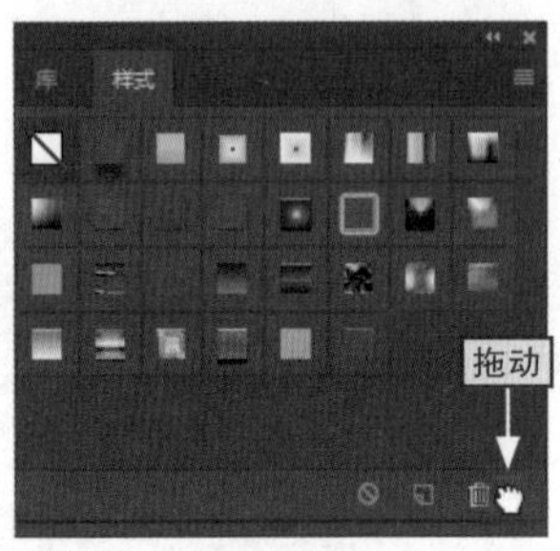

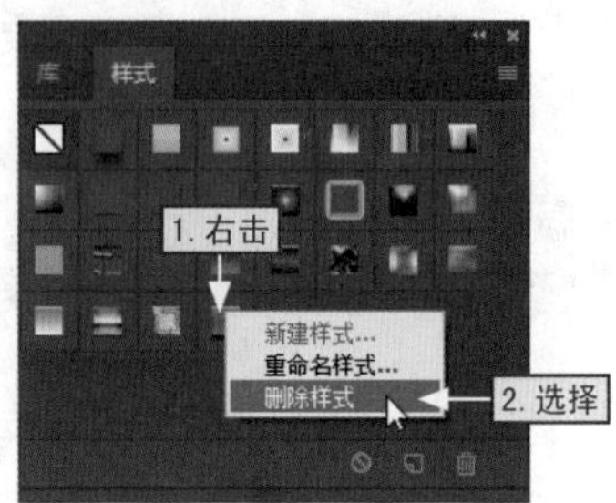

图4-59

4.3.4 将样式存储到样式库

由于“样式”面板中的样式是直接显示在面板中的，如果存储了多个自定义样式，就显得比较杂乱，用户也无法快速找到自己需要的样式。此时就可以考虑将其存储到一个独立的“样式库”中（该样式库可以自定义），然后在需要使用时直接将其调用出来，其具体操作如下。

知识实操

本节素材	/素材/Chapter04/视野.psd
本节效果	/效果/Chapter04/我的样式.asl

步骤01 打开素材文件“视野.psd”，在“样式”面板右上角单击“菜单”按钮，选择“存储样式”命令，如图4-60所示。

步骤02 打开“另存为”对话框，在“文件名”文本框中输入样式的名称，单击“保存”按钮即可，如图4-61所示。

图4-60

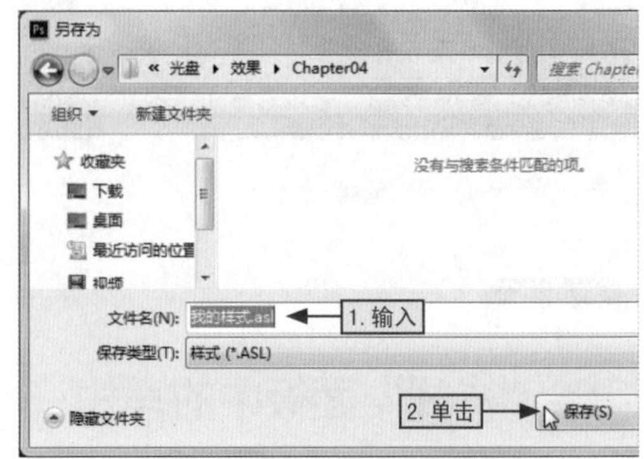

图4-61

4.3.5

载入样式库中的样式

在Photoshop中，除了“样式”面板上默认显示的样式外，还有许多内置的样式，如橙底白格、太阳以及木质颗粒等，只是这些样式都存放在不同的样式库中而已。如果想要为图层应用这些样式，则需要先将相应的样式库载入到“样式”面板中，其具体操作如下。

知识实操

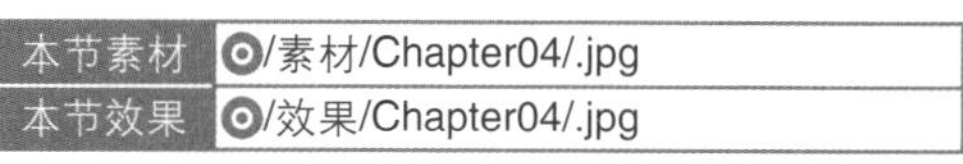

本节素材	⊙/素材/Chapter04/.jpg
本节效果	⊙/效果/Chapter04/.jpg

步骤01 在“样式”面板右上角单击“菜单”按钮，选择一种样式库，如选择“抽象样式”命令，如图4-62所示。

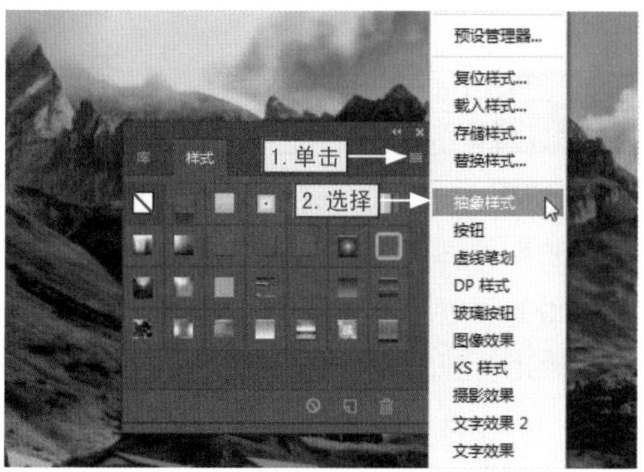

图4-62

步骤02 在打开的“Adobe Photoshop”提示对话框中，单击“追加”按钮，如图4-63所示。

图4-63

步骤03 返回到“样式”面板中，即可查看到在原有样式的基础上追加了多个新样式，如图4-64所示。

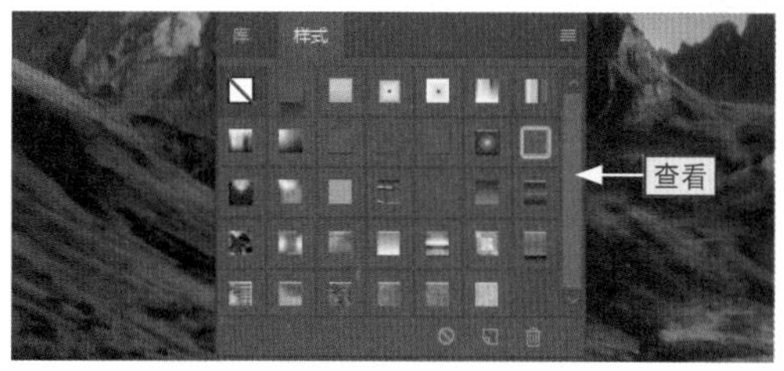

图4-64

拓展知识 | 将样式存储到指定样式库中

如果通过“样式”面板创建了多个样式库，而在保存样式时只会默认保存到当前打开的样式库中，为了能将样式保存到指定的样式库中，则需要将指定的样式库打开，其具体操作如下。

在“样式”面板中单击“设置”按钮，选择目标样式库命令，如这里选择“我的样式”命令，在打开的提示对话框中单击“确定”按钮即可切换样式库，然后通过创建并保存样式即可将样式存储到指定的样式库中。

4.4 图层的其他应用

Photoshop的图层功能就像叠在一起的纸，用户可以通过图层的透明区域看到下面的图层，也可以通过移动图层来查看图层上的内容。因此，图层除了具备一些基本的功能外，还有一些其他应用。

4.4.1 创建填充图层

在Photoshop中，通过填充图层可向图像快速添加颜色、照片和渐变填充，从而使图像编辑与处理变得更加灵活。如果对图像效果不满意，还可将其进行再次编辑或删除，而不会影响到原始图像信息，其具体操作如下。

知识实操

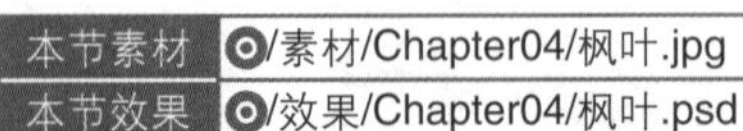

本节素材	/素材/Chapter04/枫叶.jpg
本节效果	/效果/Chapter04/枫叶.psd

步骤01 打开素材文件“枫叶.jpg”，在“图层”面板中选择目标图层，单击“图层”菜单项，选择“新建填充图层/渐变”命令，如图4-65所示。

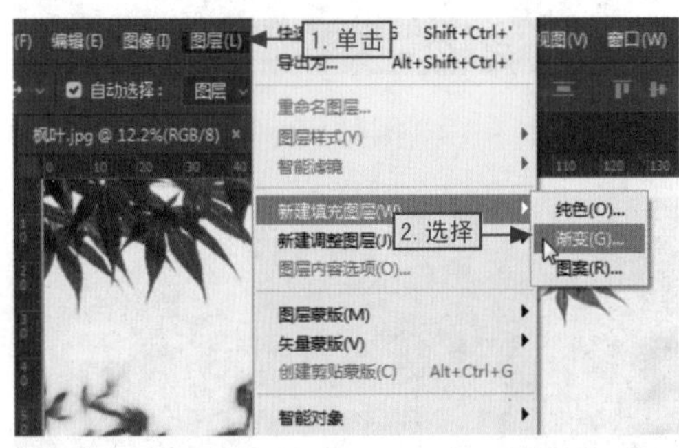

图4-65

步骤02 打开“新建图层”对话框，在“名称”文本框中输入填充图层的名称，依次设置颜色、模式和不透明度，然后单击“确定”按钮，如图4-66所示。

图4-66

步骤03 打开“渐变填充”对话框，单击“渐变”颜色条右侧的下拉按钮，在打开的列表框中选择一种渐变选项，然后单击对话框的外边缘任一处空白位置，如图4-67所示。

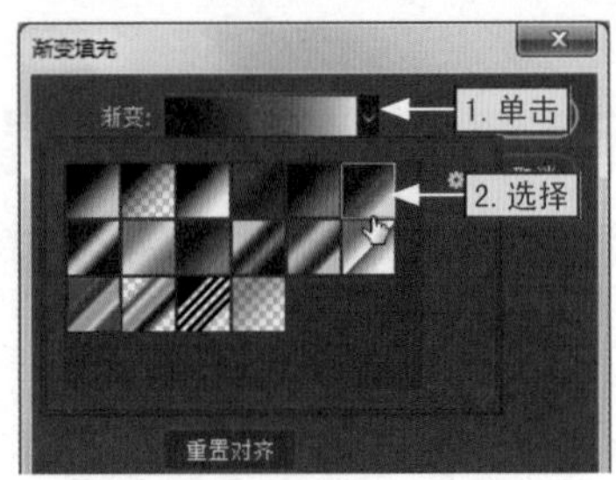

图4-67

步骤04 依次对样式、角度以及缩放等属性进行设置，然后单击“确定”按钮，如图4-68所示。

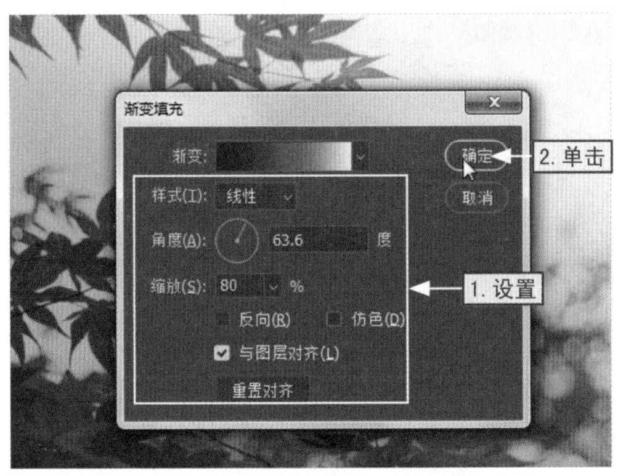

图4-68

步骤05 返回到文档窗口中，可以查看到“图层”面板中新增加的填充图层，如图4-69所示。

图4-69

4.4.2

创建调整图层

在Photoshop中，通过调整图层可对图像使用颜色和应用色调进行调整。默认情况下，调整图层与填充图层一样，都带有图层蒙版，由图层缩览图左边的蒙版缩览图显示，其具体操作如下。

知识实操

本节素材	/素材/Chapter04/樱花.jpg
本节效果	/效果/Chapter04/樱花.psd

步骤01 打开素材文件“樱花.jpg”，在“图层”面板中选择目标图层，单击“图层”菜单项，选择“新建调整图层/【亮度/对比度】”命令，如图4-70所示。

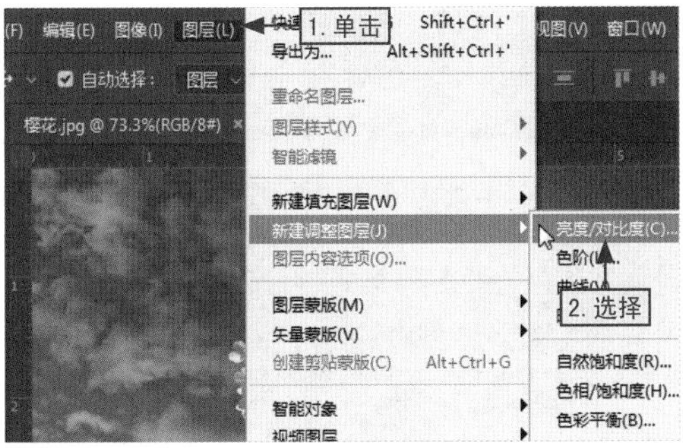

图4-70

步骤02 打开“新建图层”对话框，在“名称”文本框中输入填充图层的名称，依次设置颜色、模式和不透明度，然后单击“确定”按钮，如图4-71所示。

图4-71

步骤03 在打开的“属性”面板中，通过拖动滑块依次设置亮度和对比度，如图4-72所示。

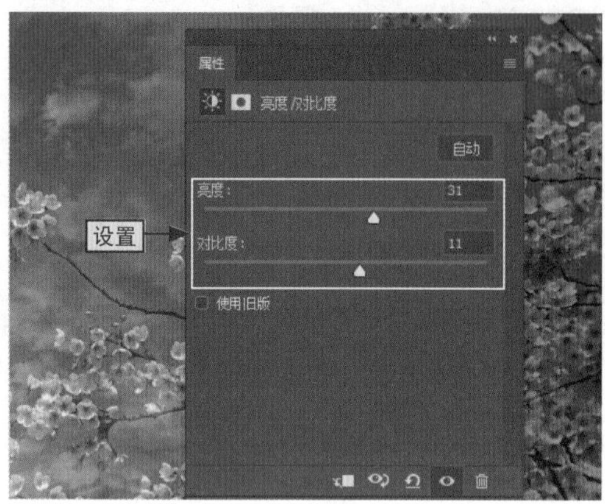

图4-72

步骤04 返回到文档窗口中，可以查看到“图层”面板中新增加的调整图层，如图4-73所示。

图4-73

4.4.3 将背景图层转换为普通图层

由于“背景”图层是一个比较特殊的图层，所以不能直接对其进行堆叠顺序、设置透明度以及添加效果等操作，想要对其进行操作，需要先将其转化为普通图层，其具体操作如下。

知识实操

本节素材	/素材/Chapter04/夜空.jpg
本节效果	/效果/Chapter04/夜空.psd

步骤01 打开素材文件“夜空.psd”，在“图层”面板中选择背景图层，并在其上单击鼠标右键，在弹出的快捷菜单中选择“背景图层”命令，如图4-74所示。

图4-74

步骤02 打开“新建图层”对话框，在“名称”文本框中输入图层名称，依次对颜色、模式和透明度进行设置，然后单击“确定”按钮即可，如图4-75所示。

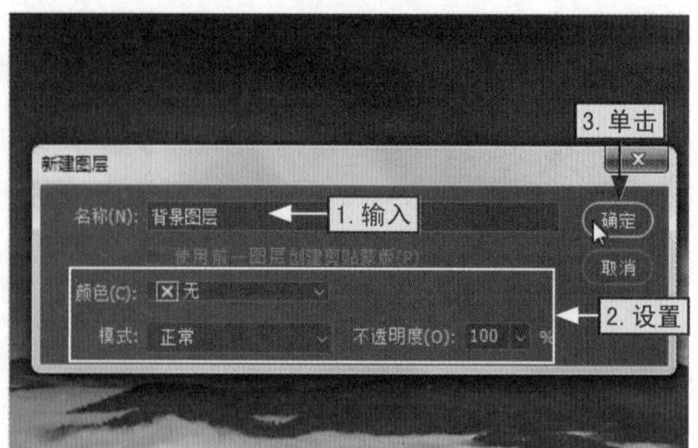

图4-75

案例精解

制作绚丽的彩条字

无论是工作还是生活，随处都有制作漂亮彩条字的需求，看起来纷繁绚丽的彩条字制作起来并不复杂。本节中主要介绍了图层对象的创建与编辑，下面就以制作绚丽的彩条字为例，讲解图层的基础操作。

本节素材	/素材/Chapter04/彩条字.psd
本节效果	/效果/Chapter04/彩条字.psd

步骤01 打开素材文件“彩条字.psd”，在“图层”面板中选择文字图层，单击“添加图层样式”下拉按钮，选择“混合选项”命令，如图4-76所示。

步骤02 打开“图层样式”对话框，在左侧列表中选择“投影”选项，依次对“投影”栏中的属性进行设置，如图4-77所示。

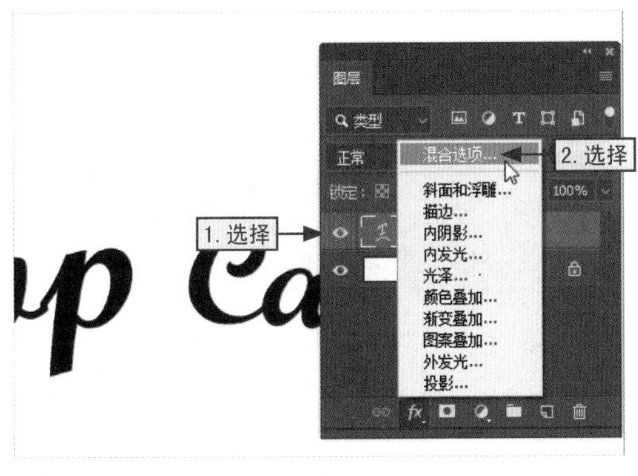

图4-76

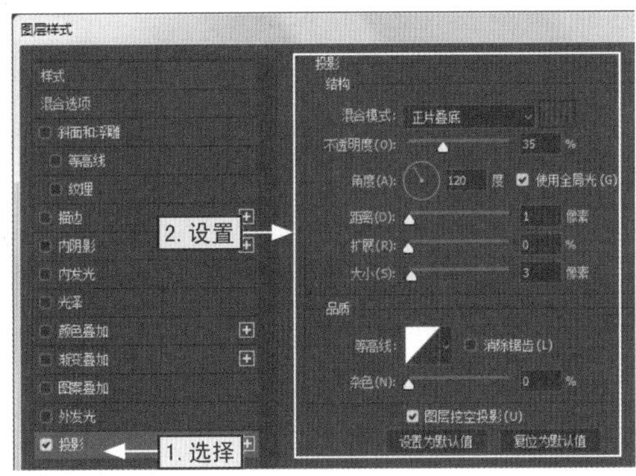

图4-77

步骤03 选择“渐变叠加”选项，依次对“渐变叠加”栏中的属性进行设置，如4-78左图所示。然后选择“内发光”选项，依次对“内发光”栏中的属性进行设置，如4-78右图所示。

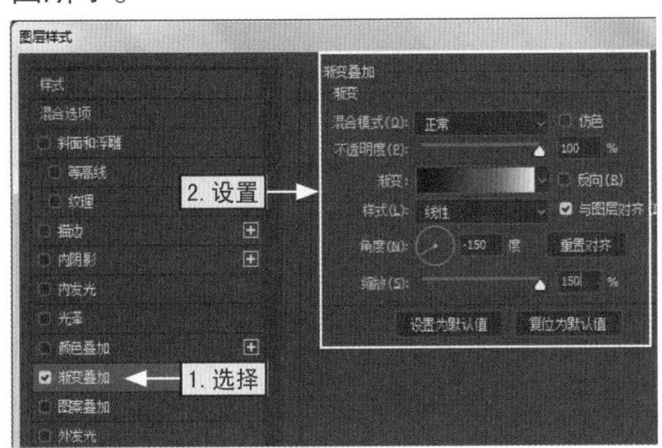

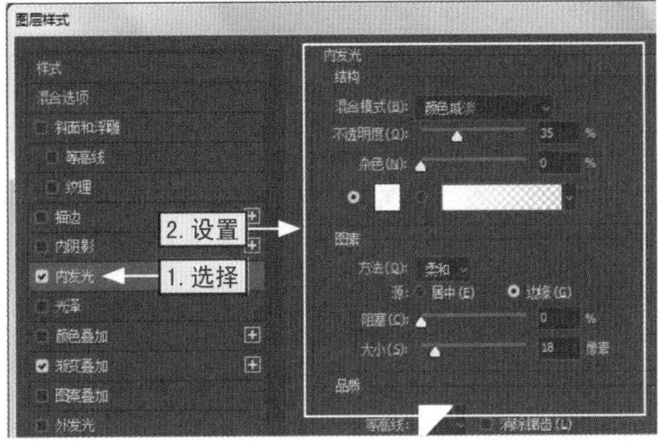

图4-78

步骤04 选择“内阴影”选项，依次对“内阴影”栏中的属性进行设置。选择“等高线”选项，依次对“等高线”栏中的属性进行设置，单击“确定”按钮，如图4-79所示。

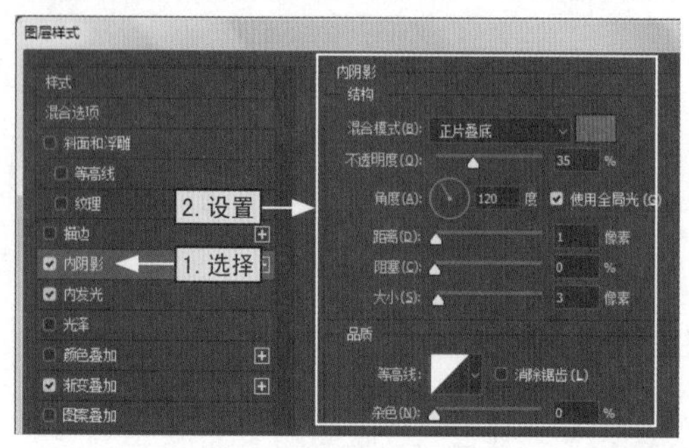

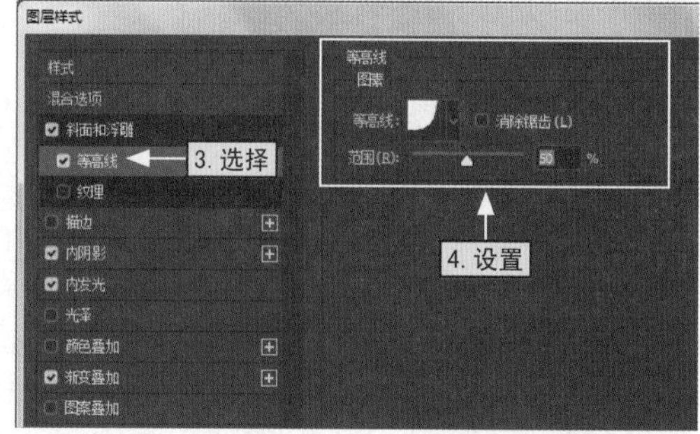

图4-79

步骤05 返回到文档窗口中，选择“背景”图层，单击右侧的“指示图层部分锁定”按钮，如图4-80所示。

步骤06 保持该图层的选择状态，打开“图层样式”对话框，选择“渐变叠加”选项，依次对“渐变叠加”栏中的属性进行设置，然后单击“确定”按钮，如图4-81所示。

图4-80

图4-81

步骤07 在菜单栏中单击“图层”菜单项，选择“新建/背景图层”命令即可将“图层0”设置为背景图层，即可完成彩条字的制作，如图4-82所示。

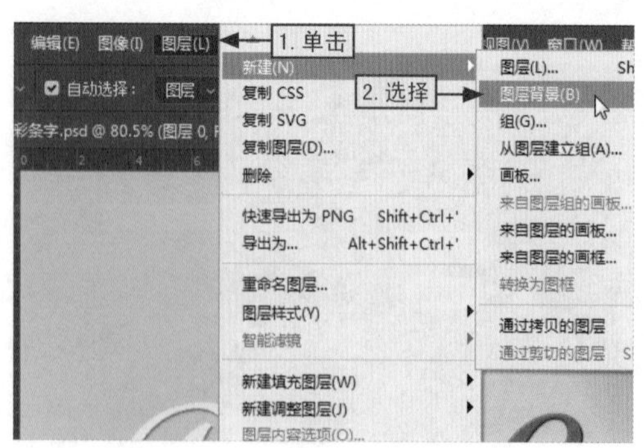

图4-82

第5章
05

图像的润色与修饰

学习目标

Photoshop除了具有较强的图像处理功能外，还具有强大的图像美化能力，因为Photoshop为用户提供了较多的图像润色与修饰工具，如画笔工具、仿制图章工具以及模糊工具等，使用这些工具可以使图像更有特色。

知识要点

- 使用色彩进行创作
- 图像绘制工具
- 图像修复工具
- 图像修饰工具

效果预览

5.1 使用色彩进行创作

在使用各种工具（如形状工具、画笔工具以及渐变工具等）对图像进行绘制与修饰之前，首先需要指定相应的颜色，而Photoshop为用户提供了多种颜色设置工具，用户通过这些工具可以轻松地设置目标颜色。

5.1.1 设置前景色与背景色

在Photoshop工具箱的底部有一组颜色设置图标，也就是前景色与背景色。

其中，前景色是插入或绘制图像的颜色，主要是用于对选区进行绘画、填充和描边操作，如使用画笔工具绘制线条、使用文字工具创建文字的颜色；背景色是所要处理的图像的底色，主要用来生成渐变填充或在图像已抹除的区域中进行填充，如使用橡皮擦擦除图像后所显示的颜色。

1.切换前景色与背景色

默认情况下，前景色为黑色，背景色为白色，用户可以根据实际情况对前景色与背景色进行切换，其具体操作是：在工具箱中直接单击“切换前景色和背景色”按钮即可，如图5-1所示。

图5−1

2.修改前景色与背景色

在对图像进行编辑与处理时，可能需要通过前景色或背景色来调整图像的颜色，而默认的前景色或背景色可能并不能满足实际要求。此时，就需要对默认的前景色或背景色进行修改，其具体操作是：在工具箱中单击“设置前景色”或“设置背景色”

按钮，打开“拾色器（前景色）”对话框或“拾色器（背景色）”对话框，选择需要修改的颜色，然后单击“确定”按钮即可，如图5-2所示。

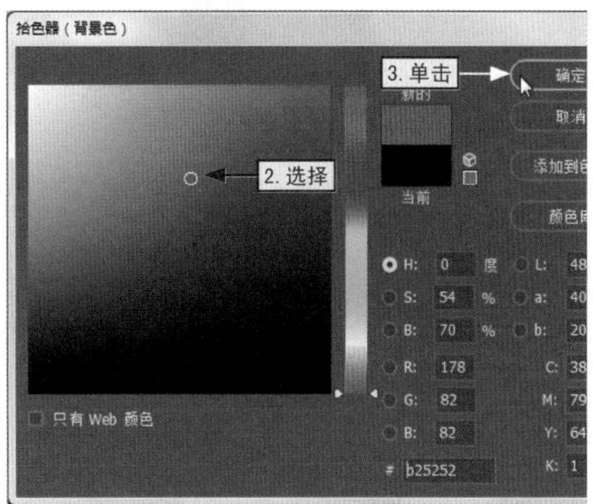

图5-2

3.恢复前景色与背景色的默认颜色

用户可以根据实际需要修改前景色与背景色，也可以将其恢复到默认的颜色，其具体操作是：在工具箱中直接单击“默认前景色和背景色”按钮（或按【D】键）即可，如图5-3所示。

图5-3

5.1.2 使用拾色器设置颜色

在5.1.1节中介绍对前景色与背景色进行修改时，是通过“拾色器”对话框来进行操作的。在“拾色器”对话框中是基于HSB、RGB、Lab和CMYK 4种常用模型及颜色库里的颜色模型来设置指定颜色的，其设置颜色的操作主要有以下几种。

- **定义颜色范围** 打开“拾色器”对话框，在中间竖直渐变条上的目标位置单击鼠标，即可定义颜色范围，如图5-4所示。
- **调整颜色深浅** 打开“拾色器”对话框，在左侧色域中的目标位置单击鼠标，即可调整颜色的深浅，如图5-5所示。

图5-4

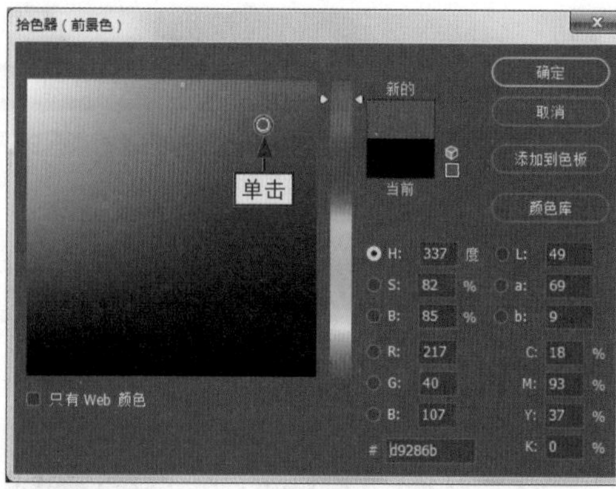

图5-5

● 调整颜色饱和度 打开“拾色器”对话框，在右侧列表中选中“S”单选按钮，然后在渐变条上按住鼠标左键并拖动，即可调整颜色的饱和度，如图5-6所示。

● 调整颜色亮度 打开“拾色器”对话框，在右侧列表中选中“B”单选按钮，然后在渐变条上按住鼠标左键并拖动，即可调整颜色的亮度，如图5-7所示。

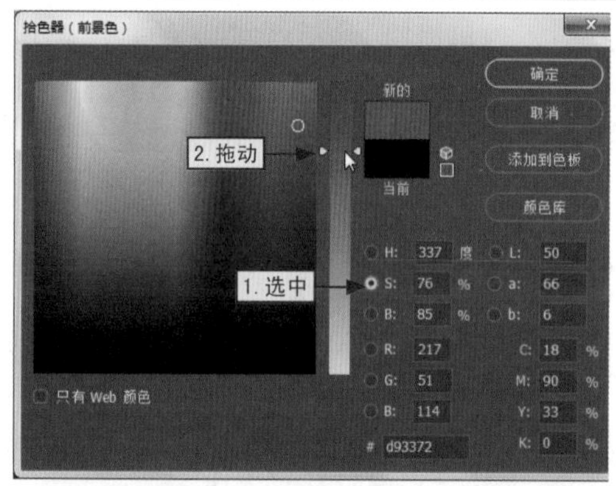

图5-6

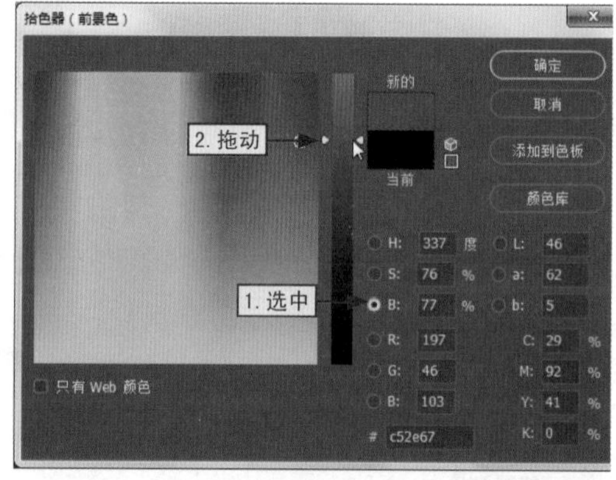

图5-7

5.1.3 使用吸管工具设置颜色

在Photoshop的实际应用中，吸管工具主要用于在图像或色板中拾取需要的颜色，并记录到颜色区的前景色中，以便于需要时直接使用。吸管工具可以简化设计人员的操作及记忆，使用吸管工具拾取颜色的方式有多种，其具体介绍如下。

1.单击鼠标拾取前景色

在工具箱中选择吸管工具后，将鼠标光标移动到图像的目标位置上，单击鼠标即可显示一个取样环，同时将鼠标获取到的颜色设置为前景色，如图5-8所示。

图5-8

2.拖动鼠标拾取颜色

在工具箱中选择吸管工具后，在图像上的目标位置按住鼠标左键并拖动鼠标，此时取样环中将会出现两种样式，上面的样式是前一次拾取的颜色，下面的样式则是当前拾取的颜色，如图5-9所示。

图5-9

3.结合快捷键拾取背景色

在工具箱中选择吸管工具后，将鼠标光标移动到图像上的目标位置，然后按住【Alt】键并单击鼠标，即可将拾取的颜色设置为背景色，如图5-10所示。

图5-10

4.拾取菜单栏、窗口与面板的颜色

在工具箱中选择吸管工具后，按住鼠标左键并向菜单栏、窗口或面板上移动鼠标，即可拾取菜单栏、窗口或面板的颜色，如图5-11所示。

图5-11

5.1.4

使用“颜色”面板调整颜色

在Photoshop中，通过“窗口/颜色”命令即可打开“颜色”面板。“颜色”面板显示了当前前景色和背景色的颜色值，通过调整面板中的滑块，可以利用几种不同的颜色模型来编辑前景色和背景色。另外，也可以从显示在面板底部的色谱中选取前景色或背景色。

1.调整前景色与背景色

在打开的“颜色”面板中，如果需要对前景色进行调整，则可以单击“设置前景色”按钮，如图5-12所示。如果需要对背景色进行调整，则可以单击“设置背景色”按钮，如图5-13所示。

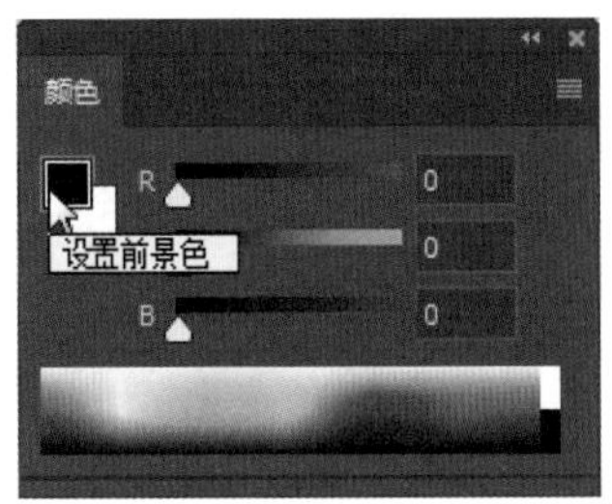

图5-12

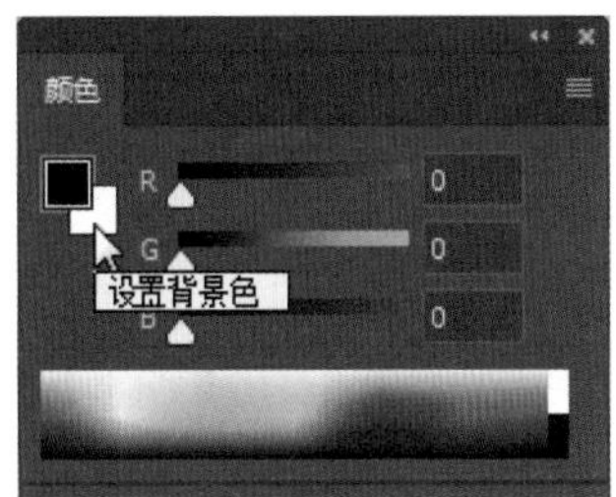

图5-13

2.通过文本框和滑块调整颜色

在打开的“颜色”面板中，可以在“R”“G”和“B”文本框中分别设置数值或者拖动白色三角形滑块来调整颜色值，如图5-14所示。

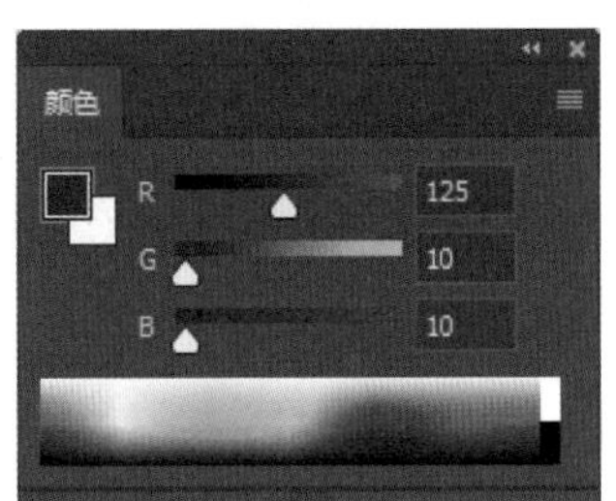

图5-14

3.通过四色曲线调整颜色

在打开的“颜色”面板中，将鼠标光标移动到四色曲线上，当鼠标光标变成吸管形状时，单击鼠标即可拾取色样，如图5-15所示。

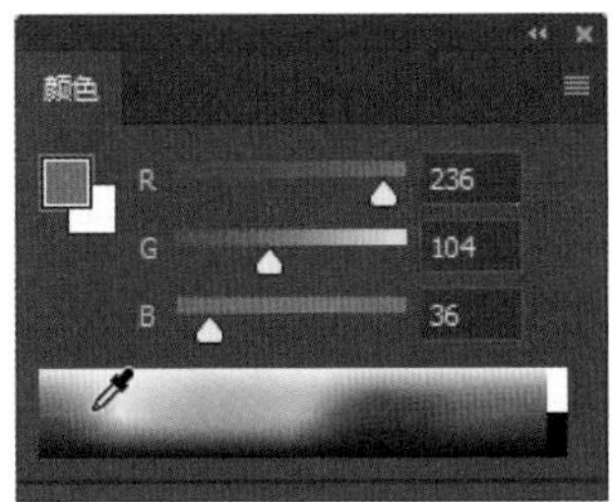

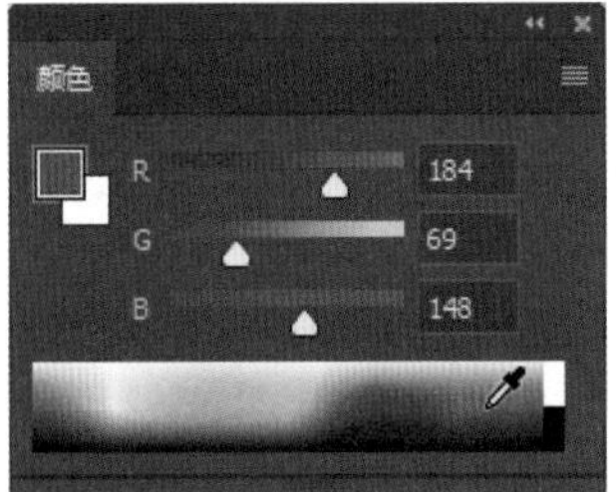

图5-15

5.1.5

使用“色板”面板设置颜色

在Photoshop中，通过“窗口/色板”命令即可打开“色板”面板，在“色板”面板中的所有颜色都是Photoshop提前预设好的。另外，“色板”面板不仅可以存储用户经常使用的颜色，用户也可以手动添加或删除颜色，或者让不同的处理操作显示不同的颜色库。

在“色板”面板中只需单击其中的任意颜色样式，即可将其设置为前景色，如图5-16所示。如果按住【Ctrl】键再单击任意颜色样式，则将其设置为背景色，如图5-17所示。

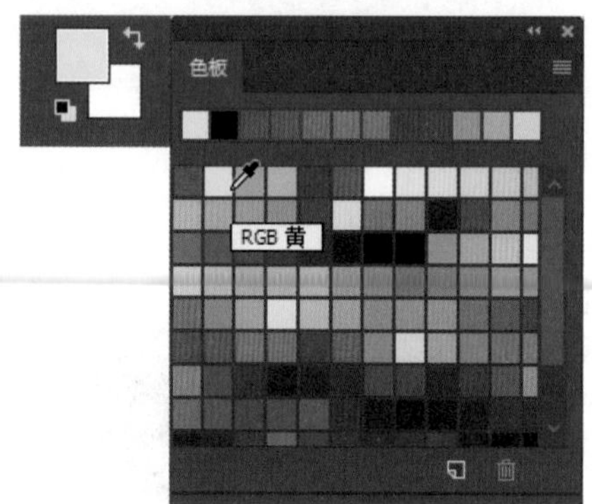

图5-16

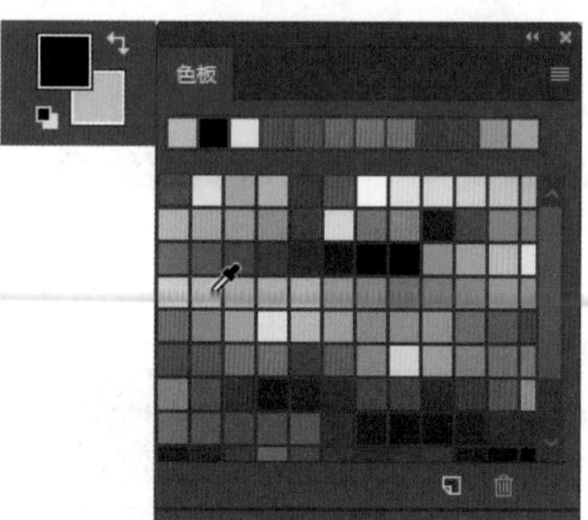

图5-17

5.2 图像绘制工具

在Photoshop中，具有多种图像绘制工具，如画笔工具、铅笔工具以及颜色替换工具等。通过这些绘图工具不仅能绘制出丰富多彩的图像，还能为其他图像添加一些特殊的内容。

5.2.1

形状绘制工具组

使用形状绘制工具组中的工具可以绘制一些特殊的形状，只需要在工具箱的形状工具组上单击鼠标右键，即可显示出多个形状工具选项，如图5-18所示。

图5-18

1.矩形工具

使用矩形工具可以在图像中绘制出矩形或正方形（按住【Shift】键后拖动鼠标可绘制正方形），而在工具箱中选择矩形工具后，工具选项栏的显示如图5-19所示。

图5-19

在矩形工具的选项工具栏中含有多个选项，单击“设置其他形状和路径选项”下拉按钮，在打开的面板中可以设置矩形的创建方法，其具体介绍如下。

● 不受约束 “不受约束”单选按钮为系统默认的设置，用于在图像上绘制尺寸不受限制的矩形和正方形。

● 方形 选中“方形”单选按钮后，可以在图形中绘制任意尺寸的正方形。

● 固定大小 选中“固定大小”单选按钮后，可以在图像中绘制固定尺寸的矩形或正方形。其中，W为宽度，H为高度。

● 比例 选中“比例”单选按钮后，可以在图像中绘制固定宽、高比的矩形或正方形。其中，W为宽度比例，H为高度比例。

● 从中心 选中“从中心”复选框后，在绘制矩形或正方形时可以从图像的中心位置开始绘制。

2.圆角矩形工具

使用圆角矩形工具可以创建出圆角矩形，其使用方法和选项工具栏都与矩形工具相同，只是在选项工具栏中增加了一个“半径”文本框，此选项用于设置矩形四周的圆角，半径值越大，圆角越广，如图5-20所示为设置不同“半径”参数所绘制出来的圆角矩形。

图5-20

3.椭圆工具

使用椭圆工具可以创建椭圆和圆形，只需要在选择椭圆工具后，在图像上的目标位置按住鼠标左键并拖动鼠标即可创建椭圆，如图5-21所示。若按住【Shift】键的同时按住鼠标左键并拖动鼠标，则可创建圆形，如图5-22所示。

椭圆工具的工具选项栏与矩形工具的工具选项栏基本相同，用户也可以任意创建固定尺寸或不固定尺寸的图像。

图5-21

图5-22

4.多边形工具

使用多边形工具可以创建多边形和星形，多边形工具的工具选项栏在矩形工具的工具选项栏基础上增加了一个了“边”文本框，在其中可以设置多边形或星形的边数，其创建的效果如图5-23所示。

图5-23

在多边形工具的工具选项栏中单击“设置其他形状和路径选项”下拉按钮，在打开的面板中可以对多边形的相关属性进行设置，其具体介绍如下。

● 半径 “半径”文本框用于设置多边形或星形的半径长度。设置完成后，在图像上按住鼠标左键并拖动鼠标，即可创建指定半径值的多边形或星形。

● 平滑拐角 选中“平滑拐角”复选框，就可以创建具有平滑拐角的多边形或星形。

● 星形 选中“星形”复选框，就可以使多边形的各边向内凹进以形成星形形状。

● 缩进边依据 “缩进边依据”文本框用于使多边形的边向中心靠近，此选项只有在“星形”复选框被选中的情况下才能使用。

● 平滑缩进 选中“平滑缩进”复选框将使圆形缩进代替尖锐凹进，此复选框只有在“星形”复选被选中的情况下才能使用。

5.直线工具

使用直线工具可以创建直线和带箭头的线段，只需要在选择直线工具后，在图像的目标位置处按住鼠标左键并拖动鼠标即可绘制直线或线段，如图5-24所示；若按住【Shift】键的同时按住鼠标左键并拖动鼠标，则可绘制水平、垂直或45°的直线，如图5-25所示。

图5-24　　图5-25

直线工具的工具选项栏在矩形工具选项栏的基础上，增加了一个了“粗细”文本框，该参数可以设置线条的粗细。同时，在“设置其他形状和路径选项”下拉列表中可以对箭头的相关属性进行设置，这些参数的含义如表5-1所示。

表5-1

属性名称	解释
“起点”复选框、“终点”复选框	若选中“起点”复选框，则在线条的起点处添加箭头；若选中“终点”复选框，则在线条的终点处添加箭头；若两项都选中，则在线条两端都添加箭头
“宽度”文本框	“宽度”文本框可以用来设置箭头宽度与直线宽度的百分比，其范围为10%～1000%
“长度”文本框	“长度”文本框可以用来设置箭头长度与直线宽度的百分比，其范围为10%～5000%

续表

属性名称	解释
“凹度”文本框	“凹度”文本框可以用来设置箭头的凹陷程度，范围为-50%～50%。其中，当“凹度”文本框的值为0%时，箭头尾部齐平；当“凹度”文本框的值大于0%时，向内凹陷；当“凹度”文本框的值小于0%时，向外凸出

6.自定形状工具

使用自定形状工具可以创建出Photoshop内置的形状、自定义形状或外部文件中提供的形状。选择自定形状工具后，在工具选项栏中单击“形状”下拉按钮，然后在打开的面板中选择需要的形状选项即可，如图5-26所示；若是需要使用其他方式创建图像，可以在“设置其他形状和路径选项”下拉列表中进行设置，如图5-27所示。

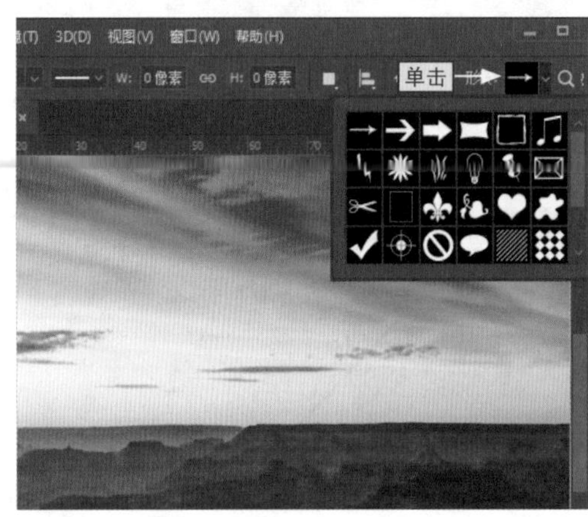

图5-26

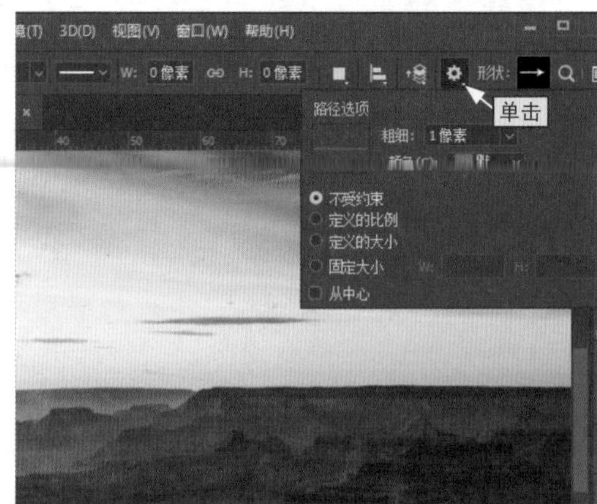

图5-27

5.2.2 画笔工具组

在Photoshop中绘制图像时，使用最多的工具组就是画笔工具组，该组中包含画笔工具、铅笔工具、颜色替换工具和混合器画笔工具，使用它们可以绘制和修改图像的像素。

1.画笔工具

画笔工具与日常见到的毛笔有些类似，可以通过前景色来绘制比较柔和的线条。其中，画笔不仅可以用来绘制图像，还可以用来修改蒙版和通道，其工具选项栏如图5-28所示。

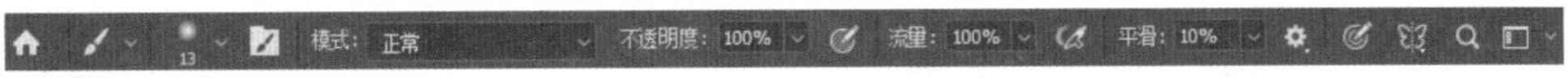

图5-28

在画笔工具的工具选项栏中有多个常用的选项，具体介绍如下。

● “画笔”面板 在工具选项栏中单击“画笔预设”选取器，即可打开“画笔”面板，在该面板中不仅可以设置画笔的大小和硬度参数，还可以选择笔尖的样式，如图5-29所示。

图5-29

● 绘画模式 在工具选项栏中单击“模式”下拉列表框，在下拉列表中可以选择画笔笔迹颜色与下面图层像素的混合模式，如图5-30所示为“正常”模式的绘制效果，图5-31所示为“正片叠底”模式的绘制效果。

图5-30

图5-31

● “不透明度”组合框 在工具选项栏中调整“不透明度”参数，可以设置画笔的不透明度，其值越小，线条的透明度越高，如图5-32所示是动物毛发的不透明度为10%时的绘制效果，图5-33所示是动物毛发的不透明度为100%时的绘制效果。

图5-32

图5-33

●“流量”组合框 当鼠标光标移动到图像上的某个区域上方时，使用“流量”数值框可以设置应用颜色的速率。简单而言，就是在某个区域上方进行涂抹时，若一直按住鼠标左键，颜色将会根据流动速率进行增加，直到增加到设置的不透明度的值。

●“喷枪”按钮 在工具选项栏中单击“喷枪”按钮，即可启动Photoshop的喷枪功能，然后系统就根据鼠标在图像上单击的程度确定画笔线条的填充数量。若没有启动喷枪功能，则每次单击鼠标可填充一次线条；若启动了喷枪功能，则按住鼠标左键不放可持续填充线条。

●“绘画板压力”按钮 在工具选项栏中单击“绘画板压力”按钮后，使用画笔工具在画板上进行绘画时，光笔压力会覆盖“画笔”面板工具栏上设置的不透明度和大小。

2.铅笔工具

使用铅笔工具可以绘制边缘明显的直线或曲线，也是通过前景色来绘制线条的。不过，铅笔工笔与画笔工具存在一个很明显的区别，即画笔工具可以绘制带有柔和边缘效果的线条，而铅笔工具只能绘制硬边效果的线条。

在铅笔工具的工具选项栏中，除了增加了“自动抹除”复选框外，其他各项都与画笔工具相似，如图5-34所示。

图5-34

在工具选项栏中选中“自动抹除”复选框后，拖动鼠标绘制图像区域时，如果鼠标光标的绘图起点在包含前景色的区域中，则绘制的区域将被涂抹成背景色，如图5-35所示；如果鼠标光标的中心位置在不包含前景色的区域中，则该区域将被涂抹成前景色，如图5-36所示。

图5-35

图5-36

3.颜色替换工具

使用颜色替换工具能够简化图像中特定颜色的替换，即直接使用前景色替换掉图像中的颜色，也可以用校正颜色在目标颜色上绘画。不过，颜色替换工具不适用于位图、索引或多通道颜色模式的图像，如图5-37所示为颜色替换工具的工具选项栏。

图5-37

颜色替换工具的工具选项栏中同样存在多个选项，且与画笔工具和铅笔工具的工具选项栏都存在差别，其具体介绍如表5-2所示。

表5-2

属性名称	解释
“模式”下拉按钮	使用模式功能可以选择绘画模式，包括“色相”“饱和度”“颜色”和“明度”4个选项。其中，“颜色”为默认选项，表示可以同时替换色相、饱和度和明度
“取样”按钮	使用取样功能可以对样式的取样方式进行设置。单击“取样：连续”按钮，可以连续对颜色取样；单击“取样：一次”按钮，只能替换包含第一次单击的颜色区域中的目标样式；单击“取样：背景色板”按钮，只能替换包含当前背景色的区域
“限制”下拉按钮	使用限制功能可以确定替换颜色的范围。在“限制”下拉列表框中选择“不连续”选项，可以替换出现在鼠标光标下任何位置的样本颜色；选择“连续”选项，可以替换与鼠标光标下颜色邻近的颜色；选择“查找边缘”选项，可以替换包含样本颜色的连续区域，同时保留形状边缘的锐化程度
“容差”组合框	在“容差”组合框中输入百分比值（范围为1～100）可选择相关颜色的色差，较低的百分比可替换与单击像素相似的颜色，增加该百分比可以替换更大范围的颜色
“消除锯齿”复选框	使用消除锯齿功能可以为校正的区域定义平滑的边缘，从而将锯齿消除掉

4.混合器画笔工具

使用混合器画笔工具可以将像素进行混合，然后模拟出真实的绘画技术，如常见的水墨画、油画等。该工具有两个绘画子工具，即储槽和拾取器。其中，储槽存储用于画布的颜色，具有较多的油墨容量；拾取器用于接收来自画布的油彩，它的内容与画布颜色连续混合。如图5-38所示为混合器画笔工具的工具选项栏。

图5-38

与画笔工具组中的其他工具相比较，混合器画笔工具的工具选项栏中的选项是最多的，其具体介绍如表5-3所示。

表5-3

属性名称	解释
“当前画笔载入”下拉按钮	单击“当前画笔载入”下拉按钮，会显示“载入画笔”“清理画笔”和“只载入纯色”3个选项。在选择混合器画笔工具后，按住【Alt】键并在图像上单击鼠标，即可将鼠标光标下方的颜色载入储槽中。如果选择“载入画笔”选项，则可以拾取鼠标光标下方的图像；如果选择“只载入纯色”选项，则可以拾取单色
“自动载入与清理”按钮	单击“每次描边后载入画笔”按钮，则可以使鼠标光标下的颜色与前景色混合；单击“每次描边后清理画笔”按钮，则可以清理油彩。如果需要在每次扫描后进行自动载入和清理操作，则可以同时单击这两个按钮
“预设”下拉按钮	Photoshop为用户提供了多个预设的画笔组合，如“干燥”“潮湿”和“非常潮湿”等，这些预设选项主要表示从画布拾取的油彩量
“潮湿”组合框	通过对“潮湿”组合框中的数值进行设置，可以控制画笔从画布中拾取的油墨量。其中，设置较高的数值会产生较长的绘画条痕
“载入”组合框	通过对“载入”组合框中的数值进行设置，可以指定储槽中载入的油彩量。其中，当载入速率设置较低时，绘画描边的干燥速度就会更快
“混合”组合框	通过对“混合”组合框中的数值进行设置，可以控制画布油彩量与储槽油彩量的比例。当比例为100%时，则所有油彩将从画布中被拾取；当比例为0%时，则所有油彩从储槽中获得
“对所有图层取样”复选框	选中“对所有图层取样”复选框，则可以拾取所有可见图层中的画布颜色

5.2.3 历史画笔工具组

历史画笔工具组是一个比较简单的工具组，只含有两种工具，分别是历史记录画笔工具和历史记录艺术画笔工具。

1.历史记录画笔工具

使用历史记录画笔工具可以恢复图像的编辑操作，即将图像编辑中的某个状态还原出来，或者将部分图像恢复为最初状态，没有进行过编辑的图像则不会受到影响，其具体操作如下。

本节素材	/素材/Chapter05/小狗.jpg
本节效果	/效果/Chapter05/小狗.jpg

知识实操

步骤01 打开素材文件“小狗.jpg”，单击“窗口”菜单项，选择“历史记录”命令调出“历史记录”面板，如图5-39所示。

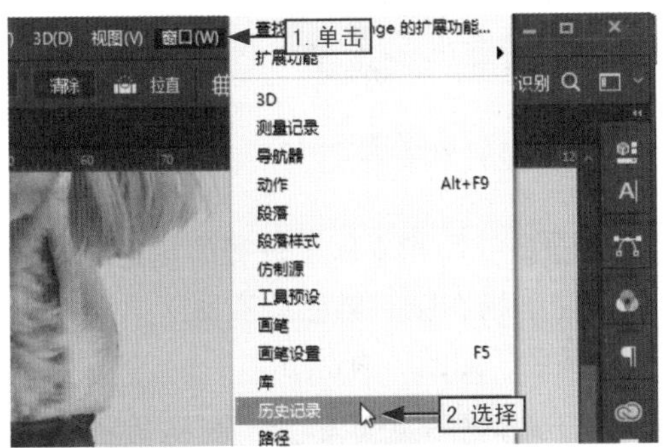

图5-39

步骤02 在菜单栏中单击“图像”菜单项，然后选择“调整/[色相/饱和度]”命令，如图5-40所示。

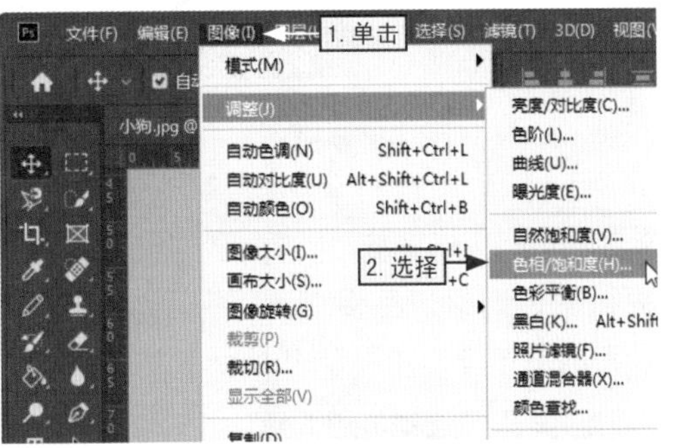

图5-40

步骤03 打开“色相/饱和度”对话框，在其中对相关进行设置，然后单击“确定”按钮，从而调整图像的色相与饱和度，如图5-41所示。

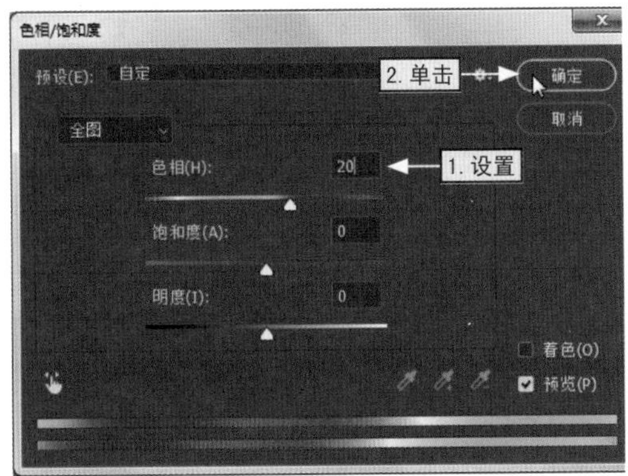

图5-41

步骤04 在“历史记录”面板中可以看到所进行的每步操作，然后在工具箱的历史记录工具组上单击鼠标右键，选择“历史记录画笔工具”选项，如图5-42所示。

图5-42

步骤05 在工具选项栏中单击“画笔预设”下拉按钮，分别设置画笔大小、硬度等。在“历史记录”面板中，选中原图像缩略图左边的复选框，如图5-43所示。

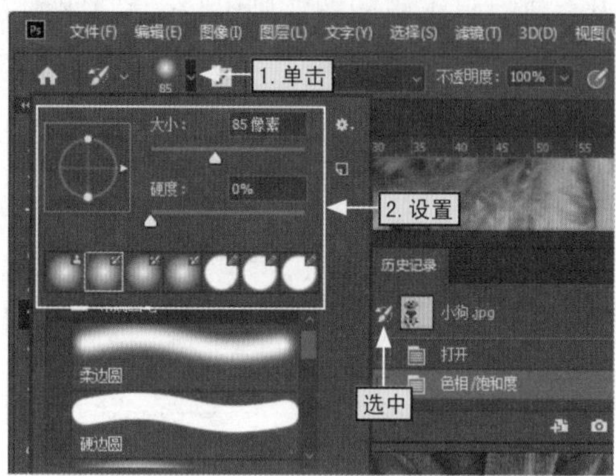

图5-43

步骤06 此时，可以发现鼠标光标变成了画笔工具，然后在小狗的衣服上进行涂抹，会发现涂抹过的地方变为了原来的红色，如图5-44所示。

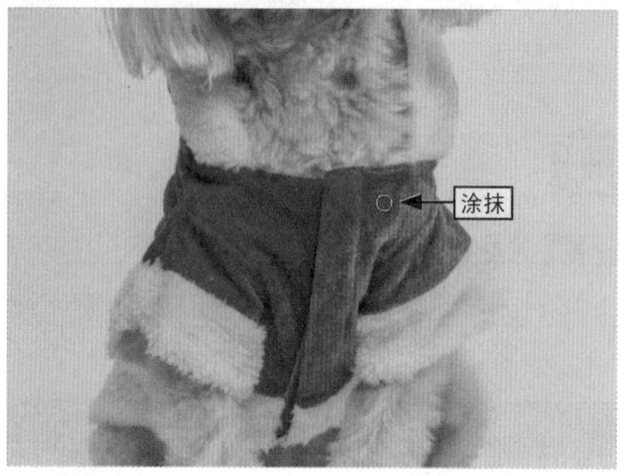

图5-44

步骤07 涂抹完成后，回到“历史记录”面板中，选中“色相/饱和度”历史记录选项前的复选框，如图5-45所示。

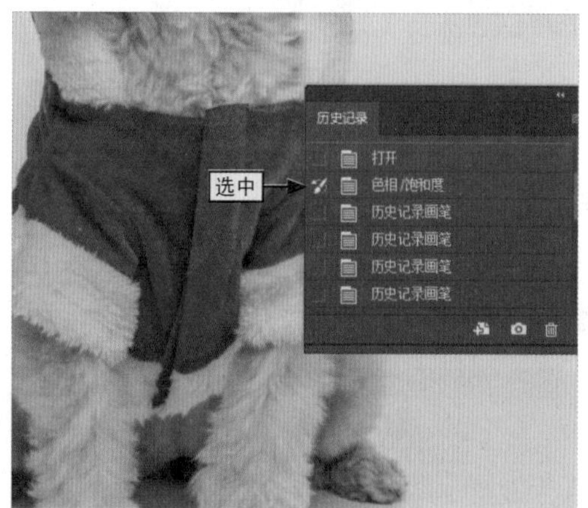

图5-45

步骤08 在小狗衣服上进行涂抹，此时可以发现小狗衣服的颜色又变回了之前调整过的颜色，如图5-46所示。

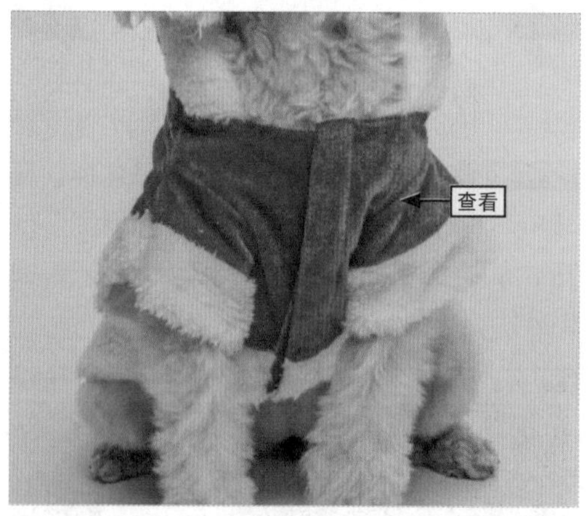

图5-46

拓展知识 | “历史记录”面板中不会记录的操作

在Photoshop中，由于对颜色设置、面板、动作和首选项做出的修改不属于对图像进行操作，所以，所以在“历史记录”面板中不会被记录下来。

2.历史记录艺术画笔工具

使用历史记录艺术画笔工具可以指定历史记录状态或快照中的源数据，以风格化描边进行图像绘制。通过在工具选项栏中对绘画样式、大小以及容差等选项的设置，可以使用不同的色彩和艺术风格来模拟绘画的纹理。为了获取各种视觉效果，在使用历史记录艺术画笔工具绘画之前，可以尝试应用滤镜或用纯色填充图像。

历史记录艺术画笔工具与历史记录画笔工具的工作方式基本相同，不过历史记录画笔工具通过重新创建指定的源数据来绘画，而历史记录艺术画笔工具在使用这些数据的同时，还能应用不同的颜色和艺术风格。如图5-47所示为历史记录艺术画笔工具的工具选项栏。

图5-47

由于“画笔”“模式”和“不透明度”选项的使用方法与画笔工具一致，所以这里就只对“样式”“区域”和“容差”3个选项进行介绍。

- **“样式”下拉按钮** 在“样式”下拉列表中有10种画笔笔触可以选择，包括“绷紧短”“绷紧中”和“绷紧长”等选项。用户可以根据绘画的样式选择合适的画笔笔触样式，从而绘制出不同风格的图像。
- **“区域”文本框** 通过“区域”文本框可以设置历史记录艺术画笔所绘制的范围，数值越大，覆盖的区域就越大，描边的数量也就越多。
- **“容差”组合框** 使用“容差”组合框可以设置历史记录艺术画笔工具所描绘的颜色与所要恢复的颜色的差异度，数值越小，图像恢复的精准度就越高。

历史记录艺术画笔工具的使用方法比较简单，其具体操作是：在工具箱中选择“历史记录艺术画笔工具”选项，在工具选项栏中对相应选项进行设置，然后在图像中涂抹，即可得到相关效果，如图5-48所示。

图5-48

5.2.4 渐变工具

渐变工具是渐变工具组中最常用的工具，使用该工具可以创建多种颜色间的逐渐混合。在Photoshop中，渐变不仅可以用于填充图像，还能用来填充通道、快速蒙版和图层蒙版，不过渐变工具不能用于位图或索引颜色图像。

1.了解渐变工具选项

在工具箱中选择渐变工具后，还需要对其工具选项栏进行设置，这样才能为图像添加渐变效果，如图5-49所示为渐变工具的工具选项栏。

图5-49

渐变工具的工具选项栏具有多个选项，通过对这些选项进行设置可以得到不一样的效果，其具体介绍如下。

● "渐变"拾色器 渐变色条显示的是当前的渐变色，单击其右侧的下拉按钮，可在打开的"渐变"拾色器中选择一个预设的渐变，如5-50左图所示；若直接单击渐变色条，可在打开的"渐变编辑器"对话框中对渐变进行编辑，如5-50右图所示。

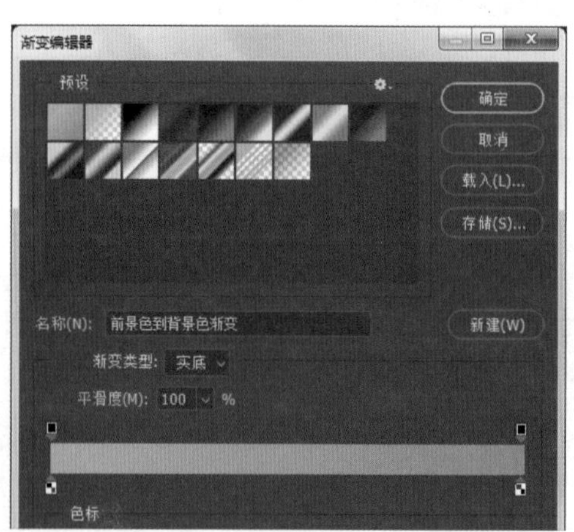

图5-50

● 渐变类型按钮组 使用工具选项栏的渐变类型按钮组可以设置渐变的类型，它主要有5个渐变设置按钮，分别是线性渐变、径向渐变、角度渐变、对称渐变和菱形渐变。其中，"线性渐变"可以创建直线从起点到终点的渐变；"径向渐变"可以创建圆形图案从起点到终点的渐变；"角度渐变"可以创建围绕起点以逆时针方式扫描的渐变，"对称渐变"可以使用均衡的线性渐变在起点的任意一侧渐变，"菱形渐变"

会以菱形方式从起点向外渐变。

● “反向”复选框 在工具选项栏中选中“反向”复选框，可以转换渐变中的颜色顺序，从而得到反向的渐变效果，如图5-51所示为正向渐变与反向渐变的对比效果。

图5-51

● “仿色”复选框 在工具选项栏中选中“仿色”复选框，可以使渐变效果更加平滑。该功能的主要是为了防止在打印图像时，容易出现条带化的问题，不过该选项在屏幕上可能不会体现出非常明显的作用。

● “透明区域”复选框 在工具选项栏中选中“透明区域”复选框，可以创建出包含透明像素的渐变，如果取消选中该复选框则只能创建出实色渐变，如图5-52所示为透明像素渐变与实色渐变的对比效果。

图5-52

2.使用渐变工具

渐变工具的填充具有从前景色到背景色、从背景色到透明色等多种类型的填充方式，其具体操作如下。

知识实操

本节素材	/素材/Chapter05/山水.jpg
本节效果	/效果/Chapter05/山水.jpg

步骤01 打开素材文件“山水.jpg”，在工具箱中单击“设置前景色”按钮，如图5-53所示。

图5-53

步骤02 打开“拾色器（前景色）”对话框后，在色域中单击鼠标选择颜色，单击“确定”按钮，如图5-54所示。

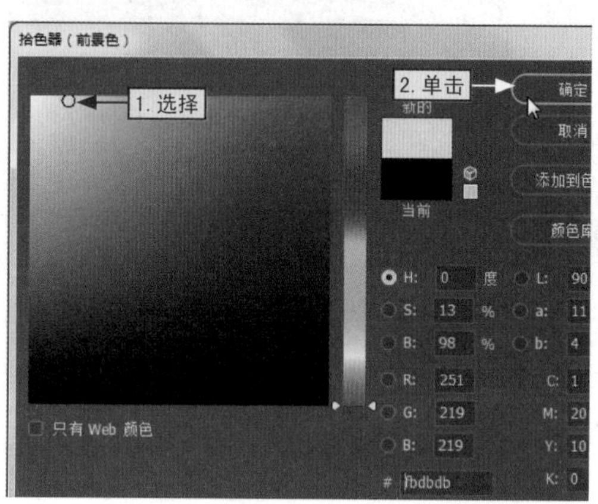

图5-54

步骤03 在工具箱中选择“渐变工具”选项，在工具选项栏中单击“预设”下拉按钮，选择“前景色到透明渐变”选项，设置不透明度为“10%”，如图5-55所示。

图5-55

步骤04 此时，鼠标光标成十字形，在图像的左上角按住鼠标左键并向右下角拖动鼠标，如图5-56所示。

图5-56

步骤05 当鼠标光标移动到图像中间位置时释放鼠标，即可查看到图像的渐变效果，如图5-57所示。

图5-57

3.载入渐变库

从前面的操作可以看出，“预设”下拉列表中的渐变颜色类型并不是很多。其实，Photoshop还为用户提供了预设渐变库，用户只需要将需要的渐变库载入到“预设”下拉列表中即可，其具体操作如下。

本节素材	/素材/Chapter05/.jpg
本节效果	/效果/Chapter05/.jpg

知识实操

步骤01 在工具箱中选择“渐变工具”选项，然后在工具选项栏中单击渐变色条，如图5-58所示。

图5-58

步骤02 打开“渐变编辑器”对话框，在“预览”栏的右上角单击“设置”下拉按钮，然后选择一个渐变库，如图5-59所示。

图5-59

步骤03 在打开的“渐变编辑器”提示对话框中，单击“追加”按钮即可将渐变库添加到“预设”列表框中，如图5-60所示。

图5-60

步骤04 返回到“渐变编辑器”对话框中，即可查看到添加到“预设”列表框中的渐变选项，如图5-61所示。

图5-61

拓展知识|载入外部渐变库

除了可以直接载入内置的渐变库以外，还可以载入外部渐变库，其具体操作为：打开“渐变编辑器”对话框，单击“载入”按钮，即可打开“载入”对话框，在其中可以选择外部渐变库，然后单击“载入”按钮即可将其载入使用，如图5-62所示。

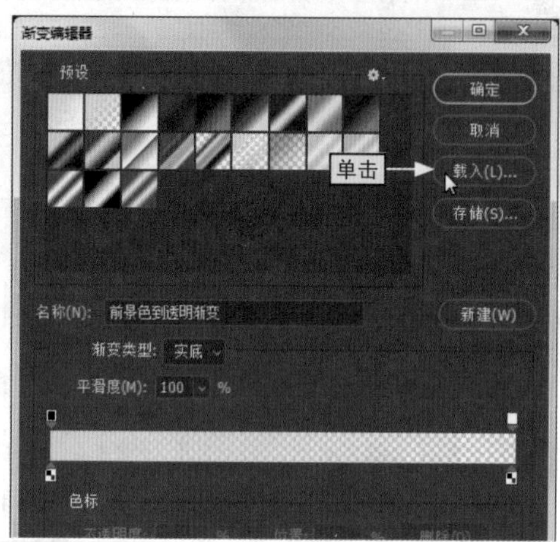

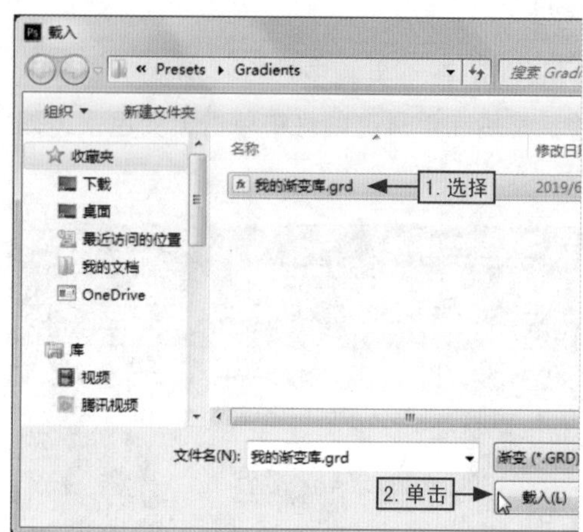

图5-62

5.3 图像修复工具

在Photoshop中，图像修复工具主要包含仿制图章工具、图案图章工具、橡皮擦工具以及污点修复画笔工具等。使用这些工具不仅可以非常方便地复制各种图像、擦除各种绘制错误的图像以及不需要图像或特殊效果，还能去除图像上的污点等。

5.3.1 仿制图章工具

使用仿制图章工具可以从图像的目标位置进行取样，然后将取样点的图像应用到当前图像的不同位置或者其他图像中，也可以将一个图层的部分区域仿制到另一个图层中，即仿制图章工具可以按照涂抹的范围复制全部或者部分图像到当前图像或新的图像中，其具体操作如下。

本节素材	⊙/素材/Chapter05/天空.jpg
本节效果	⊙/效果/Chapter05/天空.jpg

知识实操

步骤01 打开素材文件“天空.jpg”，在工具箱中的图章工具组上单击鼠标右键，选择“仿制图案工具”选项，如图5-63所示。

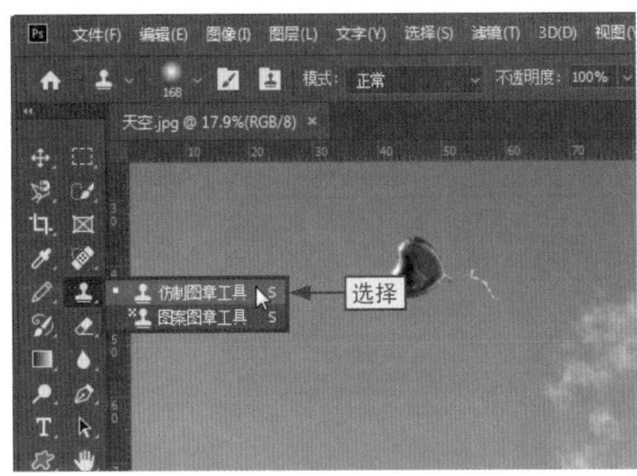

图5-63

步骤02 在工具选项栏中单击“画笔预设”下拉按钮，选择图章样式，分别设置图章的大小和硬度，如图5-64所示。

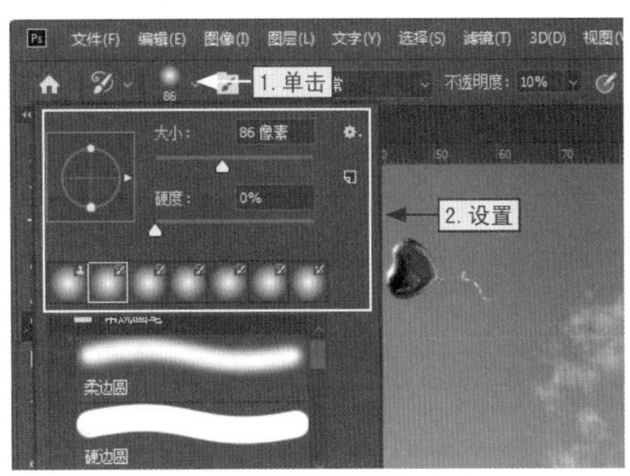

图5-64

步骤03 将鼠标光标移动到图像上的取样点处，按住【Alt】键，当鼠标光标成⊕状时单击鼠标完成取样，然后释放【Alt】键，如图5-65所示。

图5-65

步骤04 将鼠标光标移动到需要复制图像的位置，按住鼠标左键并拖动鼠标可绘制取样点的图像，且取样点位置以十字形显示，完成后释放鼠标，如图5-66所示。

图5-66

5.3.2 图案图章工具

使用图案图章工具可以将预设的图案或自定义的图案填充到图像的选区中，这与

图案填充效果类似，其具体操作如下。

知识实操

本节素材	/素材/Chapter05/螃蟹.jpg
本节效果	/效果/Chapter05/螃蟹.psd

步骤01 打开素材文件“螃蟹.jpg”，在工具箱中选择“矩形选框工具”选项，然后在图像上创建选区，如图5-67所示。

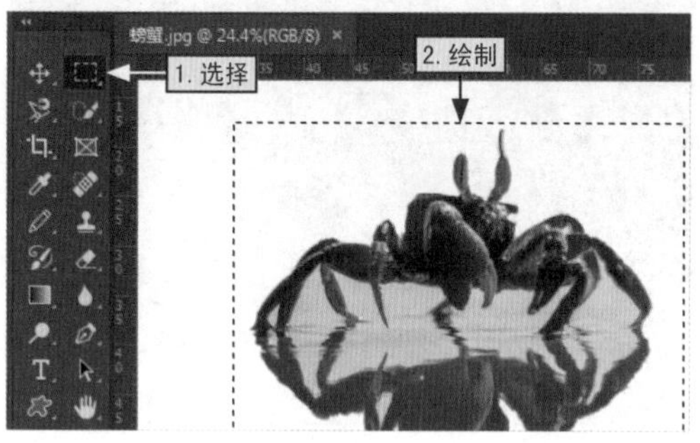

图5-67

步骤02 在菜单栏中单击“编辑”菜单项，然后选择“定义图案”命令，如图5-68所示。

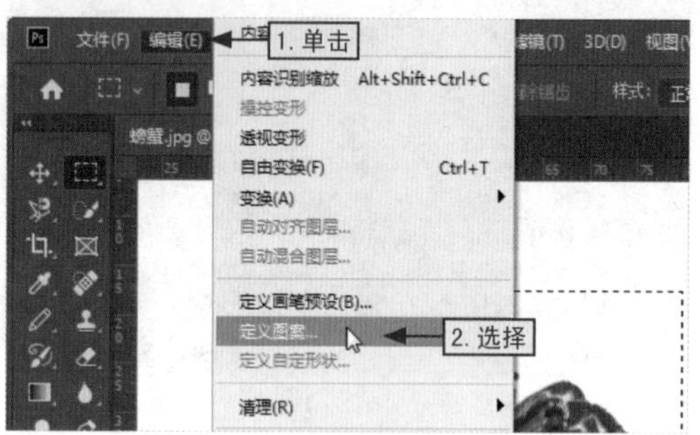

图5-68

步骤03 打开“图案名称”对话框，在“名称”文本框中输入名称，单击“确定”按钮，如图5-69所示。

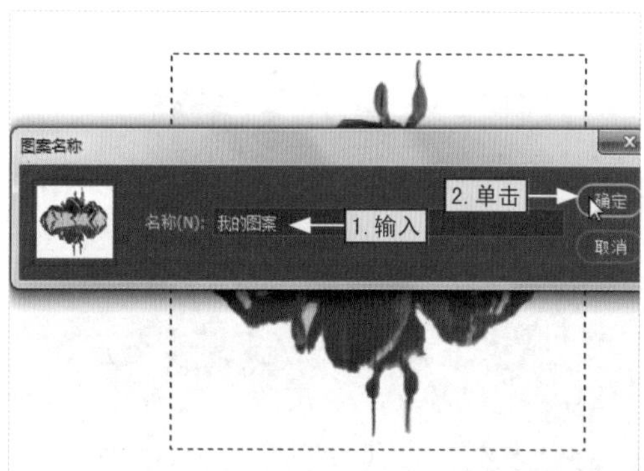

图5-69

步骤04 创建一个名为“螃蟹.psd”的空白文档，在工具箱中选择“图案图章工具”选项，如图5-70所示。

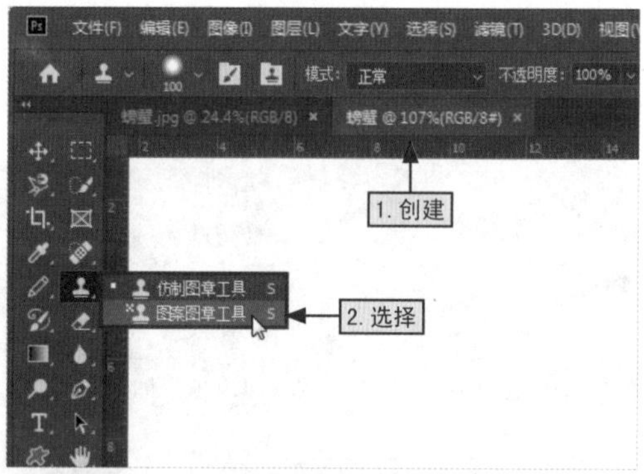

图5-70

步骤05 在工具选项栏中单击“画笔预设”下拉按钮，选择画笔样式，分别设置画笔大小和硬度，如图5-71所示。

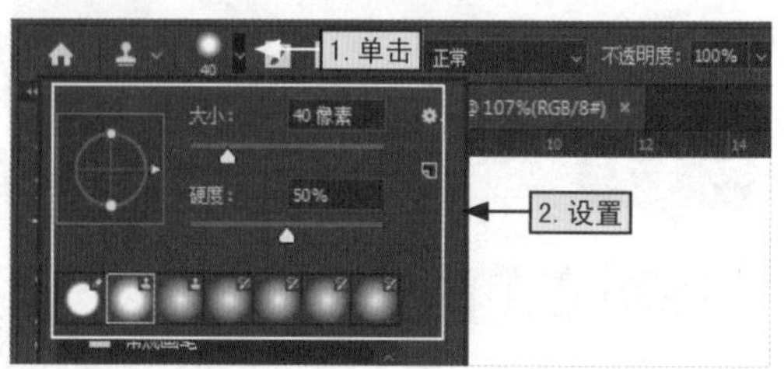

图5-71

步骤06 在工具选项栏中单击“图案”下拉按钮，在打开的“图案”拾色器中选择自定义的图像，如图5-72所示。

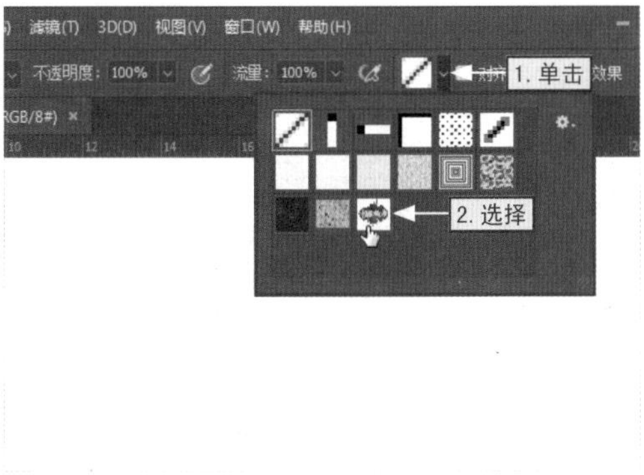

图5-72

步骤07 在创建的空白文档图像中按住鼠标左键，并拖动鼠标。此时，即可绘制出图像，如图5-73所示。

图5-73

5.3.3 橡皮擦工具

使用橡皮擦工具可以擦除当前图层中的图像。如果是对“背景”图层或已锁定了透明区域的图层进行处理，涂抹区域会显示背景色，如图5-74所示；如果是对其他图层进行处理，则可以擦除涂抹区域中的像素，如图5-75所示。

图5-74

图5-75

在工具箱中选择橡皮擦工具后，其工具选项栏中的选项与画笔工具的工具选项栏类似，如图5-76所示。

图5-76

虽然橡皮擦工具的工具选项栏与画笔工具的工具选项栏类似，但也有几项不一样，其具体介绍如下。

● “模式”下拉按钮 使用“模式”下拉按钮可以选择橡皮擦的类型，其主要有画笔、铅笔和块3个类型。如果选择“画笔”选项，则可以创建柔边擦除效果，如5-77左图所示；如果选择“铅笔”选项，则可以创建硬边擦除效果，如5-77中图所示；如果选择“块”选项，则可以创建块状擦除效果，如5-77右图所示。

图5-77

● “不透明度”组合框 使用“不透明度”组合框可以设置橡皮擦工具的擦除强度。如果不透明度的数值设置较低，则只能擦除部分像素；如果不透明度的数值设置较高，则可以尽可能擦除所有的像素，如图5-78所示为50%的不透明度擦除效果，如图5-79所示为100%的不透明擦除效果。

图5-78

图5-79

● “抹掉历史记录”复选框 抹掉历史记录工具与历史记录画笔工具的作用类似，在工具选项栏中选中该复选框后，在“历史记录”面板中选择一个状态选项。完成擦除操作后，可以将图像恢复到一个指定的状态，如图5-80所示。

图5-80

5.3.4

污点修复画笔工具

使用污点修复画笔工具可以快速移除图像中的污点部分，常用于去除图像中比较小的杂点或杂斑。在使用污点修复画笔工具时，在确定需要修复的图像位置，并调整好画笔大小后，移动鼠标就可以在目标位置自动匹配，其具体操作如下。

知识实操

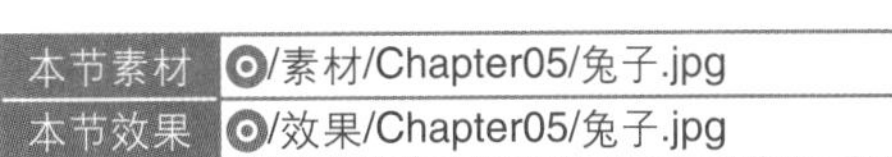

本节素材	/素材/Chapter05/兔子.jpg
本节效果	/效果/Chapter05/兔子.jpg

步骤01 打开素材文件“兔子.jpg”，在工具箱中选择“污点修复画笔工具”选项，如图5-81所示。

图5-81

步骤02 在工具选项栏中单击“画笔预设”下拉按钮，分别设置画笔大小、硬度和间距等属性，如图5-82所示。

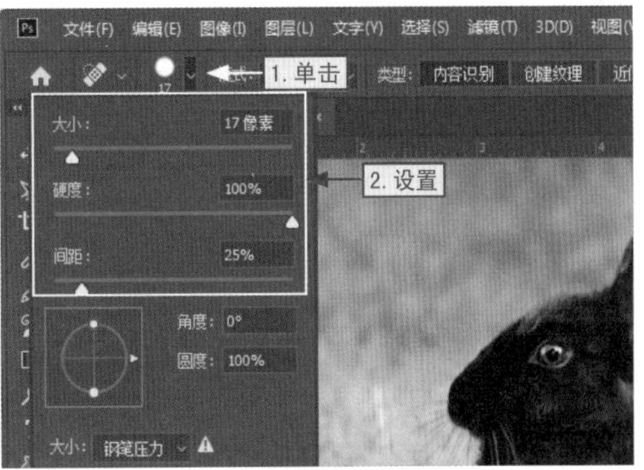

图5-82

步骤03 使用污点修复画笔工具在污点处进行涂抹，如果一次没有完全涂抹干净，则可以进行重复涂抹，如图5-83所示。

图5-83

步骤04 涂抹完成后，即可查看到图像中的所有污点都被清除，如图5-84所示。

图5-84

5.3.5 修复画笔工具

使用修复画笔工具可以去除图像中的杂斑、污迹，而修复的部分也会自动与背景色相融合。其实，修复画笔工具在图像编辑与处理中使用非常广泛，特别是在图像修复方面，其具体操作如下。

本节素材	/素材/Chapter05/郁金香.jpg
本节效果	/效果/Chapter05/郁金香.jpg

知识实操

步骤01 打开素材文件“郁金香.jpg”，在工具箱中选择“修复画笔工具”选项，如图5-85所示。

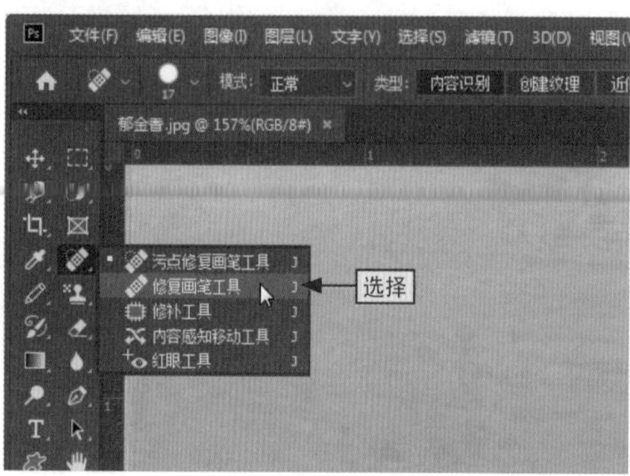

图5-85

步骤02 在工具选项栏中单击“画笔预设”下拉按钮，分别设置画笔大小、硬度和间距等属性，如图5-86所示。

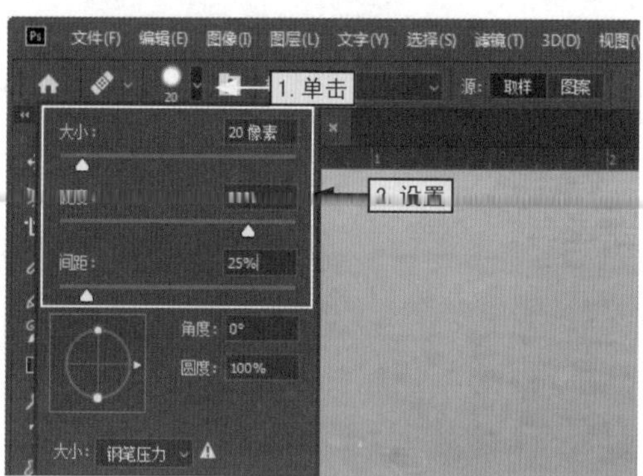

图5-86

步骤03 找到目标位置，观察它周围颜色，找相近的颜色。按住【Alt】键不放，此时鼠标形状变成中间有十字形，然后在污点处进行涂抹，如图5-87所示。

图5-87

步骤04 如果污点较多，则需要进行重复涂抹。涂抹完成后释放鼠标，即可查看到图像中的污点已经全部被清除，如图5-88所示。

图5-88

5.3.6

修补工具

使用修补工具不仅可以修复具有明显裂痕或污点等有缺陷的图像，还能直接对图像进行更改。只需要为需要修复的区域创建选区，然后将其拖动到附近完好的区域即可实现修补，其具体操作如下。

知识实操

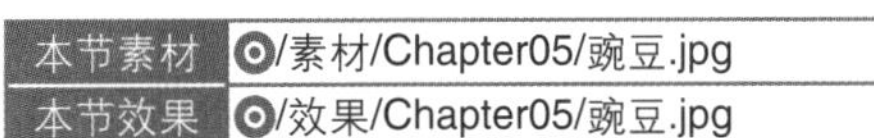

本节素材	/素材/Chapter05/豌豆.jpg
本节效果	/效果/Chapter05/豌豆.jpg

步骤01 打开素材文件“豌豆.jpg”，然后在工具箱中选择“修补工具”选项，如图5-89所示。

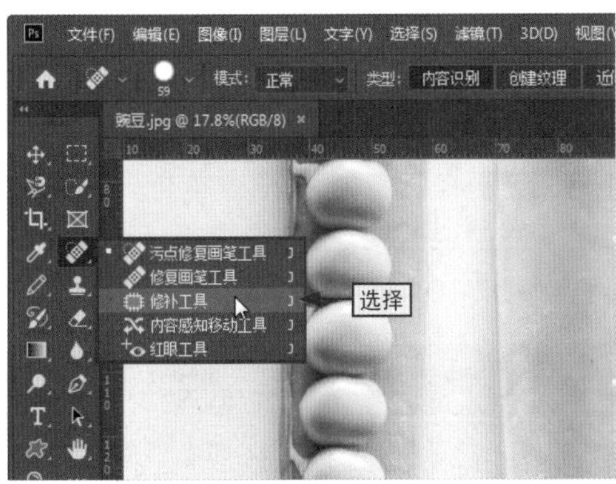

图5-89

步骤02 工具选项栏中默认选择“选区”选项，即所绘制的轮廓为选区，在图像中选择需要修补的区域，如图5-90所示。

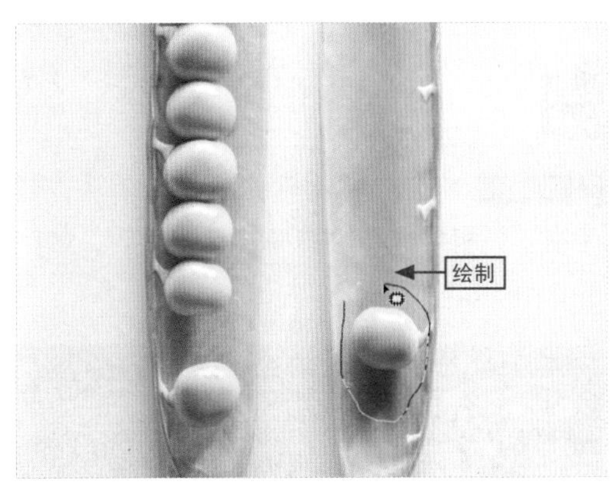

图5-90

步骤03 将鼠标光标移动到选区中，然后按住鼠标左键并拖动鼠标，将其移动到附近相似的地方后释放鼠标，如图5-91所示。

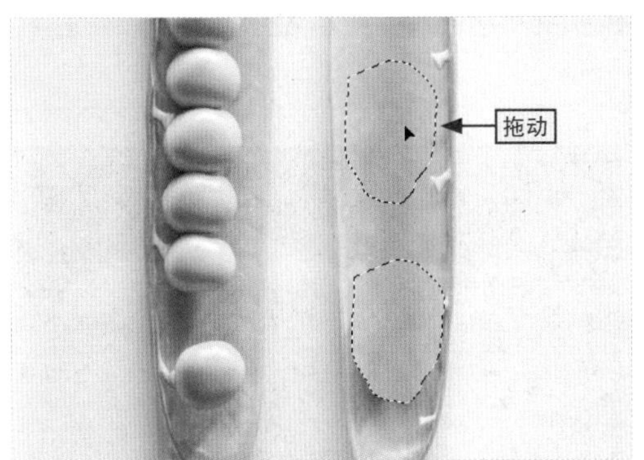

图5-91

步骤04 按【Ctrl+D】组合键取消选区，即可发现之前选择的区域已经被完美消除，如图5-92所示。

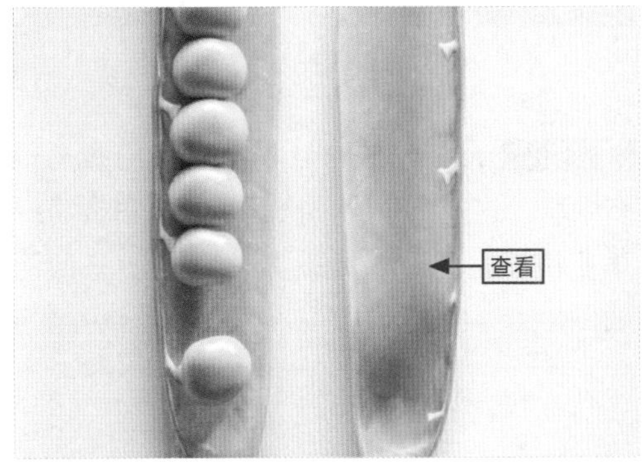

图5-92

5.4 图像修饰工具

图像修饰工具主要是对图像的部分细节进行适当的调整，合理地使用各种修饰工具，如模糊工具、锐化工具以及涂抹工具等，可以使图像更加自然、美观。

5.4.1 模糊工具

使用模糊工具可以对图像进行柔化，即使涂抹的图像区域变得模糊。其实，模糊也是一种表现手法，将图像中的指定部分进行模糊处理，从而可以凸现主体，其具体操作如下。

知识实操

本节素材	/素材/Chapter05/绿地.jpg
本节效果	/效果/Chapter05/绿地.jpg

步骤01 打开素材文件“绿地.jpg”，然后在工具箱中选择“模糊工具”选项，如图5-93所示。

图5-93

步骤02 在工具选项栏中单击“画笔预设”下拉按钮，分别设置画笔大小、硬度等，如图5-94所示。

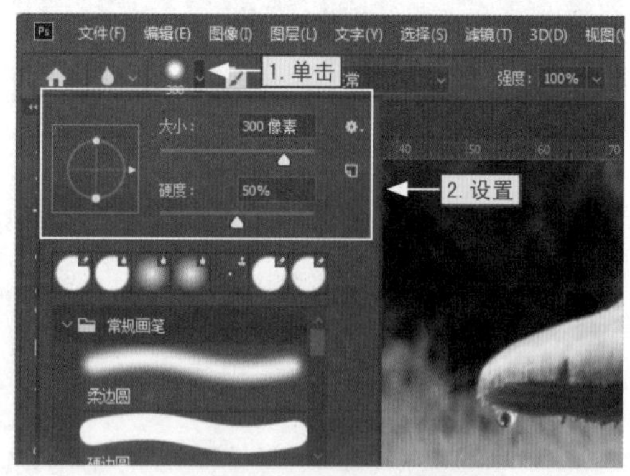

图5-94

步骤03 从素材中可以看出蘑菇周围有很多绿草，这些绿草比较抢眼，所以需要将绿草变模糊。此时，就需要在绿草上来回涂抹，如图5-95所示。

图5-95

步骤04 利用模糊工具对绿草进行涂抹后，可以看出绿草变得模糊，而蘑菇明显被突出，然后释放鼠标即可完成操作，如图5-96所示。

图5-96

5.4.2

锐化工具

使用锐化工具可以调整图像的清晰度，锐化值越高，相邻像素之间的对比度越大，图像中模糊的部分就会变得越清晰。由于锐化的原理是提高像素的对比度而使画面清晰，所以该工具通常用于调整事物的边缘，但不可以过度锐化。另外，该工具在使用中不带有类似喷枪的可持续作用性，所以在一个地方停留并不会加大锐化程度，如图5-97所示为锐化工具的工具选项栏。

图5-97

锐化工具的操作与模糊工具的操作基本相同，其具体操作是：在工具箱中选择“锐化工具”选项，然后在图像中的目标位置进行涂抹，即可使前景图像更加清晰，如图5-98所示。

图5-98

拓展知识丨“保护细节”复选框

在锐化工具的工具选项栏中选中“保护细节”复选框后，可以增强细节，弱化图像的不自然感；反之，则可以产生比较夸张的锐化效果。

5.4.3 涂抹工具

使用涂抹工具可以让图像产生一定的模糊感，该工具可以拾取鼠标单击点的颜色，并沿着鼠标移动的方向展开拾取的颜色，从而模拟出类似于手指头上划过油漆时的效果，其具体操作如下。

知识实操

本节素材	/素材/Chapter05/远方.jpg
本节效果	/效果/Chapter05/远方.jpg

步骤01 打开素材文件“远方.jpg”，然后在工具箱中选择“涂抹工具”选项，如图5-99所示。

图5-99

步骤02 在工具选项栏中单击“画笔预设”下拉按钮，分别设置画笔大小、硬度等，如图5-100所示。

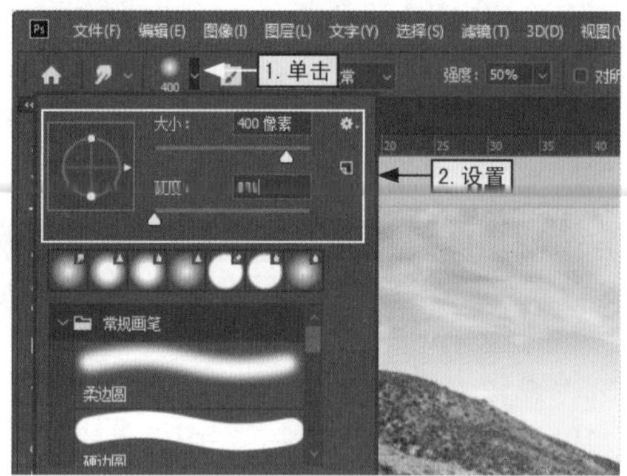

图5-100

步骤03 使用涂抹工具对部分图像进行涂抹，涂抹的部分就会变得较为模糊，如图5-101所示。

图5-101

步骤04 涂抹完成后，释放鼠标，即可查看到涂抹效果，如图5-102所示。

图5-102

5.4.4

减淡工具

使用减淡工具可以增强图像的亮度，减淡图像的颜色，所以该工具主要用来增强图像的明亮程度。在图像曝光不足时，使用减淡工具来调整图像的效果非常明显，与色阶工具有类似的效果，其具体操作如下。

知识实操

本节素材	/素材/Chapter05/夜色.jpg
本节效果	/效果/Chapter05/夜色.jpg

步骤01 打开素材文件“夜色.jpg”，然后在工具箱中选择“减淡工具”选项，如图5-103所示。

图5-103

步骤02 在工具选项栏中单击“画笔预设”下拉按钮，分别设置画笔大小、硬度等，如图5-104所示。

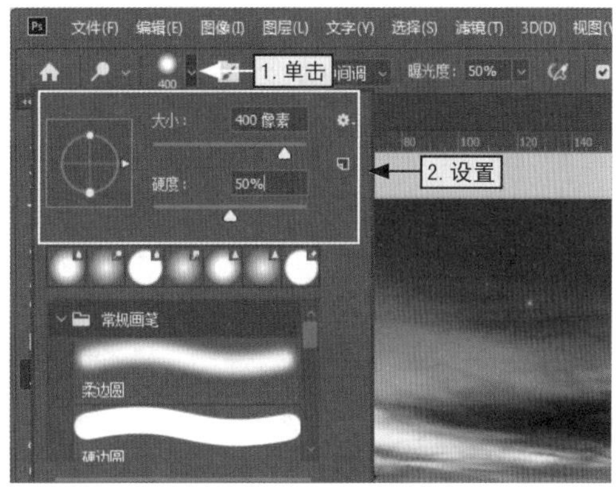

图5-104

步骤03 按住鼠标左键，使用减淡工具在图像的合适部分进行涂抹，从而调整图像的亮度，如图5-105所示。

图5-105

步骤04 涂抹完成后释放鼠标，即可查看到图像相应区域的亮度得到调整，如图5-106所示。

图5-106

5.4.5

加深工具

加深工具通过降低图像的曝光度来降低图像的亮度，与减淡工具的作用刚好相反，通常用来修复过曝的图像、制作图像的暗角以及加深局部颜色等，与减淡工具搭配可以获得更好的效果，其具体操作如下。

知识实操

本节素材	⊙/素材/Chapter05/劳作.jpg
本节效果	⊙/效果/Chapter05/劳作.jpg

步骤01 打开素材文件“劳作.jpg”，然后在工具箱中选择“加深工具”选项，如图5-107所示。

图5-107

步骤02 在工具选项栏中单击“画笔预设”下拉按钮，分别设置画笔大小、硬度等，如图5-108所示。

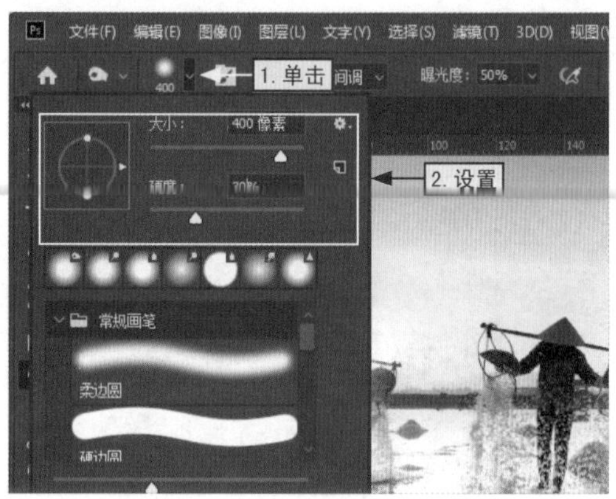

图5-108

步骤03 按住鼠标左键，使用涂抹工具对部分图像进行涂抹，从而调整图像的亮度，如图5-109所示。

图5-109

步骤04 涂抹完成后，释放鼠标，即可查看到相关的涂抹效果，如图5-110所示。

图5-110

案例精解

将人物的头发调整为自己喜欢的颜色

在本节中主要介绍了图像润色、绘制、修复以及修饰等操作，下面通过调整人物头发的颜色为例，讲解图像的润色与修饰。

本节素材	/素材/Chapter05/人物.jpg
本节效果	/效果/Chapter05/人物.jpg

步骤01 打开素材文件“人物.jpg”，在“图层”面板的“背景”图层上单击鼠标右键，选择“复制图层”命令，如图5-111所示。

步骤02 打开“复制图层”对话框，设置复制图层的名称，然后单击“确定”按钮，如图5-112所示。

图5-111

图5-112

步骤03 打开“颜色”面板，然后在其中对前景色进行设置，如图5-113所示。

步骤04 在工具箱的画笔工具组上单击鼠标右键，然后选择“画笔工具”选项，如图5-114所示。

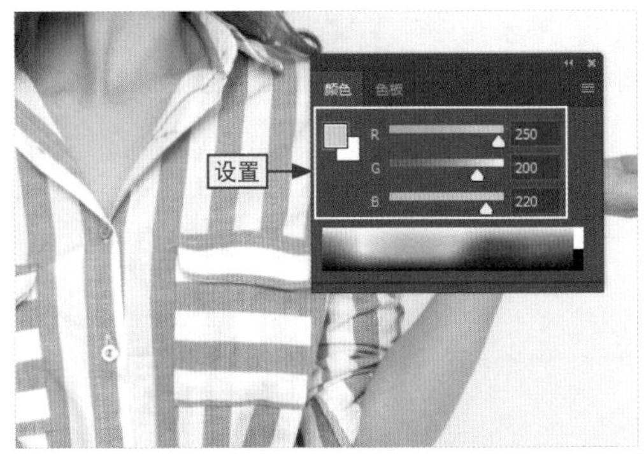

图5-113

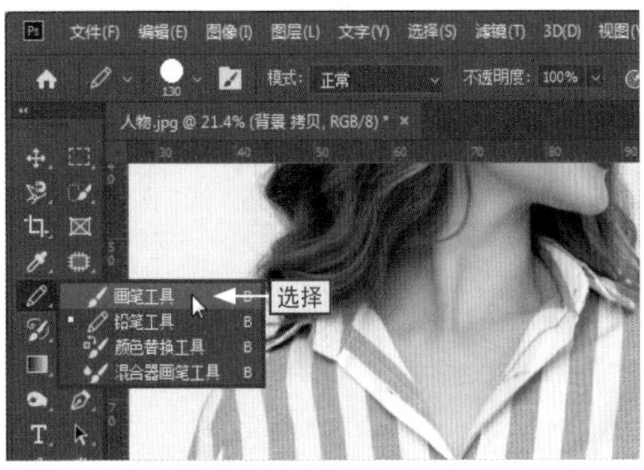

图5-114

步骤05 在工具选项栏中设置画笔的大小、硬度和样式，将不透明度的值设置为“80%”，如图5-115所示。

步骤06 在人物的头发上按住鼠标左键进行涂抹（不要碰到人物的面部及衣服），然后将笔尖调小，在头发边缘上涂抹，进行细致加工，如图5-116所示。

图5-115

图5-116

步骤07 在“图层”面板中单击“设置图像的混合模式”下拉列表框，然后选择“柔光”选项，如图5-117所示。

步骤08 此时，即可查看到人物头像的颜色发生了改变，如图5-118所示。

图5-117

图5-118

第6章
06

图像的色彩调整技术

学习目标

在Photoshop中，通过各种色彩与色调调整命令可以对图像进行调整，从而使图像的效果更加符合自己的需求。同时，使用Photoshop进行色彩调整是许多图像和照片后期处理必不可少的操作。

知识要点

- 色彩调整的基础知识
- 图像的颜色模式与转换
- 图像色彩的快速调整
- 图像色彩的基本调整
- ……

效果预览

6.1 色彩调整的基础知识

色彩是光从物体反射到人的眼睛所引起的一种视觉心理感受，从字面含义上理解可分为色和彩两部分。其中，色是指人对进入眼睛的光传至大脑时所产生的感觉，彩是多色的意思，即人对光变化的理解。我们在通过Photoshop中的各种调整命令和调整工具调整色彩前，需要先对色彩调整的基础知识有所了解。

6.1.1 色彩的三要素

颜色可以分为无彩色系和有彩色系两大类，有彩色系的颜色具有3个基本特性，即色相（色调）、纯度（彩度或饱和度）和明度（亮度），它们在色彩学上也被称为色彩的三要素。其中，人眼看到的任一彩色光都可以使用色相、纯度和明度来描述，是这3个特性的综合效果。

1.色相

色相是指色彩的相貌，也就是通常所说的各种颜色，如红、橙、黄、绿等。色相是区别各种不同色彩的最佳标准，它和色彩的强弱及明暗没有关系，只是单纯的表示色彩相貌的差异。

色相是色彩的首要特征，是人眼区分色彩的最佳方式，任何黑、白、灰以外的颜色都有色相的属性，而色相也就是由原色、间色和复色来构成的。在最好的光照条件下，我们的眼睛大约能分辨出180种色彩的色相。在拍摄中，若能充分、有效地运用该能力，则可以帮助我们构建理想的色彩画面。

在标准色相环中，以角度表示不同色相，取值范围在“0～360”。其实，色相环就是以三原色为基础，将不同色相的红、橙、黄、绿、青、蓝、紫按一定顺序排列成环状的色彩模式，主要分为十二色相环和二十四色相环，它们可以帮助用户更好地认识和使用色彩，如图6-1所示为二十四色相环。

在色相环上排列的颜色是纯度高的颜色，被称为纯色。这些颜色在环上的位置是根据视觉和感觉的相等间隔来进行安排的，使用类似的方法还可以再分出差别细微的多种色来。在色相环上与环中心对称，并在180度的位置两端的色被称为互补色。

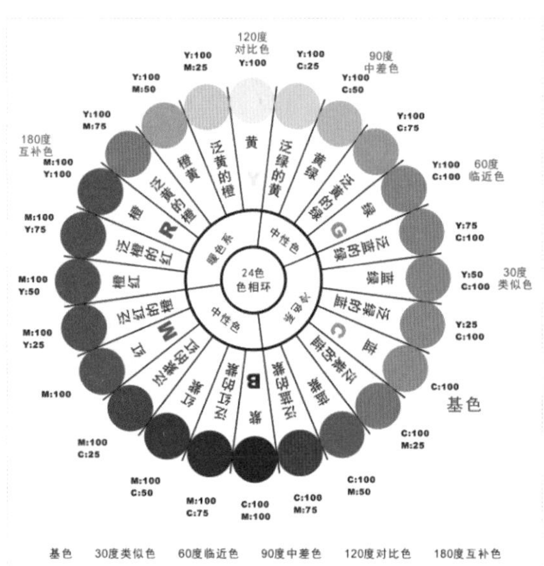

图6-1

2.纯度

通常情况下，色彩纯度是用来表现色彩的鲜艳和深浅的标准。一种颜色的纯度越高，色彩就越鲜艳，随着纯度的降低，色彩就会变淡。简单而言，纯度最高的色彩就是原色，而最低的就会变成无彩色（纯度降到最低就失去色相，变为无彩色，也就是黑色、白色和灰色）。其中，饱和度的表示范围是“0～100”，0表示灰度，而100则表示完全饱和，如图6-2所示为色彩的纯度表。

从视觉效果上来说，纯度高的色彩由于明亮、艳丽，因而容易引起视觉的兴奋；中纯度的色彩基调较为丰满、柔和，能保持人的视觉长时间注视；而低纯度的色彩基调比较单调、耐看，更容易使人产生联想。

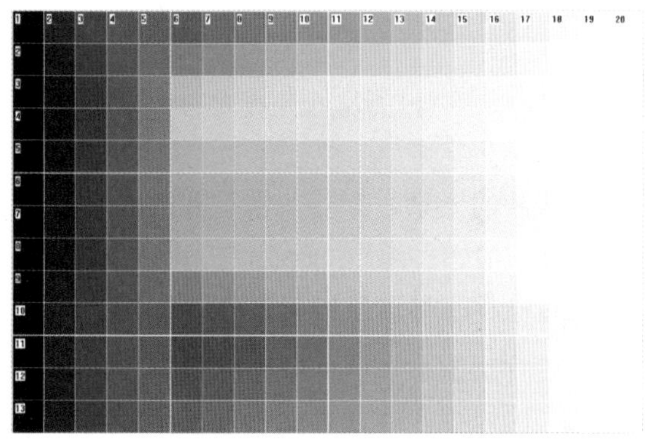

图6-2

3.明度

色彩明度是指色彩的亮度或明度，就是常说的明与暗。颜色有深浅、明暗的变化，最亮的颜色是白色，最暗的颜色是黑色。例如，深黄、中黄、淡黄、柠檬黄等黄颜色在明度上就不一样，紫红、深红、玫瑰红、大红、朱红、桔红等红颜色在亮度上也不尽相同。这些颜色在明暗、深浅上的不同变化，也就是色彩的另一个重要特征，即明度变化。

色彩的明度变化有许多种情况，例如：不同色相之间的明度变化，如在未调配过的原色中黄色明度最高、黄比橙亮、橙比红亮、红比紫亮、紫比黑亮；在任何色彩中加入白色会加强色彩的明度（使颜色变浅），加入黑色则会减弱色彩的明度（使颜色变深），但同时它们的纯度就会降低；相同的颜色，因光线照射的强弱不同也会产生不同的明暗变化。

计算明度的基准是灰度测试卡，而明度的表示范围是“0～10”，0表示黑色，10表示白色，如图6-3所示为色彩明度变化图。色彩可以分为有彩色和无彩色，但无彩色仍然存在着明度。作为有彩色，每种色各自的亮度、暗度在灰度测试卡上都具有相应的位置值。

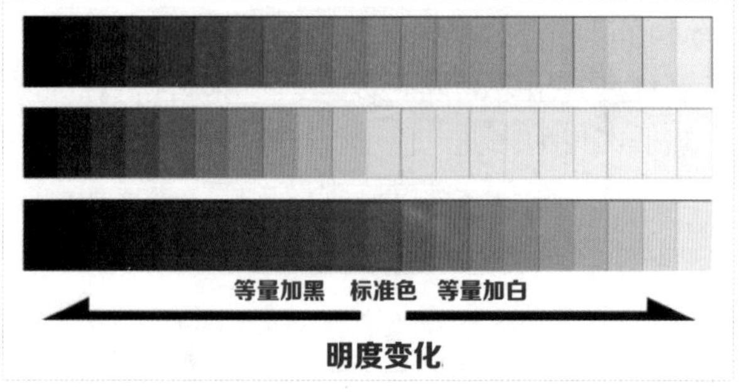

图6-3

6.1.2 色彩的搭配

色彩作为设计中不可或缺的元素，有着非常重要的作用。色彩不仅能唤起我们的视觉美感，还能传达出独特的情感诉求。在设计中如果能合理运用色彩搭配，便会产生较适宜的视觉感受，因为色彩的对比与协调会产生奇特效果，使人赏心悦目。

色彩搭配是指对色彩进行搭配后，从而取得更好的视觉效果。其中，色彩搭配遵循“总体协调，局部对比”的原则，即整体色彩效果需要达到和谐，允许局部的、小范围的地方存在一些强烈色彩的对比。在图像编辑与处理中，正确的色彩搭配不仅可

以丰富图像，还能够恰如其分地传递图像的主题信息，加强人们对信息的理解，促进信息的传播。因此，就需要掌握色彩搭配的常用方式。

● 柔和、明亮、温柔 在色彩搭配中，如果亮度较高，则可以给人柔和、明亮、温和的感觉。为了避免出现刺眼的情况，通常需要使用较低亮度的前景色调和，同时色彩在色环之间的距离也有助于避免出现沉闷的情况，如图6-4所示。

● 柔和、洁净、爽朗 如果想要得到柔和、清洁、爽朗的感觉，则可以通过色环中蓝到绿相邻的颜色来实现，亮度偏高。由此可以看出，几乎每个组合都有白色参与。在实际设计过程中，也可以使用蓝绿相反色相的高亮度有彩色来代替白色，如图6-5所示。

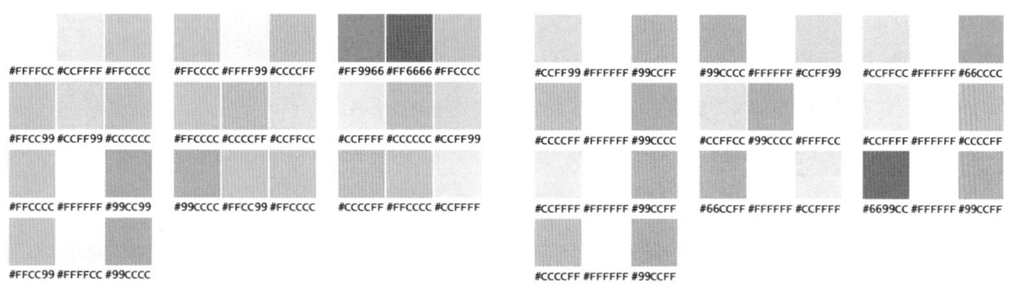

图6-4　　图6-5

● 可爱、快乐、有趣 从可爱、快乐、有趣的色彩搭配中可以看出，它们具有色相分布均匀、冷暖搭配、饱和度高以及色彩分辨度高等特点，如图6-6所示。

● 活泼、快乐、有趣 相对于可爱、快乐、有趣的色彩搭配，活泼、快乐、有趣的色彩搭配中，色彩的选择更加广泛，最主要的变化是将纯白色用低饱和度有彩色或者灰色代替，如图6-7所示。

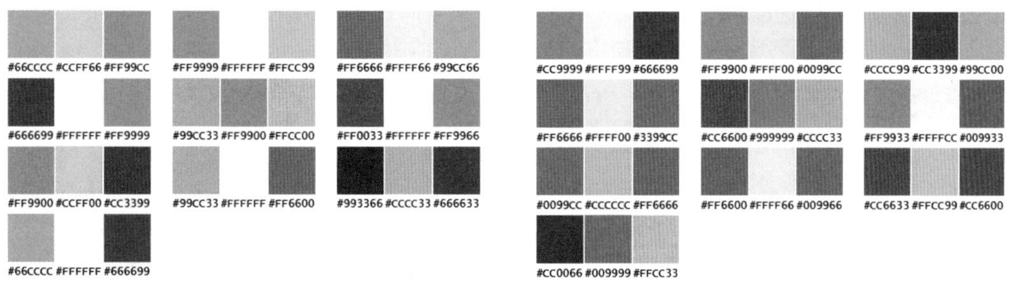

图6-6　　图6-7

● 简单、时尚、高雅 在色彩搭配中，灰色是最为平衡的色彩，并且是塑料金属质感的主要色彩之一，所以比较适合用来表达高雅、时尚。不过，需要注意图案和质感的构造，如图6-8所示。

● 轻快、华丽、动感 华丽、轻快、动感的效果要求页面充斥有彩色，并且饱和度偏高，而亮度适当减弱则能强化这种效果，如图6-9所示。

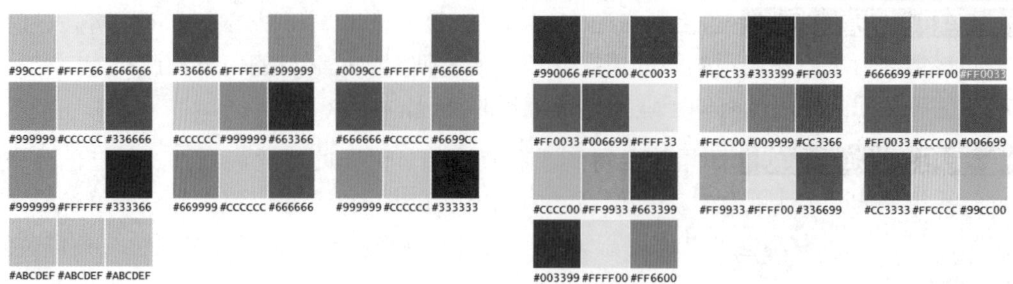

图6-8　　　　图6-9

● 狂野、充沛、动感 狂野的效果中缺少不了低亮度的色彩，甚至可以用适当的黑色搭配其他有彩色的饱和度高，对比强烈，如图6-10所示。

● 华丽、花哨、女性化 女性化的效果中紫色和品红是主角，而粉红和绿色也是常用色相，通常它们之间要进行高饱和的搭配，如图6-11所示。

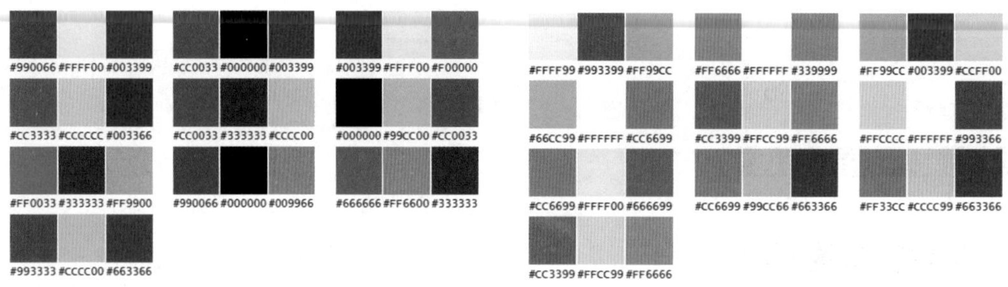

图6-10　　　　图6-11

● 回味、女性化、优雅 优雅的效果中，要求降低色彩的饱和度，通常以蓝色和红色之间的相邻色来调节亮度和饱和度进行搭配，如图6-12所示。

● 高尚、自然、安稳 高尚的效果中，通常会使用低亮度的黄绿色，色彩亮度降下去，注意色彩的平衡，整体效果就会显得平稳，如图6-13所示。

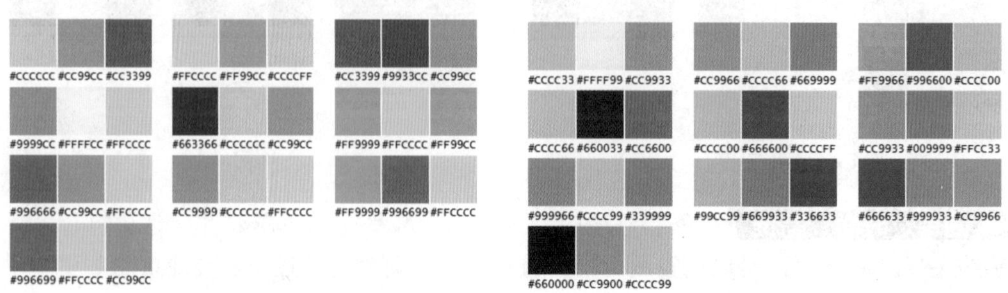

图6-12　　　　图6-13

● 冷静、自然 绿色可以表现出冷静、自然，但是绿色作为效果的主要色彩，容易给人过于消极的感觉，因此应该特别重视图案的设计，如图6-14所示。

● 传统、高雅、优雅 传统的内容通常需要降低色彩的饱和度，而棕色就比较适合，紫色也是高雅和优雅效果的常用色相，如图6-15所示。

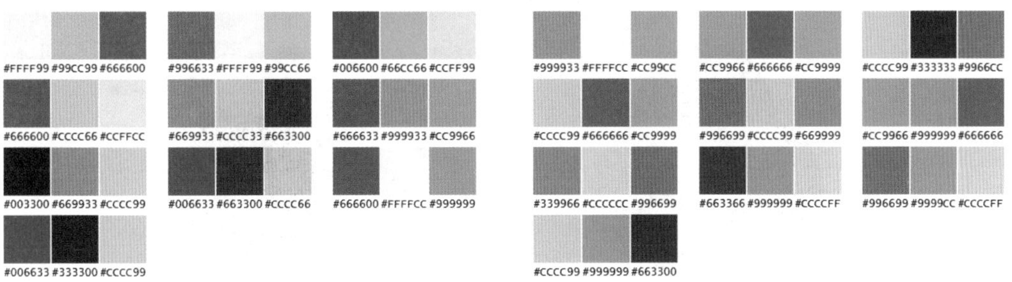

图6-14　　图6-15

● 传统、稳重、古典 传统、稳重、古典都是保守的效果，色彩的选择上应该尽量采用低亮度的暖色，这种搭配符合成熟的审美，如图6-16所示。

● 忠厚、稳重、有品位 较低亮度和饱和度的色彩会给人忠厚、稳重的感觉，这样的搭配为了避免色彩过于保守，使整体效果僵化、消极，需要注重冷暖结合和明暗对比，如图6-17所示。

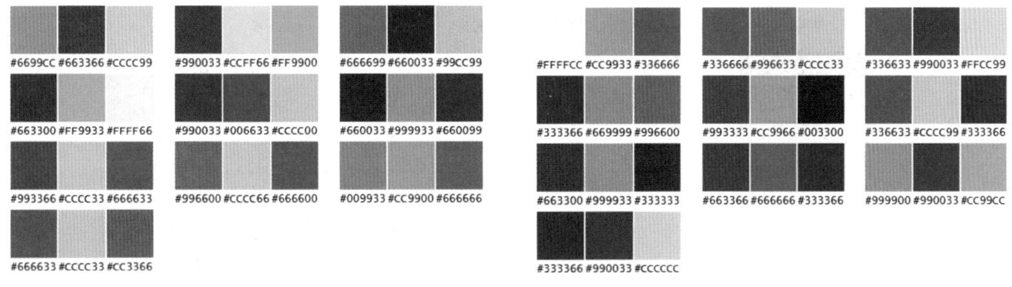

图6-16　　图6-17

6.1.3 使用色系表

颜色不会单独存在，通常是由多种因素来决定，如反射的光、周围搭配的色彩以及观看者的欣赏角度等。

在使用电脑处理色彩时，电脑上的色彩采用的是加色法，也就是色彩由黑色开始，随色彩的叠加，逐渐变亮，最后成为白色。例如，RGB色彩模型就用了加色法，

主要应用于网页制作、显示器件等，它采用了红色R（Red）、绿色G（Green）和蓝色B（Blue）综合的三原色；在使用颜料、涂料等方式时，可以采用减色法，也就是色彩由白色开始，随色彩的叠加，直到黑色。例如，CMYK色彩模型就用了减色法，主要应用于印刷、涂料等，它采用了青色C（Cyan）、洋红色M（Magenta）和黄色Y（Yellow）综合的三原色，如图6-18所示。

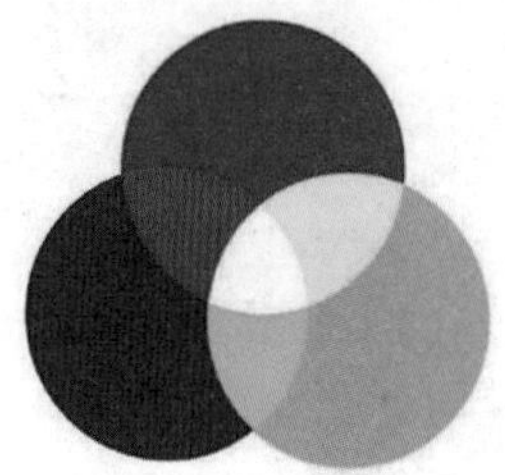

色光三原色（加法混色）
RGB Color

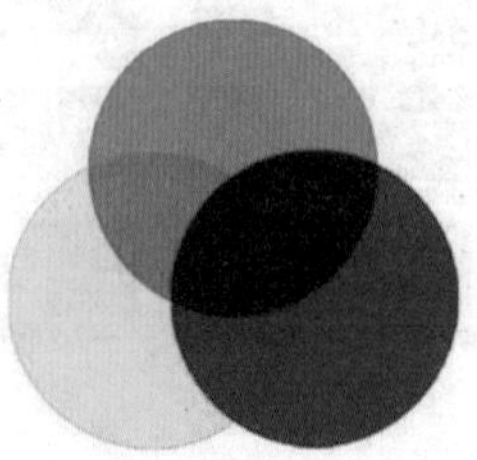

色料三原色（减法混色）
CMYK Color

图6-18

为了便于用户查看颜色，通常将12色相环中用得到的颜色通过颜色编号来表示，用户只需要对照编号即可找到目标颜色。其中，“#”栏中为16进制值，如图6-19所示为部分色系表内容展示。

编号	C	M	Y	K	R	G	B	#
1	0	100	100	45	139	0	22	8B0016
2	0	100	100	25	178	0	31	B2001F
3	0	100	100	15	197	0	35	C50023
4	0	100	100	0	223	0	41	DF0029
5	0	85	70	0	229	70	70	E54646
6	0	65	50	0	238	124	107	EE7C6B
7	0	45	30	0	245	168	154	F5A89A
8	0	20	10	0	252	218	213	FCDAD5
9	0	90	80	45	142	30	32	8E1E20
10	0	90	80	25	182	41	43	B6292B
11	0	90	80	15	200	46	49	C82E31
12	0	90	80	0	223	53	57	E33539
13	0	70	65	0	235	113	83	EB7153
14	0	55	50	0	241	147	115	F19373
15	0	40	35	0	246	178	151	F6B297
16	0	20	20	0	252	217	196	FCD9C4
17	0	60	100	45	148	83	5	945305
18	0	60	100	25	189	107	9	BD6B09
19	0	60	100	15	208	119	11	D0770B

图6-19

6.2 图像的颜色模式与转换

在使用Photoshop的过程中，经常会遇到颜色模式这个专业名词。颜色模式是将某种颜色表现为数字形式的模型，也可以理解为一种记录图像颜色的方式，在Photoshop中主要有8种颜色模式。

6.2.1 灰度模式

灰度模式下的图像不包含色彩，且彩色模式下的图像转换为灰色模式时，色彩信息也会被删除。其中，灰度模式可以使用多达256级灰度来表现图像，使图像的过渡更平滑细腻。而灰度图像的每个像素有一个0到255之间的亮度值，0代表黑色，255代表白色，其他区域代表的黑白中间的过渡灰色。在8位图像中最多的是256级灰度，在16位和32位图像中的级数比8位图像要大得多。

要想将其他颜色模式的图像转换为灰度模式，可以直接在菜单栏中单击“图像”菜单项，然后选择“模式/灰度”命令即可，如图6-20所示为将RGB颜色模式的图像转换为灰度模式前后的对比效果。

图6-20

6.2.2 位图模式

位图模式只有纯黑和纯白两种颜色，适合制作艺术样式，用于制作单色图像。在

将彩色图像转换为位图模式后，色相和饱和度信息都会被删除，只保留亮度信息。

只有灰度模式和双色调模式才能转换为位图模式，所以在将其他模式的图像转换为位图模式时，需要先将其转换为灰度模式或双色调模式，其具体操作如下。

知识实操

本节素材	/素材/Chapter06/沙漠.jpg
本节效果	/效果/Chapter02/沙漠.psd

步骤01 打开素材文件“沙漠.jpg”，在菜单栏中单击“图像”菜单项，选择“模式/灰度”命令，如图6-21所示。

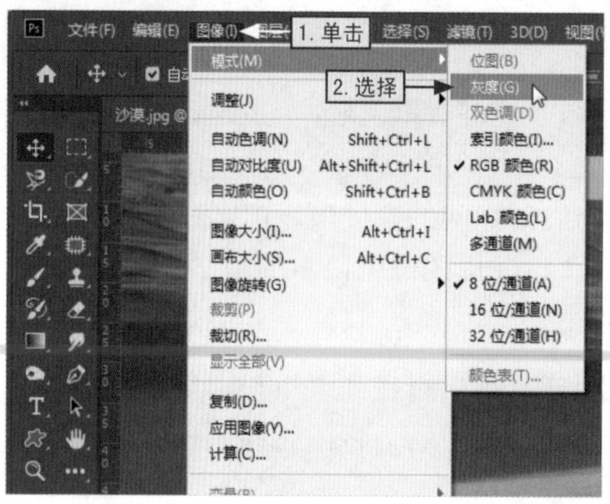

图6-21

步骤02 打开“信息”对话框，然后单击“扔掉”按钮，确认扔掉颜色信息，如图6-22所示。

图6-22

步骤03 返回到文档窗口中，在菜单栏中单击“图像”菜单项，选择“模式/位图”命令，即可打开“位图”对话框，如图6-23所示。

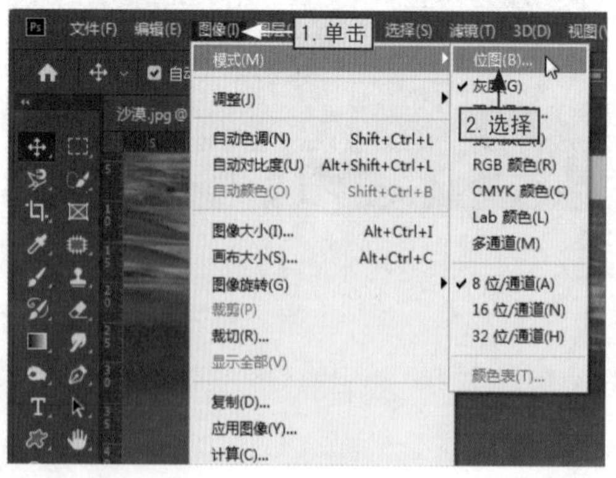

图6-23

步骤04 在“输出”文本框中输入分辨率，在“使用”下拉列表框中选择“半调网屏”选项，然后单击“确定”按钮，如图6-24所示。

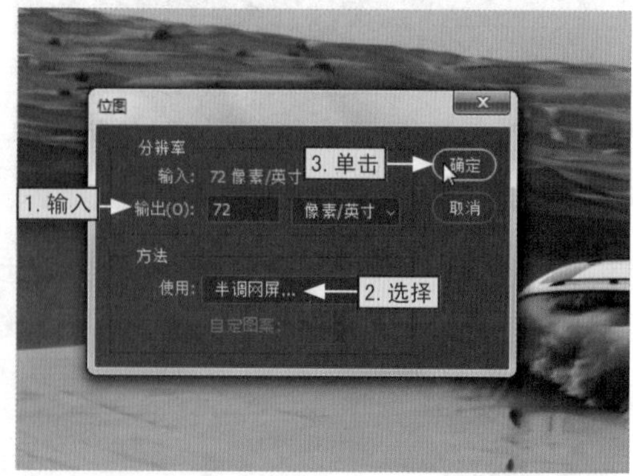

图6-24

步骤05 打开“半调网屏”对话框，分别设置输入频率和角度，在“形状”下拉列表框中选择“椭圆”选项，单击“确定”按钮，如图6-25所示。

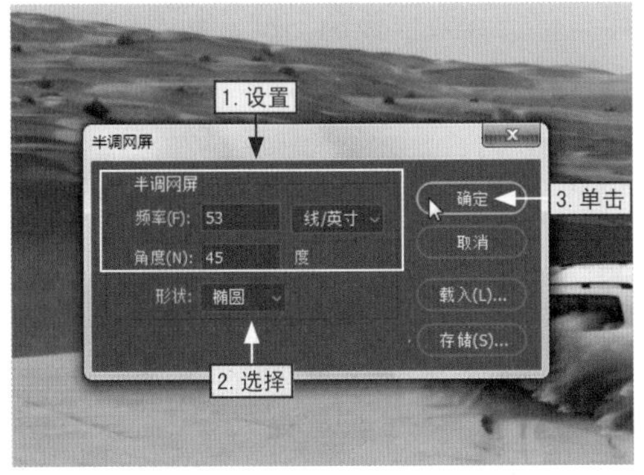

图6-25

步骤06 此时，即可查看到原来为RGB颜色模式的图像转换成了位图模式，如图6-26所示。

图6-26

拓展知识 | 位图的5种图像模式转换方案

在“位图”对话框的“使用”下拉列表中，存在5种图像模式转换方案，分别是50%阀值、图案仿色、扩散仿色、半调网屏和自定图案”，其具体介绍如下。

- **50%阀值** 50%阀值是将50%色调作为分界点，灰色值高于中间色阶（128）的像素转换为白色；反之，则转换为黑色。
- **图案仿色** 图案仿色是用黑白点的图案来模拟色调。
- **扩散仿色** 扩散仿色是通过从图案左上角的误差开始扩散的过程来转换图像，由于在转换过程中存在误差，所以会产生颗粒状的纹理。
- **半调网屏** 半调网屏用于模拟日常的平面印刷中使用到的半调网屏的外观。
- **自定图案** 使用自定图案，可以选择一种图案来模拟图像中的某些色调。

6.2.3 双色调模式

双色调模式采用一种曲线来设置各种颜色的油墨，可以得到比单一通道更多的色调层次，能在打印中表现更多的细节。

也就是说，双色调模式采用2～4种彩色油墨来创建由双色调（2种颜色）、三色

调（3种颜色）和四色调（4种颜色）混合其色阶来组成图像。在将灰度图像转换为双色调模式的过程中，可以对色调进行编辑，从而产生特殊的效果。使用双色调模式的主要目的是用尽量少的颜色表现尽量多的颜色层次，这样可以尽可能减少印刷成本。

在菜单栏中单击“图像”菜单项，选择“模式/双色调”命令后，即可打开“双色调选项”对话框，在“类型”下拉列表框中可以选择双色调的类型，如图6-27所示为双色调和三色调的图像效果。需要注意的是，只有灰度模式才能转换为双色调模式。

图6-27

6.2.4

索引颜色模式

索引颜色模式是网络和动画中比较常用的图像模式，当彩色图像转换为索引颜色的图像后包含近256种颜色，而索引颜色图像也会含有一个颜色表。若原图像中的颜色不能用256色来表现，Photoshop就会从可使用的颜色中选出最相近的颜色来模拟这些颜色，从而减小图像文件的尺寸。

在菜单栏中单击“图像”菜单项，选择“模式/索引颜色”命令后，在打开的“索引颜色”对话框进行相应设置即可，如图6-28所示为将RGB颜色模式的图像转换为索引颜色模式前后的对比效果。

图6-28

RGB颜色模式

RGB颜色模式是一种加色混合模式，基于自然界中3种基色光的混合原理，将红（R）、绿（G）和蓝（B）3种基色按照从0（黑）到255（白色）的亮度值在每个色阶中分配，从而指定其色彩。当不同亮度的基色混合后，便会产生出256×256×256种颜色（约为1677万种颜色）。

当3种基色的亮度值相等时，就会产生灰色，如6-29左图所示；当3种亮度值都是255时，就会产生纯白色，如6-29中图所示；而当所有亮度值都是0时，就会产生纯黑色，如6-29右图所示。3种色光混合生成的颜色一般比原来的颜色亮度值高，所以RGB模式产生颜色的方法又被称为色光加色法。

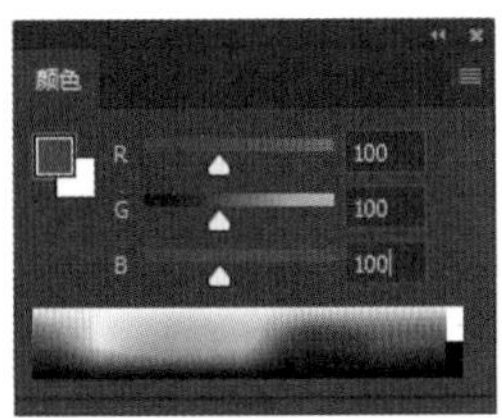

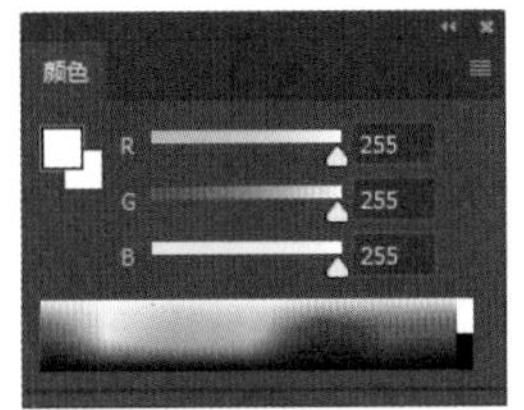

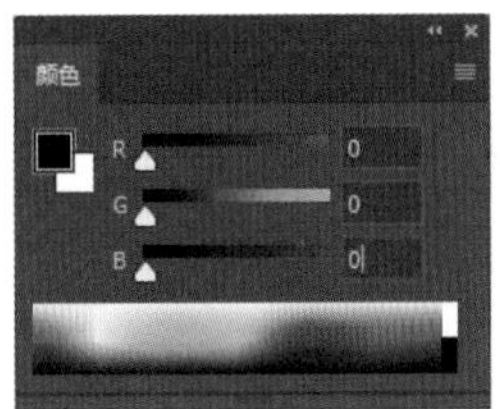

图6-29

RGB几乎包括了人类视力所能感知的所有颜色，是目前运用最为广泛的颜色系统之一。在日常工作中，电脑显示器、数码相机、电视机、幻灯片以及多媒体等都采用了RGB颜色模式。

6.2.6

CMYK颜色模式

CMYK颜色模式，也被称为印刷模式，是一种减色混合模式，恰好与RGB颜色模式相反。其中，4个字母分别指青（C）、洋红（M）、黄（Y）和黑（B），在印刷中就代表着4种颜色的油墨。在CMYK颜色模式下，可以为每个像素的每种印刷油墨指定一个百分比值，如图6-30所示。

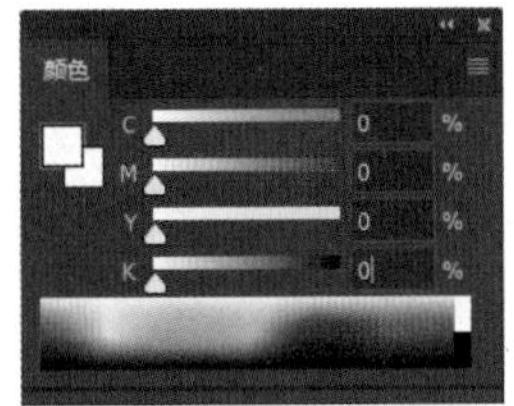

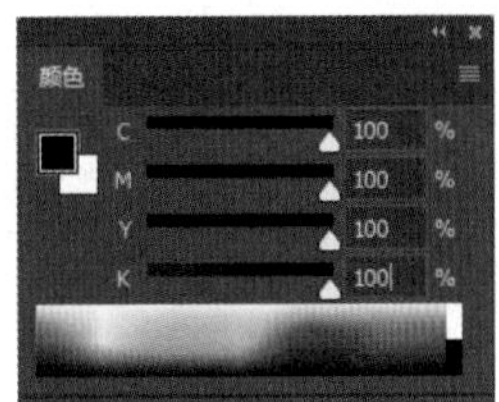

图6-30

CMYK颜色模式在本质上与RGB颜色模式没有什么区别，只是产生色彩的原理不同，在RGB颜色模式中由光源发出的色光混合生成颜色，而在CMYK颜色模式中由光线照到有不同比例C、M、Y、K油墨的纸上，部分光谱被吸收后，反射到人眼的光产生颜色。由于C、M、Y、K在混合成色时，随着C、M、Y、K 4种成分的增多，反射到人眼的光会越来越少，光线的亮度会越来越低，所有CMYK模式产生颜色的方法又被称为色光减色法。

6.2.7 Lab颜色模式

Lab颜色模式是Photoshop进行颜色模式转换时使用的中间模式，是由RGB三基色转换而来的。例如，将RGB颜色模式转换为HSB颜色模式时，需要先将其转换为Lab颜色模式，再将其转换为HSB颜色模式。在处理图像时，Lab颜色模式具有较强的优势，可以在不影响色相和饱和度的情况下轻松修改图像的明暗程度。

Lab颜色模式是以一个亮度分量L与两个颜色分量a和b来表示颜色的。其中，L表示亮度分量，其范围为0～100；a分量代表由绿色到红色的光谱变化，其范围为（+127）～（-128）；b分量代表由蓝色到黄色的光谱变化，其范围为（+127）～（-128）。

在处理a和b通道时，可以在不影响色调的情况下调整照片颜色，不过需要先将图像转换为Lab颜色模式，即在菜单栏中单击“图像”菜单项，然后选择“模式/Lab颜色”命令即可。

● 对a通道进行处理 在菜单栏中单击“图像”菜单项，选择“调整/曲线”命令，即可打开“曲线”对话框。在“通道”下拉列表框中选择“a”选项，然后拖动曲线，即可查看到相应的效果，如图6-31所示。

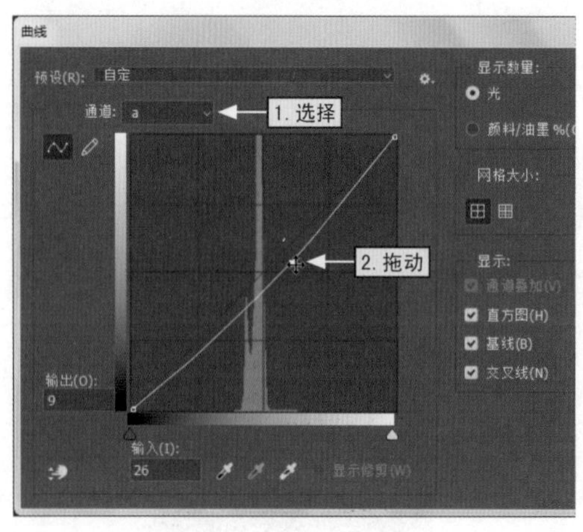

图6-31

● 对b通道进行处理 以相同方法打开“曲线”对话框，在“通道”下拉列表框中选择“b”选项，然后拖动曲线，即可查看到相应的效果，如图6-32所示。

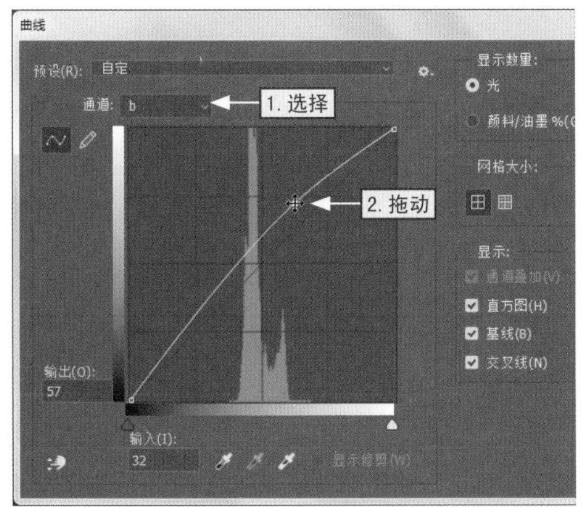

图6-32

6.2.8

多通道颜色模式

多通道颜色模式是一种减色模式，多用于特定的打印或输出，RGB图像转化为该颜色模式后可以得到青色、洋红和黄色通道。

在多通道模式中，每个通道都合用256灰度级存放着图像中颜色元素的信息。如果删除RGB颜色模式、CMYK颜色模式或Lab颜色模式中的某个颜色通道，图像就会自动转换为多通道模式，如图6-33所示为删除“黄色”通道前后的对比效果。

图6-33

6.3 图像色彩的快速调整

对于初次接触Photoshop的初学者而言，可能还不太熟悉各种调色工具，而使用“自动色调”“自动对比度”或“自动颜色”命令，可以在不设置参数的情况下，快速对图像的色调、对比度和颜色进行调整。

6.3.1 使用“自动色调”命令

使用“自动色调”命令可以自动对每个颜色通道进行调整，将每个颜色通道中最亮和最暗的像素调整为白色和黑色，而中间的像素值则按比例进行重新分布，从而使图像的对比度得到增强，适合处理一些对比度不强烈、灰暗的图像。不过，由于“自动色调”命令会单独调整每个颜色通道，所以可能会移去某些颜色或引入色偏。

在菜单栏中单击“图像”菜单项，选择“自动色调”命令后，Photoshop就会自动对图像的色调进行调整，从而使其色调变得更加清晰，如图6-34所示为自动调整图像色调的前后对比效果。

图6-34

6.3.2 使用“自动对比度”命令

使用“自动对比度”命令可以自动调整图像中颜色的对比度。该命令可以将图像中最亮和最暗的像素分别映射到白色和黑色，从而使高光显得更亮，而暗调显得更暗。因此，“自动对比度”命令在处理图像色调时应用比较广泛，它在增强图像整体对比度时，不会增加新的色偏，所以它不会单独对每个通道进行调整。

在菜单栏中单击“图像”菜单项，选择“自动对比度”命令后，Photoshop就会自动对图像的对比度进行调整，从而使其明度变亮，如图6-35所示为自动调整图像对比度的前后对比效果。

图6-35

6.3.3 使用“自动颜色”命令

使用“自动颜色”命令可以自动调整照片中最亮的颜色和最暗的颜色。因为“自动颜色”命令可以通过搜索实际像素，将图像片中的白色提高到最高值255，并将黑色降低到最低值0，同时将其他颜色重新分配，避免图像出现偏色。对于色彩比较均衡的图像，应用该命令会使图像的效果更加完美。

在菜单栏中单击“图像”菜单项，选择“自动颜色”命令后，Photoshop就会自动对图像的颜色进行调整，从而修正偏色，如图6-36所示为自动调整颜色前后对比效果。

图6-36

6.4 图像色彩的基本调整

在Photoshop中，具有非常全面的色彩调整与修正工具。 而图像色彩的基本调整方法常用的有4种，主要包括使用“亮度/对比度”“色阶”“曲线”以及“曝光度”等命令。

6.4.1 使用“亮度/对比度”命令

使用“亮度/对比度”命令可以对图像的亮度和对比度进行直接调整，与“色阶”命令和“曲线”命令不同的是，“亮度/对比度”命令不考虑图像中各通道颜色，而是对图像进行整体的调整。

在菜单栏中单击“图像”菜单项，选择“调整”命令，在其子菜单中选择“亮度/对比度”命令即可打开“亮度/对比度”对话框，通过对其中的参数进行设置就能对图像的亮度和对比度进行调整， 如图6-37所示。

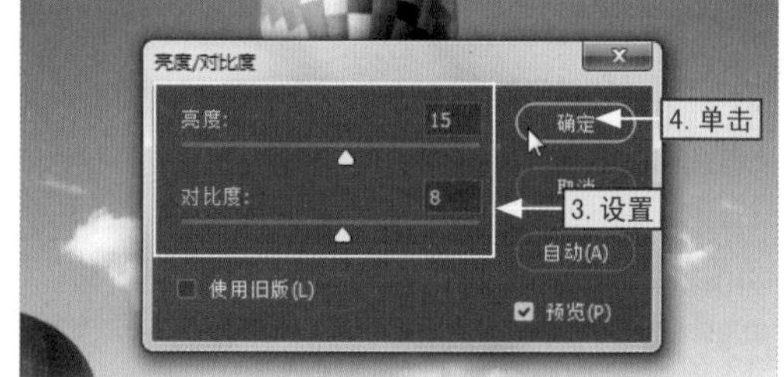

图6-37

在“亮度/对比度”对话框中，若选中“使用旧版”复选框，则可以查看到Photoshop CS3及其以前版本的调整效果，其对比效果如图6-38所示。

图6-38

6.4.2

使用“色阶”命令

“色阶”命令是图像处理时比较常用的调整色阶对比的命令，该命令通过调整图像中的暗调、中间调和高光区域的色阶分布情况来增强图像的色阶对比。也就是说，如果图像中的明暗效果过暗或过亮，则可以使用“色阶”命令来对图像的明暗程度进行调整。

在菜单栏中单击“图像”菜单项，选择“调整/色阶”命令即可打开“色阶”对话框，通过拖动“输入色阶”滑块位置来调整图像，从而使暗淡的图像达到彩色明亮的效果，如图6-39所示。

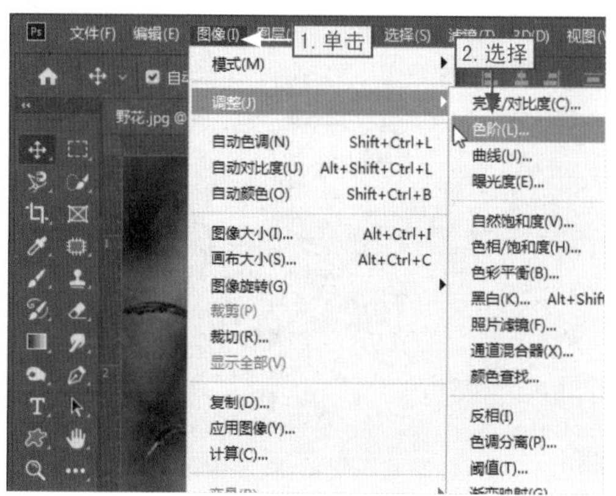

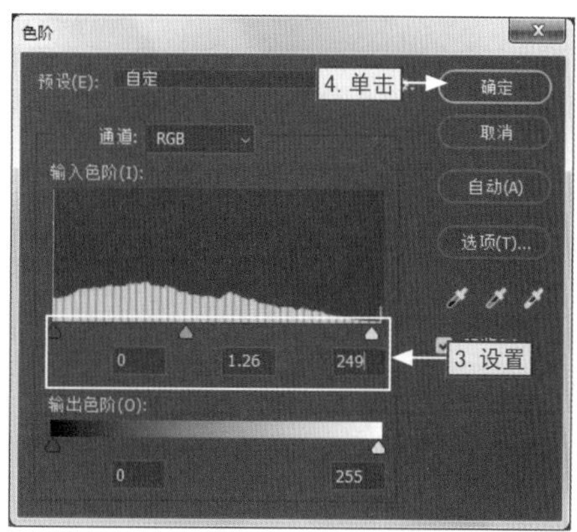

图6-39

在“色阶”对话框的“输入色阶”栏中具有3个调整滑块，左侧的黑色滑块用于调整阴影调，中间的灰色滑块用于调整中间调，而右侧的白色滑块用于调整高光调，如图6-40所示为调整这3个滑块的前后对比效果。

图6-40

6.4.3

使用“曲线”命令

使用“曲线”命令可以通过调整一条曲线的斜率和形状，对图像进行准确调整。该命令是用来改善图像质量的优选工具，不仅可以调整图像整体或单独通道的亮度、对比度和色彩，还可调节图像任意局部的明暗度和色调，从而使图像色彩更加协调。

在菜单栏中单击“图像”菜单项，选择“调整/曲线”命令即可打开“曲线”对话框，通过对其中的选项进行设置，就能使图像的亮度得到提高、暗度被降低以及对比度得到调整等，如图6-41所示。

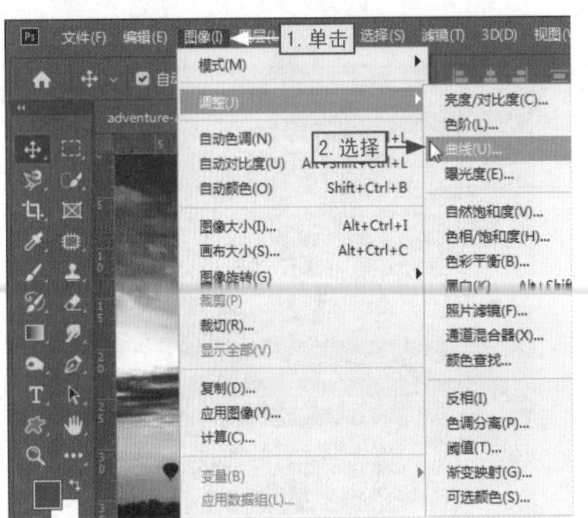

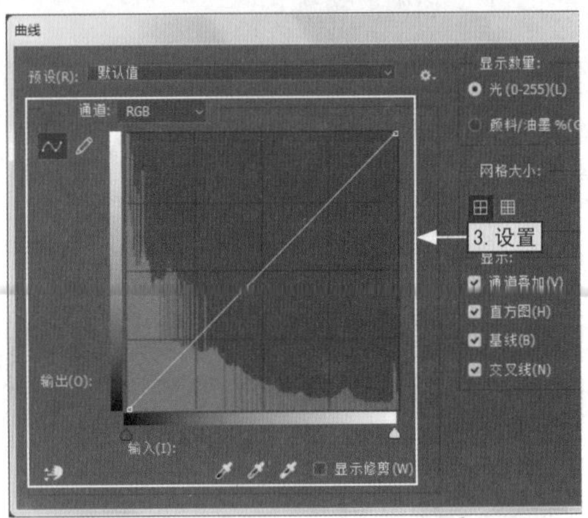

图6-41

● 调整亮度 在“曲线”对话框中，将“输出”栏内的曲线向上或向下拖动，就会使图像变亮或者变暗。例如，对于偏暗的图像可以在曲线上单击鼠标并向上拖动曲线，即可提升图像的亮度，如图6-42所示为图像提亮的前后对比效果。

图6-42

● 调整色调 在“曲线”对话框中，可以在“通道”下拉列表框中选择颜色通道来改变图像的色调效果。例如，在“通道”下拉列表框中选择“红”选项，然后向上拖动曲线，即可在图像中看到减弱的蓝色效果，如图6-43所示为调整色调的前后对比效果。

图6-43

6.4.4

使用“曝光度”命令

使用“曝光度”命令可以对图像的色调强弱的进行调整，与摄影中的曝光度有点类似，曝光时间越长，照片就会越亮。例如，某些图像的部分位置曝光不正确，就会出现一些过亮或过暗的情况。此时，使用“曝光度”命令则可以增加或减少曝光量，从而对图像起到修复的作用。

在菜单栏中单击“图像”菜单项，选择“调整/曝光度”命令，即可打开“曝光度”对话框，此时就能设置曝光量、位移以及灰度系数校正等参数值，从而达到调整图像明暗度的目的， 如图6-44所示。

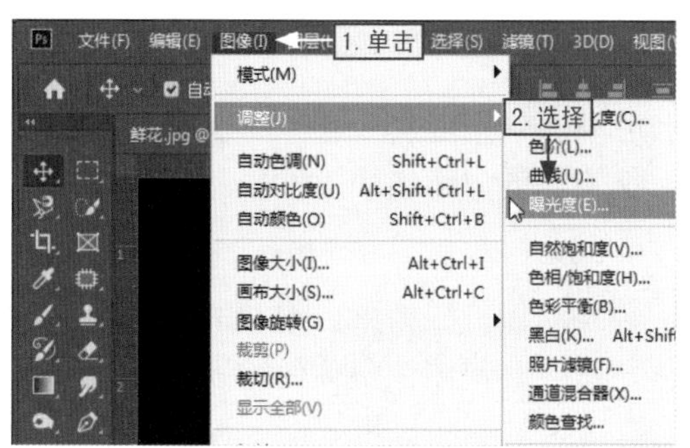

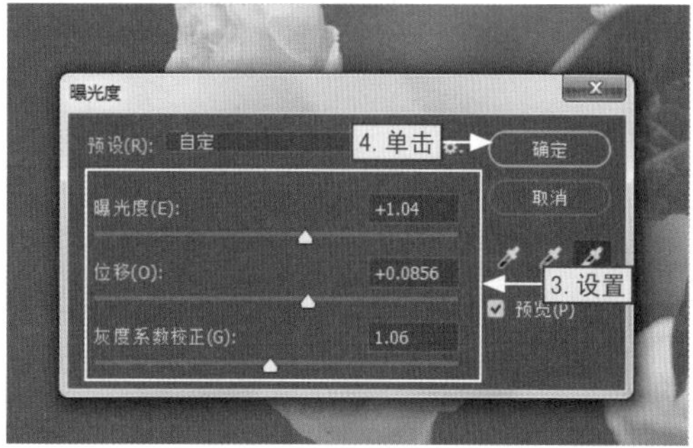

图6-44

在“曝光度”对话框中有3个非常重要的选项，即曝光度、位移和灰度系数校正。其中，曝光度是用来调节图像的光感强弱，数值越大，图像就会越亮；位移是用

来调节图像中灰度数值，也就是中间调的明暗；灰度系数校正是用来减淡或加深图像的灰色部分，可以消除图像的灰暗区域，增强画面的清晰度。如图6-45所示为调整曝光度的前后对比效果。

图6-45

6.5 图像色彩的高级调整

在使用Photoshop进行图像色彩调整过程中可以发现，图像不仅由明度、色相与饱和度等要素组成，还由各个颜色通道组成。因此，图像除了可以简单地进行明暗关系、色调改变等操作外，还能通过“自然饱和度”“色相/饱和度”以及“色彩平衡”等命令进行色彩的高级调整。

6.5.1 使用“自然饱和度”命令

在Photoshop中，“自然饱和度”命令的功能与“色相/饱和度”命令类似，可以使图片更加鲜艳或暗淡，但效果会更加细腻，会智能处理图像中不够饱和的部分和忽略足够饱和的颜色。

在使用“自然饱和度”命令调整图像时，会自动保护图像中已饱和的部位，只对其做小部分的调整，而着重调整不饱和的部位，这样会使图像整体的饱和趋于正常，非常适合用来对人物照片进行处理。

在菜单栏中单击“图像”菜单项，选择“调整/自然饱和度”命令，即可打开“自然饱和度”对话框，此时就能设置自然饱和度和饱和度参数的具体数值，如图6-46所示。

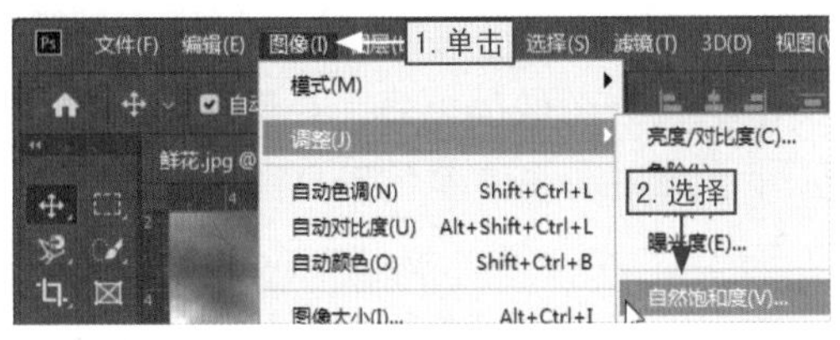

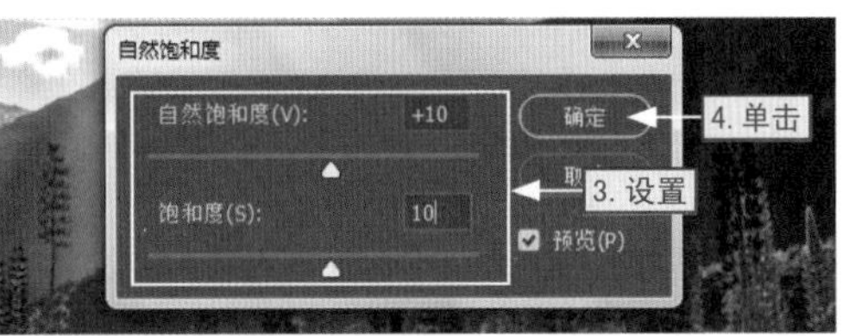

图6-46

在对图像进行处理时，可以将自然饱和度视为“智能饱和度”，因为将其数值提高到最大，画面也不会过度艳丽；将其数值降到最低，画面中也会有一些色彩信息，不会变成黑白照片，如图6-47所示为调整自然饱和度的前后对比效果。

图6-47

6.5.2 使用“色相/饱和度”命令

“色相/饱和度”命令是比较常用的色彩调整命令，其功能非常齐全，不仅可以调整整个图像的色相、饱和度和明度，还可以调整图像中单个颜色成分的色相、饱和度和明度。另外，如果给像素指定新的色相饱和度，则可以为灰度图像上色。

在菜单栏中单击“图像”菜单项，选择“调整/[色相/饱和度]”命令打开“色相/饱和度”对话框，此时即可对色相、饱和度和明度参数进行设置，如图6-48所示。

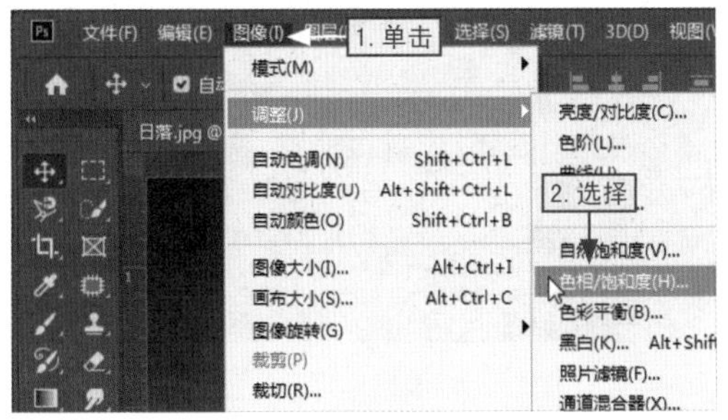

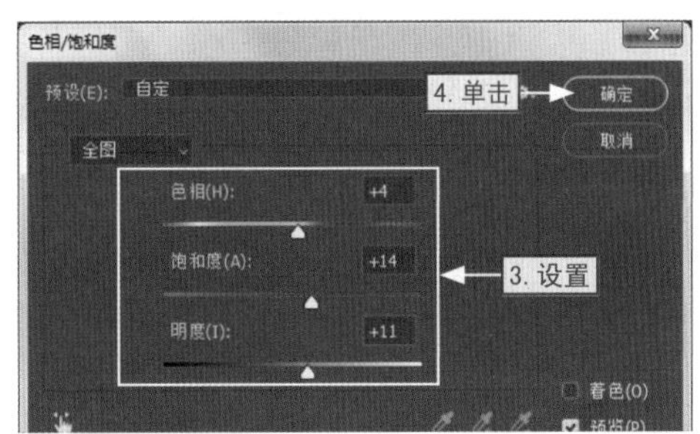

图6-48

在“色相/饱和度”对话框中有多个颜色选项，每个颜色选项的设置效果也不相同。其中，选择“全图”选项，表示色彩调整针对整个图像的色彩，如图6-49所示为调整图像的色相和饱和度的前后对比效果。另外，如果选中“着色”复选框，则可以消除图像中的黑白或彩色元素，从而转变为单色调。

图6-49

6.5.3 使用“色彩平衡”命令

使用“色彩平衡”命令可以更改图像的总体颜色混合，并在暗调区、中间调区和高光区通过控制各个单色的成分来平衡图像整体的色彩。通过对图像的色彩平衡处理，可以校正图像中比较明显的偏色问题、过饱和或饱和度不足的情况，也可以根据实际情况调制需要的色彩，更好地完成图像效果。

在菜单栏中单击“图像”菜单项，选择“调整/色彩平衡”命令打开“色相平衡”对话框，即可对色彩平衡的相关参数进行设置，如图6-50所示为调整色彩平衡前后的对比效果。

图6-50

6.5.4

使用“黑白”和“去色”命令

在Photoshop中，将彩色图像转变为黑白图像可以考虑使用“黑白”或“去色”命令，不过这两个命令存在一些差异。

其中，“黑白”命令会将图像中的颜色丢弃，使图像以灰色或单色显示，并且可以根据图像中的颜色范围调整图像的明暗度；而“去色”命令可以使图像中的所有颜色的饱和度变为0，在色彩被去掉的过程中，图像各种颜色的亮度不变，不改变图像的色彩模式。

● “黑白”命令 如果选择“黑白”命令来调整图像颜色，在选择“图像/调整/黑白”命令后即可打开“黑白”对话框，然后在其中可对各个选项进行设置，如图6-51所示为图像黑白转换前后的对比效果。

图6-51

● “去色”命令 使用“去色”命令可以快速制作出黑白图像，在选择“图像/调整/去色”命令后，即可直接对图像去色，如图6-52所示为图像去色前后的对比效果。

图6-52

6.5.5

使用“通道混合器”命令

使用“通道混合器”命令可以将颜色通道相互混合，起到对目标颜色通道进行调整和修复的作用，从而产生图像合并效果，或设置出单色调的图像效果。

单击“图像”菜单项，选择“调整/通道混合器”命令打开“通道混合器”对话框，即可对色彩平衡的参数进行设置，如图6-53所示为使用“通道混合器”命令前后的对比效果。

图6-53

6.5.6

图像色彩的特殊调整

除了前面介绍的一些常见的色彩调整命令外，Photoshop还为用户提供了一些比较特殊的色彩调整命令，其具体介绍如下。

● “反相”命令 使用“反相”命令可以将图像中的颜色和亮度全部翻转，将图像颜色更改为它们的互补色，如黄色转变为蓝色、红色变为青色等。对图像进行反相处理后，可制作出类似于底片的特殊效果，如图6-54所示为图像调整前后的对比效果。

图6-54

● "阴影/高光"命令 使用"阴影/高光"命令可以为图像制作阴影和高光效果，不仅可以使图像变暗或变亮，还可以对图像的局部进行加亮或变暗处理。选择"图像/调整/[阴影/高光]"命令后，可以在打开的"阴影/高光"对话框中对阴影和高光效果进行设置，如图6-55所示为图像调整前后的对比效果。

图6-55

● "阈值"命令 使用"阈值"命令可以将图像转换为对比度较高的黑白图像，比阈值亮的像素转换为白色，比阈值暗的像素转换为黑色。另外，"阈值"命令对确定图像的最亮和最暗区域很有用，如图6-56所示为图像调整前后的对比效果。

图6-56

● "渐变映射"命令 使用"渐变映射"命令可以将一张图像中最阴暗的部分映射为一组渐变的阴暗色调，而图像中最明亮的部分会被映射为一组渐变的明亮色调，从而使图像展现出渐变效果。另外，使用"渐变映射"命令可以快速制作具有波普风格的照片效果。选择"图像/调整/渐变映射"命令后，可以在打开的"渐变映射"对话框中选择渐变的预设颜色，也可以通过"渐变编辑器"自定义渐变颜色，如图6-57所示为图像调整前后的对比效果。

图6-57

● "照片滤镜"命令 "照片滤镜"命令是模拟镜头前加彩色滤镜的效果，通过调整镜头传输前的色彩平衡和色温，使照片呈现出暖色调或冷色调的图像效果。选择"图像/调整/照片滤镜"命令后，可以在打开的"照片滤镜"对话框中选择滤镜的预设选项，也可以手动设置颜色，如图6-58所示为图像调整前后的对比效果。

图6-58

案例精解

对偏色照片进行颜色调整

在本节中主要介绍了图像色彩调整的相关命令，下面通过对偏色的照片进行颜色调整为例，讲解图像色彩调整过程中的具体应用及相关设置操作。

本节素材	⊙/素材/Chapter06/山顶.jpg
本节效果	⊙/效果/Chapter06/山顶.jpg

步骤01 打开素材文件“山顶.jpg”，在菜单栏中单击“窗口”菜单项，选择“通道”命令，如图6-59所示。

步骤02 打开“通道”面板，查看各通道后可以发现“绿”通道比较灰暗，其他通道基本正常，如图6-60所示。

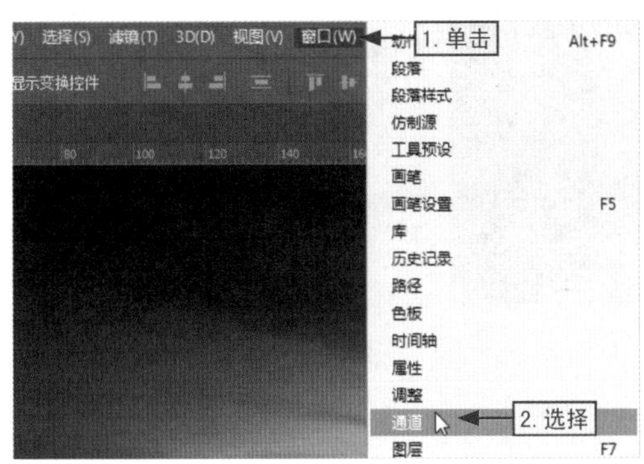

图6-59

图6-60

步骤03 在菜单栏中单击“图像”菜单项，选择“调整/通道混合器”命令，打开“通道混合器”对话框，如图6-61所示。

步骤04 由于原图像的颜色偏红，所以在“输出通道”下拉列表框中选择“绿”通道选项，然后向右拖动红色滑块，降低图像的红色，如图6-62所示。

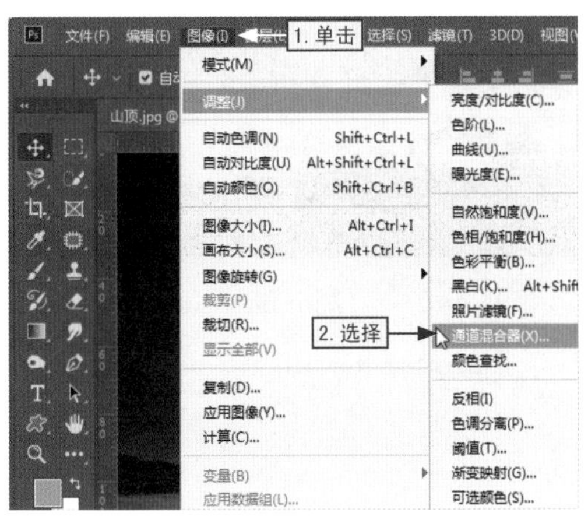

图6-61

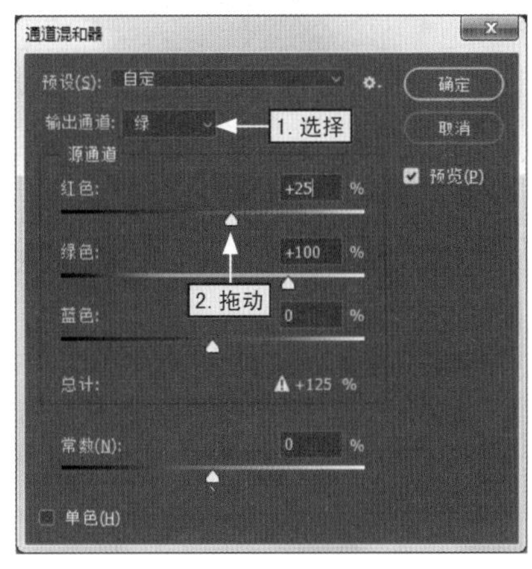

图6-62

步骤05 在“输出通道”下拉列表框中选择“蓝”通道选项，向右拖动绿色滑块，使用绿色通道的数据修复蓝色通道，让图像基本色调得到恢复，然后单击“确认”按钮，如图6-63所示。

步骤06 在菜单栏中单击“图像”菜单项，选择“调整/曲线”命令，如图6-64所示。

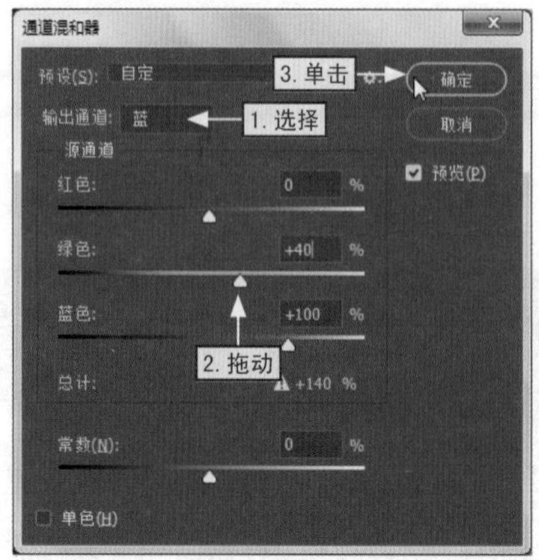

图6-63

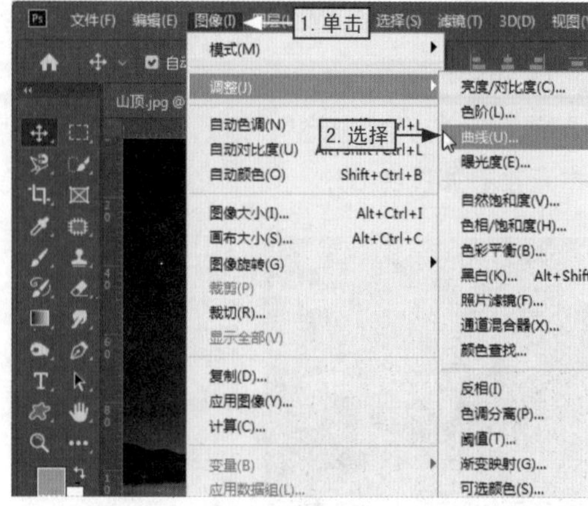

图6-64

步骤07 打开“曲线”对话框，向上拖动曲线对图像整体提亮，然后单击“确定”按钮即可完成操作，如图6-65所示。

步骤08 返回到文档窗口中，即可查看到图像调整色彩后的最终效果，如图6-66所示。

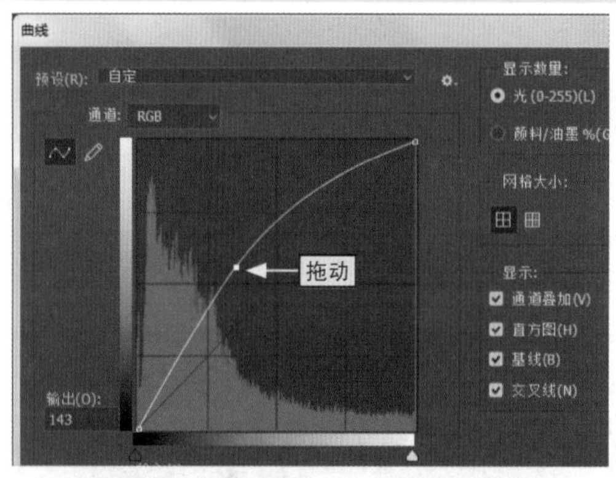

图6-65

图6-66

第7章

07

蒙版和通道的应用

学习目标

Photoshop具有两个非常重要的图像处理工具，分别是蒙版与通道。其中，蒙版用来指定或选取固定区域，不被其他操作影响，从而起到遮盖图像的作用；通道用来记录图像中的颜色信息、选区内容等，从而可以更加精确地选取目标图像。

知识要点

- 蒙版的基本操作
- 通道的基本操作

效果预览

7.1 蒙版的基本操作

“蒙版”一词源自于摄影，是指控制照片不同区域曝光的传统暗房技术。Photoshop中的蒙版与曝光无关，它只是借鉴了区域处理的概念，即处理局部图像。在Photoshop中，蒙版是比较特殊的图像处理方式，用于隔离和保护图像中的特定区域。

7.1.1 蒙版的用途

蒙版是浮在图层上面的一层挡板，本身不包含图像数据，只是对图层的指定区域起遮挡作用。在对图层进行操作处理时，被遮挡的数据不会受到任何影响。

其实，蒙版就是Photoshop中的一个层，最常见的是单色的层或有图案的层，叠在原有的图像层上面。这与在一张照片上放一块玻璃类似，单色的层就是单色玻璃，有图案的层就是花纹玻璃，然后透过玻璃看照片就会有颜色或花纹的变化。例如，添加蒙版之后，画面的绿色就会增强。因此，蒙版主要用于合成图像，如图7-1所示为使用蒙版合成的图像效果。

图7-1

蒙版的好处也与玻璃类似，不管对蒙版进行了什么操作，都不会直接影响到原有的图像（除将图层合并外）。对于蒙版而言，需要调整的参数不多，通常是对透明度进行调整。蒙版修改十分方便，不会因为使用橡皮擦或剪切、删除而造成不可返回，还能运用不同滤镜产生一些意想不到的特效。由此可知，蒙版主要有3个方面的作用：抠图、做图的边缘淡化效果以及图层间的融合。

7.1.2 蒙版的“属性”面板

使用蒙版的“属性”面板，可以对所选图层中的图层蒙版和矢量蒙版的不透明度、羽化范围以及颜色范围等属性进行调整。在创建了图层蒙版或矢量蒙版后，“属性”面板中就会显示出相应的蒙版设置选项，如图7-2所示为蒙版的“属性”面板。

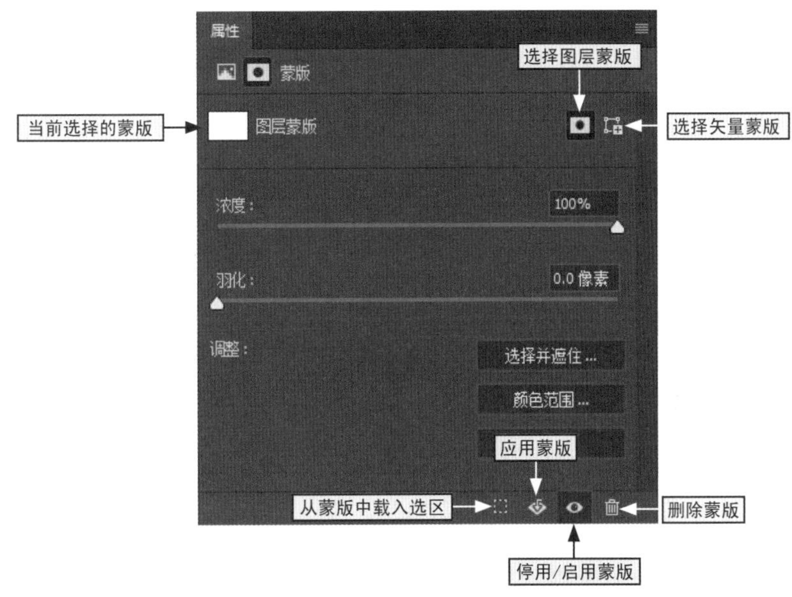

图7-2

在蒙版的“属性”面板中，有多个设置选项，如当前选择的蒙版、选择图层蒙版以及选择矢量蒙版等，每个选项的具体含义如下所示。

- **“选择图层蒙版”按钮** 在蒙版的“属性”面板中单击“选择图层蒙版”按钮，可以为当前图层添加一个图层蒙版。
- **“选择矢量蒙版”按钮** 在蒙版的“属性”面板中单击“选择矢量蒙版”按钮，可以为当前图层添加一个矢量蒙版。
- **“当前选择的蒙版”选项** 在“当前选择的蒙版”选项中显示了“图层”面板中所选择的蒙版类型，可以在蒙版的“属性”面板中对其进行编辑，如图7-3所示。

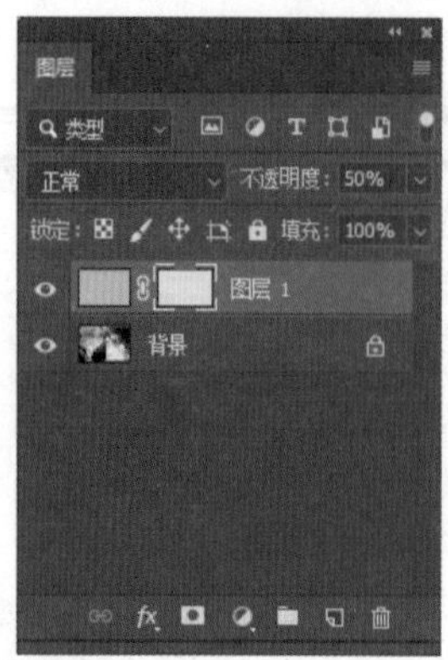

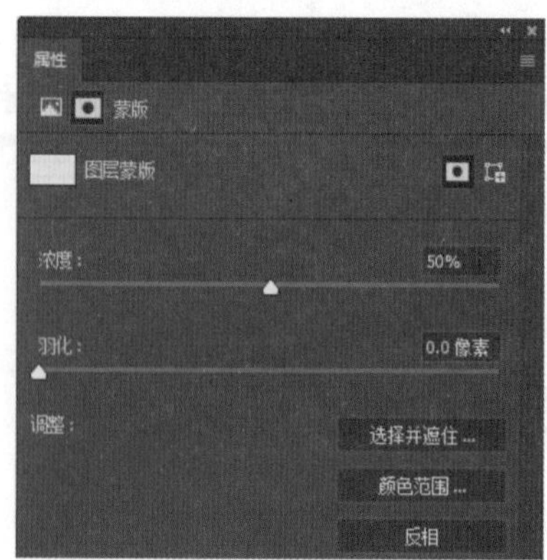

图7-3

●“浓度”滑块 在蒙版的“属性”面板中，拖动“浓度”滑块，可以调整蒙版的不透明度，即蒙版的遮盖程度，如图7-4所示浓度为50%的图像效果，图7-5所示浓度为100%的图像效果。

图7-4

图7-5

●“羽化”滑块 在蒙版的“属性”面板中，拖动“羽化”滑块，可以柔化蒙版的边缘，如图7-6所示。

图7-6

● “选择并遮住”按钮 在蒙版的“属性”面板中，单击“选择并遮住”按钮会打开相应的“属性”面板。在其中可以修改蒙版边缘，并针对不同的背景查看蒙版，其操作与调整选区边缘非常相似，如图7-7所示。

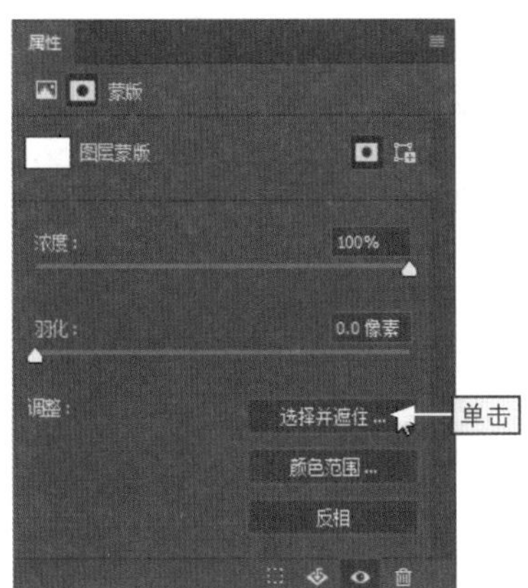

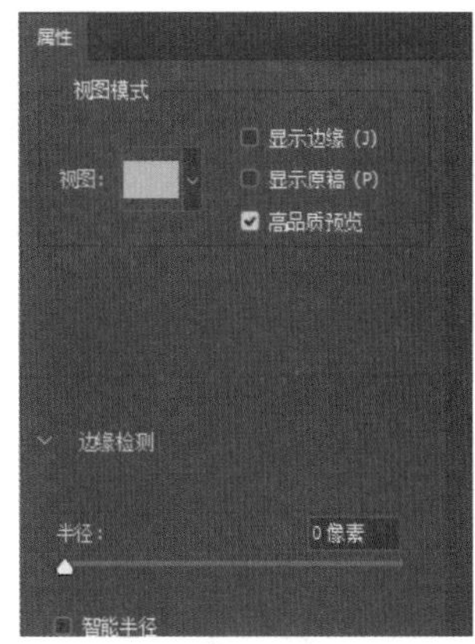

图7-7

● “颜色范围”按钮 在蒙版的“属性”面板中，单击“颜色范围”按钮会打开“色彩范围”对话框。在“色彩范围”对话框中可以对图像进行取样，并通过调整颜色容差来修改蒙版范围，如图7-8所示。

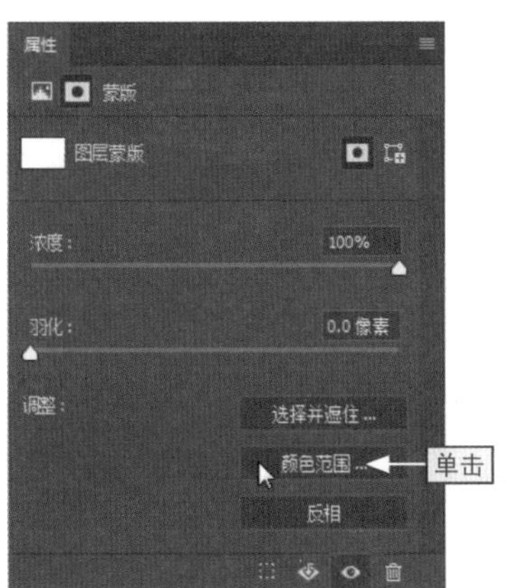

图7-8

● “反相”按钮 在蒙版的“属性”面板中，单击“反向”按钮，可以翻转蒙版的遮挡区域。

● “从蒙版中载入选区”按钮 在蒙版的“属性”面板中，单击“从蒙版中载入选区”按钮，可以载入蒙版中所包含的选区。

● “应用蒙版”按钮 在蒙版的“属性”面板中，单击“应用蒙版”按钮，可以将蒙版应用到图像中，同时也会删除被蒙版所遮盖的图像。

● “停用/启用蒙版”按钮 在蒙版的“属性”面板中，单击“停用/启用蒙版”按钮，即可停用或重新启用蒙版。当蒙版被停用时，在“图层”面板中的蒙版缩览图上就会出现一个红色“×”，如图7-9所示。

● “删除蒙版”按钮 在蒙版的“属性”面板中，单击“删除蒙版”按钮，即可删除当前图层上的蒙版。手动将蒙版缩略图拖动到“图层”面板上的“删除图层”按钮上，也可以快速删除蒙版，如图7-10所示。

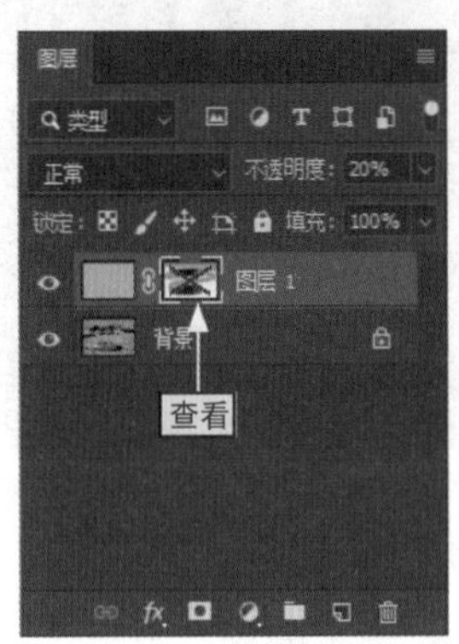

图7-9

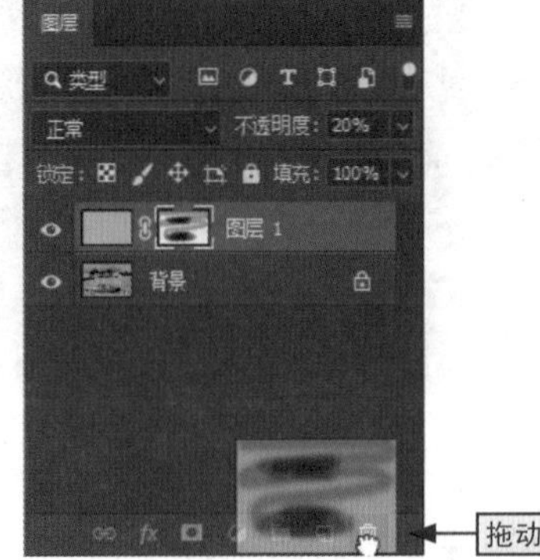

图7-10

7.1.3

使用快速蒙版

快速蒙版主要用于在图像文档中快速选取需要的图像区域，以此来创建需要的选区。在快速蒙版模式下，Photoshop自动转换成灰阶模式，前景色为黑色，背景色为白色，使用画笔、铅笔、历史笔刷、橡皮擦以及渐变等绘图和编辑工具来增加和减少蒙版面积，从而确定选区。

其中，使用黑色绘制时，显示为红“膜”，该区域不被选中，即增加蒙版的面积被保护；使用白色绘制时，红“膜”被减少，该区域被选中，即减小蒙版的面积。用灰色绘制，该区域被羽化，有部分被选中。退出蒙版编辑状态后，在蒙版以外的区域将自动被创建为选区。

1.以快速蒙版模式编辑

在工具箱中单击“以快速蒙版模式编辑”按钮，即可进入快速蒙版状态，然后就能在图像中进行涂抹，完成操作后，单击“以标准模式编辑”按钮，就可以退出快速蒙版状态，并将没有被涂抹的区域创建为选区，如图7-11所示。

图7-11

2.更改快速蒙版选项

在工具箱中双击“以快速蒙版模式编辑”按钮，即可打开“快速蒙版选项”对话框。在该对话框的“色彩指示”栏中选中“所选区域”单选按钮，然后单击“确定”按钮，即可将绘制的蒙版区域创建为选区，如图7-12所示。

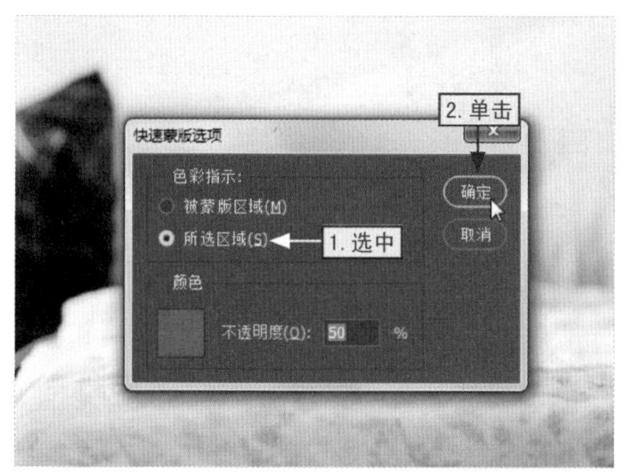

图7-12

7.1.4

使用图层蒙版

图层蒙版也称为像素蒙版，是在当前图层上面覆盖一层玻璃片，这种玻璃片有透明的、半透明的和完全不透明的。

图层蒙版是Photoshop中最常见的蒙版类型，主要作用是蒙在图层上边，起到遮盖图层的作用，而图层蒙版本身却不可见。简单而言，图层蒙版主要用于合成图像，利用填充工具可填充不同灰度的颜色。

1.创建图层蒙版

图层蒙版和橡皮擦工具差不多，橡皮擦工具能把图片上不要的内容擦掉。而图层蒙版就可以理解为一个不单可以擦掉，还可以把擦掉的地方还原的“橡皮擦工具”。而在对图像进行处理的过程中，若要遮盖图像的部分区域，则可以先为其添加一个图层蒙版，然后将不需要的部分擦除，其具体操作如下。

知识实操

本节素材	/素材/Chapter07/雪山.jpg
本节效果	/效果/Chapter07/雪山.psd

步骤01 打开素材文件“雪山.jpg”，在工具箱中选择“矩形选框工具”选项，在图像中绘制选区，如图7-13所示。

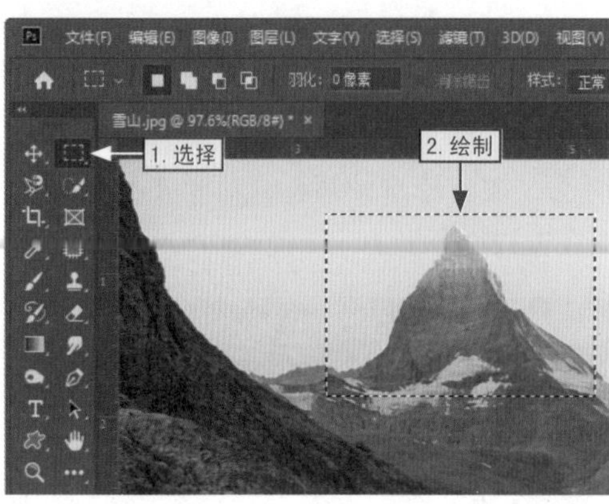

图7-13

步骤02 按【Ctrl+J】组合键复制图层，然后按【Ctrl+T】组合键使复制的图层进入自由变形状态，如图7-14所示。

图7-14

步骤03 在变形图像上单击鼠标右键，在弹出的快捷菜单中选择“垂直翻转”命令，如图7-15所示。

图7-15

步骤04 调整变形图像的大小，然后将其移动到合适的位置，按【Enter】键退出自由变形操作，如图7-16所示。

图7-16

步骤05 保持复制图层的选择状态，在“图层”面板下方单击“添加图层蒙版”按钮，如图7–17所示。

图7–17

步骤06 在工具箱中选择画笔工具，在工具选项栏中设置画笔属性，然后设置前景色为“黑色”，如图7–18所示。

图7–18

步骤07 在不需要显示的图像上按住鼠标进行涂抹，使复制图像与背景图像完全融合，如图7–19所示。

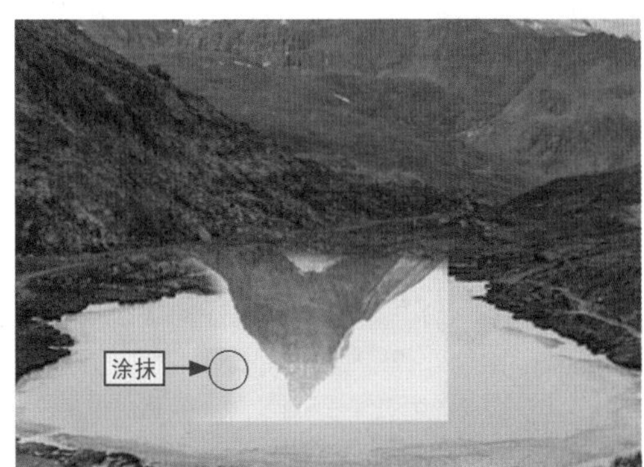

图7–19

步骤08 如果没有涂抹干净，可以进行重复操作，完成后可以查看到如图7–20所示的图像效果。

图7–20

2.调整图层蒙版

在Photoshop中，如果对图像创建了调整图层（如色阶、曲线以及曝光度等图层），系统都会自动创建一个图层蒙版，以便于用户编辑图像的应用区域，其具体操作是：在菜单栏中单击“窗口”菜单项，选择“调整”命令，在打开的“调整”面板中创建调整图层，根据图层蒙版的功能，系统会自动在“图层”面板中创建一个图层蒙版，如图7-21所示。

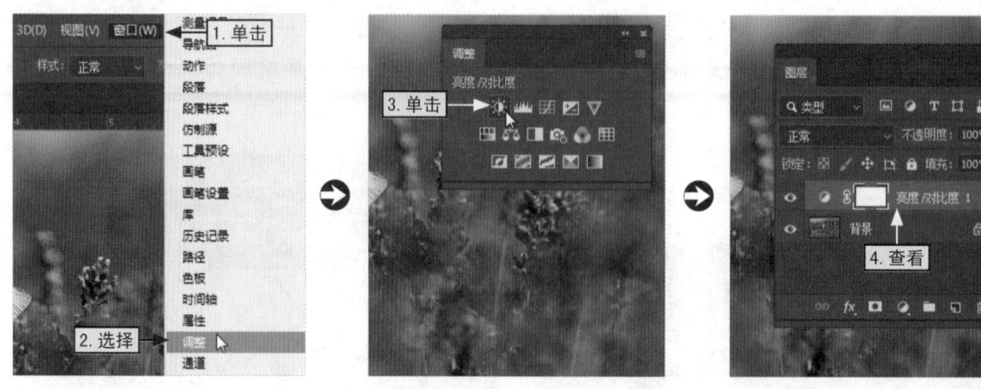

图7-21

3.链接与取消链接图层蒙版

为图像创建图层蒙版后，在“图层”面板中的图像缩览图与图层蒙版缩览图中间会出现一个链接图标。链接图标表示图像与蒙版正处于链接状态，若对图像进行变换操作，蒙版也会随之发生改变。

若不想图像与蒙版有关联，则可以取消图像与蒙版之间的链接，其具体操作是：在“图层”面板中单击“链接”图标即可，如7-22左图所示；另外，也可以在菜单栏中单击“图层”菜单项，选择“图层蒙版/取消链接”命令取消，如7-22右图所示。

图7-22

7.1.5

使用矢量蒙版

在Photoshop中，通过选区建立的蒙版是图层蒙版，而通过路径建立的蒙版是矢量蒙版。矢量蒙版是指通过矢量图形控制图像的显示与隐藏，在对图像进行编辑的过程中，可以随意地缩放图像尺寸，而不会使图像的清晰度受到影响。

1.创建矢量蒙版

在矢量蒙版创建好以后，还可以使用矢量工具对蒙版进行精细调整，就是外形的精确调整，但不能调整其灰度（透明度），创建矢量蒙版的具体操作如下。

知识实操

本节素材	/素材/Chapter07/天空.jpg、热气球.jpg
本节效果	/效果/Chapter07/天空.psd

步骤01 打开素材文件“天空.jpg”和“热气球.jpg”，在“热气球.jpg”文档窗口中按【Ctrl+A】组合键全选图像，按【Ctrl+C】组合键复制图像，如图7-23所示。

图7-23

步骤02 切换到“天空.jpg”文档窗口中，按【Ctrl+V】组合键粘贴图像，按【Ctrl+T】组合键使粘贴的图像处于变形状态，调整图像的大小，如图7-24所示。

图7-24

步骤03 按【Enter】键退出图像变形状态，然后将图像移动到合适的位置，如图7-25所示。

图7-25

步骤04 在工具箱中选择“自定形状工具”选项，在工具选项栏中选择“路径”选项，如图7-26所示。

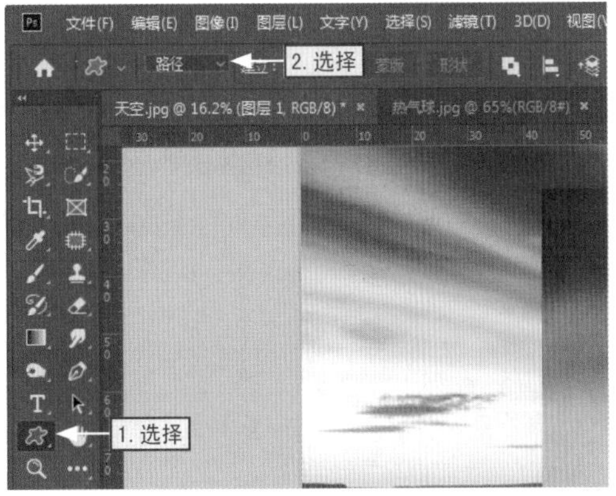

图7-26

步骤05 在工具选项栏中单击“形状”下拉按钮，在打开的面板中单击“设置”下拉按钮，选择“全部”选项，如图7-27所示。

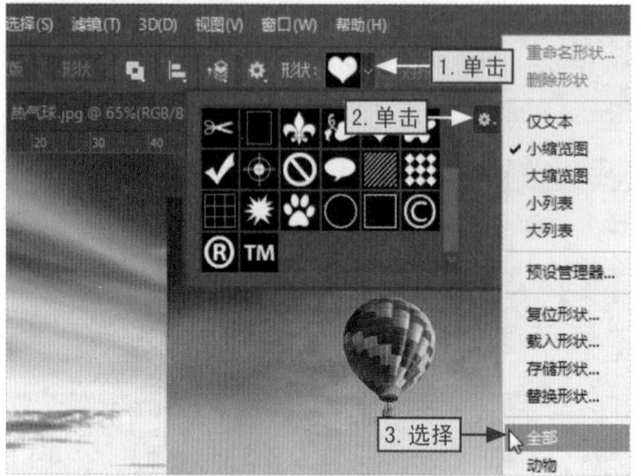

图7-27

步骤06 在打开的提示对话框中直接单击“追加”按钮，即可载入Photoshop提供的所有形状，如图7-28所示。

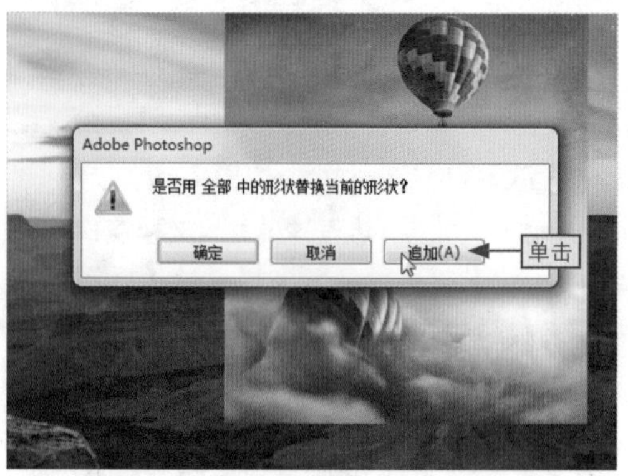

图7-28

步骤07 在工具选项栏的“形状”下拉列表中选择“云彩1”选项，然后在图像中绘制形状，如图7-29所示。

图7-29

步骤08 在菜单栏中单击“图层”菜单项，然后选择“矢量蒙版/当前路径”命令，如图7-30所示。

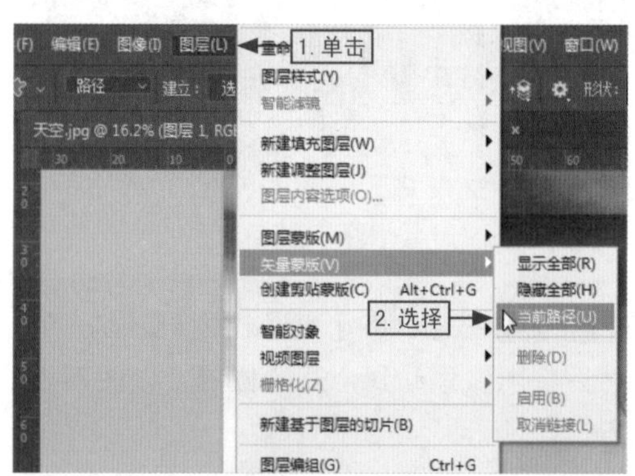

图7-30

步骤09 按【Enter】键退出编辑状态，即可在图像窗口中看到基于当前路径创建的矢量蒙版，路径外的图像已经被蒙版遮住，如图7-31所示。

图7-31

2.将矢量蒙版转换为图层蒙版

在“图层”面板中，若同时存在图层蒙版和矢量蒙版，则矢量蒙版会排在图层蒙版之后。图层蒙版被蒙住的地方是黑色的，矢量蒙版被蒙住的地方是灰色的。在创建矢量蒙版后，用户可以根据实际需要将其转换为图层蒙版，其具体操作如下。

在“图层”面板上选择矢量蒙版所在的图层，单击“图层”菜单项，选择“栅格化/矢量蒙版”命令，即可将矢量蒙版栅格化并转换为图层蒙版，如图7-32所示。

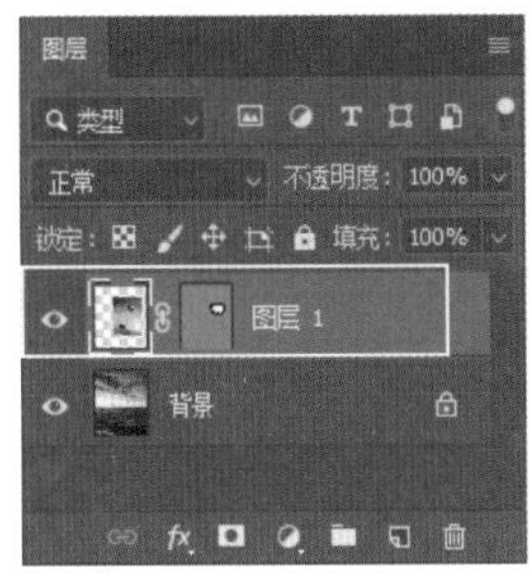

图7-32

7.1.6

使用剪贴蒙版

剪贴蒙版是通过下方图层来限制上方图层的显示状态，从而达到一种剪贴画的效果。也就是说，想要在图像中创建剪贴蒙版，至少需要两个及以上的图层，这也表现剪贴蒙版比图层蒙版与矢量蒙版更复杂，其具体操作如下。

知识实操

本节素材	/素材/Chapter07/孩子.psd
本节效果	/效果/Chapter07/孩子.psd

步骤01 打开素材文件“孩子.psd”，在背景图层上方新建一个图层，然后隐藏“图层0”，如图7-33所示。

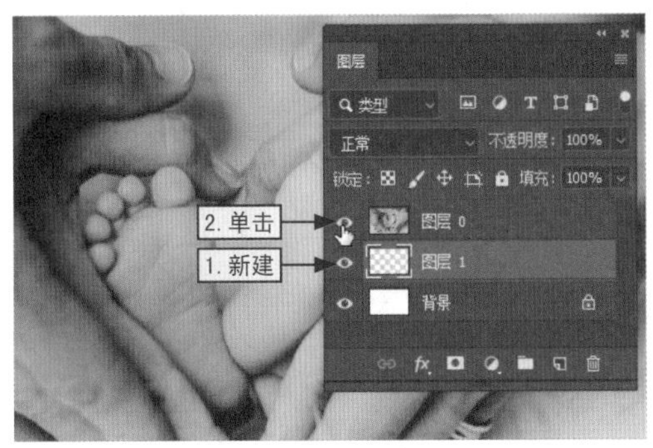

图7-33

步骤02 在工具箱中选择自定形状工具，然后在工具选项栏的绘图模式中选择“像素”选项，如图7-34所示。

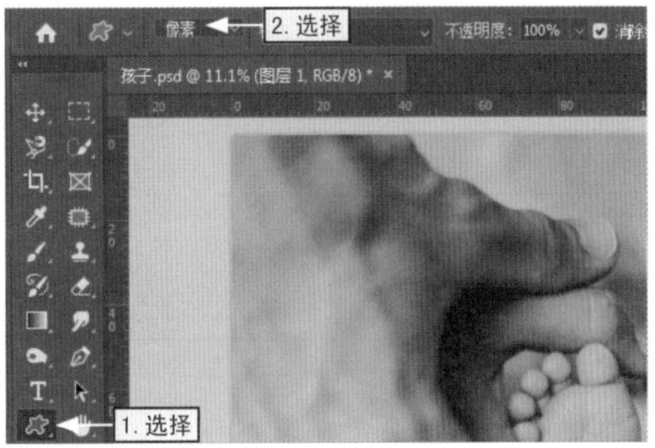

图7-34

步骤03 在“形状”下拉列表中选择“红心形卡”选项，然后在图像窗口中绘制形状，如图7-35所示。

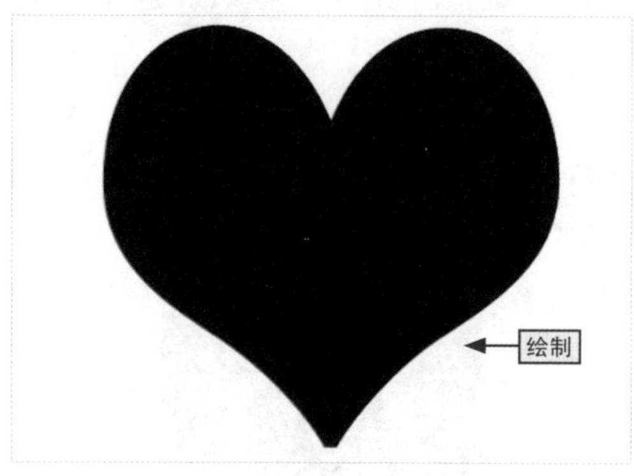

图7-35

步骤04 显示出“图层 0”，并保持其选择状态，单击“图层”菜单项，选择“创建剪贴蒙版”选项即可，如图7-36所示。

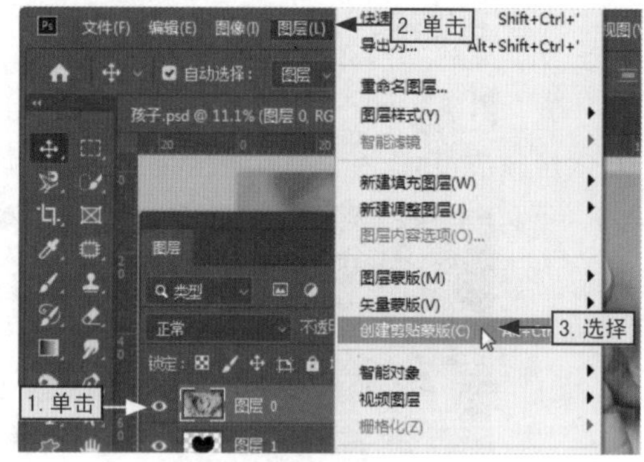

图7-36

7.2 通道的基本操作

通道没有单独的意义，而是依附于图像体现其功能，不同图像模式下的通道不一样。其中，白色表示要处理的区域，黑色表示不需要处理的区域。在通道层中，像素颜色是由一组原色的亮度值组成的，可以将其理解为是选区的映射。

7.2.1 认识“通道”面板

在Photoshop中，“通道”面板主要用于创建、保存和管理通道。打开任意一幅图像时，Photoshop都会自动创建与该图像关联的颜色信息通道，此时在“通道”面板中即可查看到图像的通道信息。在菜单栏中单击“窗口”菜单项，选择“通道”命令即可打开“通道”面板，如图7-37所示。

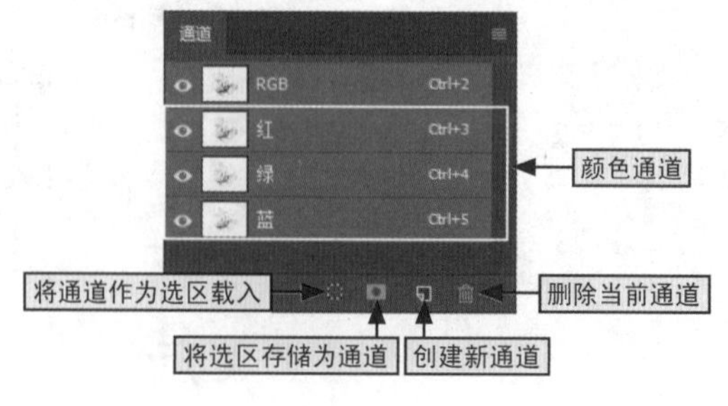

图7-37

在“通道”面板中有多个选项，其具体介绍如下所示。

● 颜色通道 颜色通道是指记录图像颜色信息的通道。

● 将通道作为选区载入 在“通道”面板中，单击“将通道作为选区载入”按钮，则可以载入所选通道内的选区。

● 将选区存储为通道 在“通道”面板中，单击“将选区存储为通道”按钮，即可将图像中选择的区域保存为通道。

● 创建新通道 在“通道”面板中，单击“创建新通道”按钮，则可以创建出一个Alpha通道。

● 删除当前通道 在“通道”面板中，单击“删除当前通道”按钮，则可以删除当前所选择的通道。

7.2.2 通道的几种类型

“通道”是用于存储颜色信息和选取信息的灰度图像，一个图像最多只可以用56个通道，而且所有的通道都具有与原始图像相同的尺寸和像素的数值。通道作为图像的组成部分，与图像的格式密不可分，因为图像颜色和格式决定了通道的数量和模式。根据通道的用途，可以将其分为复合通道、颜色通道、专用通道、Alpha通道和临时通道5种类型。

1.复合通道

通常情况下，可以将复合通道看作是同时预览并编辑所有颜色通道的一个快捷方式，它不包含任何图像数据，而使用该通道是为了在完成颜色通道的编辑后可以通过“通道”面板返回到默认状态。

在Photoshop中，通道有RGB、CMYK和Lab3种模式。其中，RGB图像含有RGB、R、G和B通道，CMYK图像含有CMYK、C、M、Y和K通道，Lab图像含有Lab、L、a和b通道，如图7-38所示。

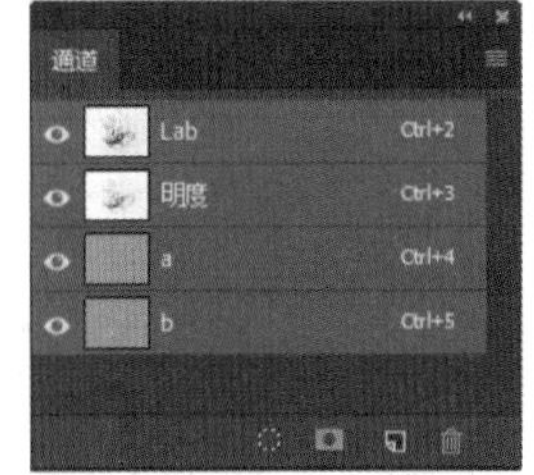

图7-38

2.颜色通道

在新建或打开图像后，Photoshop都会自动创建颜色通道。其实，用户在编辑或处理图像时，实际上就是在对颜色通道进行编辑与处理，这些通道把图像分解成一个或多个色彩成分，图像的模式也决定着颜色通道的数量。

其中，RGB图像有3个颜色通道（R、G和B），CMYK图像有4个颜色通道（C、M、Y和K），而灰度图只有一个颜色通道，其中包含了所有将被打印或显示的颜色。在“通道”面板中查看单个通道的图像时，将会显示没有颜色的灰度图像，通过编辑灰度级的图像，可以更好地了解各个通道原色的亮度变化，如图7-39所示。

图7-39

3.专色通道

专色通道是一种特殊的颜色通道，用以保存专色信息，每个专色通道只可以存储一种专色信息，且以灰度形式来存储。专色的准确性非常高且色域很宽，可以用来替代或补充印刷色，如烫金色、烫银以及荧光色等。专色通道用来给图片添加专色，丰富图像信息，除了位图模式以外，其余所有的色彩模式下都可以建立专色通道。

在“通道”面板中，单击右上角的“菜单”按钮，选择“新建专色通道”命令，即可打开“新建专色通道”对话框。在对话框中设置通道的名称和油墨颜色。返回到“通道”面板中即可得到一个专色通道，如图7-40所示。

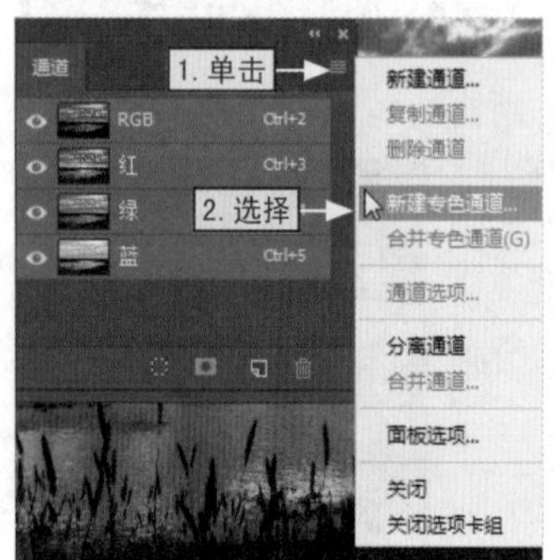

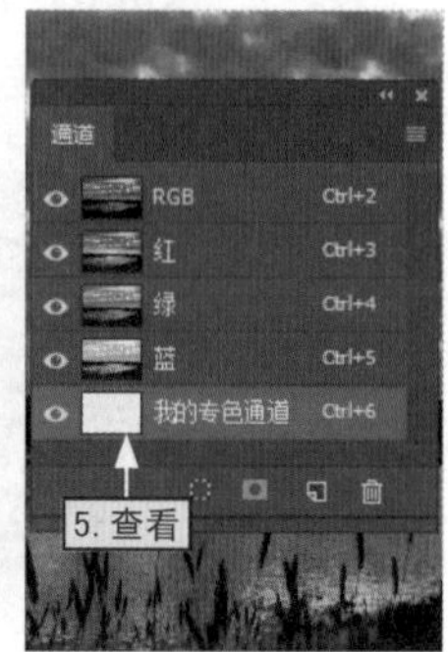

图7-40

4.Alpha通道

Alpha通道是记录透明度信息的特殊图层，可以记录不同区域的透明度信息。在Alpha通道中，黑色不包含像素信息，代表着透明；白色是100%像素覆盖，代表着不透明；灰色是半透明的像素信息。因此，可以通过黑白灰来选择图像的像素信息，以实现框选选区范围。

Alpha通道主要有3方面的作用，一是保存选区范围，而且不会影响图像的显示和印刷效果；二是将选区存储为灰度图像，从而可以使用画笔和渐变等工具通过Alpha通道来更改选区；三是直接通过Alpha通道载入选区。

在“通道”面板中，单击“创建新通道”按钮，即可创建一个Alpha通道；也可以在创建选区后，单击“将选区创建为通道”按钮，新建Alpha通道存储选区，如图7-41所示。

图7-41

5.临时通道

临时通道是指临时存在的通道，可以暂时存储图像选区信息，在创建调整图层、创建图层蒙版或进入快速蒙版状态后，“通道”面板上就会产生临时通道。如图7-42所示为在“图层”面板中添加“曲线”调整图层后，在“通道”面板中出现了一个名为“曲线 1蒙版”的临时通道。

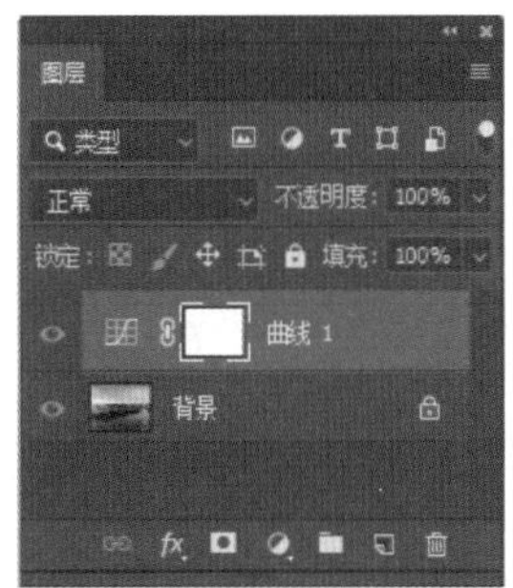

图7-42

7.2.3

选择、复制与删除通道

在Photoshop中使用通道的过程中，选择、复制与删除通道是最常见的操作，其具体介绍如下。

1.选择通道

在“通道”面板中，选择通道是最基础的操作，因为进行其他操作都需要先选择通道。选择通道主要有两种方式，分别是选择单个通道和选择多个通道。

● 选择单个通道 在“通道”面板中，直接单击某个通道选项，即可选择该通道，而图像窗口中会显示对应通道的灰色图像，如图7-43所示。

● 选择多个通道 在“通道”面板中，按住【Shift】键后依次选择其他多个通道，图像窗口中就会显示多个颜色通道的复合信息，如图7-44所示。

图7-43

图7-44

2.复制通道

在对颜色通道进行编辑时，为了避免图像色彩效果发生变化，用户可以先复制颜色通道，然后对副本进行操作，其具体操作如下。

在“通道”面板中，选择需要复制的颜色通道，并在其上单击鼠标右键，在弹出的快捷菜单中选择“复制通道”命令，然后在打开的“复制通道”对话框中设置通道的名称，单击“确定”按钮即可复制所选颜色的通道，如图7-45所示。

图7-45

其实，在“通道”面板中，直接将需要复制的通道拖动到“创建新通道” 按钮上，释放鼠标后也可创建一个通道副本，如图7-46所示。

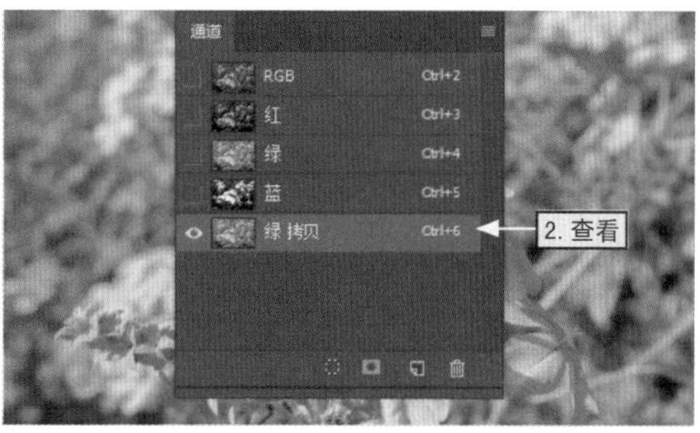

图7-46

3.删除通道

删除通道的方式比较简单，主要有通过快捷菜单删除、通过扩展菜单删除和通过删除按钮删除3种方式，其具体介绍如下。

● 通过快捷菜单删除通道 在“通道”面板中选择需要删除的通道选项，并其上单击鼠标右键，选择“删除通道”命令即可删除目标通道，如图7-47所示。

图7-47

● 通过扩展菜单删除通道 在“通道”面板中选择需要删除的通道，单击“扩展”按钮，选择“删除通道”命令即可删除目标通道，如图7-48所示。

图7-48

● 通过删除按钮删除通道 在“通道”面板中选择需要删除的通道，直接将其拖动到“删除”按钮上或者单击“删除”按钮，即可删除目标通道，如图7-49所示。

图7-49

7.2.4 合并通道

在Photoshop中，将多个灰度图像的通道合并到一个图像的通道后，可以形成彩色图像。不过，被合并的几个图像必须是灰度模式，同时具有相同的像素尺寸且处于打开的状态，其具体操作如下。

知识实操

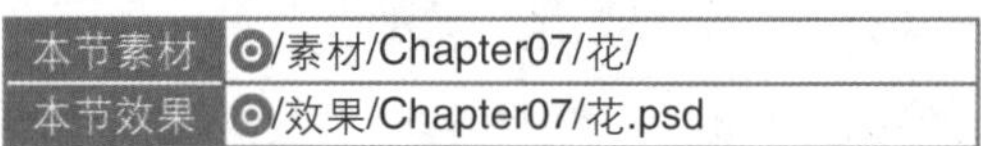

本节素材	/素材/Chapter07/花/
本节效果	/效果/Chapter07/花.psd

步骤01 打开素材文件“花1.jpg”“花2.jpg”和“花3.jpg”素材文件，在“通道”面板中单击“扩展”按钮，选择“合并通道”命令，如图7-50所示。

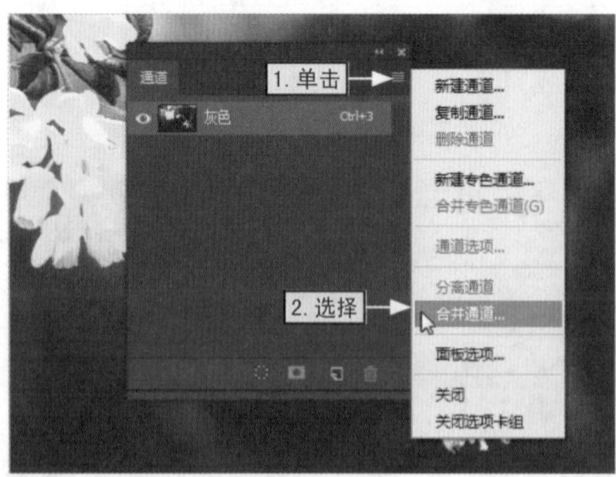

图7-50

步骤02 打开“合并通道”对话栏，单击“模式”下拉列表框，选择“RGB颜色”选项，在“通道”文本框中输入“3”，然后单击“确定”按钮，如图7-51所示。

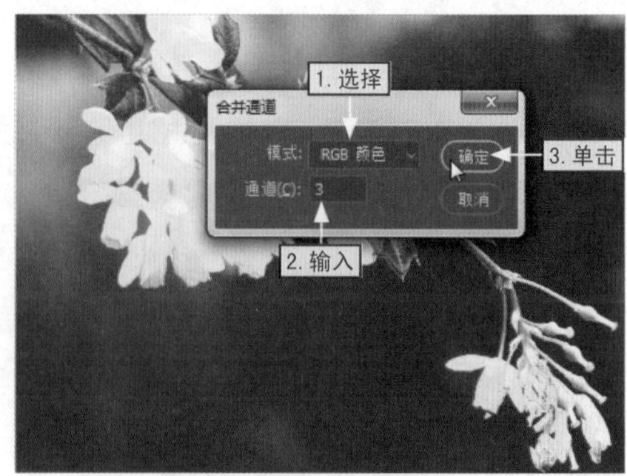

图7-51

步骤03 打开“合并RGB通道”对话框，设置指定的多个通道，然后单击“确定”按钮，如图7-52所示。

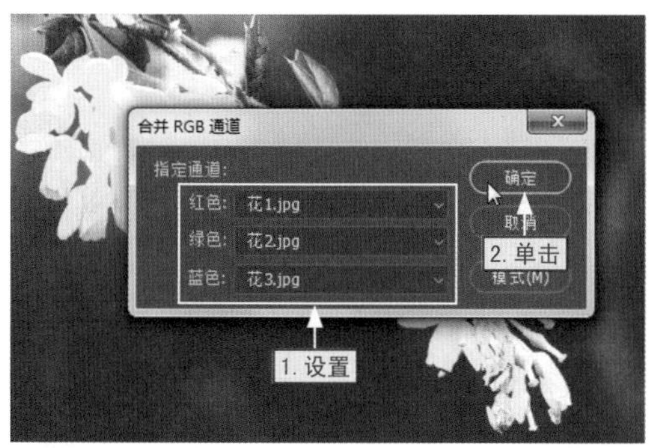

图7-52

步骤04 返回到文档窗口中，即可查看到由多个灰色图像合并而成的彩色图像，如图7-53所示。

图7-53

案例精解

利用颜色通道修改图像色调

本节中主要介绍了蒙版和通道的相关应用，下面以利用颜色通道修改图像色调为例，讲解通道的相关基础操作。

本节素材	/素材/Chapter07/鸟.jpg
本节效果	/效果/Chapter07/鸟.jpg

步骤01 打开素材文件“鸟.jpg”，在“图层”面板中选择背景图层，然后按【Ctrl+J】组合键复制背景图层，如图7-54所示。

步骤02 打开“通道”面板，选择“绿”通道，按【Ctrl+A】组合键全选图像，按【Ctrl+C】组合键复制图像，如图7-55所示。

图7-54

图7-55

步骤03 在“通道”面板中选择“蓝”通道，按【Ctrl+V】组合键粘贴“绿”通道，选择“RGB”通道，如图7-56所示。

步骤04 按【Ctrl+D】组合键取消图像的选区，选择椭圆矩形选框工具，设置羽化值为“100 像素”，在图像中绘制出椭圆选区，如图7-57所示。

图7-56

图7-57

步骤05 按【Shift+Ctrl+I】组合键反选选区，新建图层并调整其不透明度与填充，从而制作出白色晕影效果，然后按【Ctrl+D】取消选区，如图7-58所示。

步骤06 打开“调整”面板，在其中单击“自然饱和度”按钮，然后在打开的“属性”面板中调自然饱和度和饱和度，如图7-59所示。

图7-58

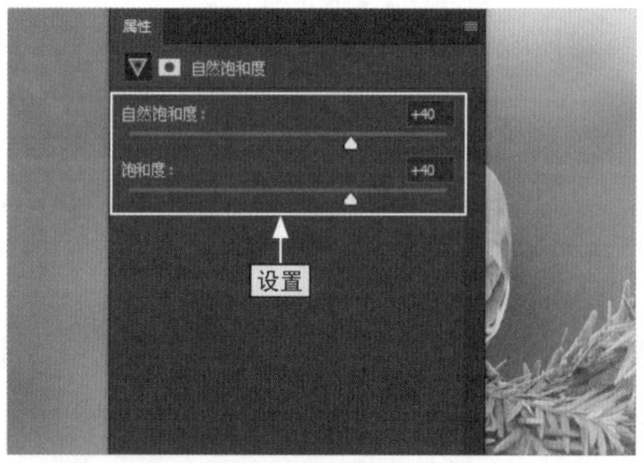

图7-59

步骤07 此时，在文档窗口中即可查看到图像调整色调后的效果，如图7-60所示。

图7-60

第8章

08

路径的绘制与编辑

学习目标

在Photoshop中，使用图像绘制工具可以创建出任意形态的矢量图像，如规则的几何图形以及其他形态的图像。而路径可以精确地绘制和调整图像区域，更加简便地创建及修改矢量图像，从而制作出各种精美的图像。

知识要点

- 了解路径和锚点
- 绘制路径
- 编辑锚点与路径

效果预览

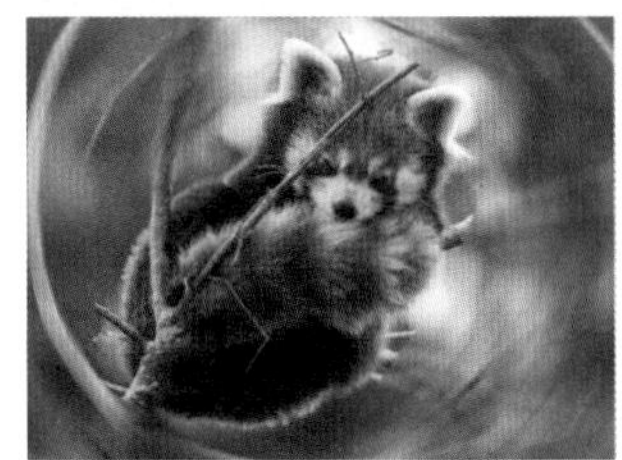

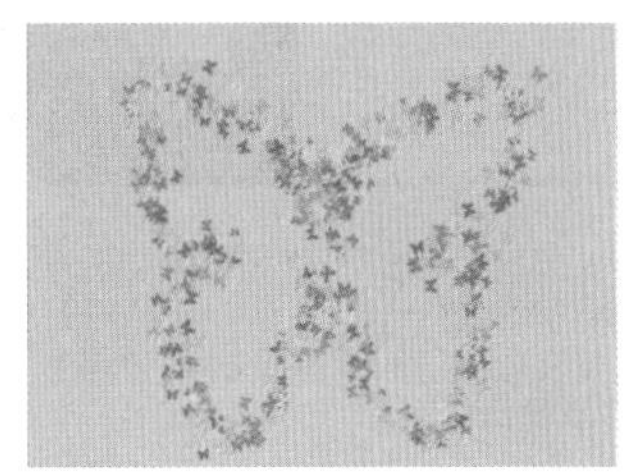

8.1 了解路径和锚点

矢量图是由数学定义的矢量形状组成的，所以使用矢量工具创建的图像由路径和锚点组成。因此，想要使用矢量工具绘制图像，必须先了解路径和锚点的意义。

8.1.1 矢量工具创建的内容

在工具箱中选择矢量工具后，会显示3种绘图模式，即形状、 路径和像素。在工具选项栏中单击“绘图模式”下拉按钮，即可对矢量工具创建的内容进行选择。

1.形状

使用“形状”绘图模式可以在形状图层中创建形状，而形状图层由形状和填充图层组成，如图8-1所示。其中，填充区域为形状定义了颜色、图案和图层的不透明度，而形状则是一个矢量图形，也会出现在“路径”面板中，如图8-2所示。

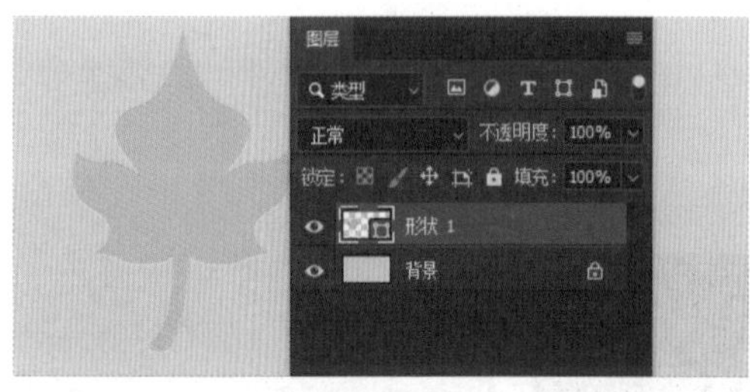

图8-1

图8-2

2.路径

使用“路径”绘图模式可以在图层中创建工作路径，创建后会自动出现在“路径”面板中，如图8-3所示。在创建路径后，可以为其创建矢量蒙版或将其转换为选区，也可以对其进行填充和描边。

3.像素

使用“像素”绘图模式可以在当前图层上绘制栅格化的图形，而创建的图形以前景色进行填充。由于“像素”绘图模式不能创建矢量图形，所以在“路径”面板中不会显示工作路径，如图8-4所示。

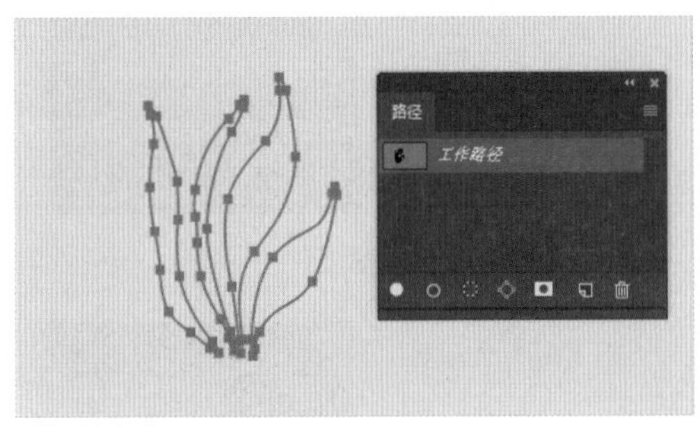

图8-3

图8-4

8.1.2 认识路径和锚点

只有掌握了路径与锚点的使用方法以及特点，才能更方便快捷地调整路径，从而制作出绚丽多彩、具有丰富艺术感的图形效果。

1.路径

路径是由贝塞尔曲线构成的图形，是指使用矢量工具绘制的路径线段，主要是对要选择的图像区域进行精确定位和调整，特别适用于创建复杂的和不规则的图像区域。一般路径分为两种，一种是起点和终点分开的开放式路径，如图8-5所示；另一种是起点和终点完全重合的闭合式路径，如图8-6所示。

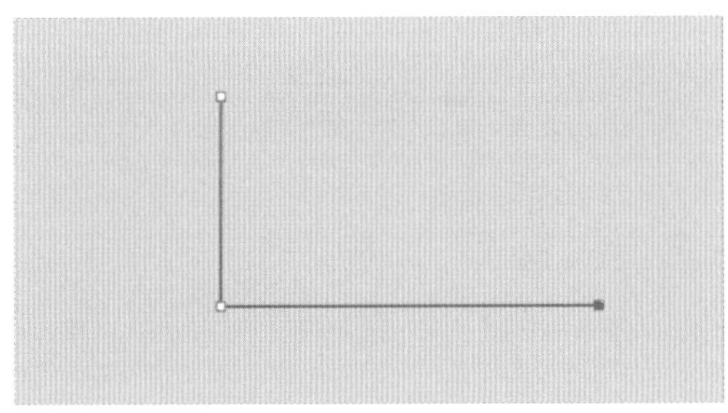

图8-5

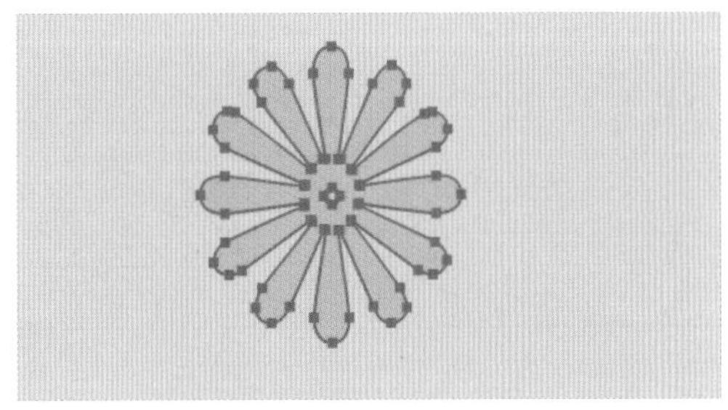

图8-6

在工具箱中选择矢量工具后，以“路径”绘图模式绘制路径，然后在工具选项栏中单击“选区”“蒙版”或“形状”按钮，就可以将路径转换为选区、矢量蒙版或形状图层，如图8-7所示为绘制的路径。图8-8所示为单击“选择”按钮后的效果，图8-9所示为单击“蒙版”按钮后的效果，图8-10所示为单击“形状”按钮后的效果。

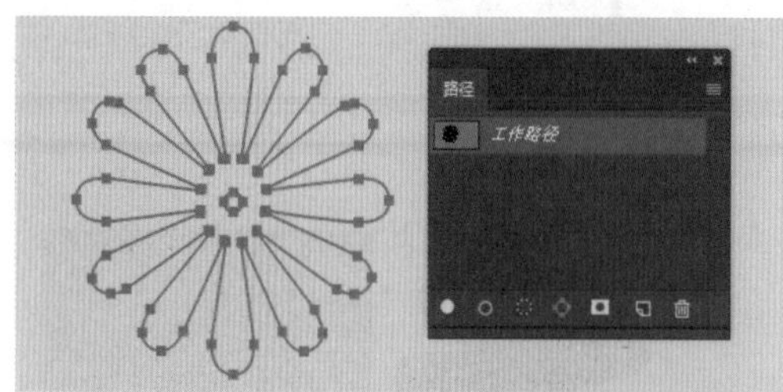

图8-7

图8-8

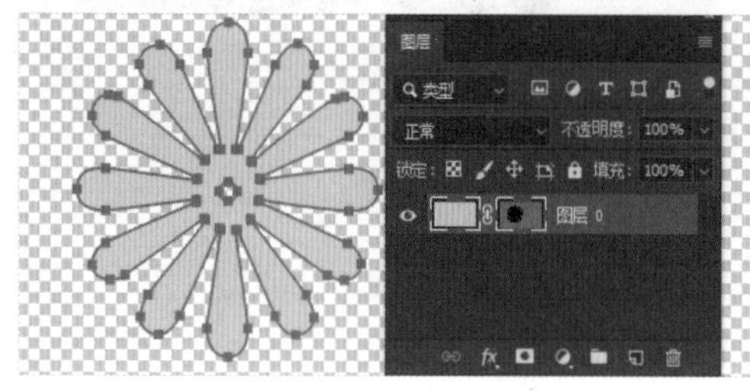

图8-9

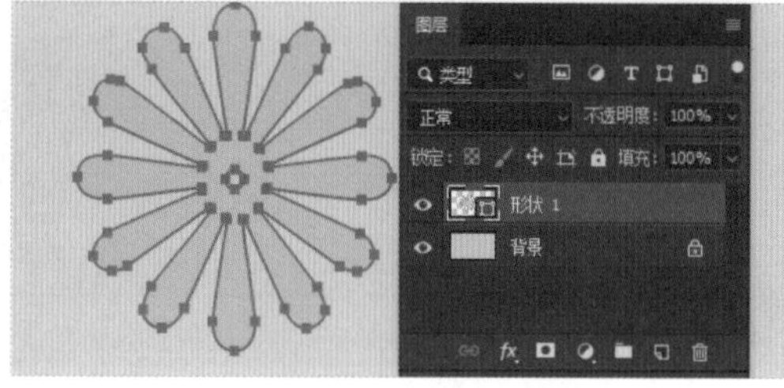

图8-10

2.锚点

路径是由一个或者多个直线路径段或曲线路径段组成，用来连接这些路径段的就是锚点，所以锚点标记着组成路径各线段的端点。锚点主要分为两种情况，即平滑点和角点。平滑点之间可以形成平滑的曲线，而角点之间则可以形成直线或者转角曲线，如图8-11所示。

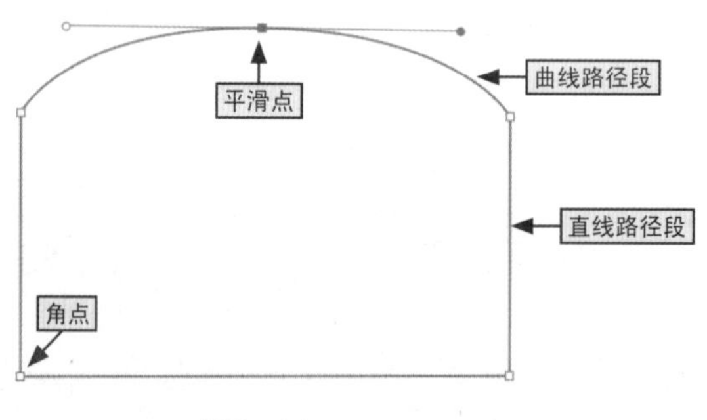

图8-11

8.2 绘制路径

在Photoshop中，不仅可以通过矢量工具创建任意矢量路径组成的图像，还可以选择系统预设的各种形状绘制图像。在创建矢量图像的过程中，结合矢量工具进行绘制可以获得更好的图像效果。

8.2.1

使用钢笔工具绘制

钢笔工具是Photoshop中最强大的绘图工具，不仅能绘制矢量图形，还能快速选取对象。也就是说，钢笔工具不仅能用来抠图，还能绘制出变化多端的各种线条。另外，使用钢笔工具选取对象时，可以绘制出轮廓精确且光滑的路径，将路径转换为选区可以更加精准地选择到对象。

1.绘制直线

在Photoshop中，使用钢笔工具进行图像绘制操作时，绘制直线是最常见的操作，其具体操作如下。

步骤01 在工具箱中选择“钢笔工具”选项，然后在工具选项栏的“选择工具模式”下拉列表框选择“路径”选项，如图8-12所示。

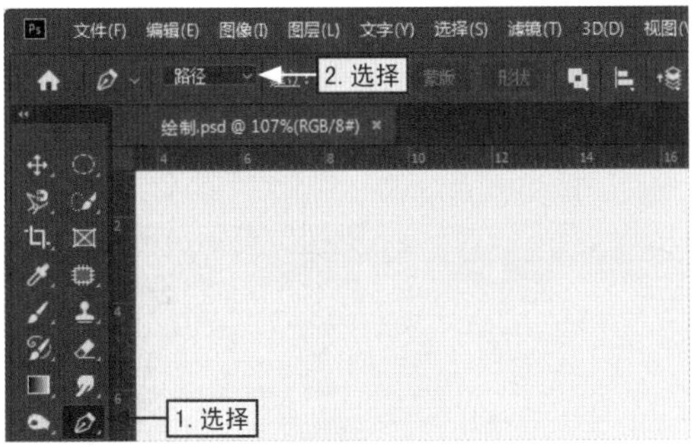

图8-12

步骤02 将鼠标光标移动到图像中，此时鼠标光标成钢笔形状，在目标位置单击创建第一个锚点，如图8-13所示。

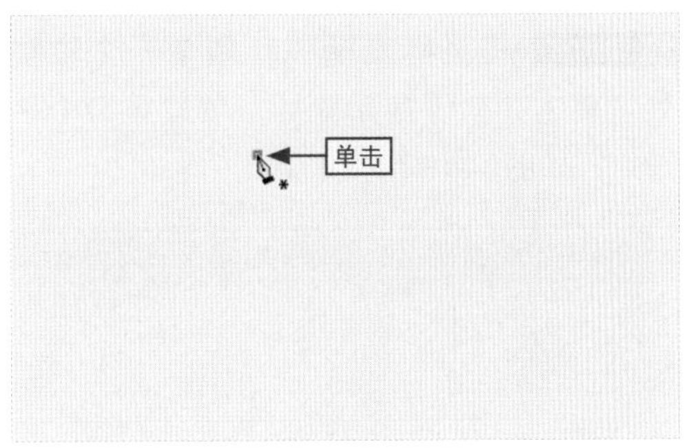

图8-13

步骤03 将鼠标光标移动到下一个位置，单击创建第二个锚点，此时两个锚点会连接成一条由角点定义的直线路径，然后创建其他锚点，如图8-14所示。

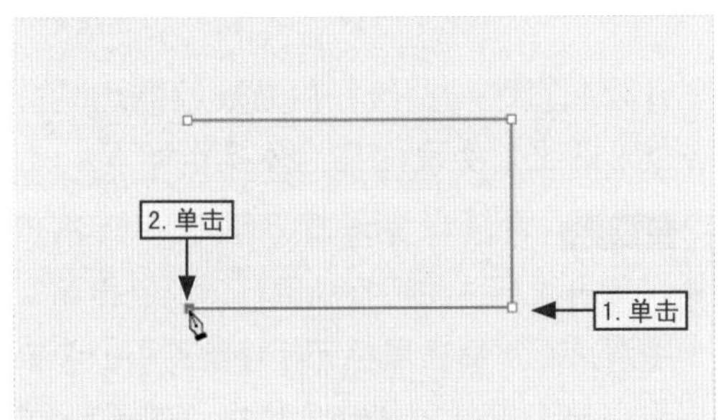

图8-14

步骤04 如果要使路径闭合，则需要将鼠标光标移动到路径的起始锚点处，单击鼠标即可闭合路径，如图8-15所示。

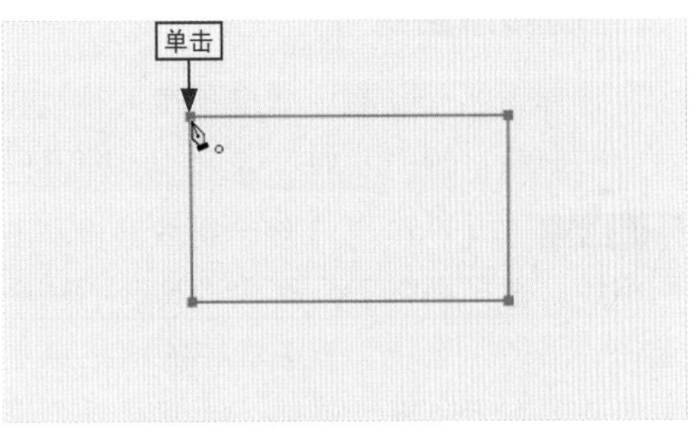

图8-15

2.绘制平滑曲线

使用钢笔工具不仅可以绘制直线，还能绘制平滑曲线，其具体操作如下。

步骤01 在工具箱中选择“钢笔工具”选项，然后在工具选项栏的“选择工具模式”下拉列表框选择“路径”选项，如图8-16所示。

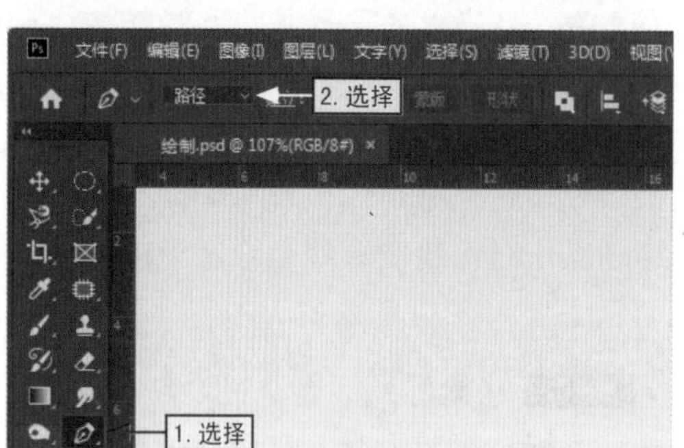

图8-16

步骤02 将鼠标光标移动到图像中，单击并向上拖动鼠标，绘制第一个平滑点，如图8-17所示。

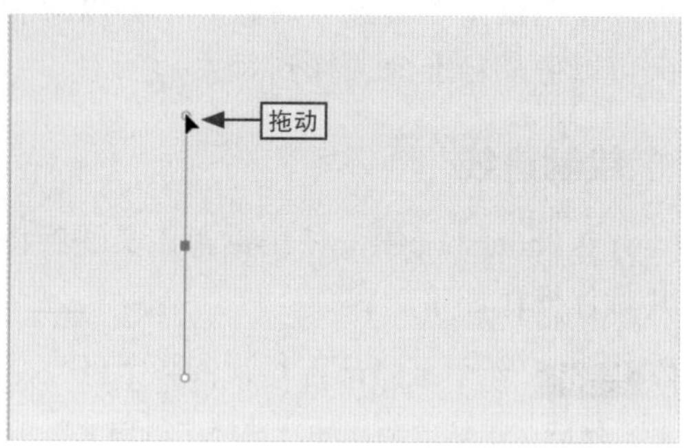

图8-17

步骤03 将鼠标光标移动到下一个位置处，单击并向下拖动鼠标，创建第二个平滑点，如图8-18所示。

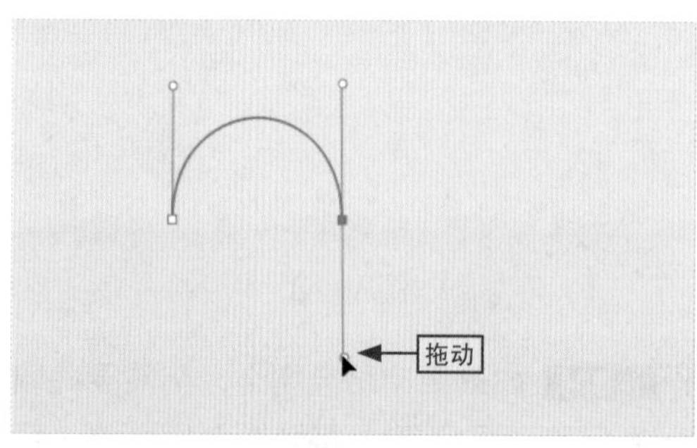

图8-18

步骤04 以相同方法创建多个平滑点，即可生成一条流畅的、平滑的曲线，如图8-19所示。

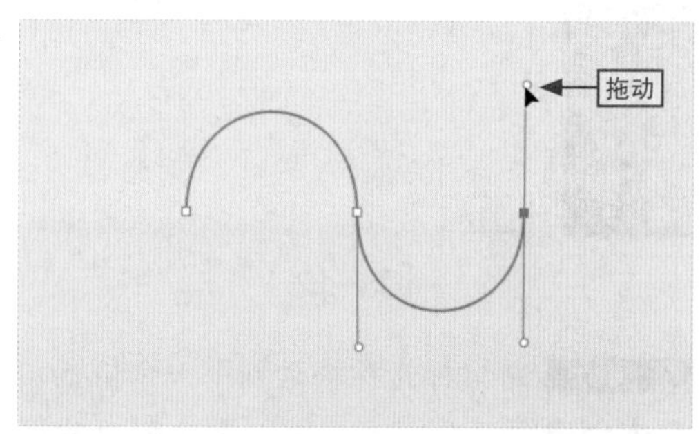

图8-19

3.绘制转角曲线

选择钢笔工具后，通过单击并拖动鼠标可以绘制直线与曲线，但若要绘制出具有转角的曲线，则需要通过改变线条的方向并结合网格线来实现，其具体操作如下。

步骤01 按【Ctrl+’】组合键快速显示出网格线，选择钢笔工具后在工具选项栏中选择“路径”选项，在图像中的网格点上单击并向右上方拖动鼠标，绘制第一个平滑点，如图8-20所示。

步骤02 将鼠标光标移动到下一个锚点处，单击鼠标并向下拖动鼠标，绘制出第二个平滑点。然后将鼠标光标移动到下一个锚点处，单击鼠标创建一个角点，如图8-21所示。

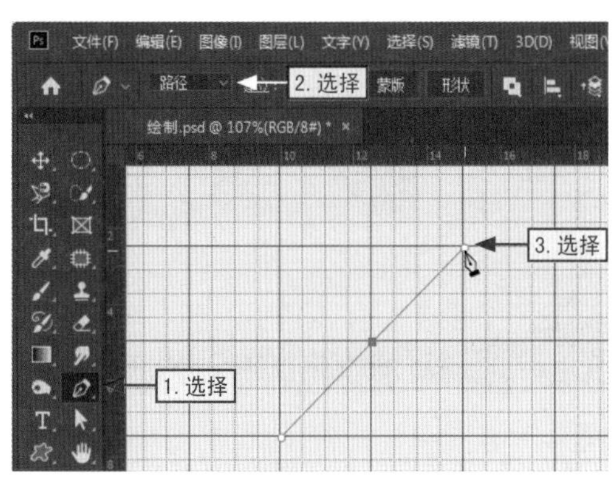

图8-20

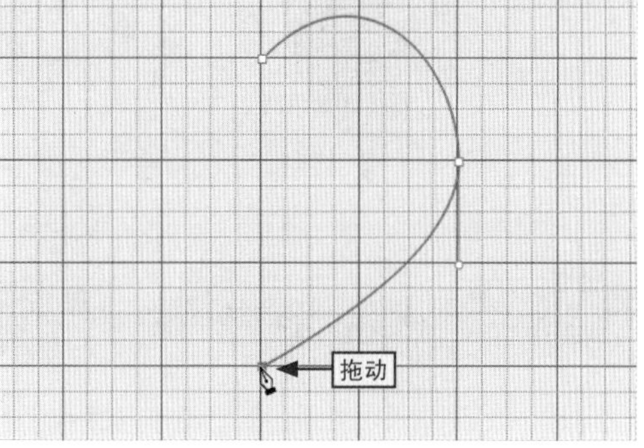

图8-21

步骤03 在第二平滑点所对称的位置，单击鼠标并向上拖动鼠标，创建出曲线，如图8-22所示。

步骤04 将鼠标光标移动到路径的起始点，单击鼠标闭合路径，按【Ctrl+'】组合键将网格线隐藏起来，如图8-23所示。

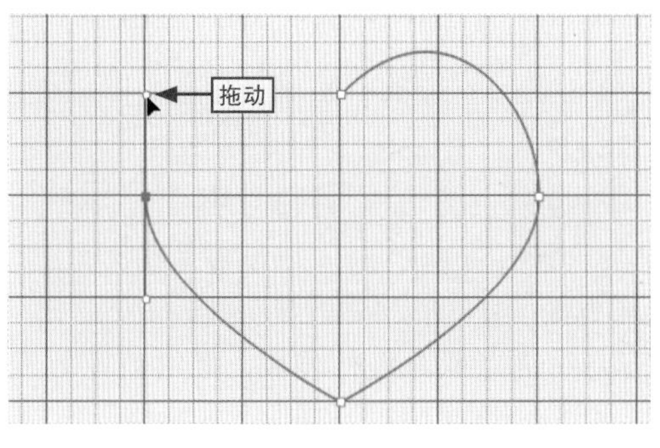

图8-22

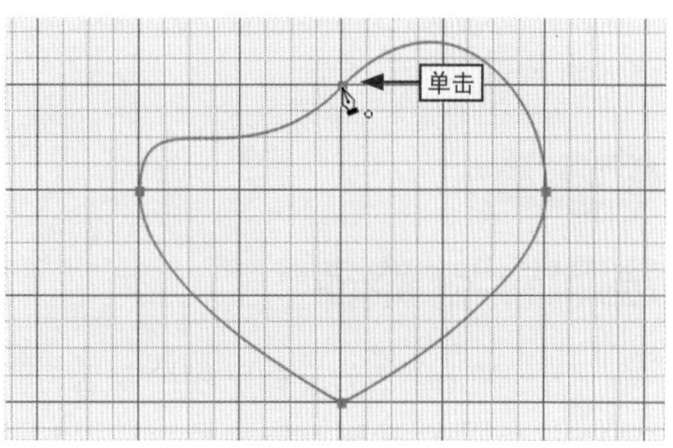

图8-23

8.2.2

使用自由钢笔工具绘制

使用自由钢笔工具可以随意绘制图像，就像用铅笔在纸上绘图一样，绘图时将自由添加锚点，绘制路径时无须确定锚点位置，主要用于绘制不规则路径，从而获得各种具有艺术效果的图像。

在Photoshop中使用自由钢笔工具绘制图像时，若是在工具选项栏中选中了“磁性的”复选框，则可以将其转换为磁性钢笔工具。其实，磁性钢笔工具类似于磁性套索工具。在使用磁性钢笔工具时，只需要在目标对象边缘单击鼠标，然后释放鼠标并沿着目标对象边缘拖动鼠标。此时，Photoshop就会紧贴对象边缘生成相应的路径，如图8-24所示。

图8-24

8.3 编辑锚点与路径

使用矢量工具绘制图像时，常常会出现绘制不精确的情况，此时就需要通过编辑锚点或路径来进行调整。

8.3.1 选择锚点和路径

在使用矢量工具进行路径绘制后，经常需要对锚点或路进行编辑，此时就需要先选择它们，而选择锚点与路径的方式不同，其具体介绍如下。

● 选择锚点 在工具箱中选择“直接选择工具”选项，然后在图像中单击目标锚点，即可选择该锚点。其中，被选择的锚点为实心方块，而没有被选择的锚点为空心方块，如图8-25所示。

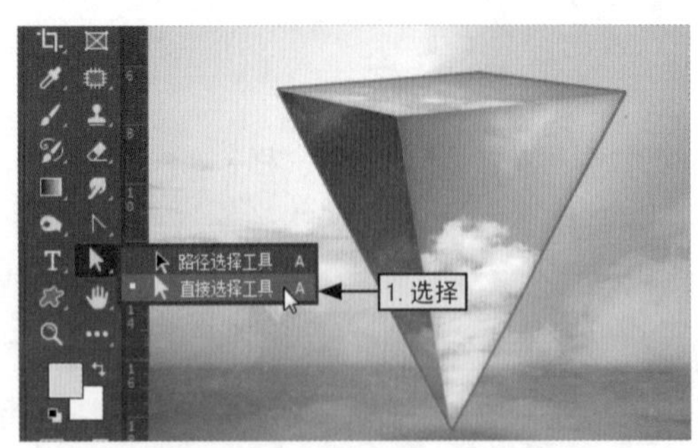

图8-25

● 选择路径线段 在工具箱中选择“直接选择工具”选项，在路径线段上单击，即可选择相应的路径线段，如图8-26所示

图8-26

● 选择路径 在工具箱中选择“路径选择工具”选项，然后在路径上单击即可选择整条路径， 如图8-27所示。另外，按【Ctrl+T】组合键即可显示出所选路径的定界框，如图8-28所示。

图8-27

图8-28

8.3.2

添加与删除锚点

为了调整路径的形态，用户选择路径或形状所在的图层后，可以使用添加锚点工具或删除锚点工具对路径的锚点进行添加或删除。也就是说，选择添加锚点工具后，在路径上单击即可添加锚点；选择删除锚点工具后，在路径中的锚点上单击即可删除锚点。

1.添加锚点

在工具箱中选择“添加锚点工具”选项，将鼠标光标移动到路径中需要添加锚点的位置上，然后单击鼠标即可在路径的目标位置处添加一个锚点。另外，路径的形态并不会因为添加了锚点而出现变化，若要对添加的锚点进行调整，可以直接选择锚点或者控制其手柄来进行操作，如图8-29所示。

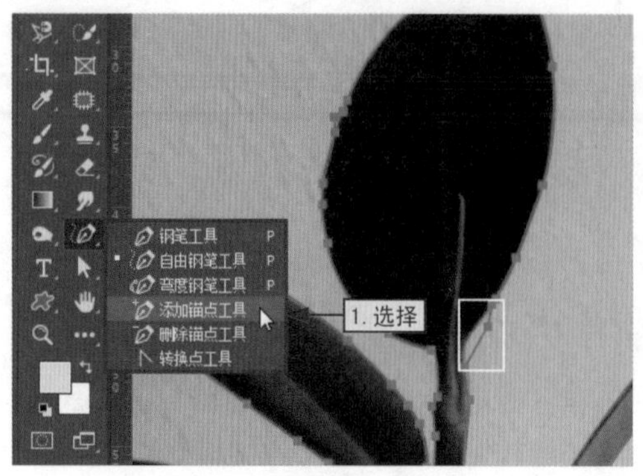

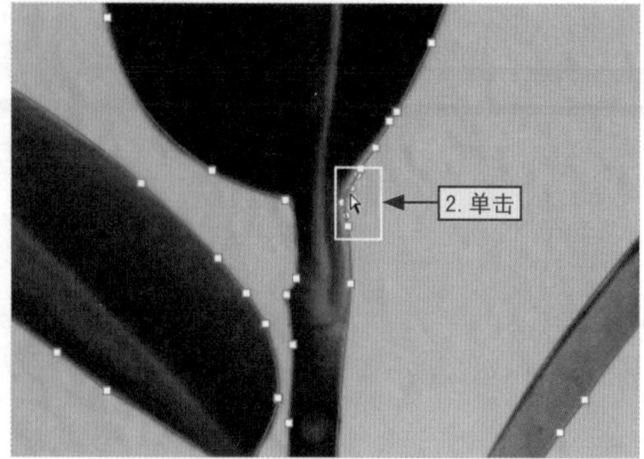

图8-29

2.删除锚点

在工具箱中选择“删除锚点工具”选项，将鼠标光标移动到路径中需要删除的锚点上，然后单击鼠标可以删除路径上的锚点，如图8-30所示。另外，在锚点删除后，路径的形态也会作出相应的调整。

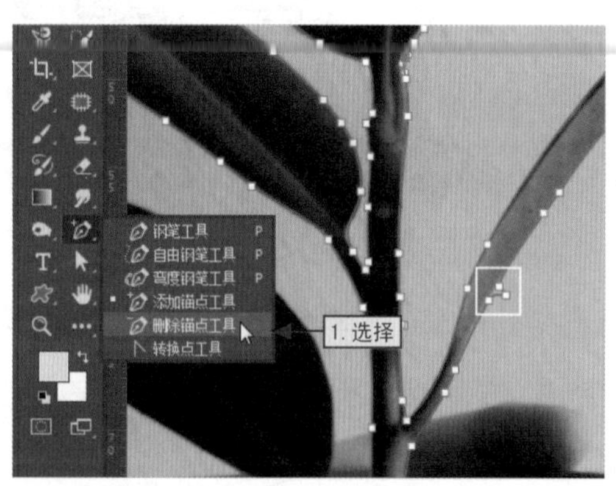

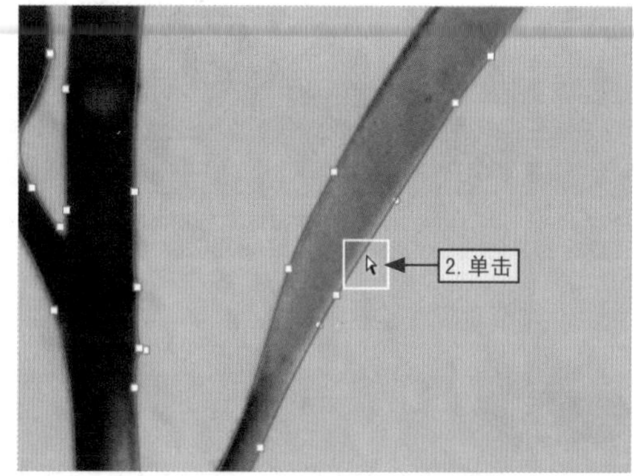

图8-30

8.3.3

改变锚点类型

在Photoshop中，用户可以通过改变锚点来控制路径的形态，只需要利用转换点工具来转换锚点的类型即可实现。

1.将角点转换为平滑点

在工具箱中选择“转换点工具”选项，然后在图像的直线锚点上单击，按住鼠标左键并拖动鼠标，即可将该锚点转换为带有控制手柄的曲线锚点，如图8-31所示。

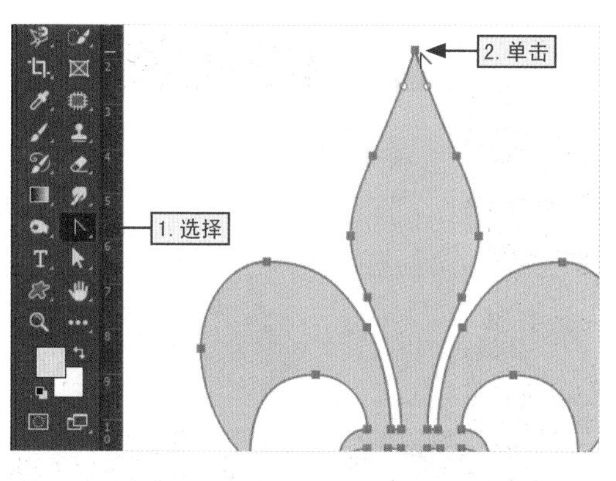

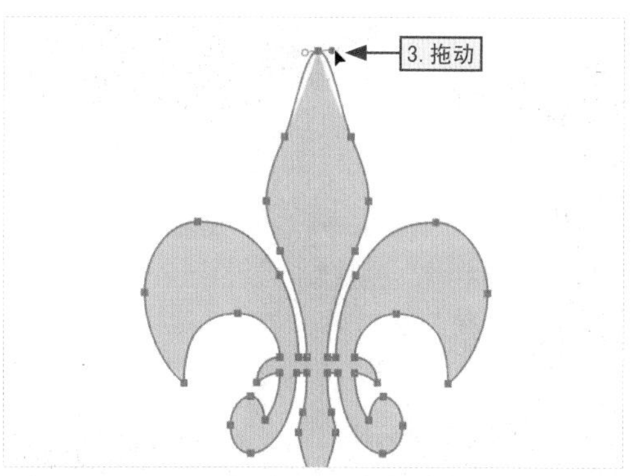

图8-31

2.将平滑点转换为角点

在工具箱中选择“转换点工具”工具，然后在图像的曲线锚点上单击鼠标，则可以将锚点转换为带有控制手柄的直线锚点，如图8-32所示。

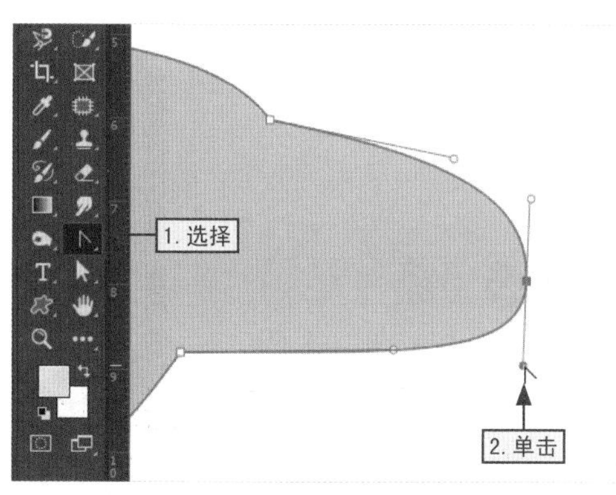

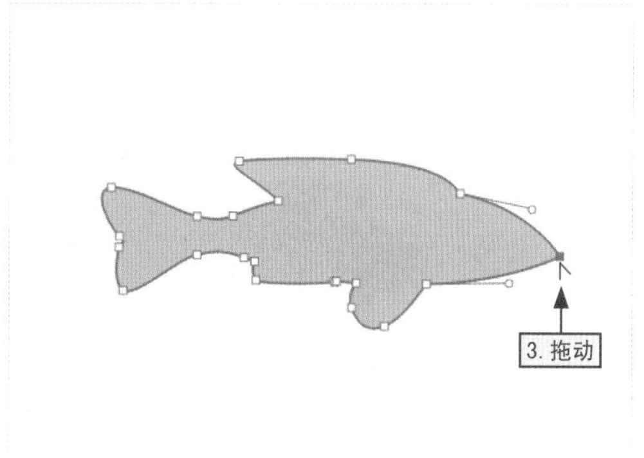

图8-32

8.3.4

路径与选区相互转换

在对图像的局部进行编辑与处理时，常常需要在选区内进行，通常需要将路径转换为选区来操作。将路径转换为选区有以下两种方式，其具体介绍如下。

1.通过命令进行转换

在图像中创建路径后，在“路径”面板的工作路径上单击鼠标右键，在弹出的快捷菜单中选择“建立选区”命令，然后在打开的“建立选区”对话框中，可以对选区的范围和操作方式等进行设置，如图8-33所示。

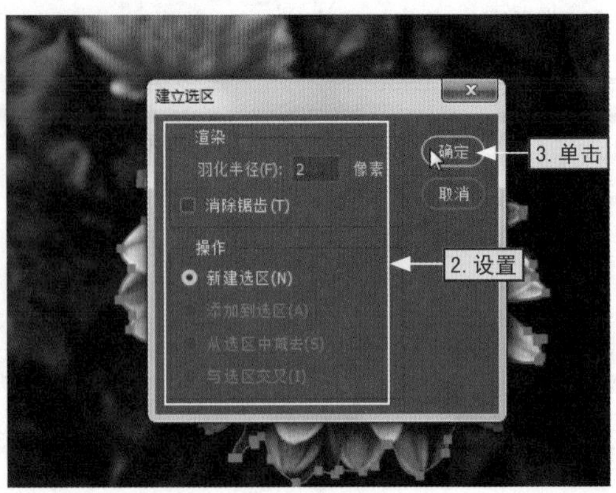

图8-33

2.通过载入选区进行转换

在图像中创建路径后，在“路径”面板中直接单击“将路径作为选区载入”按钮，即可快速将路径转换为选区，如图8-34所示。

图8-34

8.3.5 填充路径

路径绘制完成后，可以为其填充颜色。其中，填充路径的方法有很多，如使用前景色进行填充、应用各种图案进行填充以及通过历史记录进行填充等，下面就以历史记录填充路径为例进行相关介绍。

本节素材	/素材/Chapter08/小熊.jpg
本节效果	/效果/Chapter08/小熊.jpg

步骤01 打开素材文件“小熊.jpg”，在菜单栏中选择“滤镜”菜单项，选择“模糊/径向模糊”命令（第10章将会对滤镜进行详细介绍），如图8-35所示。

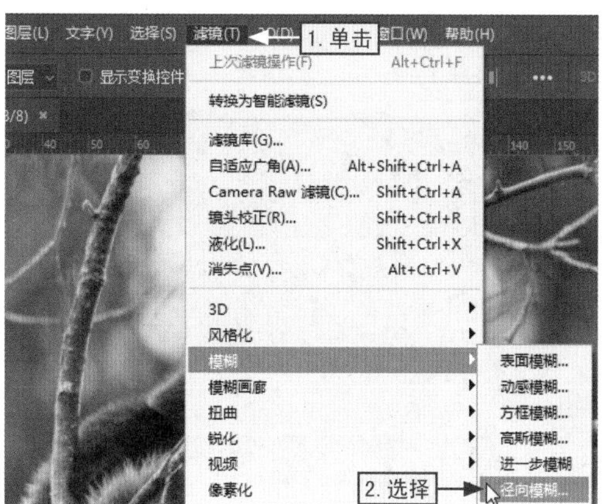

图8-35

步骤02 打开“径向模糊”对话框，在“数量”文本框中输入“10”，分别对模糊方法与品质进行设置，然后单击“确定”按钮，如图8-36所示。

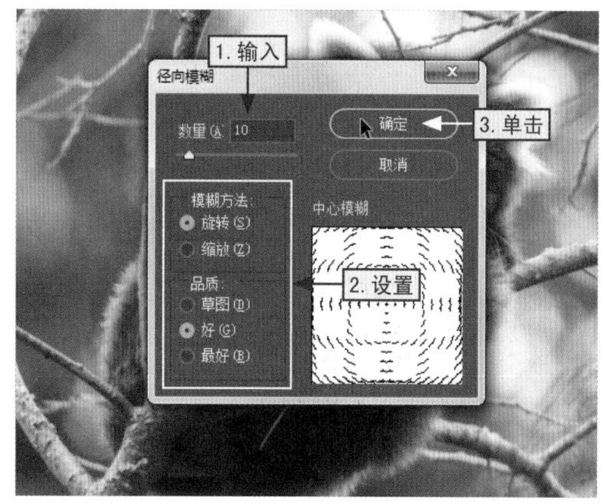

图8-36

步骤03 打开“历史记录”面板，单击其底部的“创建新快照”按钮，为当前的画面状态创建一个快照，如图8-37所示。

图8-37

步骤04 单击“快照1”按钮将历史记录的源设置为“快照1”，选择“打开”选项将图像恢复到打开时的状态，如图8-38所示。

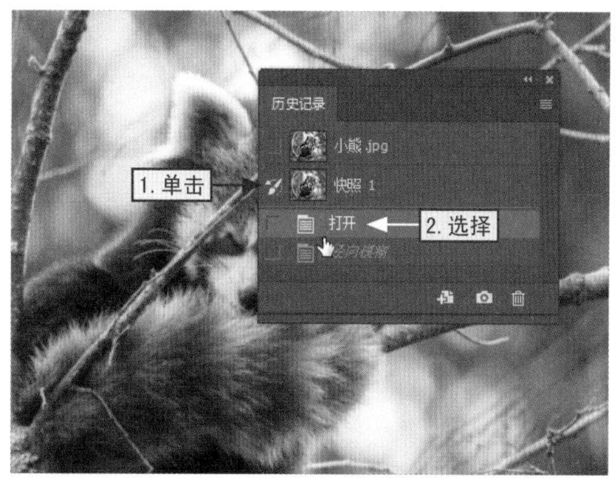

图8-38

步骤05 使用钢笔工具在图像中创建路径，然后在工具选项栏中单击“路径操作”下拉按钮，选择“排除重叠形状”选项，如图8-39所示。

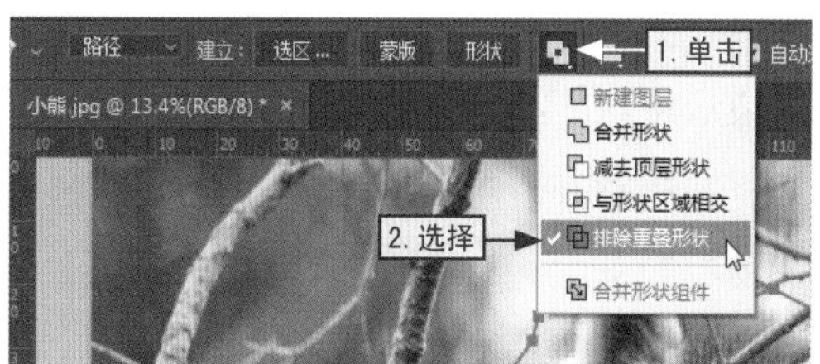

图8-39

步骤06 在“路径”面板中选择“工作路径”选项，单击面板右上角的“扩展”按钮，在打开的下拉菜单中选择“填充路径”命令，如图8-40所示。

图8-40

步骤07 打开“填充路径”对话框，在“内容”下拉列表框中选择“历史记录”选项，设置羽化半径为“5”，然后单击“确定”按钮，如图8-41所示。

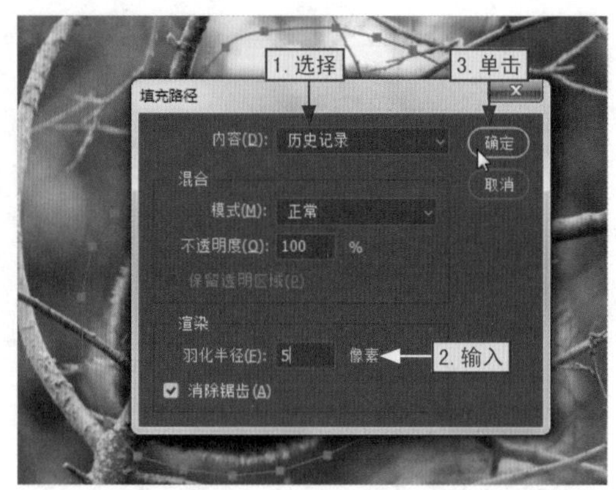

图8-41

步骤08 返回到“路径”面板中，单击“路径”面板中的空白位置，隐藏图像中的路径，即可看到图像中的路径被填充后的效果，如图8-42所示。

图8-42

8.3.6 描边路径

在Photoshop中，除了可以对选区与图层进行描边外，还可以对路径进行描边。在“路径”面板中，利用“描边路径”命令即可为路径绘制边框，即沿着路径边缘创建描边效果，其具体操作如下。

在“路径”面板的“工作路径”选项上单击鼠标右键，在弹出的快捷菜单中选择“描边路径”命令，即可打开“描边路径”对话框，然后在其中就可以对描边进行设置，如图8-43所示。

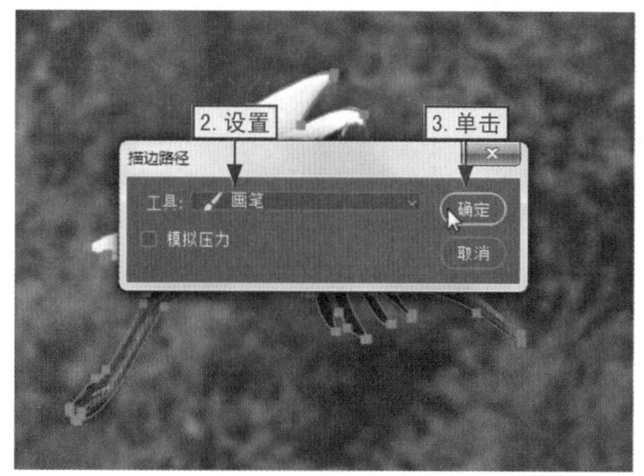

图8-43

在“描边路径”对话框的“工具”下拉列表框中有画笔、铅笔、橡皮擦和仿制图章等多个工具选项，如图8-44所示为路径添加画笔描边的前后对比效果。

图8-44

案例精解

通过描边路径制作精美图像

在本节中主要介绍了路径的绘制与编辑，下面通过对路径进行描边操作制作精美图像为例，讲解对绘制路径进行描边处理的具体操作。

本节素材	⊙/素材/Chapter08/无
本节效果	⊙/效果/Chapter08/蝴蝶.psd

步骤01 新建浅红色空白文档，在工具箱中选择“自定形状工具”选项，在工具选项栏中选择“路径”选项，单击“形状”下拉按钮，选择“蝴蝶”选项，如图8-45所示。

步骤02 按住【Shift】键绘制形状，在工具箱中选择“画笔工具”选项。然后打开“画笔”面板，单击“扩展”按钮，选择“旧版画笔”命令，在打开的对话框中单击“确定”按钮，如图8-46所示。

图8-45

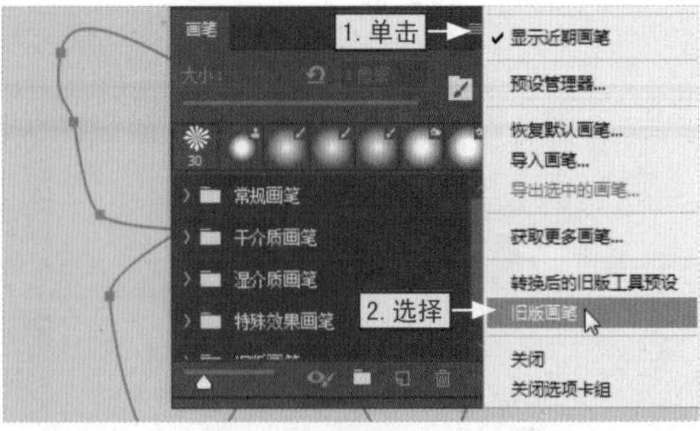

图8-46

步骤03 在“样式”栏中选择“旧版画笔/特殊效果画笔/蝴蝶”选项，设置画笔大小为“25像素”，如图8-47所示。

步骤04 分别设置前景色和背景色，在“路径”面板的工作路径上单击鼠标右键，选择“描边路径”命令，如图8-48所示。

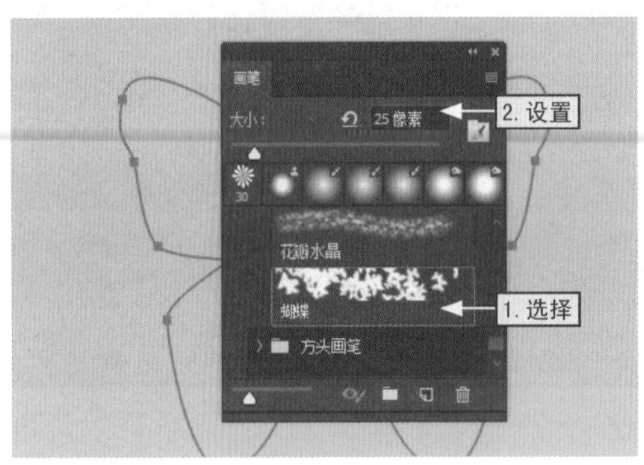

图8-47

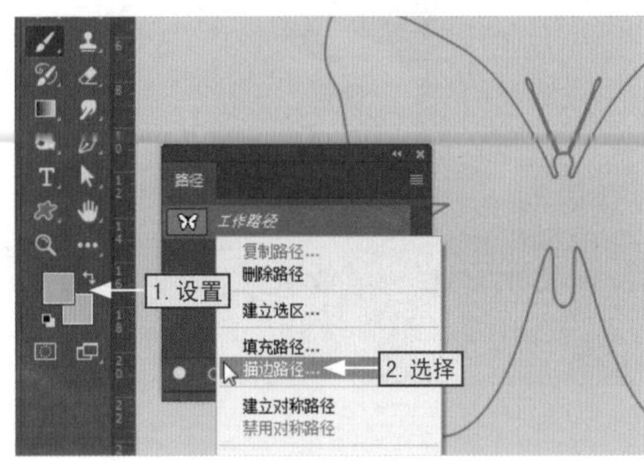

图8-48

步骤05 打开“描边路径”对话框，在“工具”下拉列表框中选择“画笔”选项，然后单击“确定”按钮，如图8-49所示。

步骤06 在“路径”面板中单击任意空白处隐藏图像中的路径，即可查看到使用画笔工具描边后的效果，如图8-50所示。

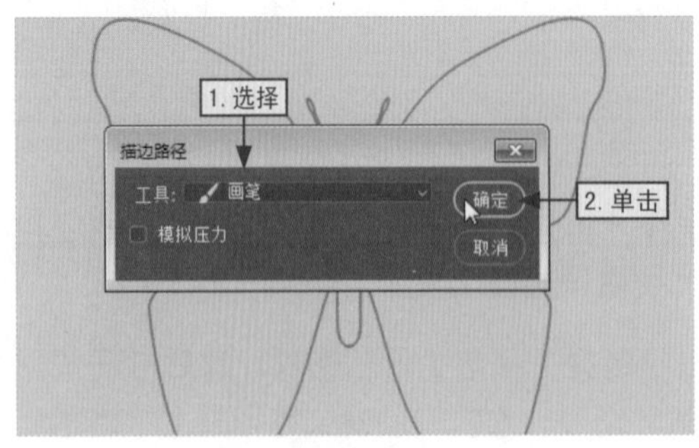

图8-49

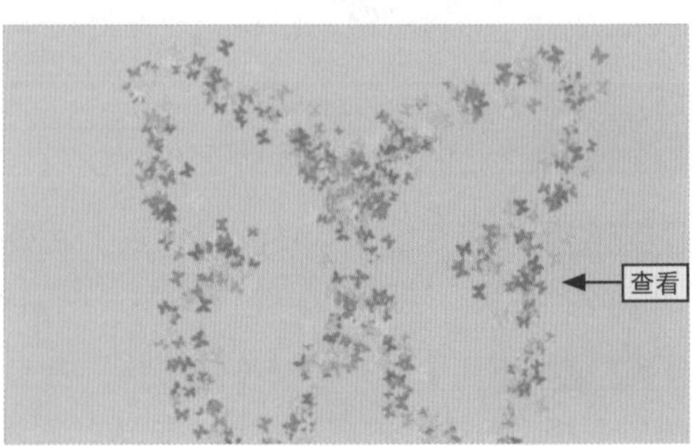

图8-50

第9章

09

文字设计的全方位解析

学习目标

在Photoshop中进行图像处理，文字是非常重要的部分，它不仅可以传递设计者想要表达的信息，还能对整个版面进行美化。其中，艺术效果越强的文字越能起到美化作用，通过Photoshop可以使文字轻松实现各种艺术效果。

知识要点

- 创建不同形式的文字
- 创建变形文字和路径文字
- 格式化字符和段落
- 编辑文字的操作

效果预览

9.1 创建不同形式的文字

在Photoshop中，文字是最能直观表达图像信息的工具。虽然Photoshop为用户提供了多种创建文字的工具，但真正要创建的文字只有两种，即点文字和段落文字。

9.1.1 文字工具的基础知识

使用Photoshop可以为图像添加各种具有艺术效果的文字，不过需要先对文字工具进行简单的认识，这样才能让文字更好地服务于图像。

1.文字工具的类型

使用Photoshop中的文字工具不仅可以为图像添加文字，还可以为文字添加特殊效果。Photoshop为用户提供了3种创建文字的方式，分别是在点上创建文字、 在段落中创建文字和沿路径创建文字。同时，还为用户提供了4种文字创建工具，分别是横排文字工具、直排文字工具、横排文字蒙版工具和直排文字蒙版工具，如图9-1所示。

其中，使用横排文字工具和直排文字工具可以创建点文字、 段落文字以及路径文字。

图9-1

2.文字工具选项栏

在使用文字工具输入文字前，要先在工具选项栏或“字符”面板中设置文字属性，如文字字体、字符大小和文字颜色等，如图9-2所示为文字工具的工具选项栏。

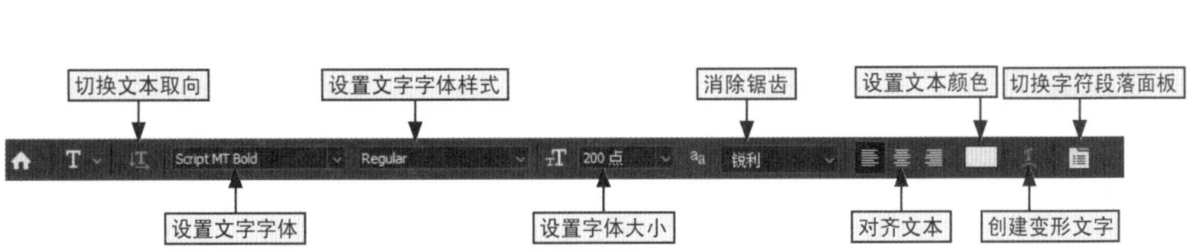

图9-2

文字工具的工具选项栏中具有多个设置选项，每个设置选项都有其独特的作用，其具体介绍如下。

● 切换文本取向 若当前输入的文字是横排文字，单击“切换文本取向”按钮，可将其转换为直排文字；若当前是直排文字，单击“切换文本取向”按钮，则可将其转换为横排文字。另外，也可以在菜单栏中选择“文字/文本排列方向”命令后，在其子菜单中选择相应命令进行转换。

● 设置文字字体 在工具选项栏中单击“字体”下拉按钮，在弹出的下拉列表中即可查看到多种字体，选择目标字体选项即可设置当前文字字体。

● 设置文字字体样式 文字的字体样式是指单个文字的变形方式，Photoshop为用户提供了多种字体样式，如Regular（规则的）、Italic（斜体）以及Bold（粗体）等。不过，不是所有的字体都可以应用所有的字体样式，字体样式只针对特定的英文字体。

● 设置字体大小 在工具选项栏中单击“设置字体大小”下拉按钮，在弹出的下拉列表中可以对字体大小进行选择，不过最大只能选择“72点”。若想要将文字的字体设置为更大，则可以在组合框中直接输入数值，并按【Enter】键确认设置即可。

● 消除锯齿 在Photoshop中，文字边缘会产生硬边和锯齿，为了不是使文字的美观效果受到影响，Photoshop提供了多种消除锯齿的方法，它们都是通过填充文字边缘的像素，使其混合到背景中。用户可以直接在工具选项栏中进行操作，也可以在“文字/消除锯齿”命令的子菜单中进行选择。

● 对齐文本 输入文字时，单击工具选项栏中的对齐方式按钮，可以使文字按相应的对齐方式输入。Photoshop中的对齐方式有3种，分别是左对齐文本、居中对齐文本和右对齐文本，每种对齐方式的对齐效果都不同。

● 设置文本颜色 在工具选项栏中单击“颜色块”按钮，即可打开“拾色器（文本颜色）”对话框，此时可以对文本的颜色进行自定义设置。

● 创建变形文字 在工具选项栏中单击“创建变形文字”按钮，即可打开“变形文字”对话框，此时可以为文字添加变形样式，从而创建出变形文字。

● 切换字符段落面板 在工具选项栏中单击“切换字符段落面板”按钮，可以显示或隐藏“字符”面板和“段落”面板。

9.1.2 创建点文字和段落文字

点文字和段落文字是Photoshop中可以创建的两种文字，其创建方法基本相同，只是使用的工具不同，其具体介绍如下。

1.创建点文字

点文字是指水平或者垂直的文本行，行的长度随编辑增加，不能自动换行。在处理标题、名称等字数较少的文字时，经常使用到点文字，其具体操作如下。

知识实操

本节素材	/素材/Chapter09/热气球.jpg
本节效果	/效果/Chapter09/热气球.psd

步骤01 打开素材文件“热气球.jpg”，复制背景图层，在工具箱中选择“横排文字工具”选项，如图9-3所示。

图9-3

步骤02 在工具选项栏分别设置文字字体为“方正行楷简体”、字体大小为“400点”、消除锯齿为“锐利”以及字体颜色为“红色”，如图9-4所示。

图9-4

步骤03 在图像中的目标位置单击鼠标确认文本插入点，然后在文本插入点处输入相应文字，如图9-5所示。

图9-5

步骤04 文字输入完成后，在工具箱中选择移动工具，将文字调整到合适的位置即可，如图9-6所示。

图9-6

2.创建段落文字

段落文字是指在定界框中输入的文字，具有自动换行和可随意调整文字区域大小等特点。若是需要输入大量的文字，则可以选择使用段落文字，其具体操作如下。

知识实操

本节素材	/素材/Chapter09/大海.jpg
本节效果	/效果/Chapter09/大海.psd

步骤01 打开素材文件“大海.jpg”，复制背景图层，在工具箱中选择“横排文字工具”选项，如图9-7所示。

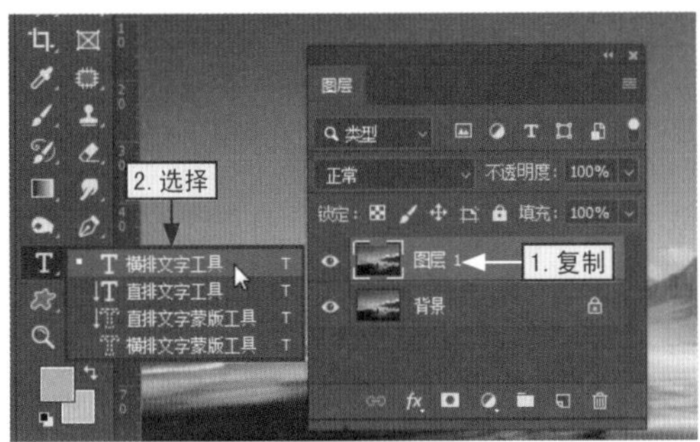

图9-7

步骤02 在工具选项栏中分别设置文字字体、字体样式、字体大小以及字体颜色等，如图9-8所示。

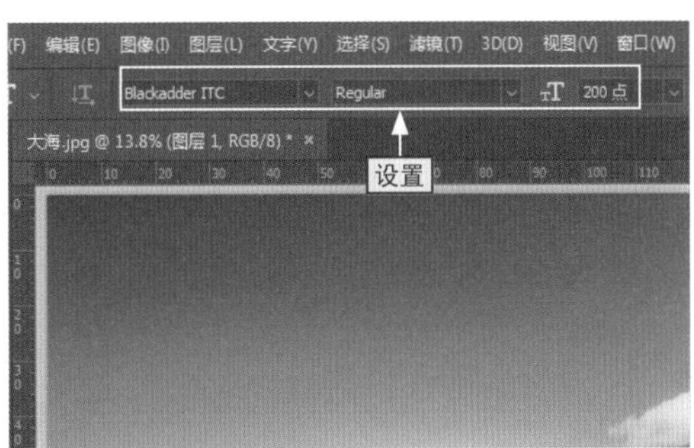

图9-8

步骤03 在图像中的相应位置，按住鼠标左键并拖动鼠标，然后绘制出需要的定界框，如图9-9所示。

图9-9

步骤04 绘制完成后释放鼠标，可以查看到定界框中的文本插入点，然后在其中输入文本即可，如图9-10所示。

图9-10

步骤05 继续输入文字，完成后单击工具选项栏中的“提交所有当前编辑”按钮，即可完成段落文字的创建，然后通过移动工具将其移动到合适的位置即可，如图9-11所示。

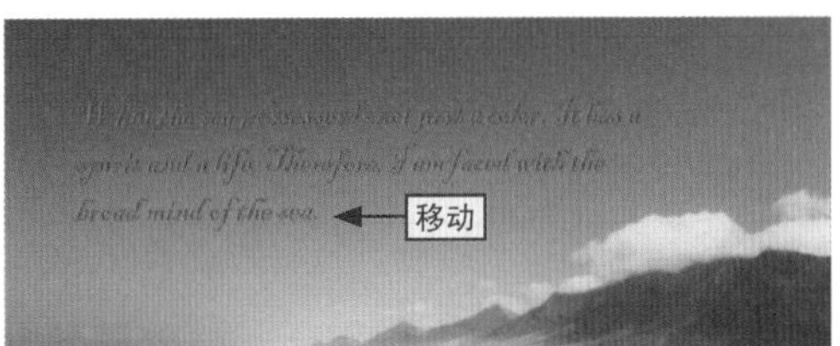

图9-11

9.1.3

点文字与段落文字的转换

为图像创建了点文字或段落文字后，用户可以根据实际的需求，将它们进行相互转换，其具体介绍如下。

1.将点文字转换为段落文字

若想要将点文字转换为段落文字，则需要在“图层”面板中选择点文字图层，然后在菜单栏中单击“文字”菜单项，再选择“转换为段落文本”选项即可，如图9-12所示。

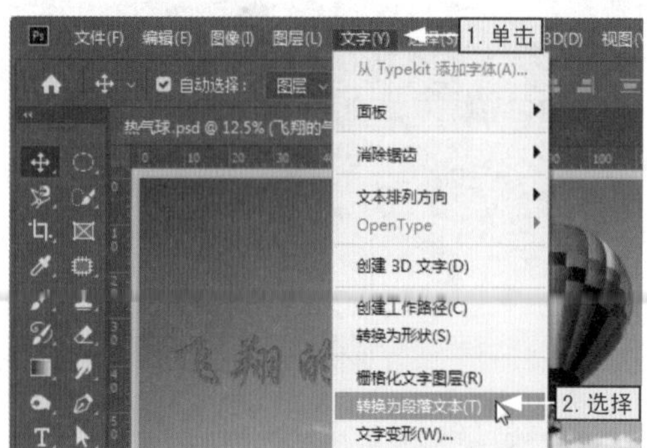

图9-12

2.将段落文字转换为点文字

若想要将段落文字转换为点文字，同样需要先在“图层”面板中选择段落文字图层，然后在菜单栏中单击“文字”菜单项，选择“转换为点文本”选项完成操作，如图9-13所示。

图9-13

9.2 创建变形文字和路径文字

为了使文字产生特殊的艺术效果，可以让文字按照实际需求进行创建，如对创建好变形文字、让文字沿着路径创建，从而使图像更加具有创意。

9.2.1 创建变形文字

变形文字是一种美术字体，就是将常规文字的局部或整体进行变形加工与创造，使其更加美观。在Photoshop中，可以通过“变形文字”对话框来对文字的变形样式进行设置，其具体操作如下。

知识实操

本节素材	/素材/Chapter09/玫瑰花.jpg
本节效果	/效果/Chapter09/玫瑰花.psd

步骤01 打开素材文件“玫瑰花.jpg”，复制背景图层，选择横排文字工具并设置属性，在图像上输入文字，如图9-14所示。

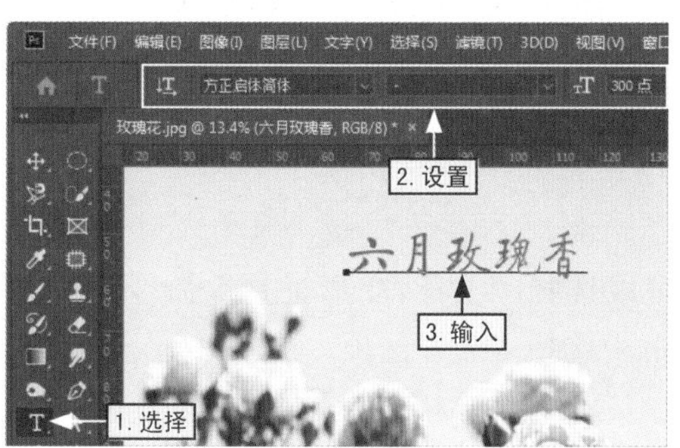

图9-14

步骤02 确保文字图层为选择状态，在菜单栏中单击“文字”菜单项，选择“文字变形”命令，如图9-15所示。

图9-15

步骤01 打开“变形文字”对话框，在“样式”下拉列表框中选择“波浪”选项，分别对弯曲、水平扭曲和垂直扭曲选项进行设置，然后单击“确定”按钮即可完成操作，如图9-16所示。

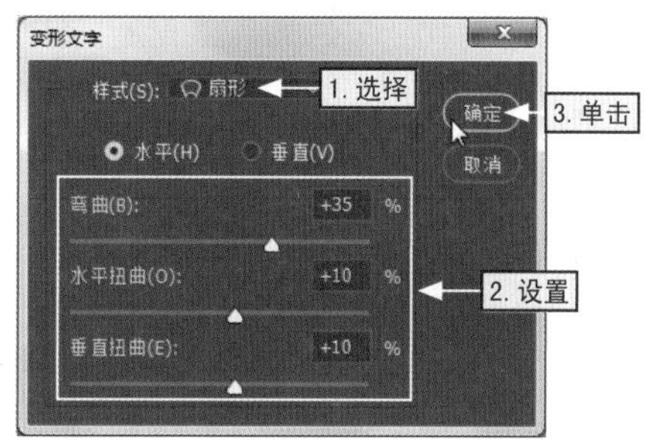

图9-16

9.2.2

文字变形的重置和取消

对于图像中的变形文字来说，只要没有将其栅格化或者转换为形状，都可以重置或取消其变形操作，其具体介绍如下。

1.文字的重置变形

在“图层”面板中选择目标文字图层，单击“文字”菜单项，选择“变形工具”命令（或在工具选项栏中单击“创建文字变形”按钮），然后在打开的“文字变形”对话框中修改各选项，即可为文字应用另一种样式，如图9-17所示为重置样式前后的文字对比效果。

图9-17

2.文字的取消变形

若要取消文字中应用的变形样式，则可以选择“文字/变形工具”命令，打开“文字变形”对话框，在“样式”下拉列表框中选择“无”选项，单击“确定”按钮即可将文字恢复到变形前的状态，如图9-18所示为取消变形样式前后的文字对比效果。

图9-18

9.2.3

创建路径文字

为了使创建的文字排列更加灵活，可以借助钢笔工具绘制出曲线路径，然后沿着路径排列文字，从而形成路径文字，其具体操作如下。

知识实操

本节素材	/素材/Chapter09/美食.jpg
本节效果	/效果/Chapter09/美食.psd

步骤01 打开素材文件“美食.jpg”，复制背景图层，在工具箱中选择“钢笔工具”选项，选择绘图模式为“路径”，在图像中绘制路径，如图9-19所示。

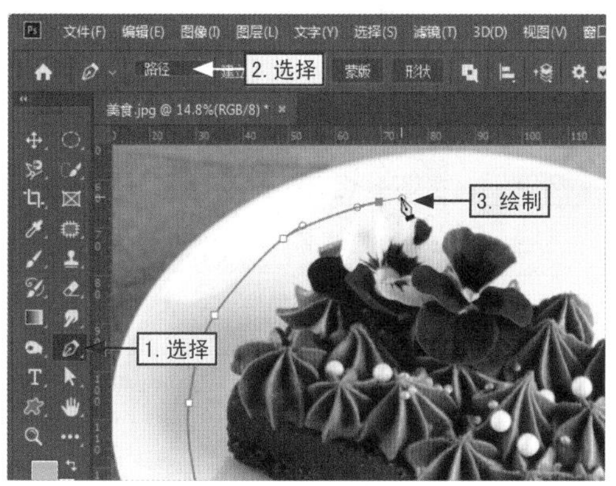

图9-19

步骤02 退出路径绘制状态，在工具箱中选择横排文字工具，在工具选项栏中分别设置文字字体、大小和颜色等属性，如图9-20所示。

图9-20

步骤03 将鼠标光标移动到路径上，此时鼠标成⌶状，单击鼠标在路径上定位文本插入点，如图9-21所示。

图9-21

步骤04 在路径上的文本插入点处输入文字，按【Ctrl+Enter】组合键可结束操作，如图9-22所示。

图9-22

9.3 格式化字符和段落

在Photoshop中，使用文字工具输入文字后，还可以对文字进行进一步的编辑，从而获得更好的文字效果，此时就需要对字符和段落进行格式化操作。

9.3.1 认识“字符”面板

在使用文字工具输入文字前，可以利用“字符”面板对文字的字体、大小和颜色等属性进行设置。文字创建完成后，也可以利用“字符”面板对文字的属性进行设置或修改。只需要在菜单栏中选择“窗口/字符”命令，即可打开“字符”面板，如图9-23所示。

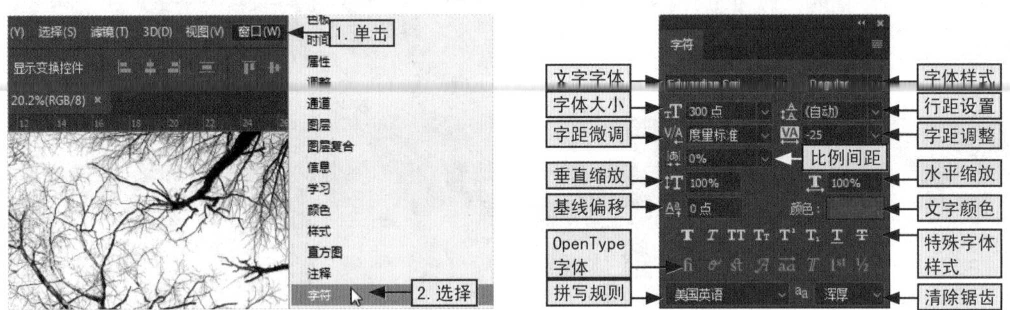

图9-23

在“字符”面板中的部分属性与工具选项栏中的属性相同，下面就来介绍一些不相同的属性。

● 行距设置 行距是指文本中各个文字行之间的垂直间距，同一段落的行与行之间可以设置不同的行距，而文字行中的最大行距决定了该行的最终行距。

● 字距微调 字距微调是指调整两个字符之间的间距，也就是在需要调整的两个字符之间单击，确定文本插入点，然后在“字符”面板中对字距数值进行调整。

● 字距调整 若选择了部分字符，则可以对所选字符的间距进行调整；若没有对字符进行选择，则可以对所有字符的间距进行调整。

● 比例间距 比例间距主要用来设置所选字符的间距，也就是调节字符所在的周围空间的宽度。

● 水平缩放/垂直缩放 水平缩放用于调整字符的宽度，垂直缩放用于调整字符的高度。当水平缩放与垂直缩放的百分比相同时，可使字符进行等比缩放。

● OpenType字体 OpenType字体也叫Type 2字体，是一种轮廓字体，最明显的好处是可以在把PostScript字体嵌入到TrueType的软件中。同时，支持多个平台以及很大的字符集，还有版权保护。

● 拼写规则 拼写规则可以对所选字符进行有关字符和拼写规则的语言设置，Photoshop可以使用语言词典检查连字符的连接。

9.3.2 认识"段落"面板

在段落文字创建好后，可以通过"段落"面板调整段落文字的对齐方式、首行缩进和左右移动等。只需要在菜单栏中选择"窗口/段落"命令，即可打开"段落"面板，如图9-24所示。

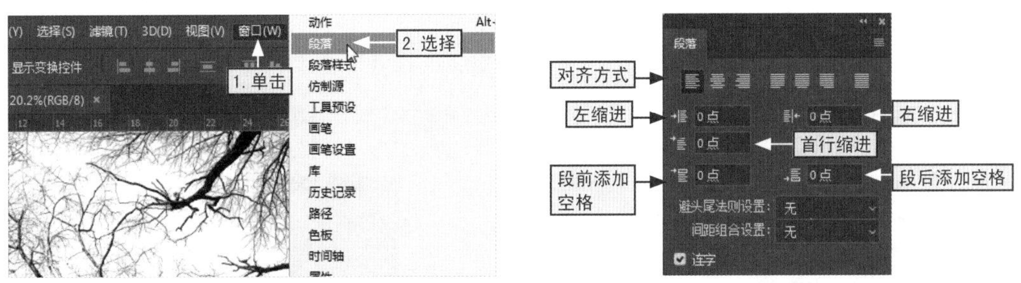

图9-24

在"段落"面板中，需要重点了解3个属性，分别是对齐方式、缩进方式和段落间距，其具体介绍如下所示。

● 对齐方式 在"段落"面板中，"对齐方式"按钮可以将文字与段落的某个边缘对齐；其中，左对齐文本是指文字左对齐，段落右端参差不齐；居中对齐是指文字居中对齐，段落两端参差不齐；右对齐文本是指文字右对齐，段落左侧参差不齐；最后一行左对齐是指最后一行文字左对齐，其他行文字左右两端强制对齐；最后一行居中对齐是指最后一行文字居中对齐，其他行文字左右两端强制对齐；最后一行右对齐是指最后一行文字右对齐，其他行文字左右两端强制对齐；全部对齐是指在字符间添加额外的间距，使文本左右两端强制对齐。

● 缩进方式 缩进是指文字与定界框或与包含该文字的行之间的间距量，只影响所选择的段落，所以多个段落可以设置不同的缩进量。其中，左缩进是指横排文字从段落的左边缩进，直排文字从段落的顶端缩进；右缩进是指横排文字从段落的右边缩进，直排文字从段落的底部缩进；首行缩进是指可缩进段落中的首行文字，在横排文字中首行缩进与左缩进有关，在直排文字中首行缩进与顶端缩进有关。

● 段落间距 在“段落”面板中，“段前添加空格”和“段后添加空格”按钮主要用于控制所选段落的间距。

9.3.3

创建段落样式

在Photoshop中，对文字进行设置不仅可以使用“字体”和“段落”面板，还可以使用“段落样式”面板。通过该面板可以快速保存段落样式与应用其他文字的段落样式，从而极大地提高了处理图像的工作效率，其具体操作如下。

本节素材	/素材/Chapter09/立夏.psd
本节效果	/效果/Chapter09/立夏.psd

知识实操

步骤01 打开素材文件“立夏.psd”，在“图层”面板中选择文字图层，选择“窗口/段落样式”命令，如图9-25所示。

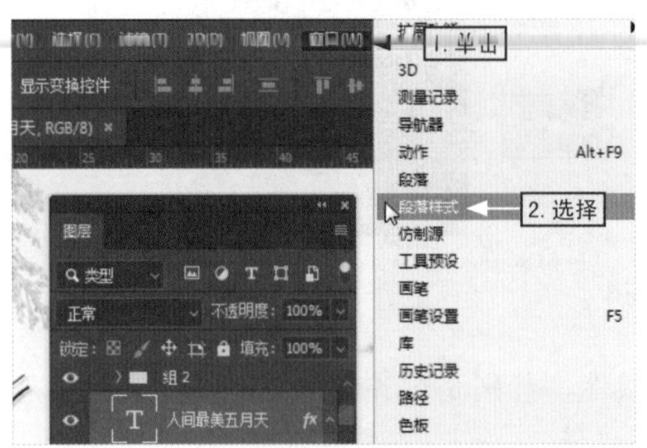

图9-25

步骤02 打开“段落样式”面板，然后单击面板右上角的“扩展”按钮，选择“新建段落样式”命令，如图9-26所示。

图9-26

步骤03 若要对创建的段落样式进行修改，可在“段落样式”面板中双击相应的段落样式选项，如图9-27所示。

图9-27

步骤04 打开“段落样式选项”对话框，可对段落样式进行设置，然后单击“确定”按钮即可，如图9-28所示。

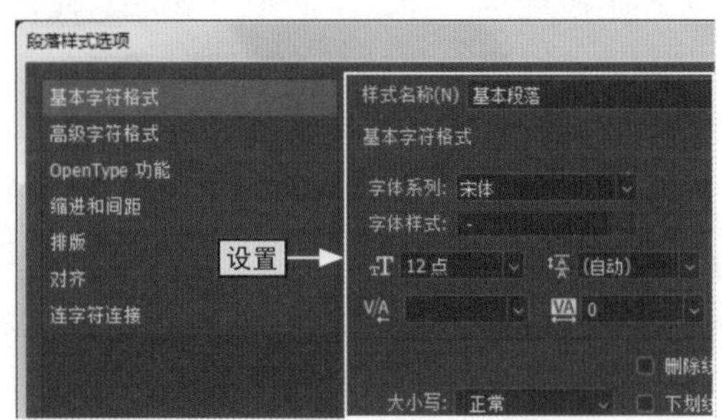

图9-28

9.4 编辑文字的操作

在图像中创建好文字后，为了使其更加符合实际需要，还需要对其进行一些完善操作，如将文字转换为形状、栅格化文字图层等。

9.4.1 将段落文字转换为形状

在Photoshop中，常常会在图像中输入段落文字，但是段落样式的设置效果有限。为了使段落文字更加有特色，可以将其转换为形状。需要注意的是，段落文字被转换为形状后，就无法在图层中将其作为文字进行编辑，其具体操作如下。

在“图层”面板中选择目标文字图层，在菜单栏中单击“文字”菜单项，选择“转换为形状”选项即可将段落文字转换为形状，如图9-29所示。

图9-29

9.4.2 栅格化文字图层

默认情况下，在图像中输入文字后，“图层”面板中就会自动创建相应的文字图层。相对于其他图层而言，文字图层是一种特殊的图层，除了可以保留文字的基本信息和属性外，其他编辑都会受到限制，如不能填充渐变颜色、应用滤镜效果等。为了能对文字进行更多的编辑与应用，用户可以将其栅格化为普通图层，其具体操作如下。

在“图层”面板中选择需要栅格化的文字图层，然后菜单栏中单击“文字”菜

单项，选择“栅格化文字图层”选项，即可将文字图层转换为普通的像素图层，如图9-30所示。

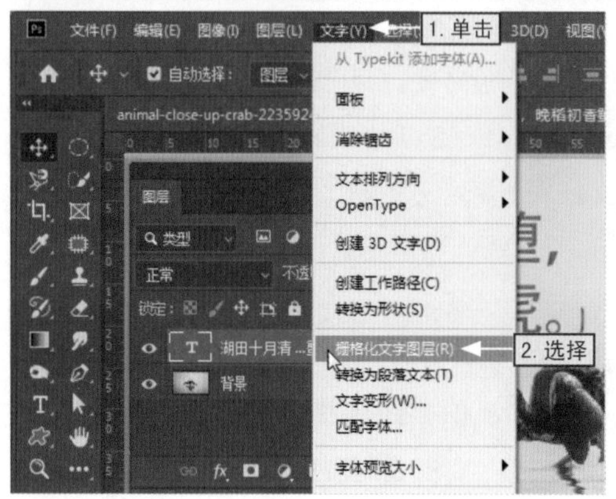

图9-30

9.4.3 文字的拼写检查

用户在图像中输入的文字，不仅需要确保其美观效果，还需要确保文字的正确性，而Photoshop就可以检查当前文本中的英文单词拼写是否有误，其具体操作如下。

在菜单栏中单击“编辑”菜单项，选择“拼写检查”命令，即可打开“拼写检查”对话框。当系统检查到有文字错误时，Photoshop就会提供修改建议。此时，用户只需要选择正确的单词，单击“完成”按钮，然后单击“确定”按钮即可，如图9-31所示。

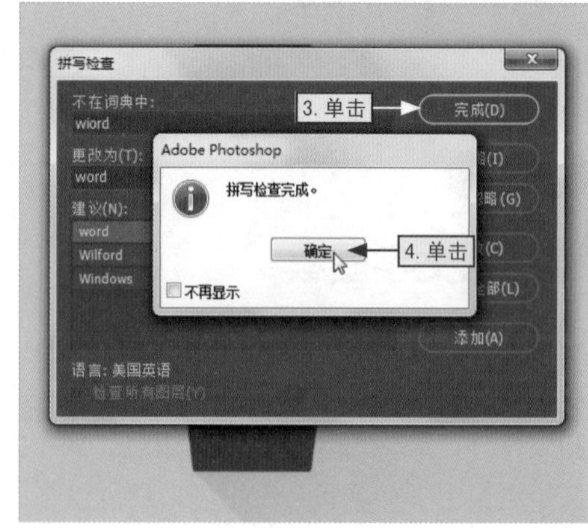

图9-31

拓展知识 | 在词典中添加单词

如果被系统检查到的单词拼写是正确的，则可以在“拼写检查”对话框中单击“添加”按钮，将该单词添加到Photoshop系统的词典中。添加成功后，以后再查找该单词时，系统会自动将其确认为正确的拼写形式。

案例精解

为菜单价格设置特殊的字体样式

在本节中主要介绍了文字的处理方法，下面通过为餐厅菜单的价格设置特殊的字体样式为例，讲解特殊效果文字应用的具体操作。

本节素材	/素材/Chapter09/菜单.jpg
本节效果	/效果/Chapter09/菜单.psd

步骤01 打开素材文件“菜单.jpg”，按【Ctrl+J】组合键快速复制背景图层，然后在“字符”面板中分别设置文字字体、大小和颜色，如图9-32所示。

步骤02 在工具箱中选择“横排文字工具”选项，将文本插入点定位到图像的目标位置处并切换到英文状态，按【Shift+4】组合键输入“$”，如图9-33所示。

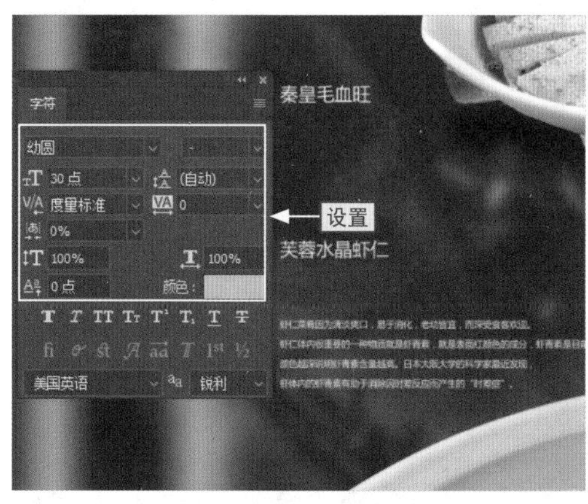

图9-32

图9-33

步骤03 继续输入其他文字，选择“$”字符，在“字符”面板中调整字体大小，然后单击“上标”按钮，如图9-34所示。

步骤04 选择“.00”字符，在“字符”面板中调整字体大小，单击“上标”按钮，然后单击“下划线”按钮，如图9-35所示。

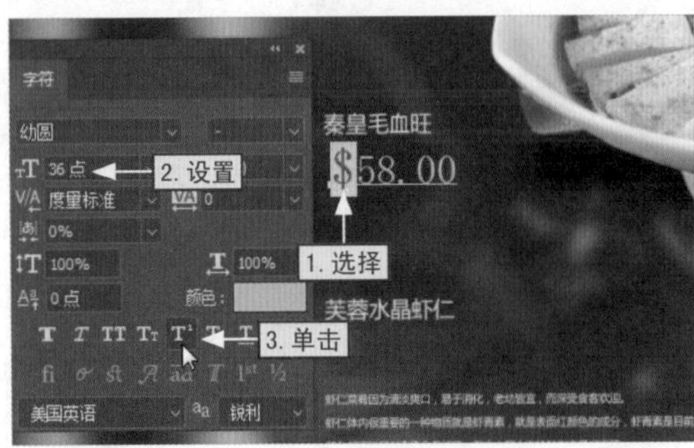

图9-34

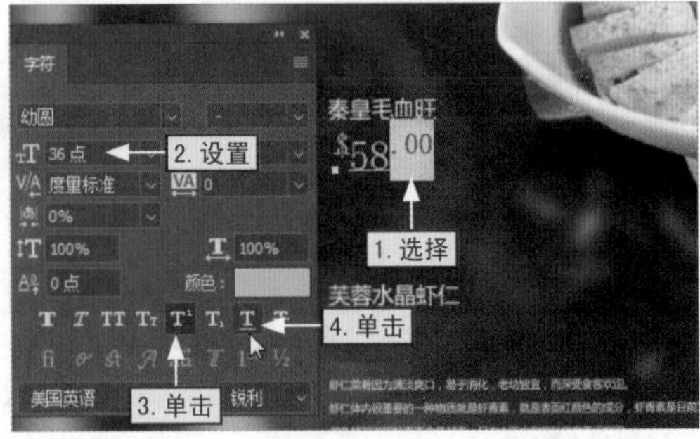

图9-35

步骤05 在“图层”面板中选择文字图层，单击“添加图层样式”下拉按钮，选择“描边”选项，如图9-36所示。

步骤06 打开“图层样式”对话框，然后在“描边”栏中分别对各描边属性进行设置，如图9-37所示。

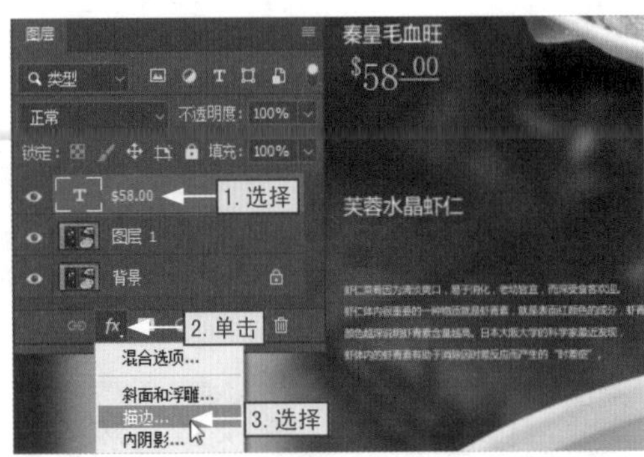

图9-36

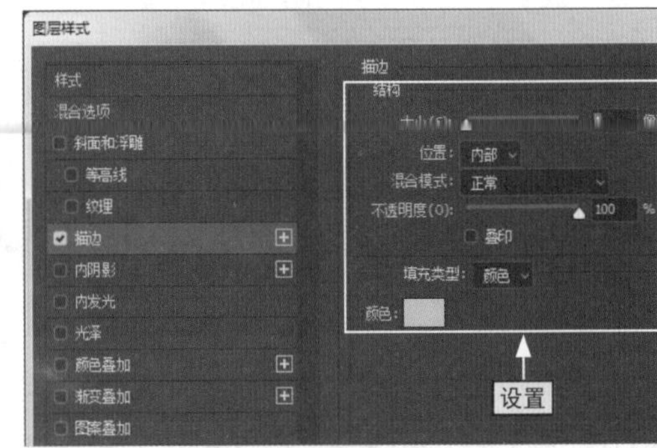

图9-37

步骤07 选择“外发光”选项卡，在“外发光”栏中分别对各外发光属性进行设置，然后单击“确定”按钮，如图9-38所示。

步骤08 返回到文档窗口中以相同方法为其他菜式添加价格，最终效果如图9-39所示。

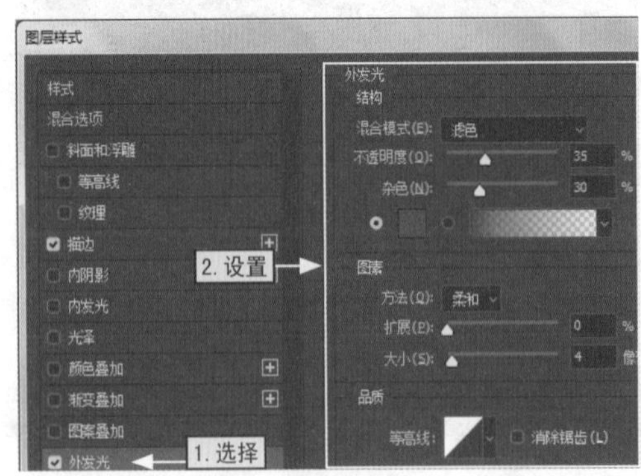

图9-38

图9-39

第 10 章

10

滤镜的特殊效果

学习目标

在Photoshop中，滤镜具有非常神奇的作用，能让普通的图像呈现出令人惊奇的效果。滤镜不仅用于实现图像的各种特殊效果，还能模拟油画、素描以及水彩等绘画效果。

知识要点

- 认识滤镜
- 特殊滤镜
- 滤镜组滤镜
- 外挂滤镜

效果预览

10.1 认识滤镜

对于Photoshop而言，最令人满意的就是它的滤镜，滤镜来源于摄影中的滤光镜，该功能可以改进图像和产生特殊效果。通过滤镜的处理，可以为图像添加多种特效，从而让普通的图像变得具有特色。

10.1.1 滤镜的作用和分类

滤镜具有非常神奇的作用，主要是用来实现图像的各种特殊效果，Photoshop为用户提供了多种滤镜，如“自适应广角”滤镜、“镜头校正”滤镜、“液化”滤镜以及“油画”滤镜等。

1.滤镜的作用

滤镜可以称为“滤波器”，是一种特殊的图像效果处理技术，不仅可以对图像的像素进行分析，还能进行色彩、亮度等调整，从而控制图像部分或整体的像素参数。

在Photoshop中，滤镜主要有两种用途：第一，用于创建具体的图像，如生成图章、纹理或波浪等效果，此类滤镜的种类较多，大部分都在风格化、画笔描边、扭曲、素描、纹理、像素化、渲染以及艺术效果等滤镜组中；第二，用于编辑图像，如减少图像杂色、提高清晰度等，此类滤镜基本在模糊、锐化、杂色等滤镜组中。如图10-1所示为图像原图，如图10-2、图10-3以及图10-4所示为几种不同的滤镜效果。

图10-1

图10-2

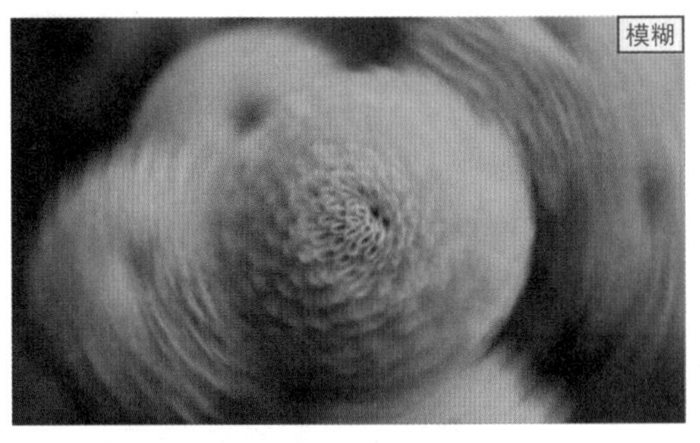

图10-3

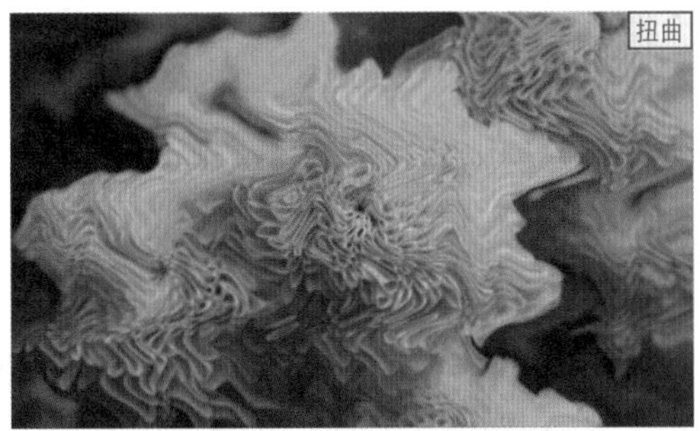

图10-4

2.滤镜的分类

在Photoshop中，滤镜主要分为两大类，分别是Photoshop系统自带的内部滤镜和外挂滤镜，其具体介绍如下。

● 内部滤镜 内部滤镜是Photoshop自身提供的各种滤镜，即集成在Photoshop中的滤镜，它们具有非常强大的功能，允许用户根据实际需要自定义个人滤镜。其具体操作是：在菜单栏中单击“滤镜”菜单项，选择“其他/自定”命令，在打开的“自定”对话框进行相关设置即可，如图10-5所示。

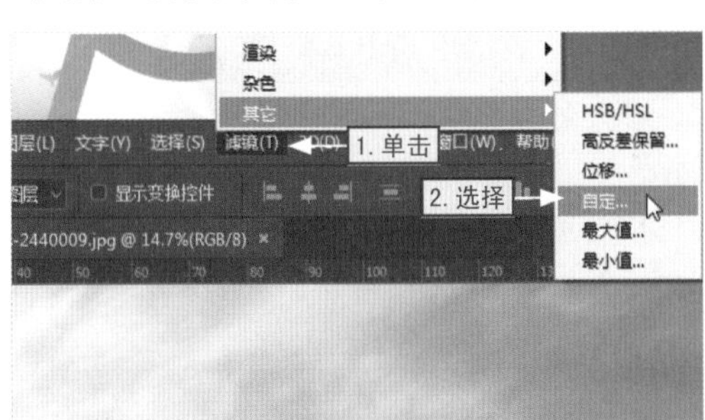

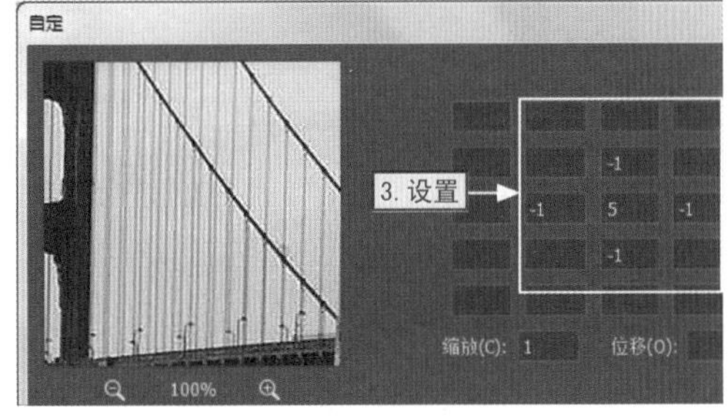

图10-5

● 外挂滤镜 在Photoshop中，外挂滤镜需要用户手动安装，常见的外挂滤镜有Knoll Light Factory、 Alien Skin Exposure和Alien Skin Bokeh等，它们可以制作出更多的特殊效果，如图10-6所示为使用Knoll Light Factory外挂滤镜进行处理的前后对比效果。

图10-6

10.1.2

“滤镜”下拉菜单的分类

Photoshop为用户提供了多种滤镜，主要存放在“滤镜”下拉菜单中，系统又根据系统的属性将这些滤镜划分为5个部分，如图10-7所示。

图10-7

从上图中可以看出，“滤镜”下拉菜单中5个部分的内容都不同，如图10-8所示为各部分滤镜的含义。

第1部分

第1部分主要用于显示最近使用过的滤镜，如果最近没有使用过滤镜，则会呈灰色显示。

第2部分

第2部分中只有“转换为智能滤镜”命令，使用该命令可以将图像转换为智能化的格式，整合多个不同的滤镜，从而使图像更具有创意。

第3部分

第3部分是Photoshop中的独立滤镜，可以直接将其应用到图像中。

第4部分

第4部分是Photoshop中的滤镜组，每个滤镜组中包含多个滤镜子菜单命令。

第5部分

第5部分是Photoshop中的外挂滤镜，如果没有安装外挂滤镜，该部分将显示“浏览联机滤镜”命令，选择该命令可以直接打开官网提供的外挂滤镜列表。

图10-8

10.2 特殊滤镜

特殊滤镜具有独特的滤镜功能，Photoshop中的特殊滤镜有自适应广角、镜头校正、液化滤镜、油画滤镜以及消失点滤镜等，每种特殊滤镜的应用效果都不同。

10.2.1 滤镜库

滤镜的主要作用就是为图像添加各种特殊效果，而“滤镜库”中则集合了大多数具有创造性的滤镜，通过滤镜库可以将多个滤镜应用于同一图像，也可以对同一图像多次应用同一滤镜，或者使用其他滤镜替代图像中的原有滤镜。

在菜单栏中单击“滤镜”菜单项，选择“滤镜库”命令，则可以打开“滤镜库”对话框，其左侧是预览区，中间是6组可供选择的滤镜（分别是风格化、画笔描边、扭曲、素描、纹理以及艺术效果滤镜组），右侧是参数设置区，如图10-9所示。

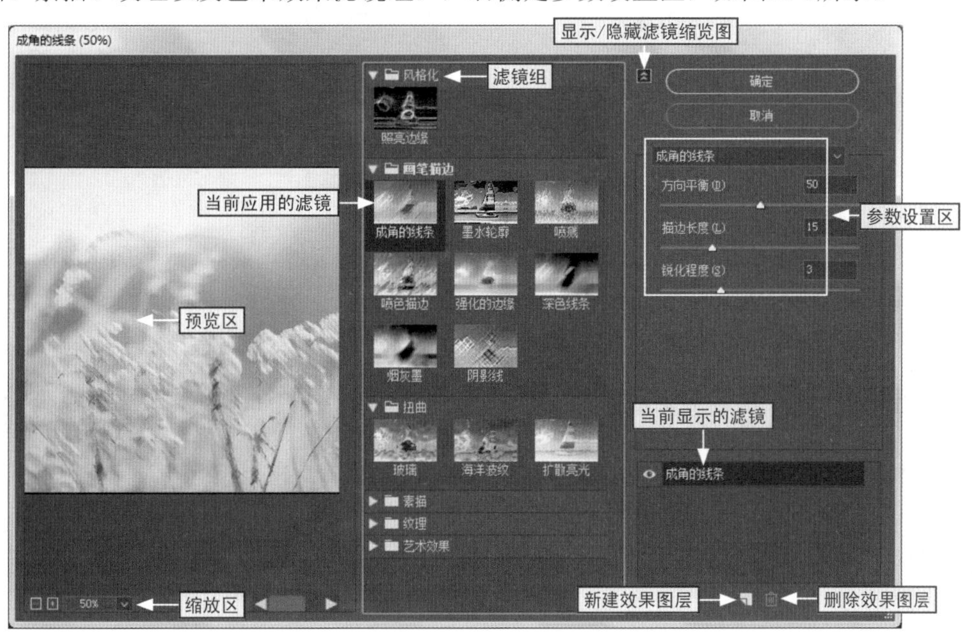

图10-9

10.2.2 “自适应广角”滤镜

使用“自适应广角”滤镜可以处理广角镜头拍摄的照片，对镜头缩放时所产生的

变形进行处理，从而得到一张完全没有变形的照片。也就是说，该命令可以找回由于拍摄时相机倾斜或仰俯丢失的平面，其具体操作如下。

在菜单栏中单击“滤镜”菜单项，选择“自适应广角”命令即可打开“自适应广角”对话框，如图10-10所示。

图10-10

在“自适应广角”对话框中可以选择校正的方式，如鱼眼、透视等，还可以利用工具绘制校正的透视角度、区域等，从而使图像的广角得到调整，如图10-11所示。

图10-11

10.2.3 Camera Raw滤镜

最开始Camera Raw滤镜是以插件的形式出现在Photoshop中的，主要针对图像摄影，后来于Photoshop CS5版本正式加入主体功能中，为其中的每个应用程序提供了导入和处理相机原始数据文件的功能，其具体操作如下。

在菜单栏中单击“滤镜”菜单项，选择“Camera Raw滤镜”命令，即可打开“Camera Raw”对话框，在其右侧可对图像的画面进行调整，如色温、色调以及对比度等，如图10-12所示为图像使用Camera Raw滤镜调整前后的对比效果。

图10-12

10.2.4 “镜头校正”滤镜

使用“镜头校正”滤镜可以对图像进行自动校正，从而轻易消除桶状和枕状变形、相片周边暗角以及造成边缘出现彩色光晕的色相差，其具体操作如下。

在菜单栏中单击“滤镜”菜单项，选择“镜头校正”命令，即可在打开的“镜头校正”对话框中单击“自动校正”或“自定”选项卡来设置图像，如图10-13所示为通过“自定”选项卡来调整图像的扭曲画面的对比效果。

图10-13

10.2.5 “液化”滤镜

“液化”滤镜可以使图像任意扭曲，还可以自定义扭曲的范围和强度，如推、

拉、旋转、反射以及膨胀等，从而可以得到需要的液化效果，其具体操作如下。

在菜单栏中单击“滤镜”菜单项，选择“液化”命令，即可打开“液化”对话框，在其右侧可以选择各种工具，然后在图像预览框中对图像进行各种操作，如图10-14所示为使用“液化”滤镜调整人物图像的眼睛前后对比效果。

图10-14

10.2.6

“消失点”滤镜

“消失点”滤镜是允许用户在包含透视平面的图像中进行透视校正编辑，从而实现图像的各种特殊效果。使用“消失点”滤镜来修饰、添加或移去图像中的内容时，可以获得更加逼真的效果，其具体操作如下。

知识实操

本节素材	/素材/Chapter10/房屋.jpg、墙纸.jpg
本节效果	/效果/Chapter10/房屋.psd

步骤01 打开素材文件“房屋.jpg”和“墙纸.jpg”，在“墙纸.jpg”文档窗口中按【Ctrl+A】组合键全选图像，按【Ctrl+C】组合键复制图像，如图10-15所示。

图10-15

步骤02 切换到“房屋.jpg”文档窗口中，在菜单栏中选择“滤镜/消失点”命令，如图10-16所示。

图10-16

步骤03 打开“消失点”对话框，选择“创建平面工具”选项，在“网格大小”下拉列表框中输入数值，如图10-17所示。

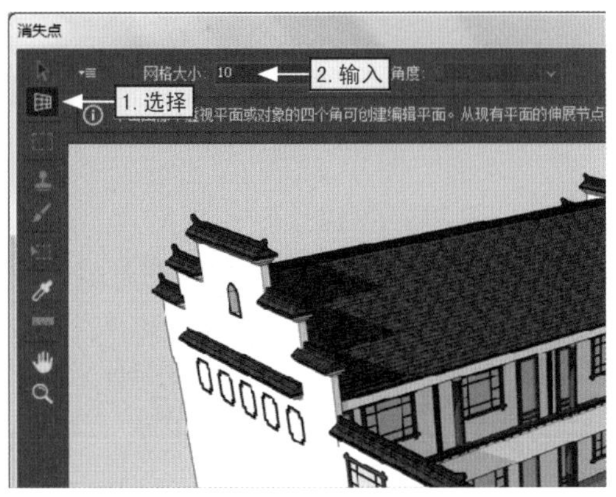

图10-17

步骤04 将鼠标光标移动到一个顶点上，单击鼠标定位一个点，依次定位其他点，绘制出一个平面，如图10-18所示。

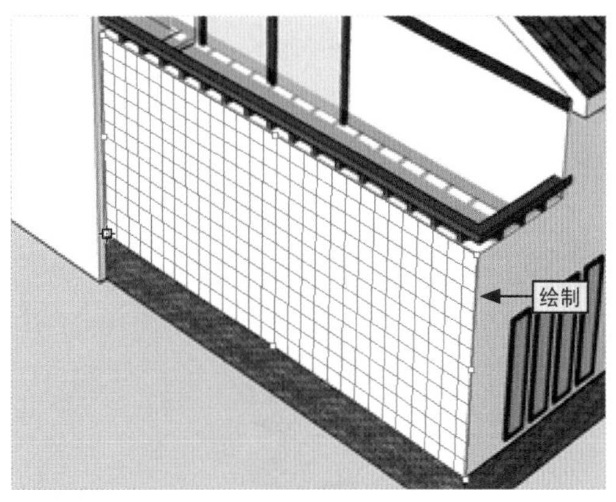

图10-18

步骤05 按【Ctrl+V】组合键粘贴之前复制的图像，然后在其上按住鼠标将其拖动到创建的平面中，如图10-19所示。

图10-19

步骤06 按【Ctrl+T】组合键进入变形状态，调整图像的大小、位置和方向，按【Enter】键完成操作，如图10-20所示。

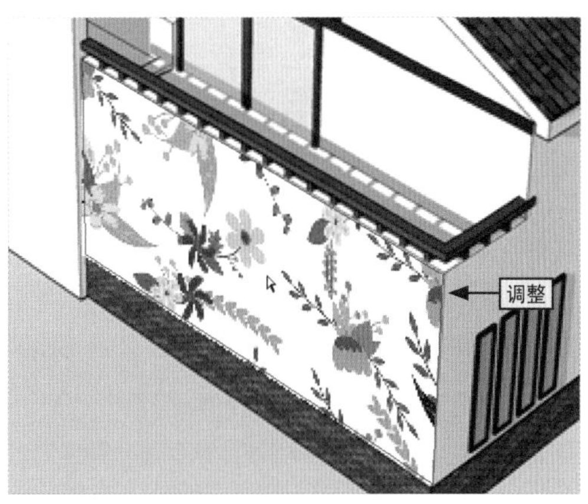

图10-20

10.3 滤镜组滤镜

在Photoshop中，应用最多的滤镜位于滤镜组中，这些滤镜也是根据不同功能划分到不同的滤镜组中的，如风格化、模糊、扭曲、锐化、视频以及像素化等。通过滤镜组中的滤镜可以为图像添加扭曲、艺术化等效果，从而使图像更加具有特色。

10.3.1 “风格化”滤镜组

“风格化”滤镜组中包含9种滤镜，分别是查找边缘、等高线、风、浮雕效果、扩散、拼贴、曝光过度、凸出和油画滤镜，它们可以在图像上应用质感或亮度，使图像的样式发生改变，从而模拟出相应的效果，其具体操作如下。

在菜单栏中选择“滤镜/风格化”命令，在其子菜单中可以选择相应的风格化滤镜，Photoshop会自动为图像应用滤镜效果，或在打开的对话框中手动设置滤镜效果。如图10-21所示为图像原图，如图10-22所示为应用“风”和“拼贴”滤镜后的效果。

图10-21

图10-22

10.3.2 “模糊”滤镜组

“模糊”滤镜组中包含11种滤镜，分别是表面模糊、动感模糊、方框模糊、高斯模糊、进一步模糊、径向模糊和镜头模糊等滤镜，它们可以将图像像素的边线设置为模糊状态，从而使图像表现出模糊的感觉。通常情况下，这些滤镜主要用于突出部分图像、去除杂色或创建特殊效果，其具体操作如下。

在菜单栏中选择“滤镜/模糊”命令，然后在其子菜单中选择相应的模糊滤镜，如图10-23所示为图像应用“径向模糊”滤镜的前后对比效果。

图10-23

10.3.3

“模糊画廊”滤镜组

“模糊画廊”滤镜组是Photoshop CC新增加的滤镜组，包含5种滤镜，分别是场景模糊、光圈模糊和移轴模糊等滤镜，它们可以通过直观的图像控件快速创建各类照片模糊效果。完成模糊调整后，可使用“效果”面板中散景控件设置整体模糊效果样式，其具体操作如下。

在菜单栏中选择“滤镜/模糊画廊”命令，在其子菜单选择相应的模糊画廊滤镜即可添加该效果，如图10-24所示为应用“光圈模糊”滤镜对图像进行模糊处理。

图10-24

10.3.4

“扭曲”滤镜组

扭曲滤镜组中包含9种滤镜，分别是波浪、波纹、极坐标和挤压等滤镜，它们可以移动、扩展或缩小构成图像的像素，将图像进行几何扭曲，从而出现水纹、玻璃以及球面化等效果，其具体操作如下。

在菜单栏中选择“滤镜/扭曲”命令，在其子菜单中选择相应的扭曲滤镜即可应用该效果。如图10-25所示为图像应用“波浪”滤镜模拟出真的波浪。

图10-25

10.3.5 “锐化”滤镜组

锐化滤镜组中包含6种滤镜，分别是USM锐化、防抖、进一步锐化、锐化、锐化边缘和智能锐化滤镜，它们可以通过增加相邻像素的对比度，使模糊的图像具有清晰的轮廓，其具体操作如下。

在菜单栏中选择“滤镜/锐化”命令，然后在其子菜单中选择相应的锐化滤镜即可应用该效果，如图10-26所示为图像应用“智能锐化”滤镜的效果。

图10-26

10.3.6 “视频”滤镜组

“视频”滤镜组中只有两种滤镜，分别是NTSC颜色滤镜和逐行滤镜，它们主要用于控制视频工具，将普通图像转换为视频设备可以接收的图像，从而解决视频图像交换时系统所存在的差异问题。

● “NTSC颜色”滤镜 使用“NTSC颜色”滤镜可以将图像的色彩表现范围缩小，将饱和度过高的图像转换为临近的图像。

● “逐行”滤镜 在视频图像输出时，使用“逐行”滤镜可以消除混杂信号的干扰，使视频图像被修改。另外，使用“逐行”滤镜可以移去视频图像中的奇数或偶数行线，从而使视频捕捉到的运动图像更加平滑，如图10-27所示为“逐行”对话框。

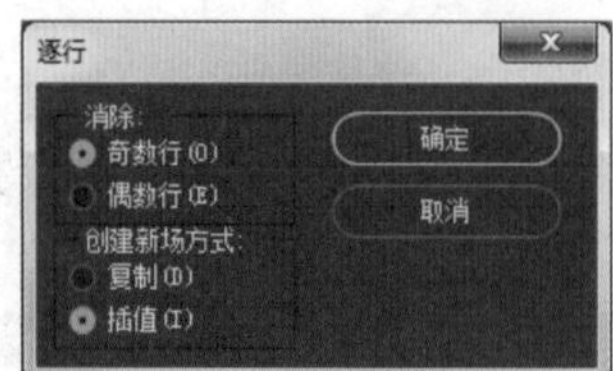

图10-27

10.3.7

“像素化”滤镜组

“像素化”滤镜组中包含7种滤镜，分别是彩块化、彩色半调、点状化、晶格化、马赛克、碎片和铜板雕刻滤镜，它们可以让图像的像素效果发生变化，将相邻颜色值中的相近像素结合成块来制作点状、马赛克以及晶状体等效果，其具体操作如下。

在菜单栏中选择“滤镜/像素化”命令，然后在其子菜单中选择相应像素化滤镜即可。如图10-28所示为图像应用“晶格化”滤镜，产生如同晶状体的图像效果。

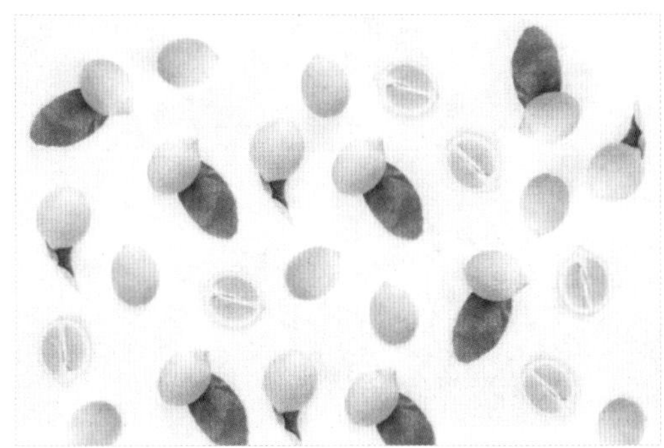

图10-28

10.3.8

“渲染”滤镜组

“渲染”滤镜组中包含8种滤镜，分别是火焰、图片框和树等，它们可以使图像产生不同程度的灯光、3D形状、云彩图案以及折射图案等效果，其具体操作如下。

在菜单栏中选择“滤镜/渲染”命令，然后在其子菜单中选择相应的渲染滤镜即可。如图10-29所示为图像应用“镜头光晕”滤镜后添加了耀眼的光晕效果。

图10-29

10.3.9

“杂色”滤镜组

“杂色”滤镜组中包含5种滤镜，分别是减少杂色、蒙尘与划痕、去斑等滤镜，它们常用于图像打印输出，因为它们可以删除图像因扫描而产生的杂点。另外，在图像中添加杂色滤镜也可以制作出怀旧的特殊效果，其具体操作如下。

在菜单栏中选择“滤镜/杂色”命令，在其子菜单中选择相应的杂色滤镜。如图10-30所示为图像应用“添加杂色”滤镜后添加杂色效果，从而增强旧照片的质感。

图10-30

10.3.10

“其他”滤镜组

“其他”滤镜组中包含6种滤镜，分别是高反差保留、位移和自定等滤镜，它们允许自定义滤镜效果、修改蒙版、使选区发生位移以及调整图像颜色，其具体操作如下。

在菜单栏中选择“滤镜/其他”命令，然后在其子菜单中选择相应的其他滤镜即可。如图10-31所示为图像应用“高反差保留”滤镜后调整了图像亮度，从而展示出了图像的轮廓。

图10-31

10.4 外挂滤镜

在Photoshop中，用户不仅可以直接使用内置的滤镜，还可以使用外挂滤镜，也就是将第三方开发商的滤镜以插件的形式安装到Photoshop中，从而为图像应用更多的滤镜特效。

10.4.1 安装外挂滤镜

想要使用外挂滤镜添加图像特效，需要先将其安装到Photoshop中。外挂滤镜的安装比较简单，将下载的外挂滤镜安装包解压并复制到Photoshop的安装文件夹中即可，下面以安装Topaz DeNoise外挂滤镜为例介绍相关操作。

步骤01 通过浏览器下载Topaz DeNoise外挂滤镜并其解压，运行解压文件中的可执行文件，将其安装到Photoshop CC的根目录下，如图10-32所示。

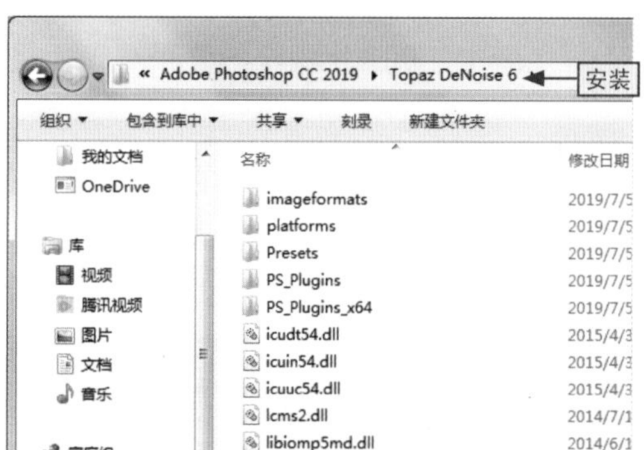

图10-32

步骤02 进入到“PS_Plugins”或“PS_Plugins_x64”文件夹中（根据操作系统进行选择），复制“tldenoise6ps_x64.8bf”文件，如图10-33所示。

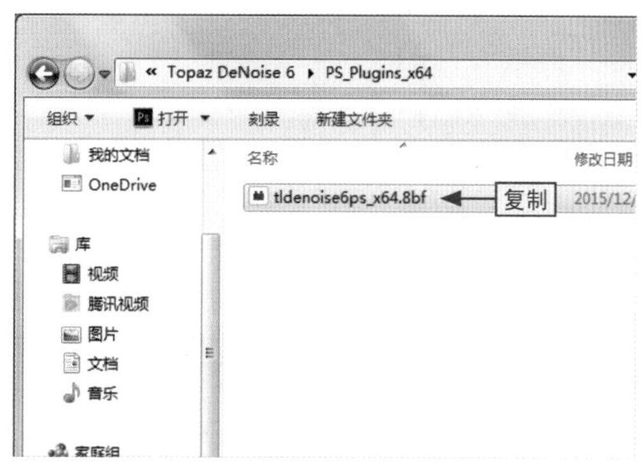

图10-33

步骤03 在Photoshop CC软件安装文件夹中双击“Plug-ins”文件夹，粘贴“tldenoise6ps_x64.8bf”文件（有的外挂滤镜不需要运行可执行程序，直接将解压的文件夹复制并粘贴到“Plug-ins”文件夹中即可），如图10-34所示。

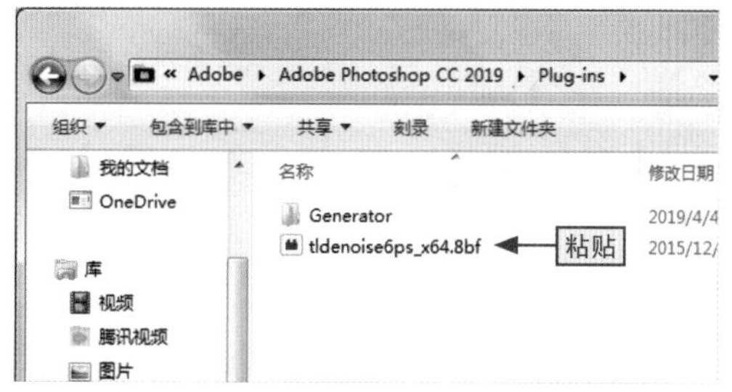

图10-34

步骤04 启动在Photoshop CC应用程序，在菜单栏中单击“滤镜”菜单项，即可看到已经安装的Topaz Labs滤镜组，且组中有相关的滤镜，如图10-35所示。

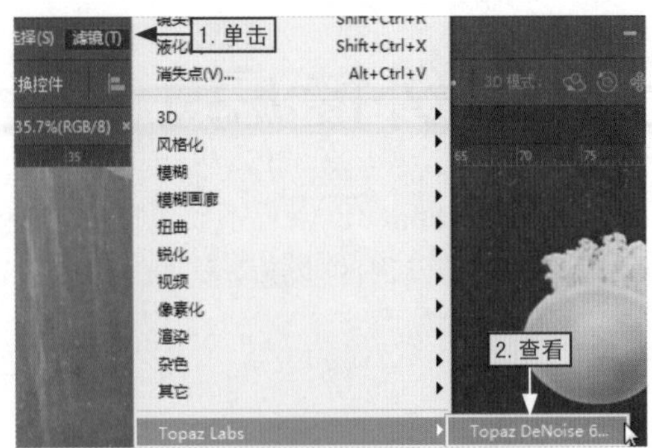

图10-35

10.4.2 常见的外挂滤镜

随着Photoshop的普及，越来越多的用户喜欢使用Photoshop来编辑与处理图像，而对外挂滤镜的需求也越来越大，下面就来介绍一些常见的外挂滤镜。

1. “Alien Skin Exposure”外挂滤镜

“Alien Skin Exposure”外挂滤镜是一款模拟胶片调色的专业工具，可以为数码照片提供胶片的曝光，还可以模仿胶片的颗粒感，通过控制胶片颗粒的分布准确地模拟经典胶片，使图像看起来更加自然。

“Alien Skin Exposure”外挂滤镜主要用来制作照片的胶片效果，能够将照片制作出电影胶片、宝丽来胶片、富士胶片以及柯达胶片等效果。另外，该外挂滤镜还有冷暖色调调整、胶片负冲、柔光镜以及黑白等效果，如图10-36所示。

图10-36

2. “Knoll Light Factory”外挂滤镜

“Knoll Light Factory”是一款Photoshop的灯光工厂外挂滤镜，可用于制作各种光源、光晕等特效，相当于Photoshop内置的Lens Flare滤镜的加强版。

对于阳光氛围、逆光小清新以及纯美日系等图像效果，多数是由“Knoll Light Factory”外挂滤镜来制作的。另外，在使用相机拍摄时，很难比较全面地控制光线，此时使用“Knoll Light Factory”外挂滤镜就可以比较完美的解决该问题，如图10-37所示。

图10-37

3.“Alien Skin Bokeh”外挂滤镜

“Alien Skin Bokeh”是一款功能强大的Photoshop外挂滤镜，可以独立运行，使用该外挂滤镜能够轻松制作各种散景效果，如模拟大光圈镜头、移轴及反射镜圈等。

拍摄照片时，若没有达到背景虚化的效果，则可以利用“Alien Skin Bokeh”外挂滤镜来进行调整，从而实现照片背景虚化效果，如图10-38所示。

图10-38

4.“Topaz DeNoise”外挂滤镜

“Topaz DeNoise”外挂滤镜是一款优秀磨皮滤镜，也可以当做降噪滤镜使用，它采用独特有效的算法来调整参数。

与其他的降噪软件比较，“Topaz DeNoise”外挂滤镜具有比较突出的效果，如在

颜色、细节、曝光、降噪、模糊以及亮度等方面，可以有效地实现独特的效果。在建立高度艺术形象的照片时，使用该外挂滤镜可以用最少的时间和精力对噪点进行最优化处理，如图10-39所示。

图10-39

案例精解

使用滤镜制作网点图像

在本节中主要介绍了图像中的滤镜应用，下面通过使用智能滤镜、素描滤镜与USM锐化滤镜制作网点图像为例，讲解图像应用多种滤镜的具体操作。

本节素材	/素材/Chapter10/汽车.jpg
本节效果	/效果/Chapter10/汽车.psd

步骤01 打开素材文件“汽车.jpg”，在菜单栏中选择“滤镜/转换为智能对象”选项，在打开的提示对话框中单击“确定”按钮，如图10-40所示。

步骤02 此时“背景”图层被转换为智能对象，按【Ctrl+J】组合键复制图层，将前景色调整为普蓝色（R150，G182，B200），如图10-41所示。

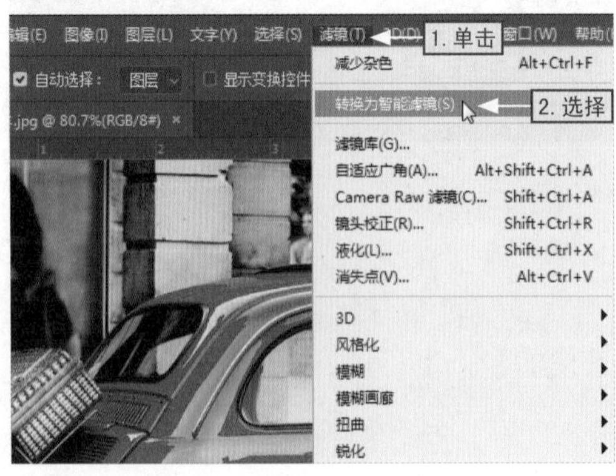

图10-40

图10-41

步骤03 在菜单栏中选择“滤镜/滤镜库”命令打开“滤镜库”对话框，在“素描”滤镜组中选择“半调图案”选项，别设置大小、对比度和图案类型，然后单击“确定”按钮，如图10-42所示。

步骤04 在“滤镜”下拉菜单中选择“锐化/USM锐化”命令，打开“USM锐化”对话框，对其中的参数进行设置，然后单击“确定”按钮使网点变得清晰，如图10-43所示。

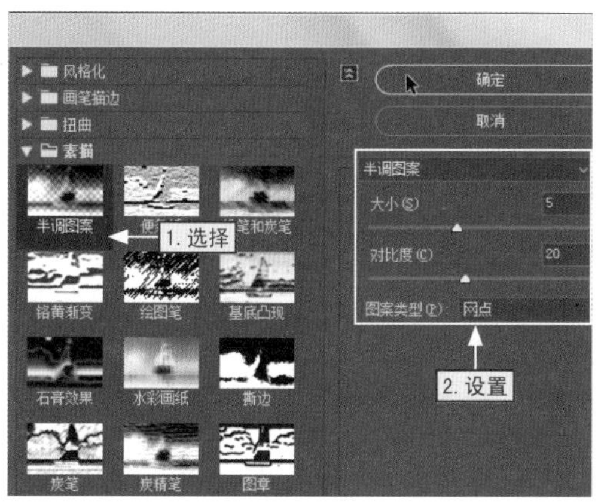

图10-42

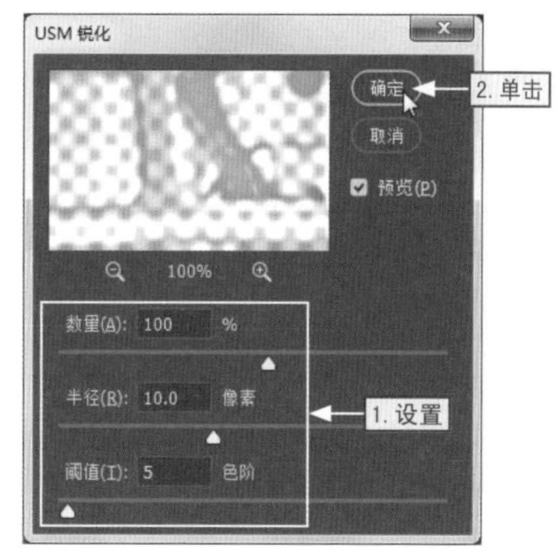

图10-43

步骤05 在“图层”面板中将“图层 0 拷贝”的图层混合模式设置为“正片叠底”，选择“图层0”图层，如图10-44所示。

步骤06 将前景色设置为洋红色（R173，G95，B198），打开“滤镜库”对话框，保持默认设置，单击“确定”按钮即可为“图层0”应用网点效果，如图10-45所示。

图10-44

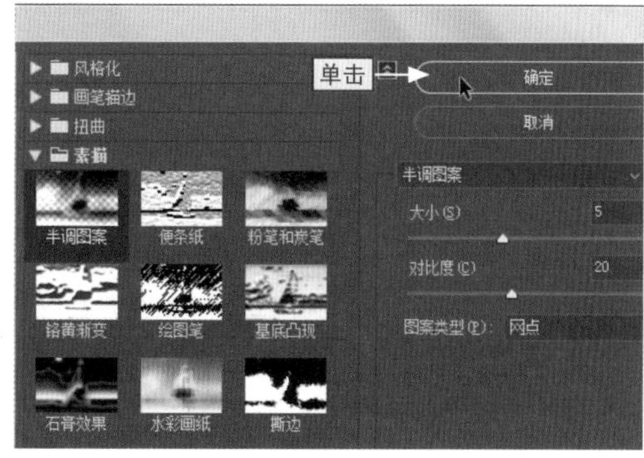

图10-45

步骤07 打开“USM锐化”对话框，保持默认设置，单击“确定”按钮即可锐化网点，如图10-46所示。

步骤08 选择移动工具，通过按【↑】、【↓】、【←】和【→】键微调图层，使两个图层中的网点错开，最后选择裁剪工具裁剪图像边缘，如图10-47所示。

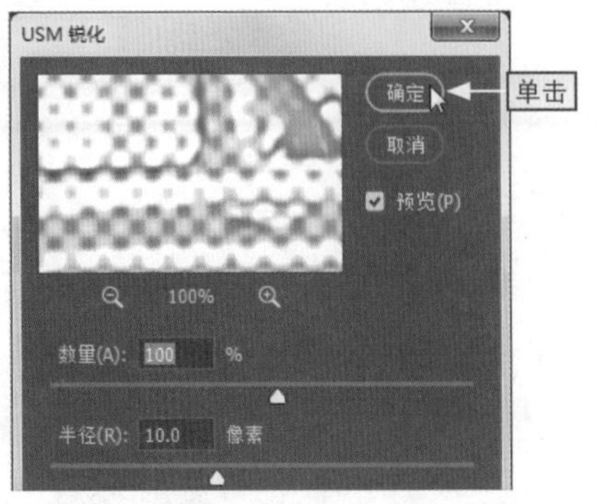

图10-46

图10-47

拓展知识 | 智能滤镜与普通滤镜的区别

智能滤镜是一种非破坏性的滤镜，应用于智能对象的所有滤镜都是智能滤镜。其中，普通滤镜通过修改像素来呈现特效，而智能滤镜呈现相同的效果时不会真正改变像素，因为智能滤镜是作为图层效果出现在“图层”面板中，可以随时调整、移去或隐藏。例如，在“图层”面板中单击智能滤镜前面的“切换所有智能滤镜可见性”图标，即可将滤镜效果隐藏起来，如图10-48所示。

图10-48

第 11 章

11

Web图形操作与自动化处理

学习目标

在完成图像的编辑后，可以利用Web图形处理与自动化操作，如切片工具、输出功能以及“动作”面板对单个或多个图像进行处理，使图像获取更高级别效果。

知识要点

- 创建与编辑切片
- Web图形输出
- 文件的自动化操作
- 自动化处理大量文件

效果预览

11.1 创建与编辑切片

在处理网页中的图像时，有时需要加载一个比较大的图像，如页面上的主题、背景等。如果图像文件过大，就会加载很长时间，虽然可以通过压缩来缩小文件大小，但这会影响到图像的质量，压缩文件也要非常注意。此时可以把图像分割，这样就能一块一块地加载，直到整个图像出现在屏幕中，这就涉及图像的切片。

11.1.1 创建和删除切片

一个切片是指图像中的一块矩形区域，主要用于创建链接、动画或翻转，从而最后在Web页面上看到这些效果。而在Photoshop中，可以使用切片工具来定义图像的指定区域，这些指定区域就是切片，可以用于模拟动画或其他图像效果。

1.创建切片

在Photoshop中创建切片的方法有两种，即使用切片工具创建切片和通过图层创建切片。而使用切片工具创建切片是最常用的方式，其具体介绍如下。

知识实操

本节素材	/素材/Chapter11/女孩.jpg
本节效果	/效果/Chapter11/女孩.psd

步骤01 打开素材文件“女孩.jpg”，复制背景图层，在工具箱中选择“切片工具”选项，如图11-1所示。

图11-1

步骤02 在图像中按住鼠标左键，并拖动鼠标选择目标图像区域，释放鼠标即可创建切片，如图11-2所示。

图11-2

2.删除切片

对于不需要的图像切片，可以将其删除，其具体操作是：在工具箱中选择切片选择工具”选项，然后同时选择两个或多个切片，按【Delete】键可直接将其删除；如果要删除所有切片或基于图层创建的切片，则可以通过菜单栏的“视图/清除切片”选项来实现操作，如图11-3所示。

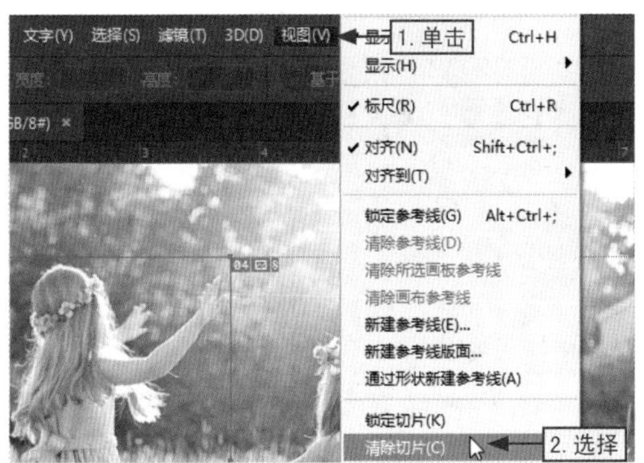

图11-3

拓展知识 | 切片的类型

Photoshop中的切片有3种类型，分别是用户切片、基于图层的切片和自动切片，其具体介绍如图11-4所示。

用户切片

用户切片是指用户使用切片工具直接在图像上创建出来的切片。

基于图层的切片

基于图层的切片是指从图层中创建出来的切片，其具体操作是：选择目标图层，然后在菜单栏中选择“图层/新建基于图层的切片”命令，即可创建基于当前图层的切片。

自动切片

创建新的用户切片或者基于图层的切片时，将会生成占据图像其余区域的附加切片，即未被选择的区域，就是自动切片。

图11-4

11.1.2 选择、移动和调整切片

完成切片的创建后，若对创建结果不满意，则可以通过切片选择工具对切片进行

选择、移动和调整，其具体操作如下。

知识实操

本节素材	/素材/Chapter11/热气球.jpg
本节效果	/效果/Chapter11/热气球.jpg

步骤01 打开素材文件“热气球.jpg”，在工具箱中选择“切片选择工具”选项，如图11-5所示。

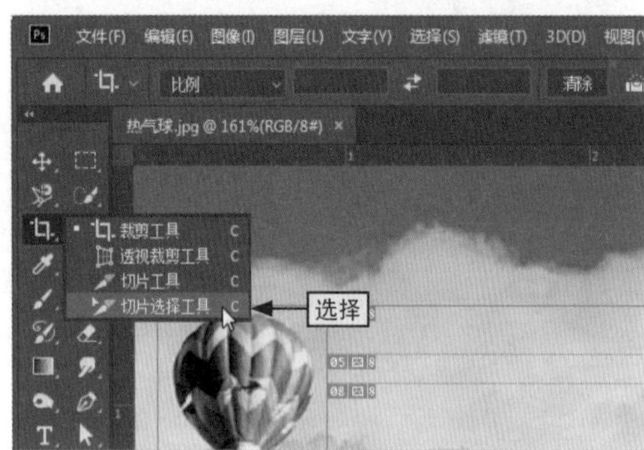

图11-5

步骤02 在图像中单击一个切片，即可选择（按住【Shift】键单击其他切片，可选择多个切片），如图11-6所示。

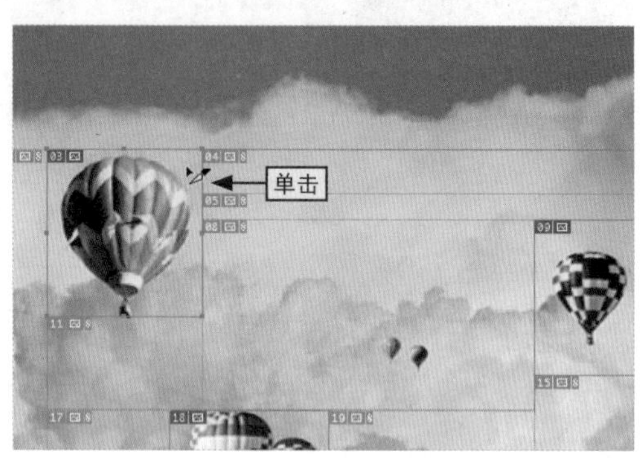

图11-6

步骤03 将鼠标光标置于切片定界框的控制点上，按住鼠标左键并进行拖动，可对切片的大小进行调整，如图11-7所示。

图11-7

步骤04 将鼠标光标置于切片定界框中，按住鼠标左键并拖动鼠标可移动切片的位置，如图11-8所示。

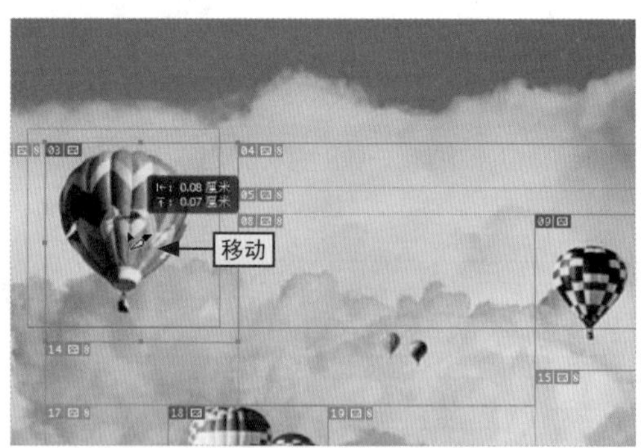

图11-8

11.1.3

组合与锁定切片

对于已经创建好的切片，可以根据实际需要将两个或多个切片组合在一起，也可以将目标切片进行锁定，避免受到其他操作的影响。

1.组合切片

在工具箱中选择“切片选择工具”选项，选择两个或多个切片，然后在所选择的任一切片上单击鼠标右键，在弹出的快捷菜单中选择“组合切片”命令，即可将所选切片组合在一起，形成一个切片，如图11-9所示。

图11-9

2.锁定切片

在图像中选择目标切片，然后在菜单栏中选择“视图/锁定切片”选项，即可将切片锁定。其中，被锁定后的切片，将不能进行移动、调整或组合等操作，如图11-10所示。

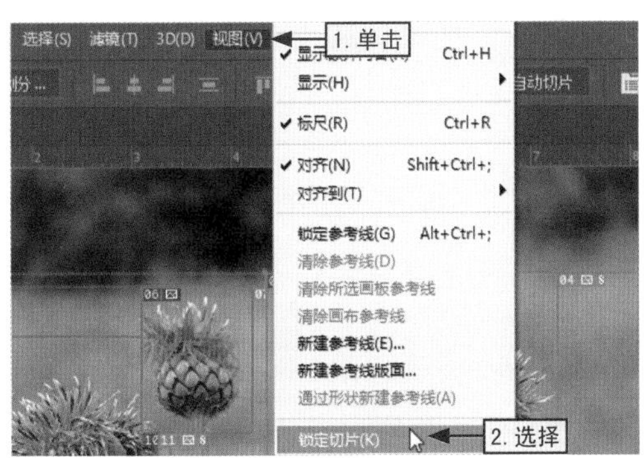

图11-10

11.1.4 转换为用户切片

基于图层创建的切片与图层的像素有关，所以需要先将其转换为用户切片才能对其图层进行操作。一般情况下，创建用户切片后会同时生成自动切片，而所有的自动切片都会链接在一起，若需要对它们进行单独设置，也需要将其转换为用户切片，其具体操作如下。

在工具箱中选择“切片选择工具”选项，选择需要转换的基于图层创建的切片或自动切片，然后在工具选项栏中单击“提升”按钮即可，如图11-11所示为将自动切片转换为用户切片的效果。

图11-11

11.2 Web图形输出

使用Photoshop制作出精美的图像后，可以将其输出为需要的格式，而网页格式则需要使用“存储为Web所用格式”命令进行输出，并在打开的“存储为Web所用格式”对话框中对其进行优化设置。

11.2.1 优化图像

在网络中发布图像时，较小的文件可以使用户更快地进行下载，所以在完成图像的创建后，还需要对图像进行优化以减小图像文件的大小。在Photoshop中，优化图像的具体操作如下。

在菜单栏中选择“文件/导出/存储为Web所用格式（旧版）”命令，打开“存储为Web所用格式”对话框，即可对图像进行优化和输出设置，如图11-12所示。

● 工具栏 在“存储为Web所用格式”对话框左侧的工具栏中有6种工具，分别是抓手工具、切片选择工具、缩放工具、吸管工具、吸管颜色和切换切片可见性。其中，使用抓手工具可以移动查看图像；使用切片选择工具可以选择窗口中的多个切片，以便对其进行优化；使用缩放工具可以缩放图像的显示比例，单击即可放大，配合【Alt】组合键可以缩小显示比例；使用吸管工具可以拾取单击点的颜色，并显示在吸管颜色图标中；使用切换切片可见性可以显示或隐藏切片的定界框。

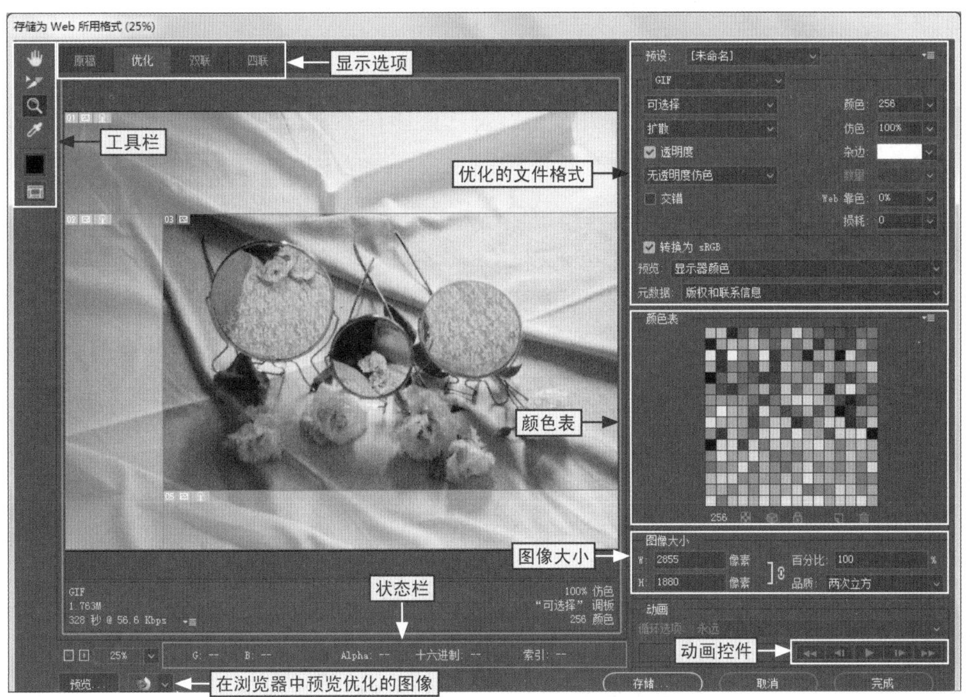

图11-12

● 显示选项 显示选项栏中有原稿、优化、双联和四联4个标签，使用“原稿”标签可以显示没有优化的图像；使用“优化”标签可以显示优化过的图像；使用“双联”标签可以并排显示图像的两个版本，即优化前与优化后的图像；使用“四联”标签可以并排显示图像的4个版本，即显示除原稿外的其他3个是可以进行不同优化的图像，每个图像下面都提供了优化信息，可以选择最佳优化方案，如图11-13所示。

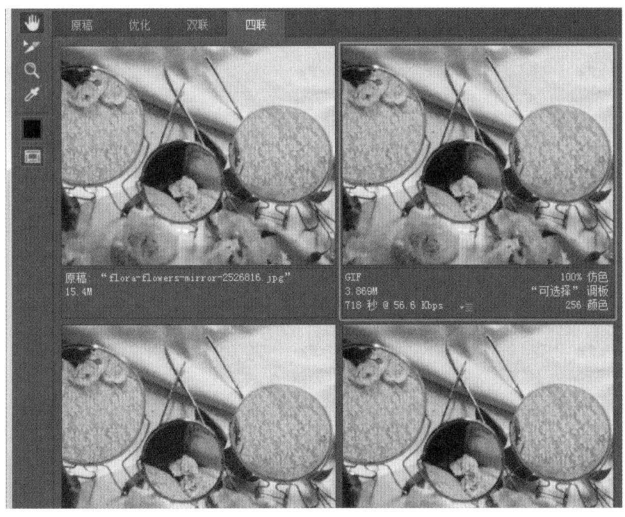

图11-13

● 状态栏 在状态栏中，主要显示鼠标光标当前所在位置图像的相关信息，如颜色值、缩放比例以及Alpha等。

● 图像大小 在“存储为Web所用格式”对话框中最重要的部分就是图像大小，不同格式的图像会有不同的大小，也有着不同的品质，所以需要在文件大小和品质之间找到最佳平衡点，这就需要用户合理调整“图像大小”栏中的参数。

● 在浏览器中预览优化的图像 单击“预览”按钮，可在预设的Web浏览器中浏览优化后的图像，在浏览器中也会罗列出图像的相关信息，如文件格式、尺寸以及大小等，如图11-14所示。如果还想知道其他浏览器的浏览效果，可以单击右侧的“浏览器”按钮选择其他浏览器或者添加新的浏览器。

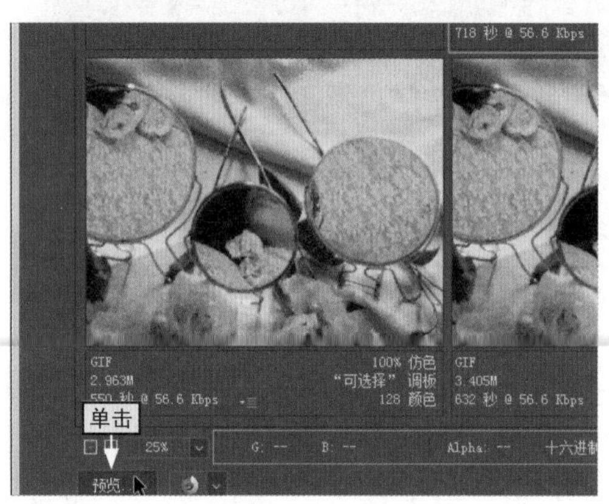

图11-14

● 优化的文件格式 在“优化的文件格式”下拉列表框有5种文件格式，分别是GIF、JPEG、PNG-8、PNG-24和WBMP，每种文件格式都有相应的参数，通过设置参数可以对图像进行优化。

● 颜色表 颜色表中包含许多与颜色有关的命令，如新增颜色、删除颜色等。若将图像设置为GIF、PNG-8或WBMP格式，则可以在颜色表中对图像颜色进行优化设置。

11.2.2 Web图形输出设置

完成Web图像的优化设置后，就可以在“存储为Web所用格式”对话框中对Web图像的输出进行设置，其具体操作如下。

打开“存储为Web所用格式”对话框中，单击“优化菜单”下拉按钮，选择“编辑输出设置”命令，然后在打开的“输出设置”对话框中设置相应的参数，完成后单击“确定”按钮即可，如图11-15所示。

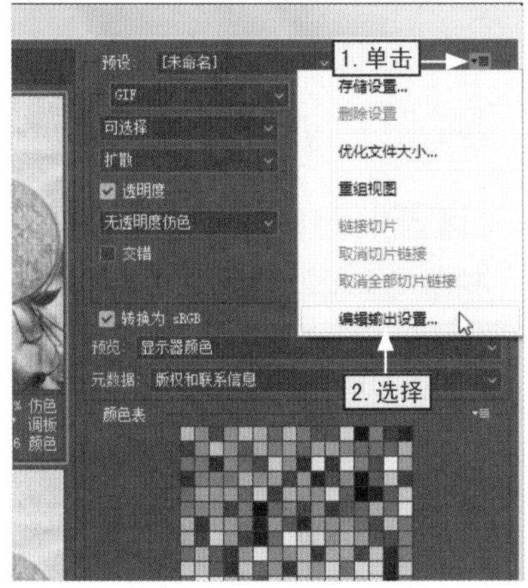

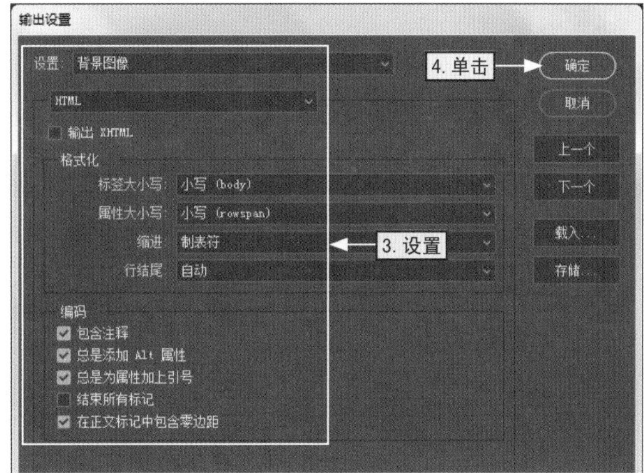

图11-15

拓展知识 | 自定义输出选项

在“输出设置”对话框中，可对输出选项进行自定义设置，具体操作是：单击“输出选项”下拉列表框，可以选择“HTML”“切片”“背景”或“存储文件”选项，然后对话框中就会显示相应选项的详细设置内容，对其进行自定义设置后单击“确定”按钮即可，如图11-16所示。

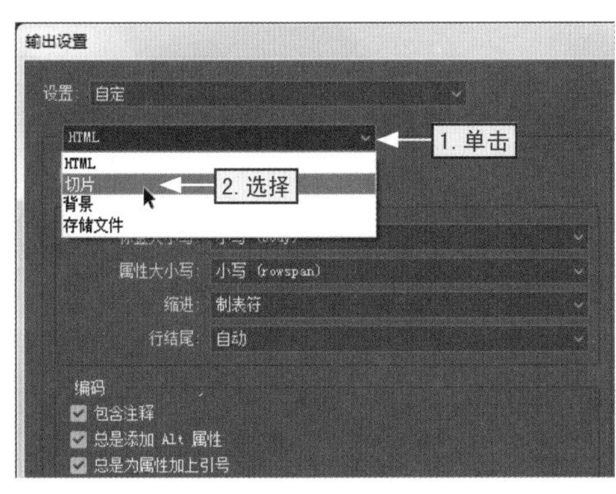

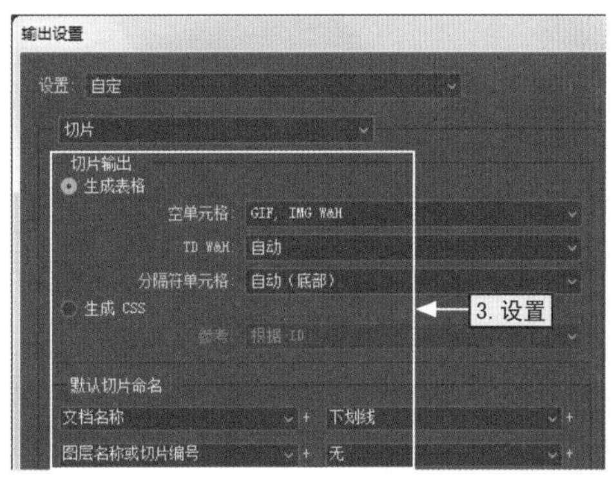

图11-16

11.3 文件的自动化操作

在Photoshop中，通过“动作”面板可以对图像进行自动处理。另外，“动作”面板中提供了多种预设动作，用户可以直接将其应用到图像中，也可以将图像处理的操作步骤存储到“动作”面板中。

11.3.1

认识“动作”面板

由于Photoshop中的所有动作都会存储在“动作”面板上，且以动作组的形式进行归类，所以使用“动作”面板可以对动作进行创建、播放、修改和删除操作，通过“窗口/动作”命令即可打开“动作”面板，如图11-17所示。

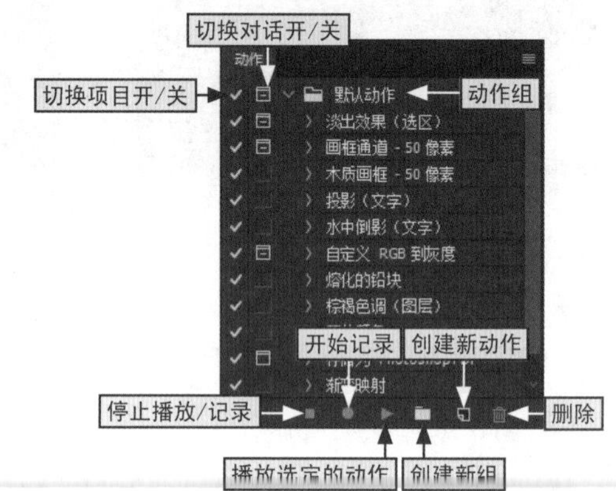

图11-17

在“动作”面板上选择并播放动作，就能将目标动作应用到图像中，从而完成自动化操作。

“动作”面板中具有多个功能按钮，如切换项目开/关、切换对话开/关以及开始记录等，其具体介绍如下所示。

● 切换项目开/关 若动作组、动作和命令前显示有“切换项目开/关”图标，则说明它们可以执行；反之，则说明它们不能被执行。

● 切换对话开/关 若命令前显示“切换对话开/关”图标，则说明动作执行到该命令时会暂停，并打开对应的命令对话框；若动作组或动作前出现“切换对话开/关”图标，则说该动作中有部分命令设置了暂停。

● 动作组 一系列命令的集合形成动作，而一系列动作的集合就形成了动作组。单击命令前的“展开”按钮可展开命令列表，显示命令的具体参数。

● 停止播放/记录 单击“停止播放/记录”按钮，可停止播放动作和停止记录动作。

● 开始记录 单击“开始记录”按钮，可对动作进行录制。

● 播放选定的动作 选定一个动作后，单击“播放选定的动作”按钮可播放该动作。

● 创建新组 单击“创建新组”按钮，可创建一个新的动作组以保存新建的动作。

● 创建新动作 单击“创建新动作”按钮，可创建一个新的动作。

● 删除 选择动作组、动作或命令后，单击“删除”按钮，可以将其删除。

11.3.2 播放动作

在“动作”面板中有一个名为“默认动作”的动作组，单击该动作组名称前面的“展开”按钮，可以展开该组中的所有动作。选择任意一个动作，并单击其名称前的“展开”按钮，即可查看到该动作的具体操作内容，如图11-18所示。

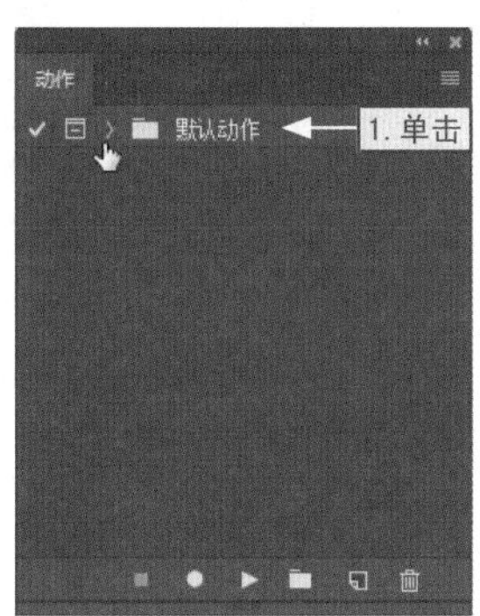

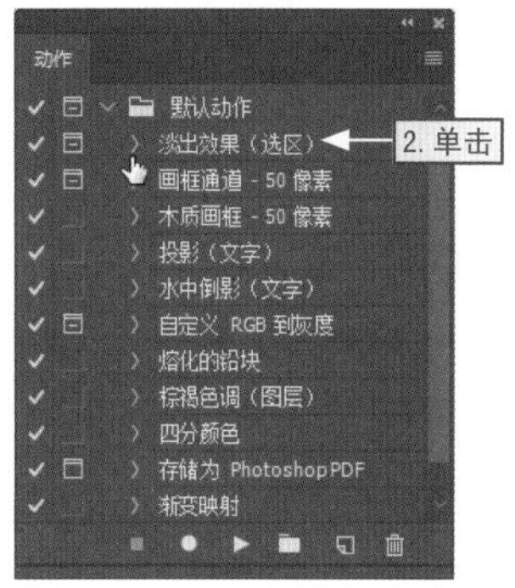

图11-18

然后保持目标动作的选择状态，单击面板底部的“播放动作”按钮，即可自动执行动作的操作内容， 如图11-19所示。

图11-19

11.3.3 录制动作

在“动作”面板中，可以直接使用预设的动作，也可以将常使用的编辑操作步骤

录制为新的动作。在录制新动作前，先选择或创建一个动作组，然后利用创建动作功能即可创建一个新的动作，从而记录对图像的操作过程，其具体操作如下。

知识实操

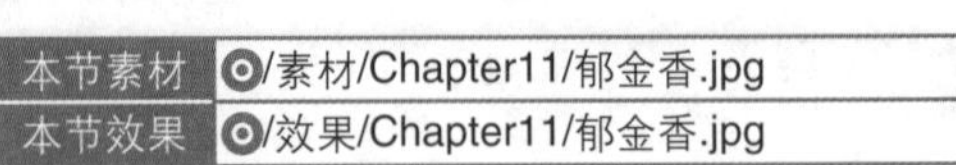

本节素材	/素材/Chapter11/郁金香.jpg
本节效果	/效果/Chapter11/郁金香.jpg

步骤01 打开素材文件“郁金香.jpg”，在“动作”面板底部单击“创建新组”按钮，如图11-20所示。

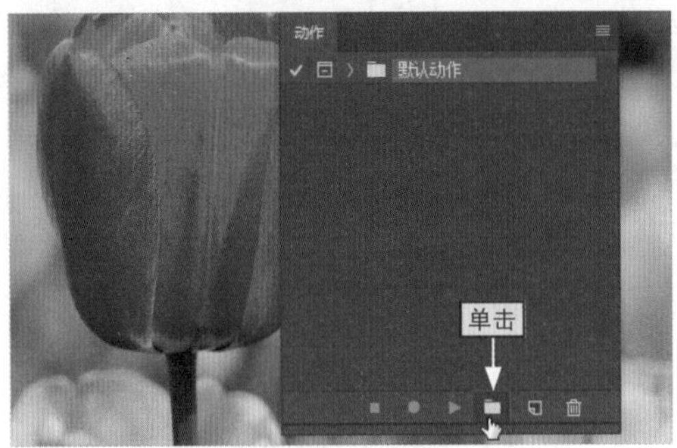

图11-20

步骤02 打开“新建组”对话框，输入新组的名称，然后单击“确定”按钮即可创建一个新的动作组，如图11-21所示。

图11-21

步骤03 在“动作”面板中保持新建组的选择状态，单击“创建新动作”按钮，如图11-22所示。

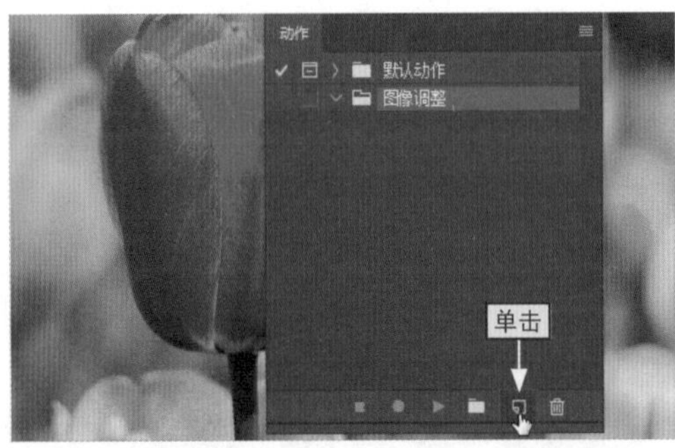

图11-22

步骤04 打开“新建动作”对话框，分别设置动作的相应属性，然后单击“记录”按钮，如图11-23所示。

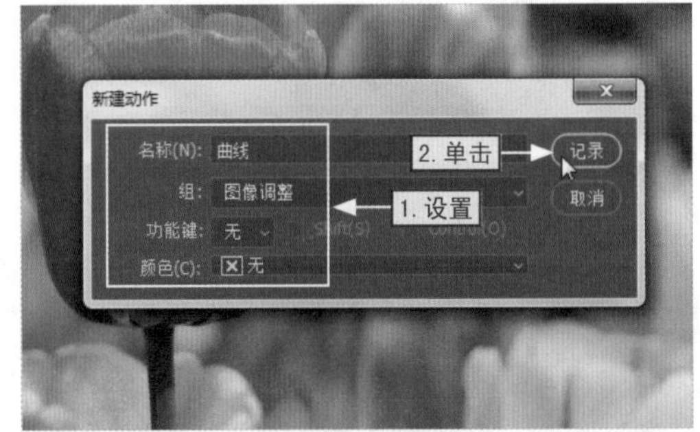

图11-23

步骤05 此时进入动作的录制状态，通过“图像/调整/曲线”命令打开“曲线”对话框，然后对图像的曲线进行调整，单击“确定”按钮，如图11-24所示。

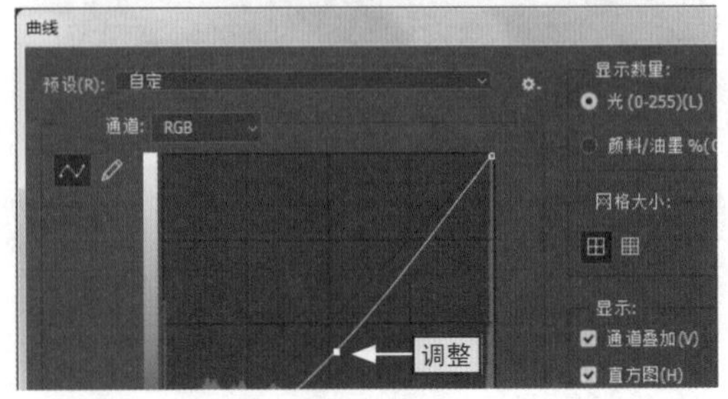

图11-24

步骤06 按【Ctrl+S】组合键保存图像，在打开的提示对话框中单击“确定”按钮，然后关闭图像，如图11-25所示。

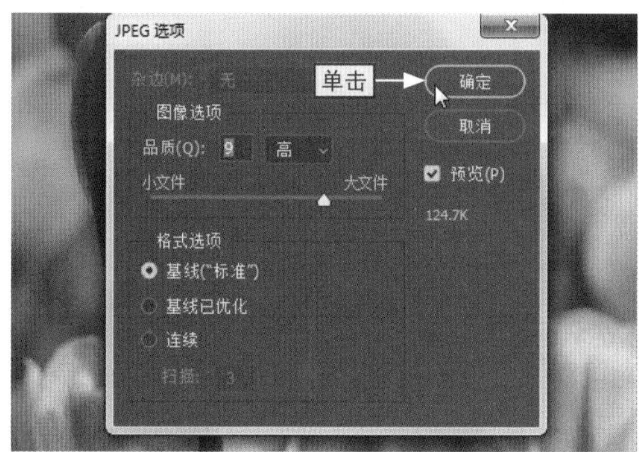

图11-25

步骤07 在“动作”面板中可以看到相关操作已经被录制下来，单击“停止播放/记录”按钮即可完成录制，如图11-26所示。

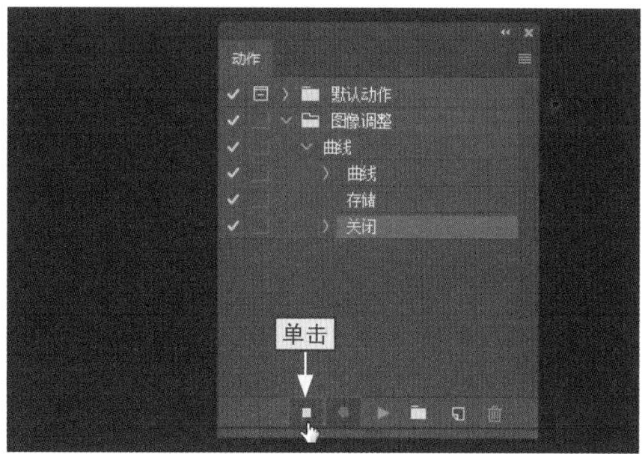

图11-26

11.3.4 在动作中插入命令

由于动作是由多个命令构成，所以用户可以根据实际需要，在系统内置的动作或手动录制的动作中插入新的命令，其具体操作如下。

在“动作”面板中选择目标命令，如新建的曲线命令，单击“开始记录”按钮，对图像进行相关的曲线操作，然后单击面板中的“停止播放/记录”按钮即可在目标命令后插入新的命令，如图11-27所示。

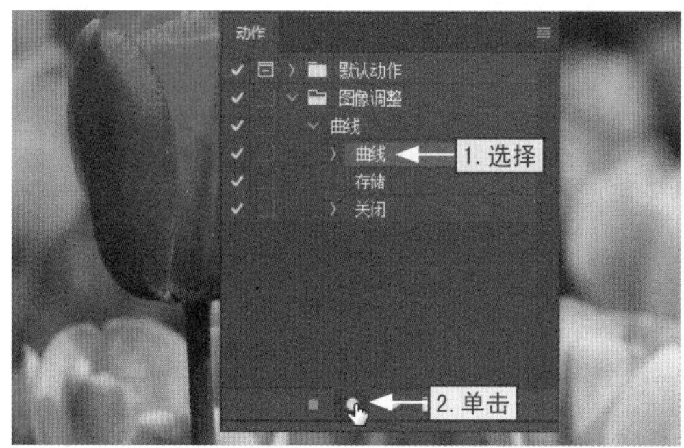

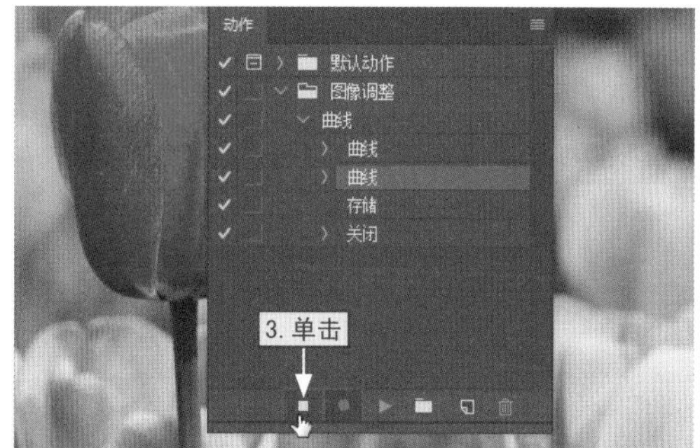

图11-27

11.3.5 在动作中插入菜单项目

简单而言，插入菜单项目就是在动作中插入菜单中的命令，这样就能将许多不能

录制的命令插入到动作中，如滤镜、视图以及窗口等菜单项中的多种命令，其具体操作如下。

步骤01 在“动作”面板中选择目标命令，单击“扩展”按钮，选择“插入菜单项目”命令，如图11-28所示。

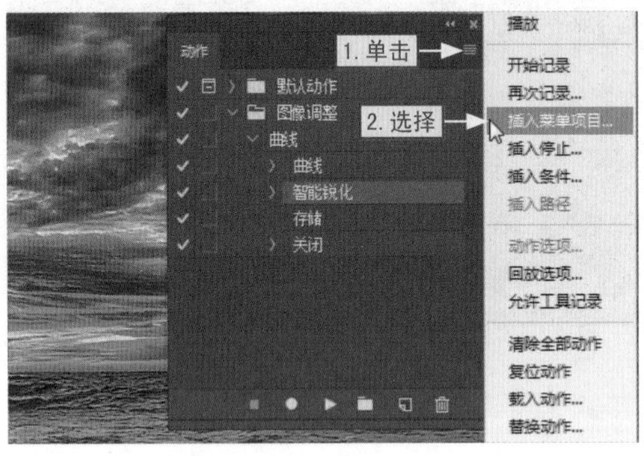

图11-28

步骤02 打开“插入菜单项目”对话框，可以查看到其中显示的菜单项为“无选择”，如图11-29所示。

图11-29

步骤03 在菜单栏中选择“视图/显示/网格”命令，此时在“插入菜单项目”对话框中显示出了“显示：网格”，然后单击“确定”按钮，如图11-30所示。

图11-30

步骤04 此时，即可将菜单项中的“网格”命令插入到动作中，在“动作”面板中也可以查看到，如图11-31所示。

图11-31

11.4 自动化处理大量文件

使用Photoshop的批量处理功能，可以同时对多张图像进行编辑与处理，帮助用户完成大量的、重复性的操作，从而节约大量的时间与精力，提高工作效率。

11.4.1

批处理图像文件

使用Photoshop的“批处理”命令不仅可以对一个文件夹中的所有图像应用指定的动作，还可以对多个文件进自动化处理。不过，在对多个图像文件进行操作之前，需要将所有的图像文件保存到一个文件夹中，其具体操作如下。

知识实操

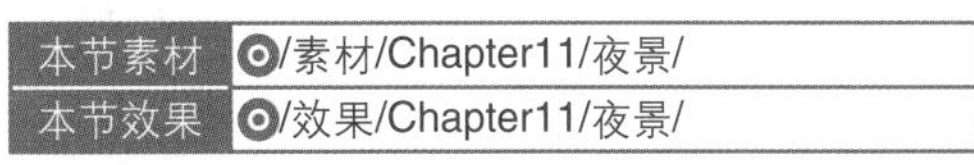

本节素材	/素材/Chapter11/夜景/
本节效果	/效果/Chapter11/夜景/

步骤01 打开“动作”面板，单击其右上角的“扩展”按钮，然后选择“流星”命令，如图11-32所示。

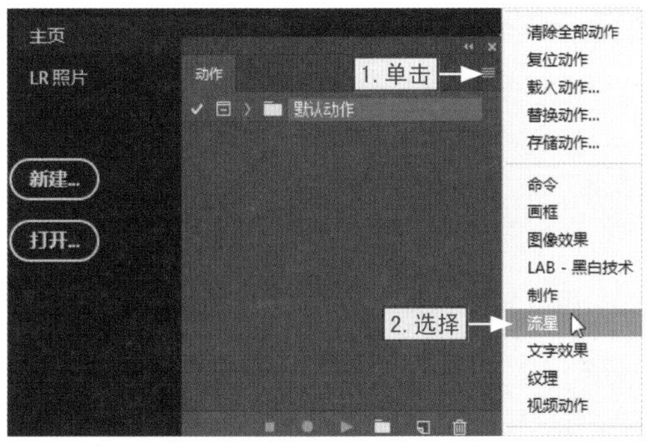

图11-32

步骤02 在菜单栏中单击“文件”菜单项，选择“自动/批处理”命令，如图11-33所示。

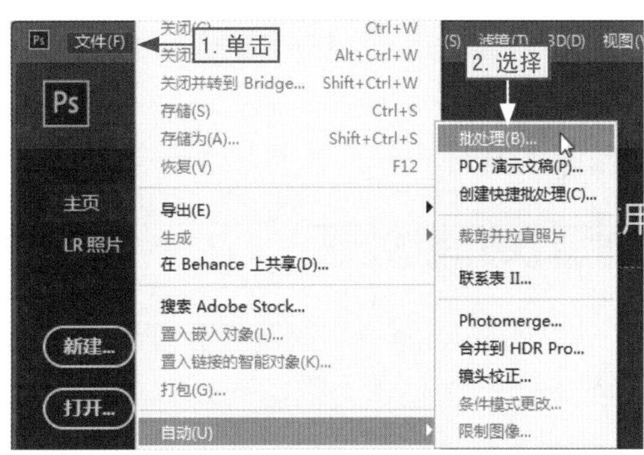

图11-33

步骤03 打开“批处理”对话框，在“组”下拉列表框中选择“流星”选项，然后单击“选择”按钮，如图11-34所示。

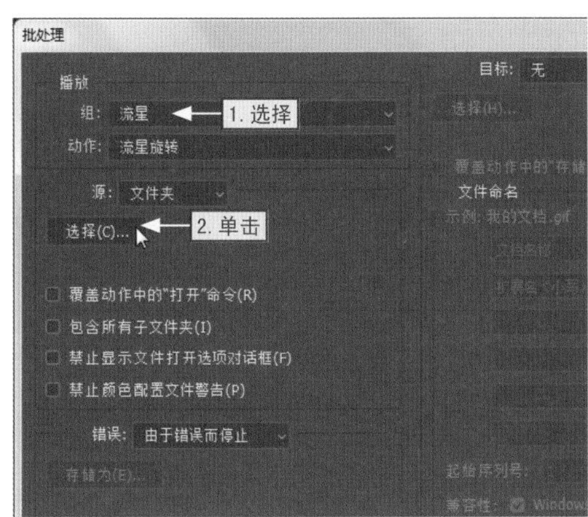

图11-34

步骤04 打开“选取批处理文件夹”对话框，选择需要打开的目标文件夹，单击“选择文件夹”按钮，如图11-35所示。

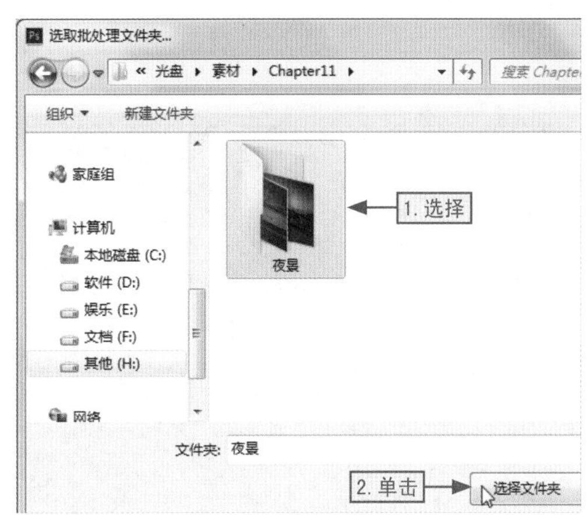

图11-35

步骤05 在“目标”下拉列表框中选择“文件夹”选项，单击“选择”按钮打开“选取目标文件夹”对话框，选择目标文件夹，确认后返回到“批处理”对话框中，单击“确定”按钮，如图11-36所示。

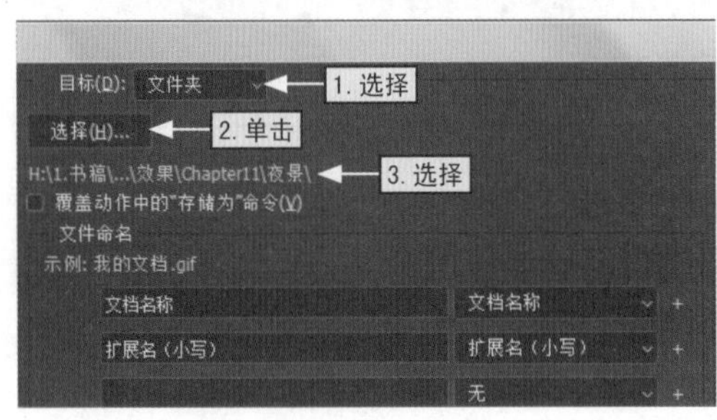

图11-36

步骤06 返回到Photoshop主界面中，Photoshop会依次打开文件夹中的图像，并应用“流星”动作组中的动作，然后依次保存图像即可，如图11-37所示。

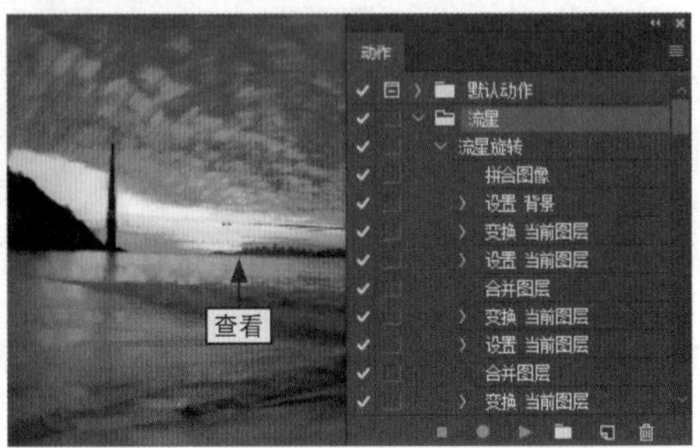

图11-37

11.4.2 创建快捷批处理

在Photoshop中，快捷批处理是一种批处理快捷方式，只需要通过“创建快捷批处理”命令即可创建一个与应用程序类似的快捷方式，并将其存放在指定的位置。若要为图像应用动作，可以直接将图像或图像文件夹拖动到批处理快捷方式的图标上，即可实现自动化批处理。

1.创建快捷批处理

在菜单栏中选择“文件/自动/创建快捷批处理”命令，打开“创建快捷批处理”对话框，设置快捷批处理存储位置、选择处理动作等，然后单击“确定”按钮即可在快捷批处理的存储位置查看到相应的图标，如图11-38所示。

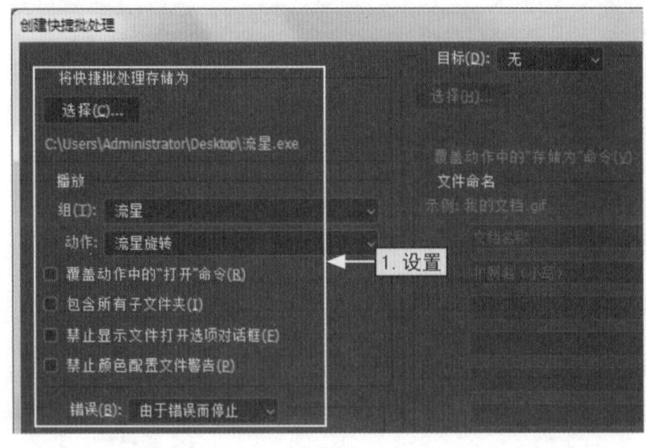

图11-38

2.应用快捷批处理

创建快捷批处理后，可以直接将需要处理的图像拖动到快捷批处理图标上，Photoshop会自动打开该图像，并为其应用快捷批处理中的动作，如图11-39所示。

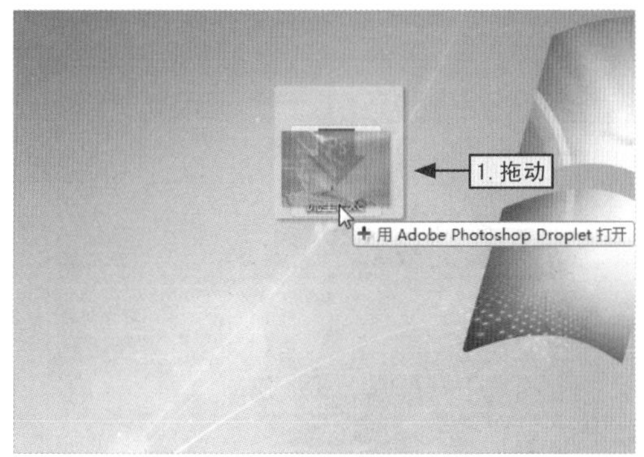

图11-39

案例精解

录制用于处理照片的动作

在本节中主要介绍了Web图像操作与自动化处理，下面通过录制用于处理照片的动作为例，讲解图像的自动化处理操作。

本节素材	/素材/Chapter11/景观.jpg、大桥.jpg
本节效果	/效果/Chapter11/景观.jpg、大桥.jpg

步骤01 打开素材文件“景观.jpg”，然后打开“动作”面板，在其底部单击“创建新组”按钮，如图11-40所示。

步骤02 打开“新建组”对话框，在“名称”文本框中输入“色阶动作”，单击“确定”按钮，如图11-41所示。

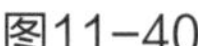
图11-40

图11-41

步骤03 在“动作”面板中单击“创建新动作”按钮，打开“新建动作”对话框，输入动作名称，设置颜色为“红色”，然后单击“记录”按钮，如图11-42所示。

步骤04 此时将进入动作录制状态，按【Ctrl+L】组合键打开“色阶”对话框，对色阶属性进行相应设置，然后单击“确定”按钮，如图11-43所示。

图11-42

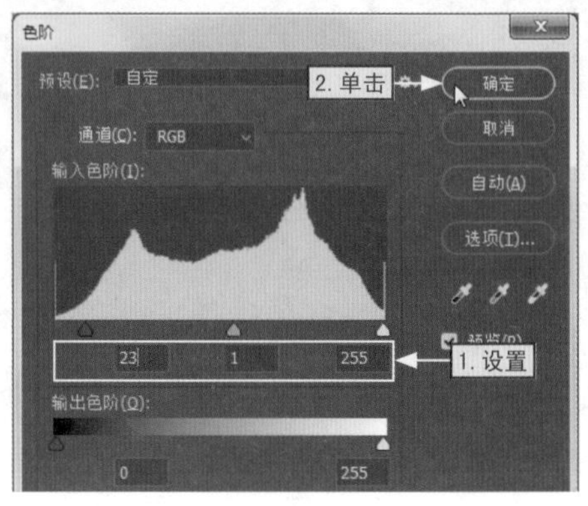

图11-43

步骤05 按【Ctrl+S】组合键保存图像，然后在“动作”面板中单击“停止播放/记录”按钮，完成动作的录制，如图11-44所示。

步骤06 打开素材文件“大桥.jpg”，在“动作”面板中选择“色阶 调整”选项，单击底部的“播放选定的动作”按钮，如图11-45所示。

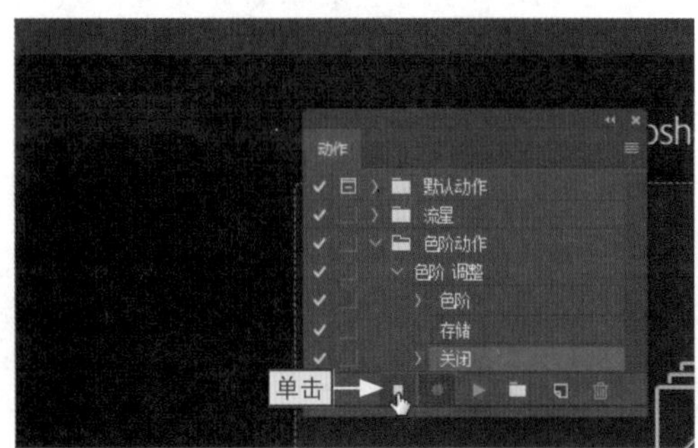

图11-44

图11-45

步骤07 此时，系统会自动为图像进行动作处理，如图11-46所示为应用了录制的动作后的图像效果。

图11-46

第 12 章

12

动态图像处理与3D立体效果

学习目标

在Photoshop中，不仅可以处理静态图像，还能处理动态图像与3D图像。对视频与动画进行操作时是对各个帧进行操作，在各帧上可以编辑绘图、使用蒙版以及变换图形等。另外，对3D图像的操作可以通过3D菜单和“3D”面板来实现。

知识要点

- 视频文件的基本操作
- 创建与编辑时间轴动画
- 创建与编辑帧动画
- 创建3D对象

……

效果预览

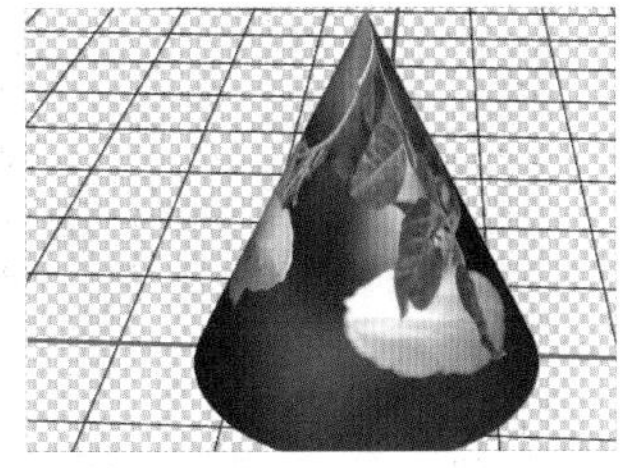

12.1 视频文件的基本操作

使用Photoshop不仅可以对普通图像进行编辑与处理，还能对视频文件进行操作，例如，创建视频文件与视频图层、打开与导入视频等。

12.1.1 创建视频文件与视频图层

如果想要利用Photoshop创建视频文件，则需要先创建一个空白视频文件或空白视频图层。

1.创建空白视频文件

在Photoshop的开始界面中单击“新建”按钮（或者在菜单栏中选择“文件/新建”命令），打开“新建文档”对话框，在上方列表中单击“胶片和视频”选项卡，在“空白文档预设”栏中选择一个合适的视频大小选项，输入视频文件的名称，然后单击“创建”按钮即可，如图12-1所示。

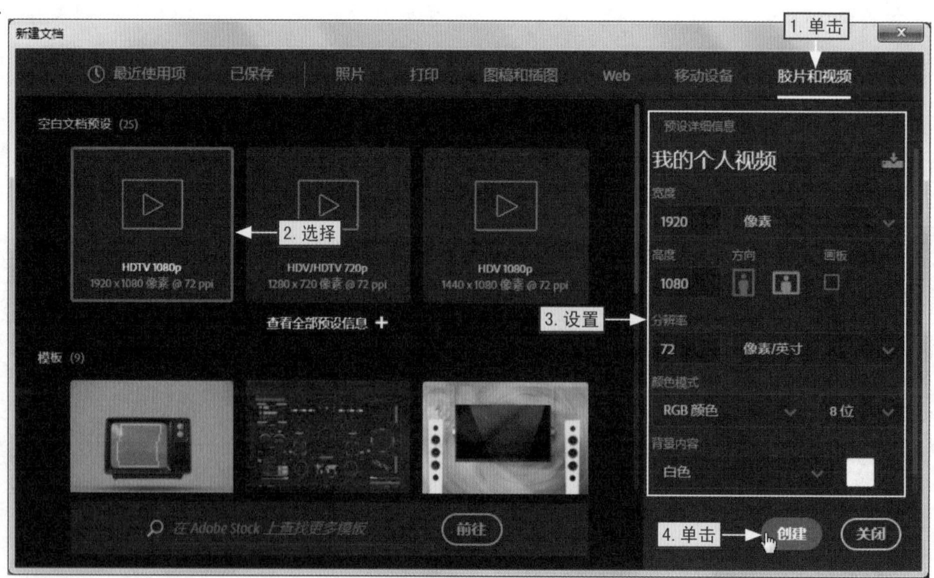

图12-1

2.创建空白视频图层

使用Photoshop打开一个图像或视频文件，然后在菜单栏中选择“图层/视频图层/新建空白视频图层”命令即可完成，如图12-2所示。

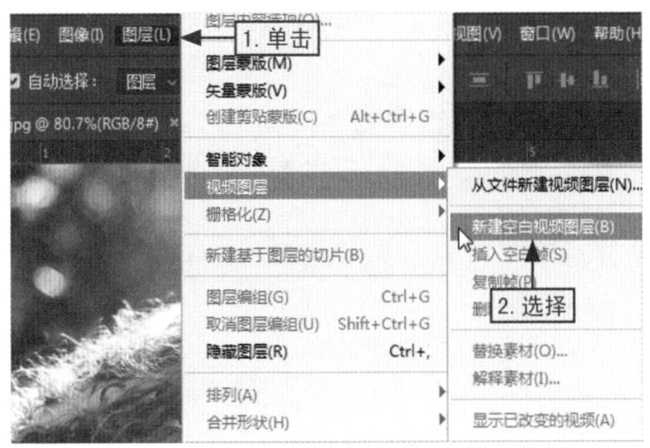

图12-2

12.1.2 打开与导入视频

如果需要对已经存在的视频进行编辑与处理，则需要先打开或者导入视频，这与通过Photoshop打开或导入图像的操作类似。

1.打开视频文件

在Photoshop的开始界面中单击“打开”按钮（或者在菜单栏中选择“文件/打开”命令），打开“打开”对话框，选择目标视频文件，然后单击“打开”按钮即可完成操作，如图12-3所示。

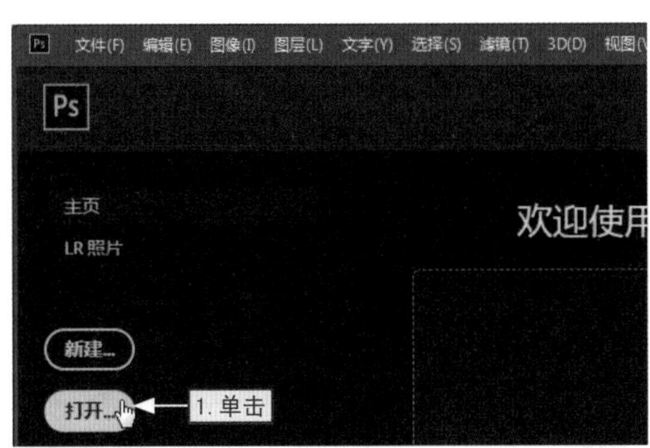

图12-3

2.导入视频文件

若已经使用Photoshop创建或打开了一个图像文件，则可以在菜单栏中选择“图层

/视频图层/从文件新建视频图层”命令，打开“打开”对话框，选择目标视频文件，单击“打开”按钮即可将视频文件导入当前的图像中，如图12-4所示。

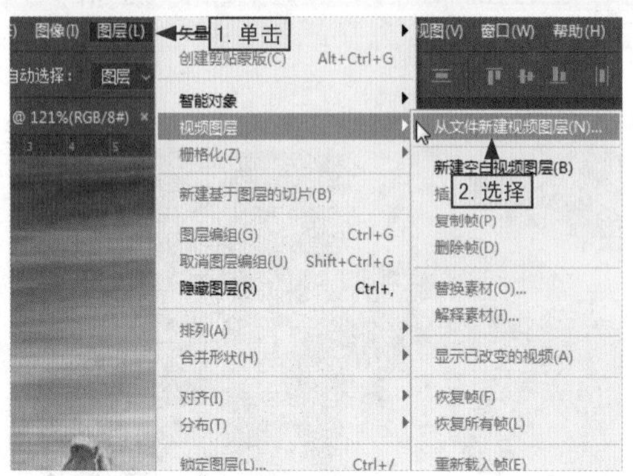

图12-4

拓展知识 | Photoshop支持的视频格式

Photoshop应用程序的主要功能是进行图像编辑与处理，而视频处理则是其辅助功能，所以Photoshop支持的视频格式没有图像格式多，主要包括264、3GP、3GPP、AAC、AVC、AVI、F4V、FLV、M4V、MOV、MP4、MPE以及MPEG等。

12.1.3

校正视频中像素的长宽

电脑显示器中的图像像素一般是通过方形进行显示，而视频编码设备中的图像像素则可能以其他形式进行显示，所以可能会出现因两则之间的像素差异而使视频图像发生变形，如图12-5所示。若要解决该问题，则可以通过Photoshop的“视图/像素长宽比校正”命令来对视频画面进行校正，如图12-6所示为校正后的效果。

图12-5

图12-6

拓展知识｜播放视频时出现扫描线的解决方法

用户在播放某些视频时，可能会发现视频中存在扫描线。出现这种情况的主要原因是为了实现视频的流畅播放，使视频文件采用了隔行扫描的方式。此时，可以通过“逐行”滤镜对该情况进行处理。

12.2 创建与编辑时间轴动画

从Photoshop CS6版本开始，已经将“动画”面板升级为“时间轴”面板，“时间轴”面板具有强大的视频处理功能，可以制作出更加完美的视频效果。

12.2.1 认识视频的“时间轴”面板

创建或打开视频文件后，在菜单栏中选择“窗口/时间轴”命令，即可在打开的“时间轴”面板中查看到视频的播放时间，另外还可以放大或缩小时间轴、添加音频以及渲染视频等，如图12-7所示。

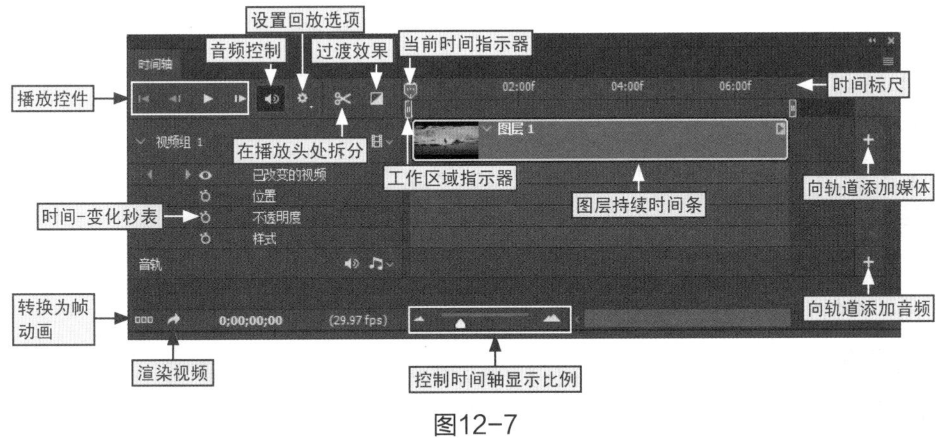

图12-7

在“时间轴”面板中具有多个设置选项，如播放控件、音视频控制按钮以及过渡效果等，其具体介绍如下。

● 播放控件 播放控件是一组用于控制视频播放的按钮，功能包括转到第一帧、转到上一帧、播放和转到下一帧。

● 音频控制 单击“音频控制按钮”按钮，可以关闭或开启音频播放。

- **设置回放** 单击“设置回放选项”下拉按钮，可以在打开的下拉菜单中对分辨率或循环播放进行设置。
- **在播放头处拆分** 单击“在播放头处拆分”按钮，可以在当前时间指示器所在的位置对视频或音频进行拆分操作。
- **过渡效果** 单击“过渡效果”按钮，在打开的下拉菜单中选项相应选项就能为视频添加过渡效果，从而创建出专业的淡化和交叉淡化效果。
- **当前时间指示器** 拖动“当前时间指示器”滑块可以更改当前时间和帧。
- **时间标尺** 通过时间标尺，可以根据视频文件的持续时间和帧速率水平测量视频文件的持续时间。
- **工作区域指示器** 拖动位于顶部轨道两端的“工作区域指示器”滑块进行定位，就可以预览或者导出部分视频文件。
- **图层持续时间条** 通过“图层持续时间条”功能可以指定图层在视频的时间位置，若要将图层移动到其他时间位置，则可以拖动图层持续时间条。
- **向轨道添加媒体** 单击“向轨道添加媒体”按钮，可以打开相应的对话框，选择目标文件即可将视频或音频添加到轨道中。
- **向轨道添加音频** 单击“向轨道添加音频”按钮，可以打开相应的对话框，选择目标音频文件即可将其添加到轨道中。
- **时间-变化秒表** 单击“时间-变化秒表”按钮，可以启用或停用图层属性的关键帧设置。
- **转换为帧动画** 单击“转换为帧动画”按钮，可以将“时间轴”面板的视频模式切换为帧动画模式。
- **渲染视频** 单击“渲染视频”按钮，可以打开“渲染视频”对话框，从而对视频进行渲染。
- **控制时间轴显示比例** 单击“缩小时间轴”按钮，可以缩小时间轴；单击“放大时间轴”按钮，可以放大时间轴；拖动中间的滑块，可以自由调整时间轴的大小。
- **视频组** 通过“视频组”功能，可以对视频进行编辑和调整。
- **音轨** 通过“音轨”功能，可以对音频进行编辑和调整。

12.2.2 获取视频中的静帧图像

静帧图像是指将视频的每一帧都保存为一张静帧图片，通过Photoshop就可以获取视频中的静帧图像，从而将其打印出来或应用于其他地方，其具体操作如下。

知识实操

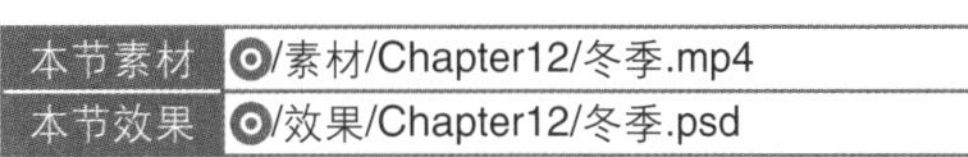

本节素材	/素材/Chapter12/冬季.mp4
本节效果	/效果/Chapter12/冬季.psd

步骤01 进入到Photoshop的开始界面中，在菜单栏中选择“文件/导入/视频帧到图层”命令，如图12-8所示。

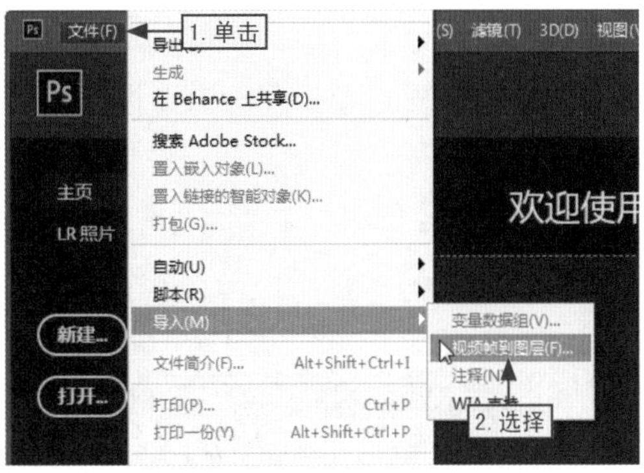

图12-8

步骤02 打开“打开”对话框，选择“冬季.mp4”素材文件，然后单击“打开”按钮，如图12-9所示。

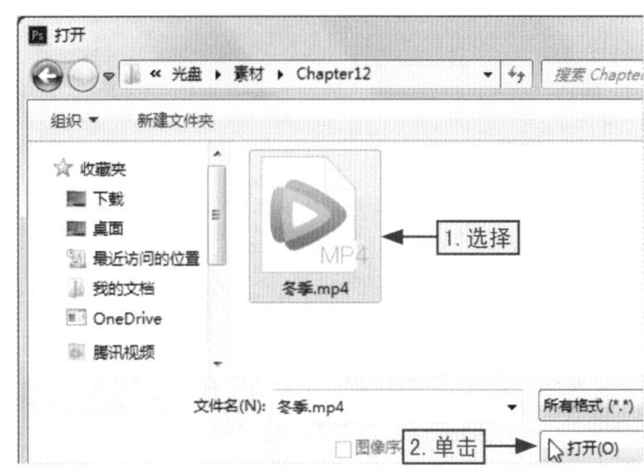

图12-9

步骤03 打开“将视频导入图层”对话框，选中“仅限所选范围”单选按钮，然后拖动滑块选择需要导入的帧范围，如图12-10所示。

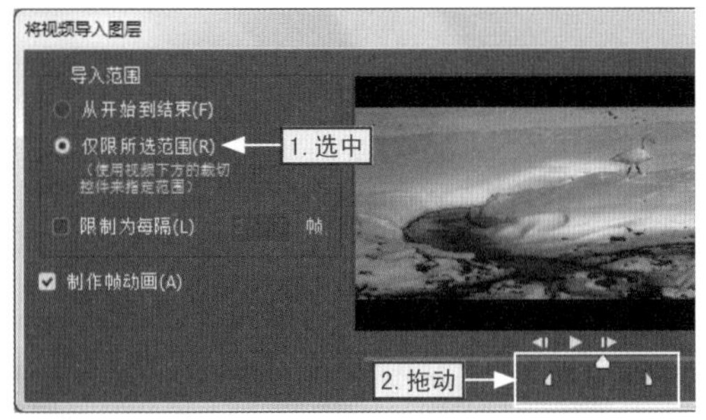

图12-10

步骤04 完成后按【Enter】键关闭对话框，即可将指定视频范围内的帧导入到图层中，在“图层”面板中即可查看到这些图层，如图12-11所示。

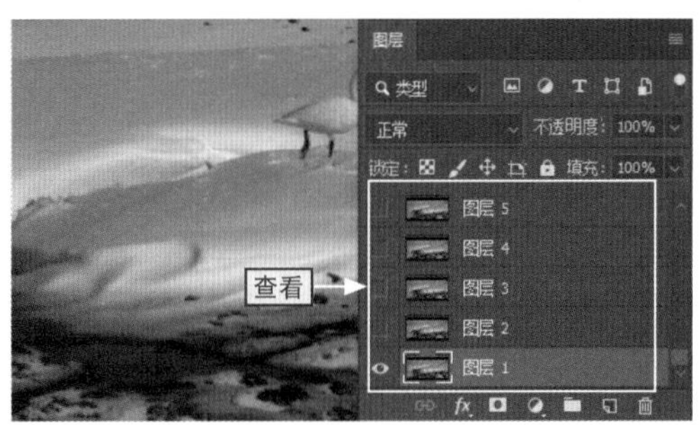

图12-11

12.2.3

指定时间轴帧速率

在“时间轴”面板中，可以指定视频或动画的持续时间或帧速率。持续时间是视频剪辑的整体时长，也就是从指定从第一帧到最后一帧。通常情况下，帧速率或每秒的帧数（fps）是由生成的输出类型决定的。其中，NTSC视频的帧速率为29.97fps，PAL视频的帧速率为25fps，而电影胶片的帧速率为24fps。根据广播系统的不同，

DVD视频的帧速率可以与NTSC视频或PAL视频的帧速率相同，也可以为23.976fps。另外，用于CD-ROM或Web的视频的帧速率在10～15fps之间。

在创建视频或动画文档时，默认的时间轴持续时间为10秒，而帧速率取决于选定的文档预设。对于视频预设，帧速率为25fps（主要是PAL视频）和29.97fps（主要是NTSC 视频）；而对于非视频预设，默认的帧速率为30fps。

在视频的“时间轴”面板中，单击“扩展”按钮，选择“设置时间轴帧速率”命令，在打开的“时间轴帧速率”对话框中设置帧速率，然后单击“确定”按钮，如图12-12所示。

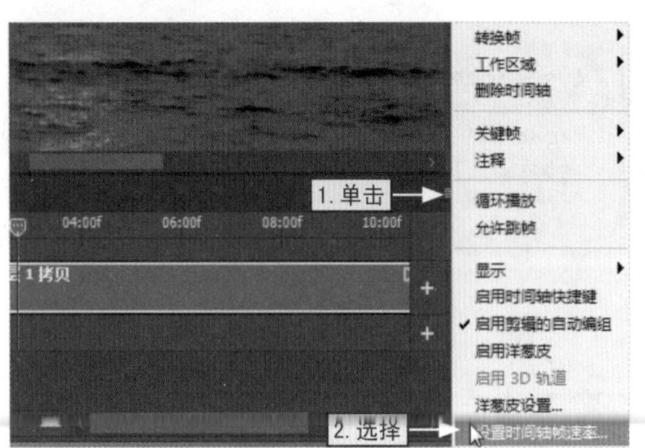

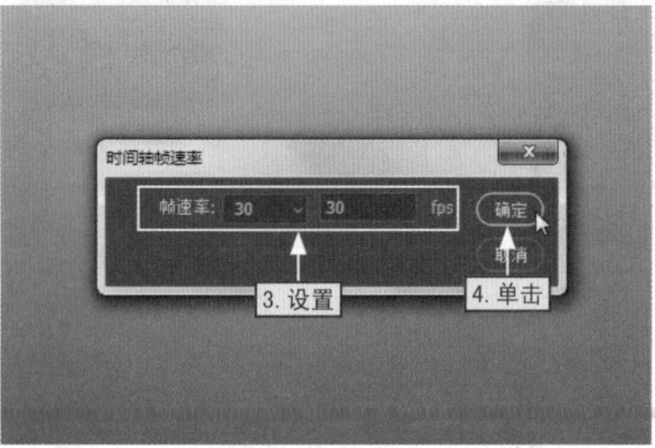

图12-12

12.2.4

解释视频素材

在使用包含Alpha通道的视频时，需要先知道Photoshop Extended解释视频中的Alpha通道和帧速率的具体操作方式，从而获得需要的结果。在“时间轴”面板或者“图层”面板中选择目标视频图层，然后在菜单栏中选择“图层/视频图层/解释素材”命令，即可打开“解释素材”对话框，如图12-13所示。

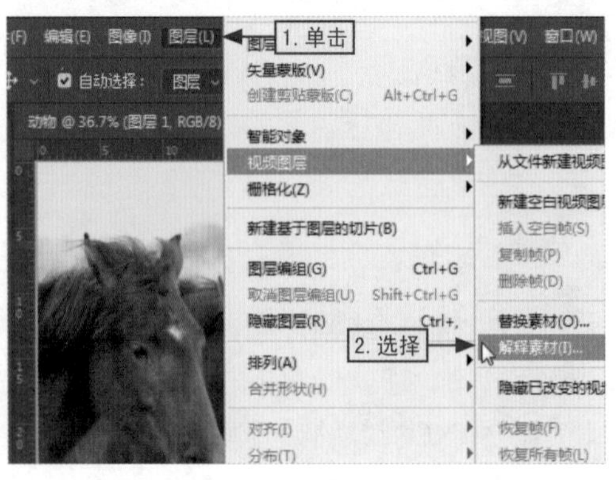

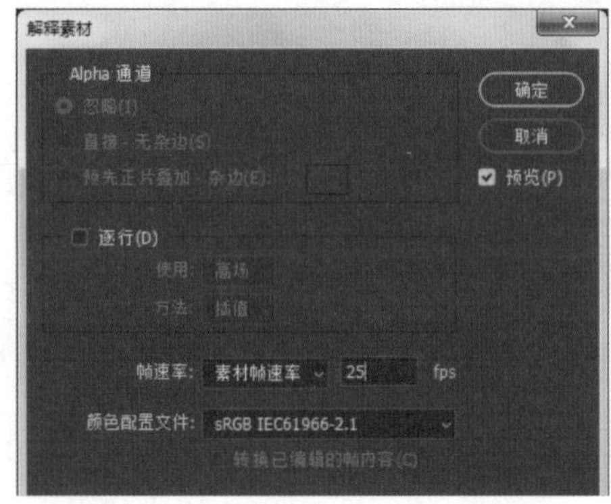

图12-13

● Alpha通道 如果要指定解释视频中图层的Alpha通道方式，可在“解释素材”对话框的“Alpha通道”栏中选中相应的单选按钮即可。若选中“忽略”单选按钮，即表示忽略通道；若选中“直接-无杂边”单选按钮，即表示将Alpha通道解释为直接Alpha通道透明度；若选中“预先正片叠加-杂边”单选按钮，即表示使用Alpha通道来确定存在多少杂边颜色与颜色混合。

● 视频帧数 如果要指定每秒播放的视频帧数，可以在“帧速率”文本框中输入相应的数值。

● 色彩管理 如果需要要对视频图层中的帧或者图像进行色彩管理，可以在“颜色配置文件”下拉列表框中选择一个配置文件。

12.2.5

替换视频素材

在对视频文件进行编辑时，如果视频图层和源文件之间因为某些原因导致链接断开，在“图层”面板的视频图层中会出现一个警告图标，此时可以通过替换视频素材的方式来进行处理，其具体操作如下。

在“时间轴”面板或“图层”面板中选择目标源文件或者替换内容的视频图层，在菜单栏中选择“图层/视频图层/替换素材”命令，在打开的“打开”对话框选择目标素材文件，单击“打开”按钮即可，如图12-14所示。

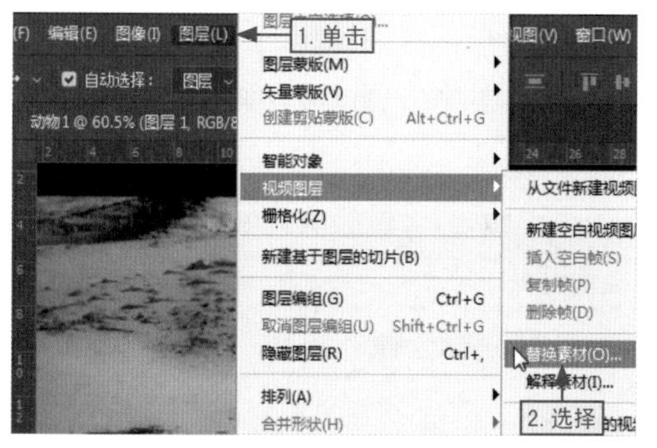

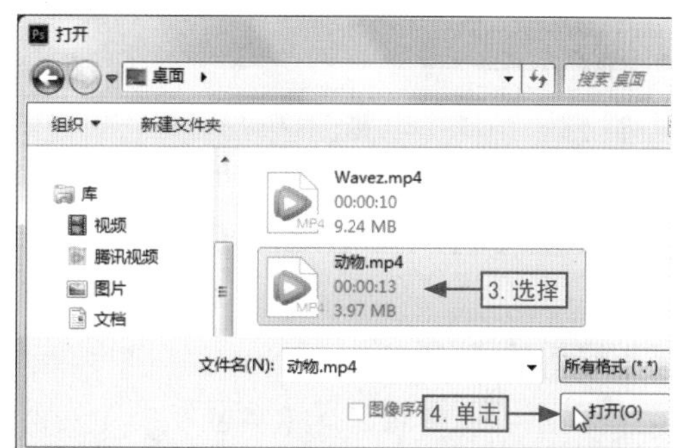

图12-14

12.3 创建与编辑帧动画

动画是由一系列图像帧组成，因为每一帧都存在少许差异，从而让人产生一种图像在运动的错觉。其中，构成动画的所有图像元素都放置在不同的图层中。在Photoshop 中，动画是通过动画的“时间轴”面板来进行制作的。

12.3.1 认识动画的“时间轴”面板

在Photoshop中的“时间轴”面板中不仅可以编辑视频，还可以对动画进行编辑。在Photoshop中创建或打开动画文件后，它会在“时间轴”面板以帧的模式出现，显示每帧的缩略图，如图12-15所示为动画“时间轴”面板。

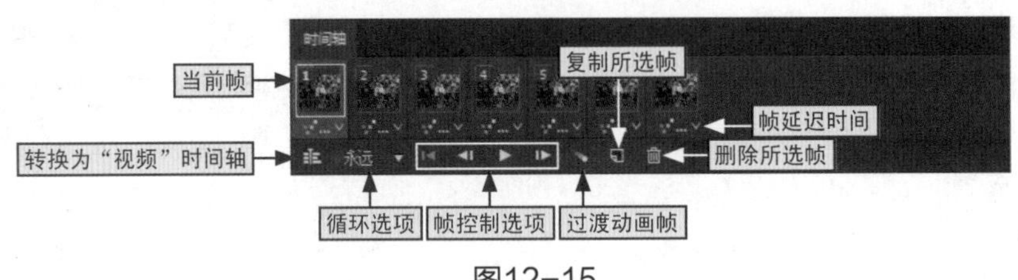

图12-15

● 当前帧 当前帧是指当前选择的帧。

● 循环选项 循环选项功能用于设置动画的播放次数，如一次、3次或永远等。

● 帧控制选项 帧控制选项中有4个功能按钮，分别是选择第一帧、选择上一帧、播放动画和选择下一帧。其中，单击“选择第一帧”按钮，可以自动选择序列中的第一帧作为当前帧；单击“选择上一帧”按钮，可以选择当前帧的前一帧；单击“播放动画”按钮，可以在窗口中播放动画，再次单击则可以停止播放；单击“选择下一帧”按钮，可以选择当前帧的下一帧。

● 过渡动画帧 如果需要在已经存在的两个帧之间添加一系列过渡帧，并让新帧之间的图层属性均匀变化，则可以在动画“时间轴”面板中单击“过渡动画帧”按钮，在打开的“过渡”对话框中进行相关设置即可。

● 转换为“视频”时间轴 在动画“时间轴”面板中单击“转换为‘视频’时间轴”按钮，则可以切换到视频“时间轴”面板中。

● 复制所选帧 在动画“时间轴”面板中单击“复制所选帧”按钮，则可以在“时间轴”面板中当前选择帧后复制一个当前帧。

● 帧延迟时间 帧延迟时间功能用于设置帧在回放过程中的持续时间。

● 删除所选帧 在动画“时间轴”面板中单击“删除所选帧”按钮，则可以删除当前所选择的帧。

12.3.2 创建帧动画

通过Photoshop的动画时间轴功能，可以非常轻松地制作动画。动画的原理是在时间轴的每帧上绘制不同的内容，使其连续播放而形成帧动画。帧动画具有非常大的灵活性，几乎可以表现任何想表现的内容，类似于视频的播放模式，其创建方法如下。

知识实操

本节素材	/素材/Chapter12/植物与蝴蝶/
本节效果	/效果/Chapter12/植物与蝴蝶.psd

步骤01 打开素材文件“植物.jpg”，在“时间轴”面板中单击“创建视频时间轴”下拉按钮，选择“创建帧动画”选项，如图12-16所示。

图12-16

步骤02 此时，在“时间轴”面板上单击“创建帧动画”按钮，如图12-17所示。

图12-17

步骤03 打开“图层”面板，然后打开素材文件“1.png”，如图12-18所示。

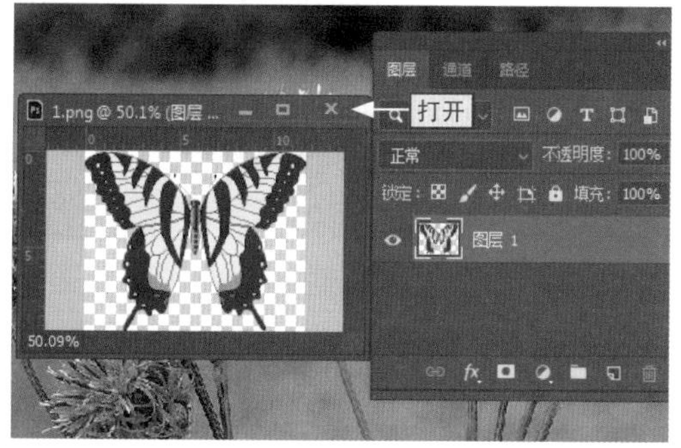

图12-18

步骤04 切换到“植物.jpg”图像文件的“时间轴”面板中，然后单击面板底部的“复制所选帧”按钮，如图12-19所示。

图12-19

步骤05 将素材文件“1.png”中的蝴蝶图像拖入到设计文件“植物.jpg”中，并调整其大小与位置，此时“图层”面板中会自动增加一个图层，如图12-20所示。

图12-20

步骤06 在“时间轴”面板中，再次单击“复制所选帧”按钮，打开素材文件“2.png”，如图12-21所示。

图12-21

步骤07 将蝴蝶图像拖入到设计文件中，取消选中“图层 1”的“指示图层可见性”按钮，如图12-22所示。

图12-22

步骤08 以相同方法添加动画帧，打开素材文件“3.png”并拖动图像到设计文件中，取消选中其他图层的“指示图层可见性”按钮，如图12-23所示。

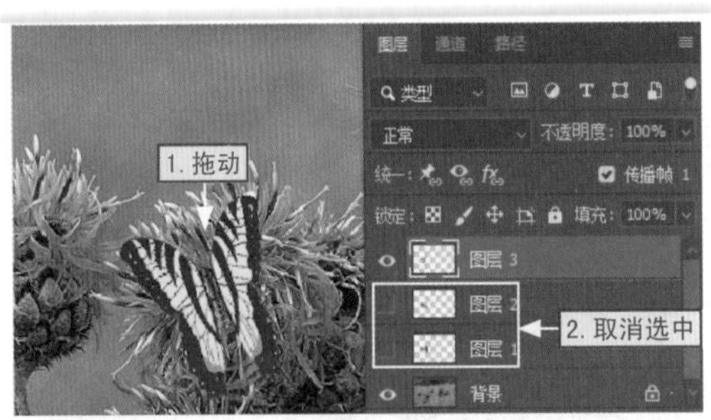

图12-23

步骤09 以相同的方法添加动画帧，打开素材文件“4.png”并拖动图像到设计文件中，取消选中其他图层的“指示图层可见性”按钮，如图12-24所示。

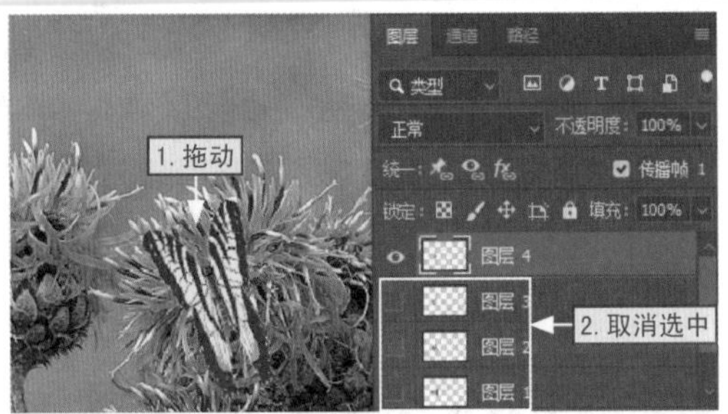

图12-24

步骤10 以相同方法添加动画帧，打开素材文件“5.png”并拖动图像到设计文件中，取消选中其他图层的“指示图层可见性”按钮，如图12-25所示。

图12-25

步骤11 在“时间轴”面板上选择“第一帧”选项，单击“帧延迟时间”下拉按钮，选择“0.2”选项，如图12-26所示。

图12-26

步骤12 以相同的方法设置其他帧的“帧延迟时间”为“0.2”，如图12-27所示。

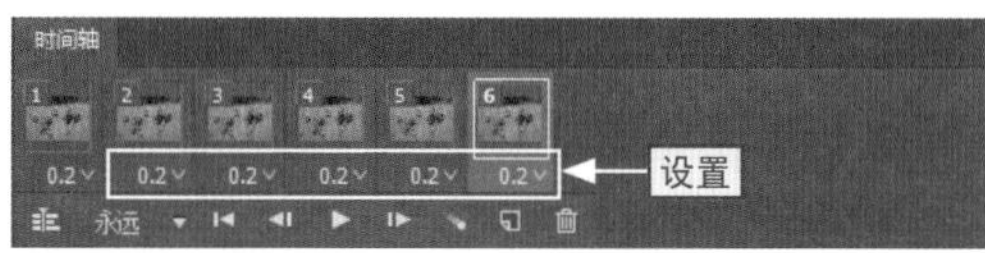

图12-27

步骤13 单击“播放动画”按钮，在文档窗口看到蝴蝶开始运动，如图12-28所示。

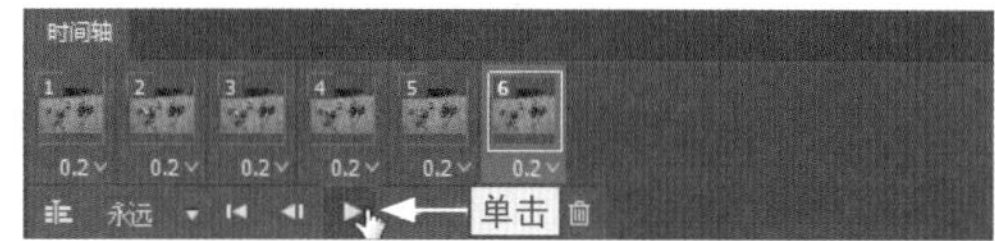

图12-28

12.3.3 保存帧动画

完成帧动画的创建后，直接将其保存只是将其另存为了PSD文件，为了能让其形成动画文件，还需要将其保存为GIF格式，其具体操作如下。

知识实操

本节素材	/素材/Chapter12/植物与蝴蝶.psd
本节效果	/效果/Chapter12/植物与蝴蝶.gif

步骤01 打开“植物与蝴蝶.psd”素材文件，单击“文件”菜单项，选择“导出/存储为Web所用格式”命令，如图12-29所示。

图12-29

步骤02 打开“存储为Web所用格式”对话框，单击“优化的文件格式”下拉列表框，选择“GIF”选项，如图12-30所示。

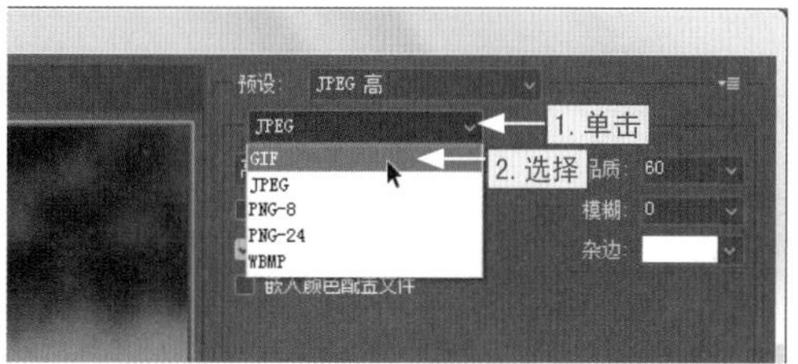

图12-30

步骤03 在对话框底部单击“播放动画”按钮，预览动画效果，然后单击“存储”按钮，如图12-31所示。

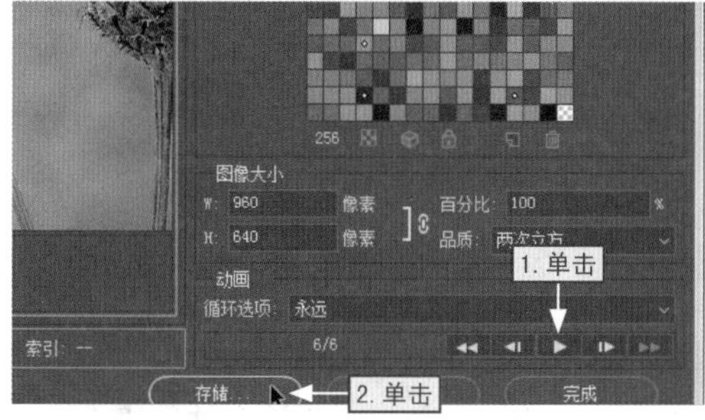

图12-31

步骤04 打开“将优化结果存储为”对话框，选择存储路径，输入动画名称，单击“保存”按钮即可，如图12-32所示。

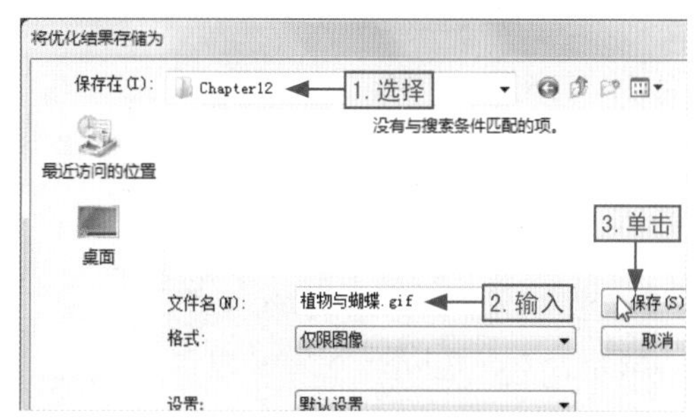

图12-32

12.4 创建3D对象

通过Photoshop可以创建多种类型的3D对象，其创建的方式有两种，分别是在“3D”面板上创建和在3D菜单中选择对应命令创建。其中，在Photoshop中创建或打开3D文件后，系统都会切换到3D界面中，如图12-33所示为3D对象操作界面。

图12-33

12.4.1 创建3D明信片

在Photoshop中，3D明信片是指具有3D属性的平面，用户使用3D明信片功能可以将图像中的2D图层转换为3D明信片，其具体操作如下。

通过“窗口/3D”命令打开“3D”面板，然后在“新建3D对象”栏中选中“3D明信片”单选按钮，单击“创建”按钮即可创建出3D明信片，如图12-34所示。

图12-34

12.4.2 创建3D模型

在Photoshop的“3D”面板中，可以通过3D模型功能创建出3D模型，也就是将2D图像创建出3D立体效果，其具体操作如下。

在“3D”面板的“新建3D对象”栏中选中“3D模型”单选按钮，然后单击“创建”按钮，即可将当前选中的图层创建为3D模型，如图12-35所示。

图12-35

12.4.3 创建3D形状

通过“3D”面板中的创建选项可以从预设创建3D形状，在其选项下拉列表框中可选择创建的形状有锥形、立方体、立体环绕、圆柱体、圆环和球体等11种形状。选择形状创建后，将以当前选择的图层内容作为材质，显示到3D形状中，其具体操作如下。

在“3D”面板的“新建3D对象”栏中选中“从预设创建网格”单选按钮，然后单击其下的下拉列表框，在打开的下拉列表选择需要的形状，单击“创建”按钮即可创建出3D形状，如图12-36所示。

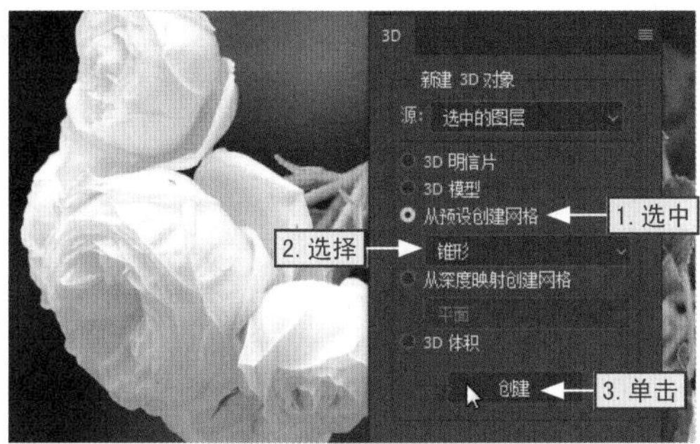

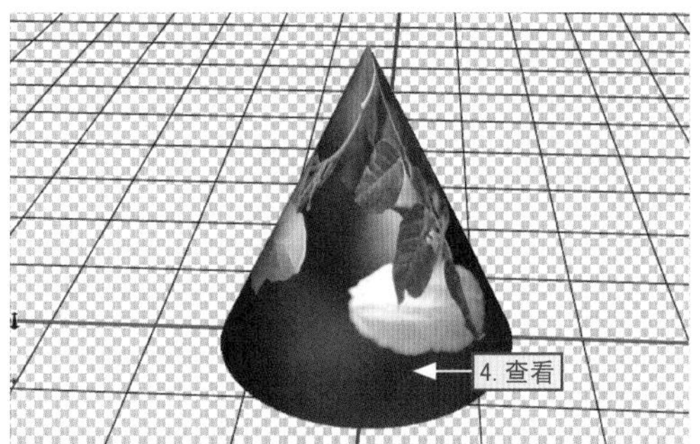

图12-36

12.4.4 创建深度映射3D网格

在Photoshop中可以将图像转换为深度映射，这主要是通过图像的明度值转换出深度不同的表面来实现。其中，较暗的明度值会呈现出凹陷区域，而较亮的明度值会呈现出凸起区域，从而产生出3D效果，其具体操作如下。

在“3D”面板的“新建3D对象”栏中选中“从深度映射创建网格”单选按钮，然后在下方的下拉列表框中选择需要的选项，单击“创建”按钮即可基于该图像创建深度映射3D网格，如图12-37所示。

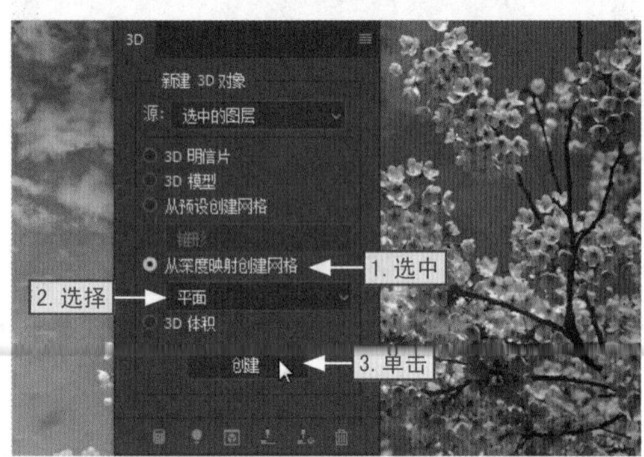

图12-37

12.5 调整3D对象

使用Photoshop创建或打开3D对象后，为了使其更加符合实际需求，可以对其进行相应的调整，这时就可以使用3D调整工具对3D对象进行调整操作，如旋转、滚动等。另外，还可以利用“3D”面板对3D对象的材质、场景以及光源等进行调整，使其应用一些更加特殊的效果。

12.5.1 设置3D对象的模式

在3D视图中选择移动工具后，可以在工具选项栏中设置对象的3D模式，从而对3D对象进行滚动、平移以及滑动等操作。另外，选择3D模式后单击并拖动3D对象，就能对3D对象的位置、大小以及角度进行调整，其具体介绍如下。

● 旋转3D对象 进入3D视图后，在工具选项栏的“3D模式”栏中单击“旋转3D对象”按钮，然后在3D对象上按下鼠标并拖动，即可旋转对象，如图12-38所示。

图12-38

● 滚动3D对象 进入3D视图后，在工具选项栏的“3D模式”栏中单击“滚动3D对象”按钮，然后在3D对象两侧拖动，即可使对象围绕Z轴转动，如图12-39所示。

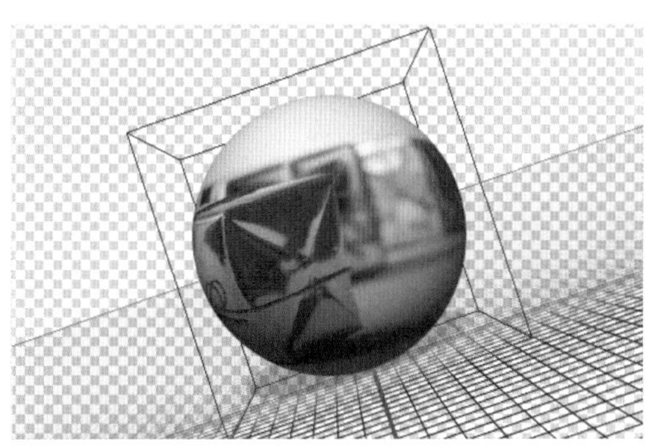
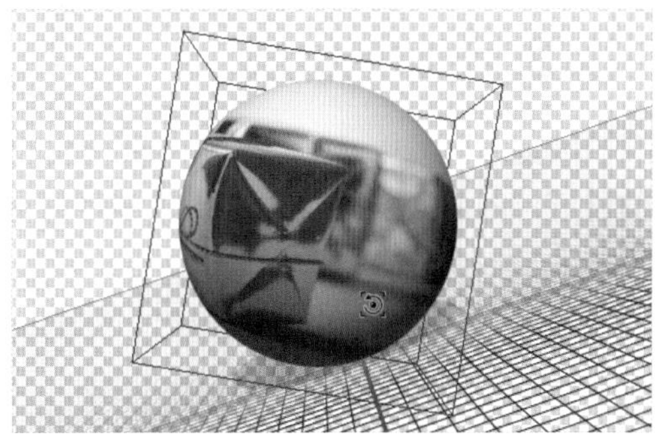

图12-39

● 拖动3D对象 进入3D视图后，在工具选项栏的“3D模式”栏中单击“拖动3D对象”按钮，然后在3D对象外按住鼠标左键并拖动，3D对象将在三维空间中平行移动，如图12-40所示。

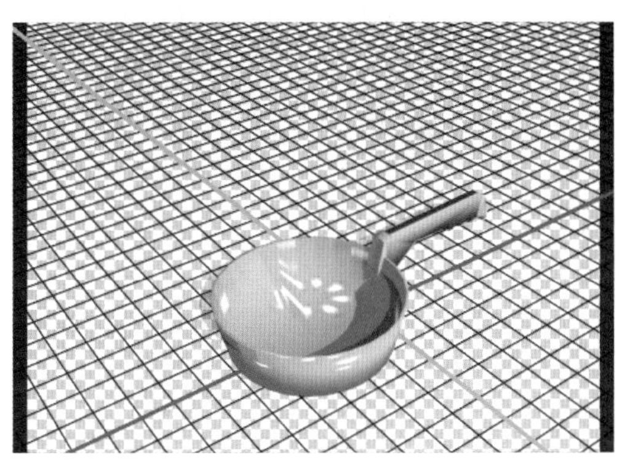
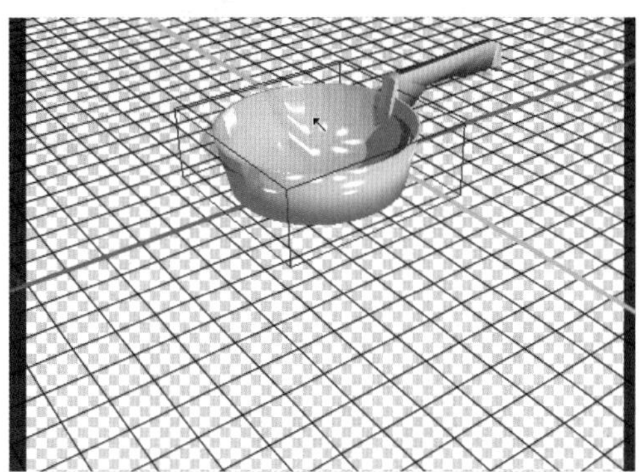

图12-40

● 滑动3D对象 进入3D视图后，在工具选项栏的“3D模式”栏中单击“滑动3D相机”按钮，可在3D对象两侧拖动，可沿水平方向移动对象，如图12-41所示。

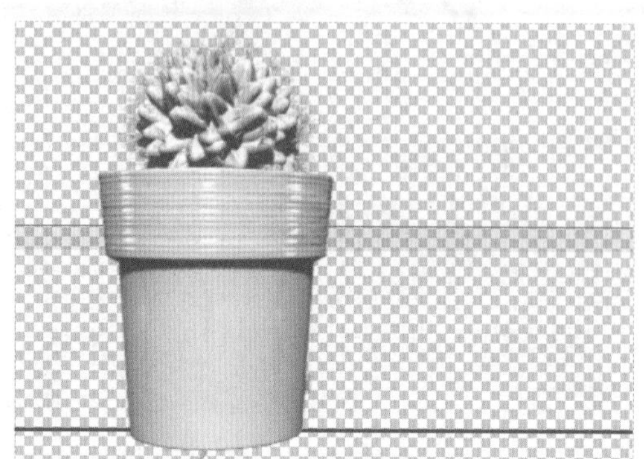

图12-41

12.5.2 设置3D对象的材质

因现实环境中的物体是由各种材质构成，所以为了使3D对象更加符合现实环境中的材质，Photoshop为用户提供了多种材料来创建3D模型的外观，其具体操作如下。

在“3D”面板顶部单击“材质”按钮，面板中会显示出3D模型中所使用的材质，如图12-42所示。另外，通过“窗口”菜单项可以打开“属性”面板，在其中能对3D模型的材质属性进行设置，如图12-43所示。

图12-42

图12-43

12.5.3 设置3D对象的场景

如果想要修改3D对象的渲染模式，则可以对3D场景进行设置，而设置3D场景也可以快速选择要在其上绘制的纹理，或者创建3D对象的横截面，其具体操作如下。

在3D模型区域外的任意位置单击鼠标右键，可打开对应的图层面板，其中会显示3D场景的设置选项，如图12-44所示。另外，在“3D”面板也会显示出当前图层的3D模型场景信息，如图12-45所示

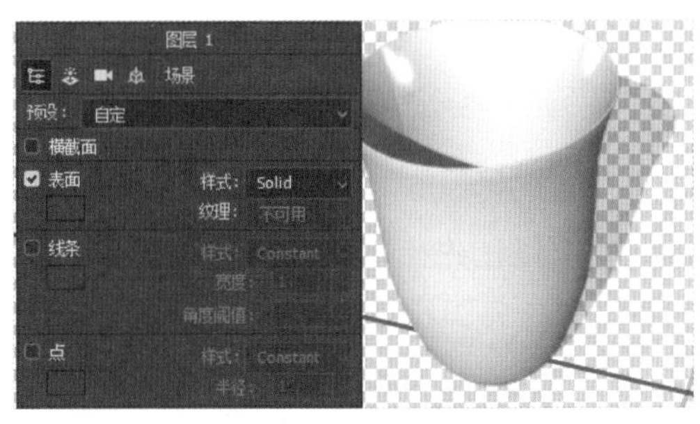

图12-44

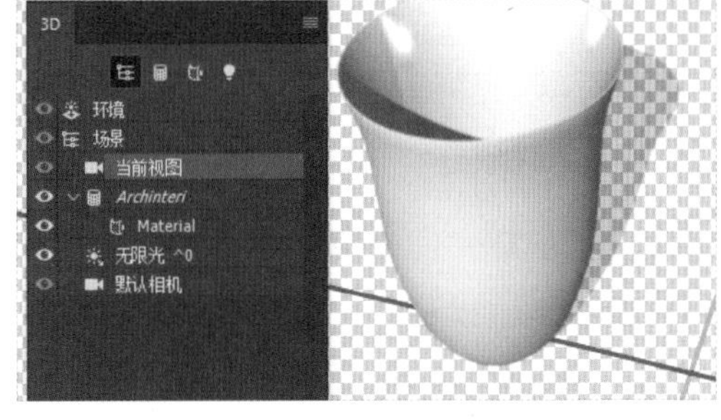

图12-45

12.6 渲染与输出3D文件

完成3D文件的处理后，可对其进行渲染与输出，以捕捉更逼真的光照和阴影效果，从而产生用于Web、打印或动画的最高品质输出的最终文件。

12.6.1 渲染3D模型

在菜单栏中选择“3D/渲染3D图层”选项，即可对3D模型进行渲染。其中，在3D模型的渲染过程中，渲染的剩余时间和百分比会显示在文档窗口底部的状态栏中。

1.使用预设的渲染选项

在“3D”面板顶部选择“场景”选项，即可在“属性”面板的“预设”下拉列表框中选择一个渲染选项，如图12-46所示。

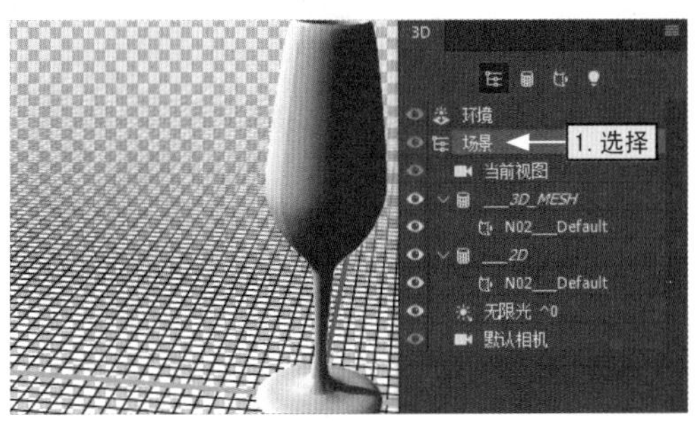

图12-46

“预设”下拉列表框中具有多个选项，“默认”选项是Photoshop预设的标准渲染模式，即显示模型的可见表面；“线框”和“顶点”选项会显示底层结构；“实色线框”选项会合并实色和线框渲染；“外框”选项会反映其最外侧尺寸的简单框来查看模型。而使用“素描草”“散布素描”“素描粗铅笔”或“素描细铅笔”等项时，可以选择一个绘画工具，然后在菜单栏中选择“3D/使用当前画笔素描”命令，即可使用画笔描绘模型。

2.设置横截面

在“属性”面板中选中“横截面”复选框，就可以创建出以所选角度与模型相交的平面横截面，进而切入到模型内部查看里面的内容，如图12-47所示。

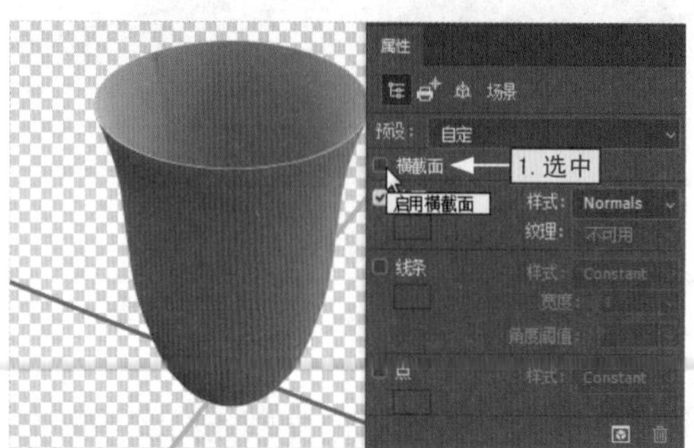

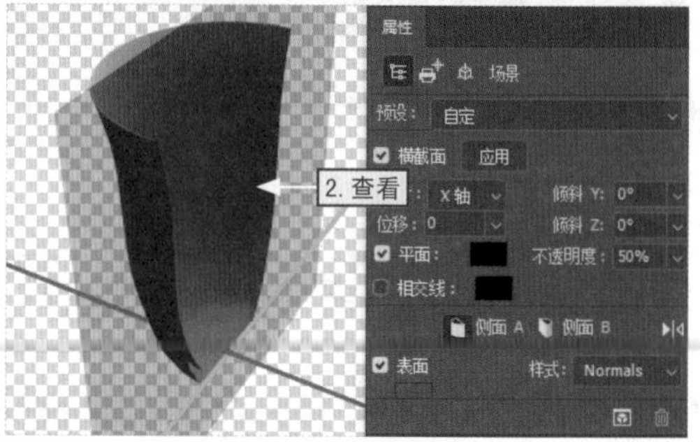

图12-47

3.设置表面

在“属性”面板中，选中“表面”复选框，然后在“样式”下拉列表框中就能选择模型表面的显示方式，如图12-48所示。

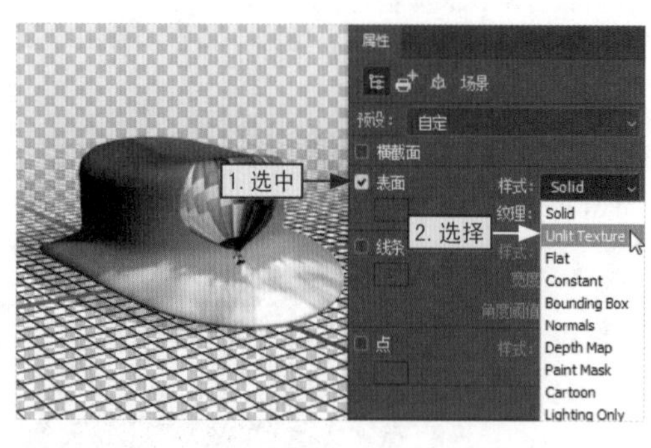

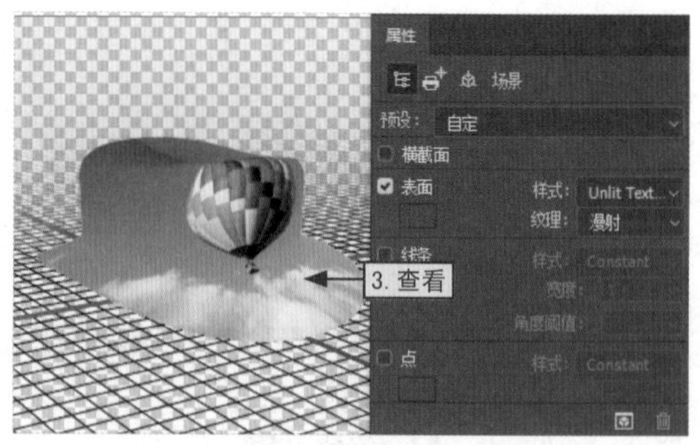

图12-48

4.设置线条

在“属性”面板中选中“线条”复选框后，然后在“样式”下拉列表框中选择线框线条的显示方式，如图12-49所示。

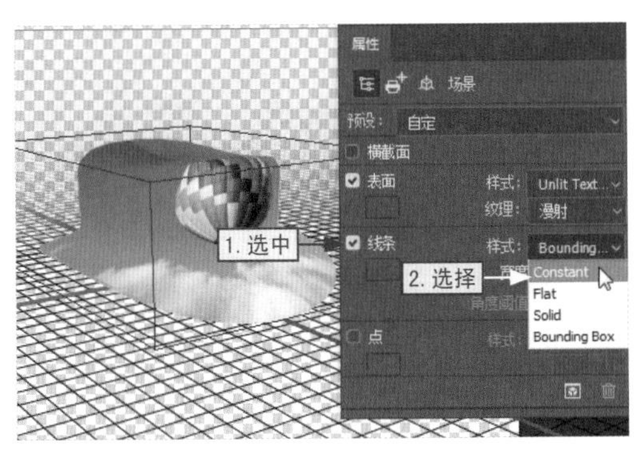

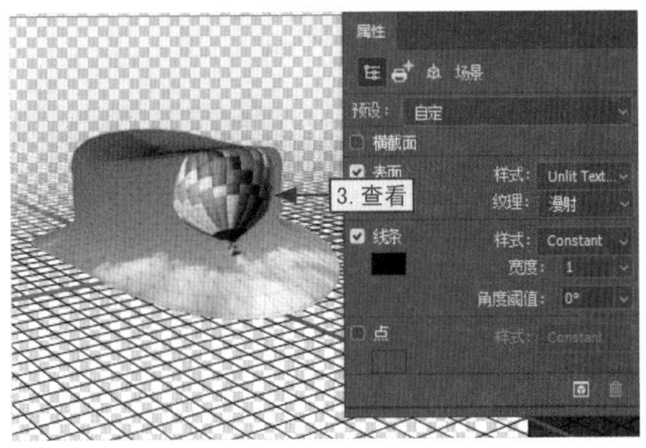

图12-49

5.设置顶点

在“属性”面板中选中“点”复选框，然后在“样式”下拉列表框中就可以选择顶点的外观，如图12-50所示。另外，通过“半径”组合框还可以调整每个顶点的像素半径。

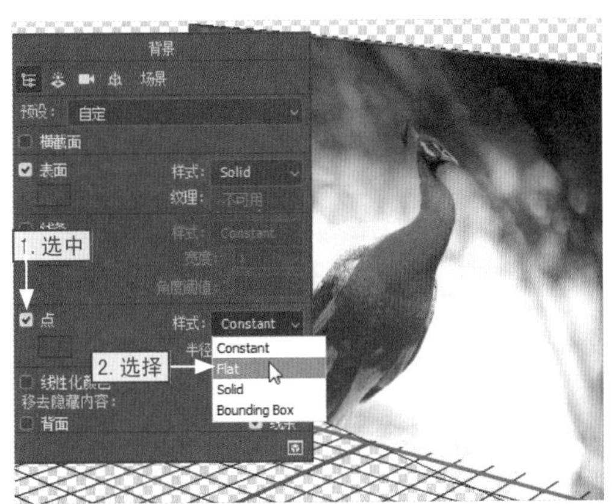

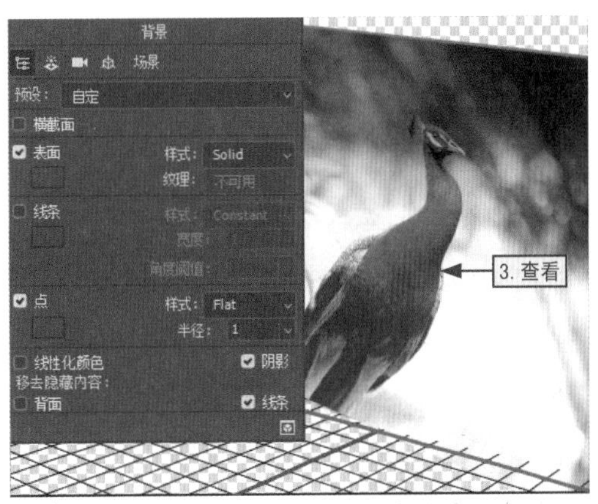

图12-50

12.6.2 存储3D文件

在完成3D模型的编辑后，想要保留文件中的3D内容，如位置、光源、渲染模式和横截面等，则可以将该文件存储为PSD、PDF或TIFF格式，其具体操作如下。

在菜单栏中选择“文件/存储为”命令打开“另存为”对话框，设置存储路径，输入文件名，选择合适的保存类型，如这里选择TIFF格式，然后单击“保存”按钮即可，如图12-51所示。

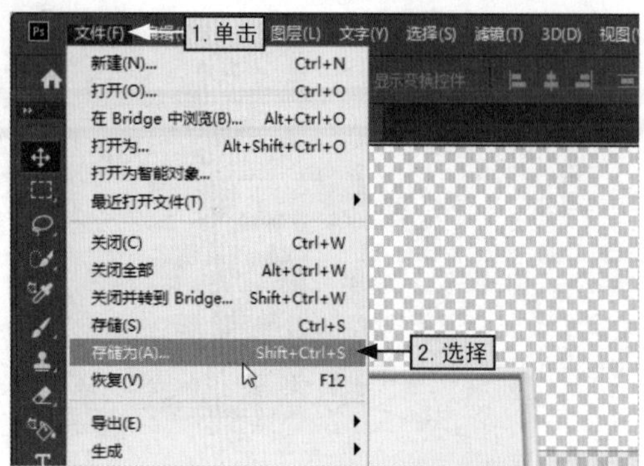

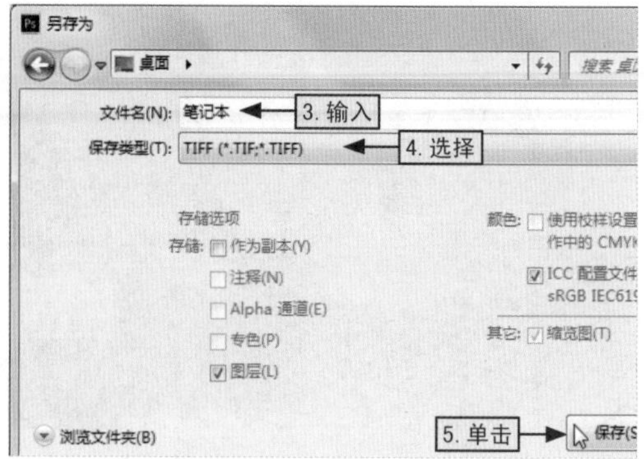

图12-51

12.6.3

导出3D图层

相对于平面图像而言，3D文件更加的复杂，所以常常会利用过Photoshop来进行辅助编辑，编辑完成后还需要将其导出来，此时可以通过“导出3D图层”命令来实现，其具体操作如下。

在“图层”面板中选择要导出的3D图层，然后在菜单栏中选择“3D/导出3D图层”命令打开“导出属性”对话框，在“3D文件格式”下拉列表框中可以选择将文件导出为Collada、Flash 3D、Wavefront/OBJ、U3D或Google Earth 4等格式，单击“确定”按钮即可完成操作，如图12-52所示。

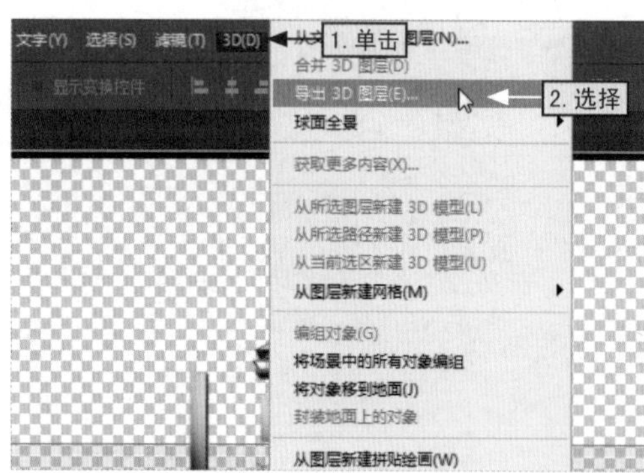

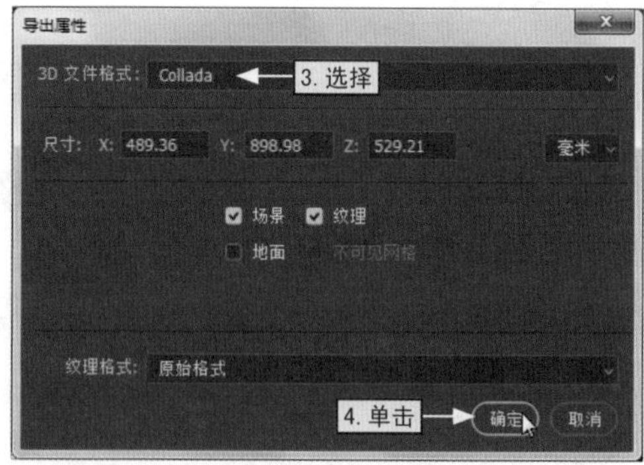

图12-52

综合实战案例应用

学习目标

前面章节主要是对Photoshop CC的基本功能以及使用Photoshop CC编辑与处理图像的基本操作进行了讲解，而本章将通过几个综合案例将这些基本功能与操作整合在一起，从而让读者了解它们的实际应用。

知识要点

- 人物图像后期精修
- 时尚纸质手提袋制作
- 创意平面广告设计

效果预览

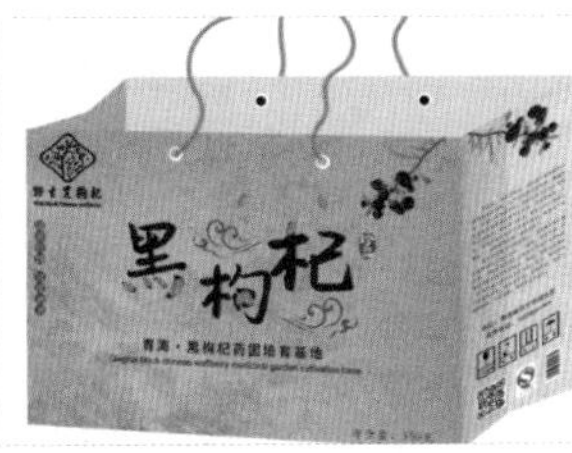

13.1 人物图像后期精修

对于一些人物照片或图像，由于拍摄环境和人物自身的原因，或多或少都存在一些问题，此时可以利用Photoshop对其进行处理，如修饰人物色调、人物五官细节的精致修整、皮肤的磨皮与美白以及艺术化修饰等，从而打造出完美的人像效果。

本节素材	/素材/Chapter13/人物.jpg
本节效果	/效果/Chapter13/人物.psd

13.1.1 面部皮肤瑕疵处理

面部皮肤瑕疵处理是指对皮肤上存在的污点进行清除（如痣、小坑以及痘点等），从而使皮肤更加干净与自然。通常情况下，使用污点修复画笔工具即可清除面部皮肤污点，其具体操作如下。

步骤01 启动Photoshop CC应用程序，在开始界面中按【Ctrl+O】组合键打开“打开”对话框，选择素材文件“人物.jpg”，然后单击“打开”按钮，如图13-1所示。

图13-1

步骤02 打开“图层”面板，按【Ctrl+J】组合键复制背景图层，然后将其重命名为“瑕疵修复”并保持该图层的选择状态，如图13-2所示。

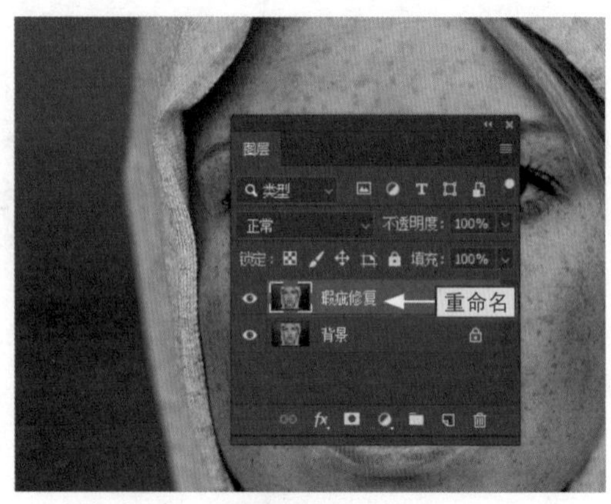

图13-2

步骤03 在菜单栏中选择“图像/调整/曲线”命令，打开“曲线”对话框，向上拖动曲线调整图像色彩，如图13-3所示。

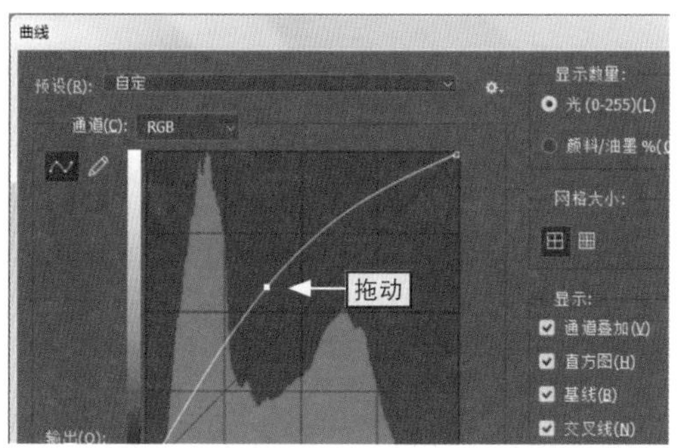

图13-3

步骤04 在工具箱中选择污点修复画笔工具，设置画笔大小与硬度，然后在人物面部的污点处单击鼠标左键对污点进行修复，如图13-4所示。

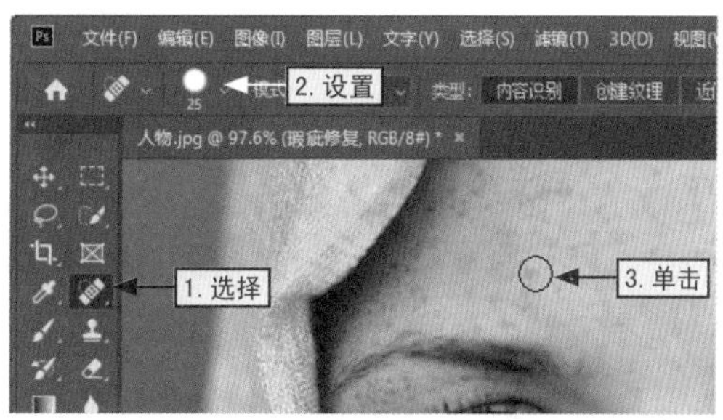

图13-4

步骤05 在工具箱中选择修复画笔工具，然后在工具选项栏中设置相关属性，如图13-5所示。

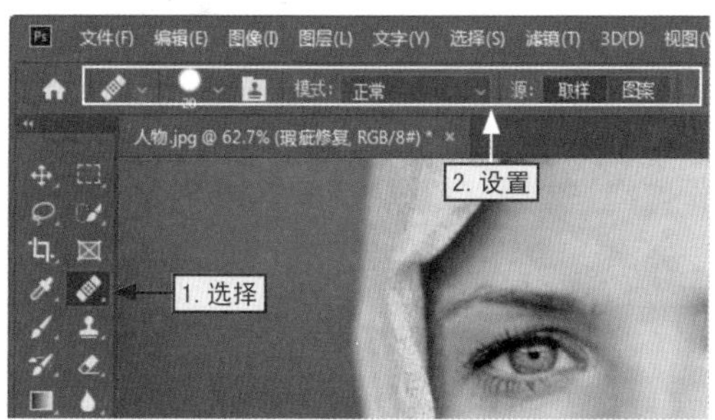

图13-5

步骤06 在人物面部上按住【Alt】键并单击鼠标取样，然后在额头或脖子上单击鼠标去除其中的细纹，如图13-6所示。

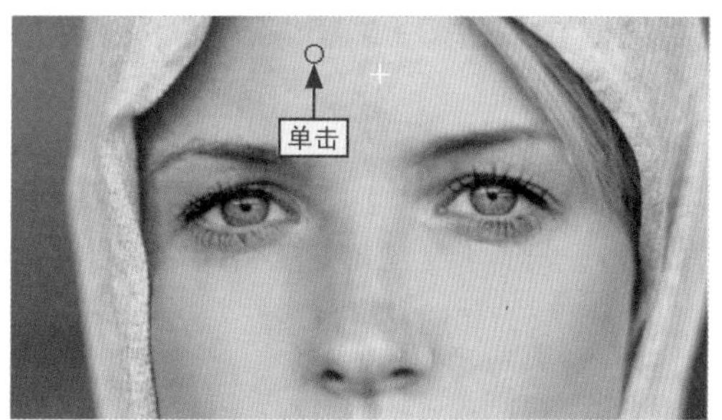

图13-6

步骤07 在工具箱中选择仿制图章工具，然后在工具选项栏中设置不透明度为“50%”，如图13-7所示。

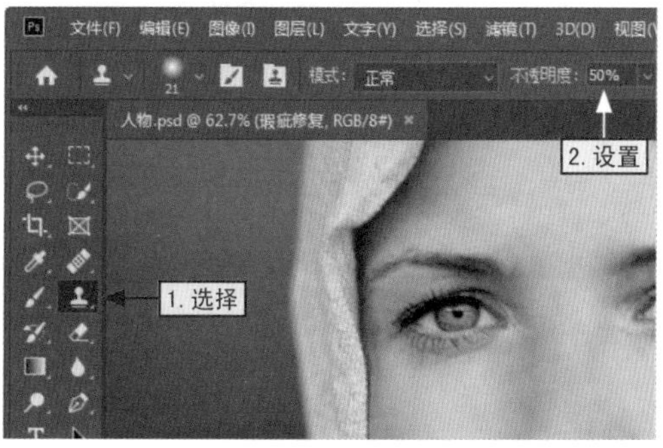

图13-7

步骤08 在人物面部上按住【Alt】键并单击鼠标取样，然后单击鼠标去除面部上模糊的轮廓线，如图13-8所示。

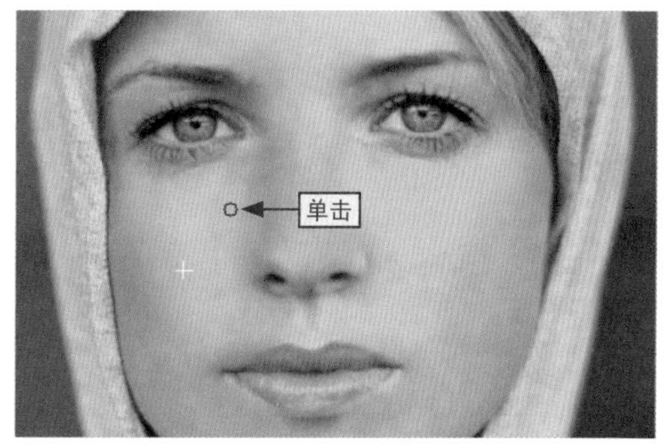

图13-8

13.1.2 消除眼部的眼袋

在日常拍摄中，由于户外的光线通常由上至下照射到人物面部的，就会使照片中的眼袋变得非常深，从而显得人很阴沉，没精神。此时，可以通过Photoshop中的图像处理来解决，其具体操作如下。

步骤01 在“图层”面板中单击“创建新图层”按钮新建一个空白图层，然后将其重命名为“眼袋消除”，如图13-9所示。

图13-9

步骤02 在工具箱中选择仿制图章工具，分别设置模式、不透明度以及样本，如图13-10所示。

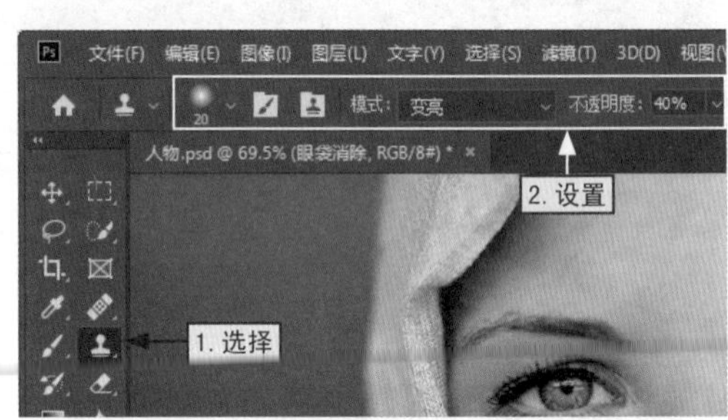

图13-10

步骤03 按住【Alt】键，在人物的眼睛周围单击鼠标取样，然后在眼部区域单击鼠标消除眼袋，如图13-11所示。

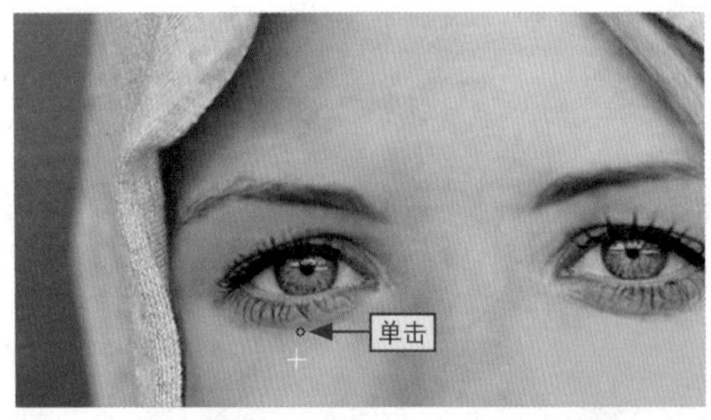

图13-11

步骤04 在“图层”面板中将“消除眼袋”图层的不透明度设置为“80%”，从而使图像更加自然，如图13-12所示。

图13-12

步骤05 在“图层”面板中单击“创建新图层”按钮新建一个空白图层，然后将新创建的图层重命名为“眼袋修复”，如图13-13所示。

图13-13

步骤06 选择修复画笔工具，在“样本”下拉列表框中选择“当前和下方图层”选项，然后对面部皮肤进行修复，如图13-14所示。

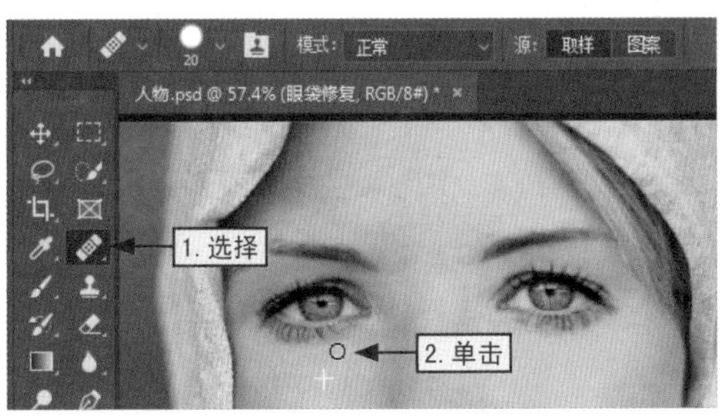

图13-14

步骤07 在“图层”面板中选择“眼袋修复”图层，将其不透明度设置为“85%”，从而可以使人物图像更加自然，如图13-15所示。

图13-15

13.1.3 调整皮肤的肤色

在对人物图像的皮肤进行修复后，还可以对其进行美化，通过给皮肤中较暗处涂抹一层粉，可以让皮肤变得更加的柔和与光滑，其具体操作如下。

步骤01 在“图层”面板中新建一个空白图层，重命名为“肤色美化”，设置图层混合模式为“柔光”，如图13-16所示。

图13-16

步骤02 在工具箱中选择颜色取样器工具，然后在图像中的适当位置单击鼠标进行采样，如图13-17所示。

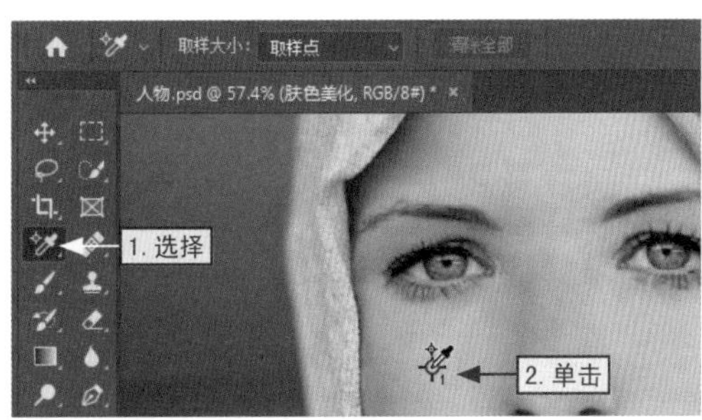

图13-17

步骤03 系统将会打开“信息”面板，在其中可以查看到颜色取样器取到的颜色值，单击“设置前景色”按钮，如图13-18所示。

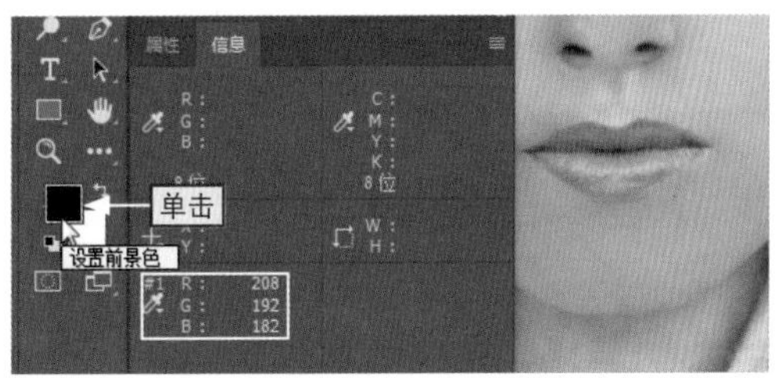

图13-18

步骤04 打开“拾色器”对话框，分别在R、G和B文本框中输入颜色取样器的颜色值，单击“确定”按钮，如图13-19所示。

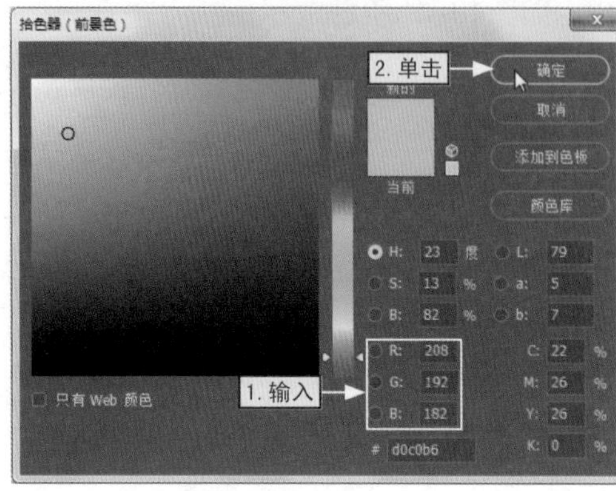

图13-19

步骤05 在工具箱中选择画笔工具，然后在人物皮肤上进行涂抹，使其变得明亮光滑，如图13-20所示。

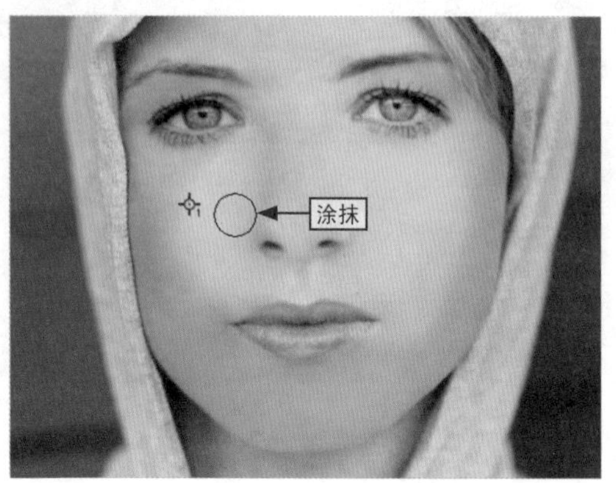

图13-20

步骤06 在菜单栏中选择“滤镜/模糊/高斯模糊”命令，打开“高斯模糊”对话框。在“半径”文本框中输入半径值，单击“确定”按钮，如图13-21所示。

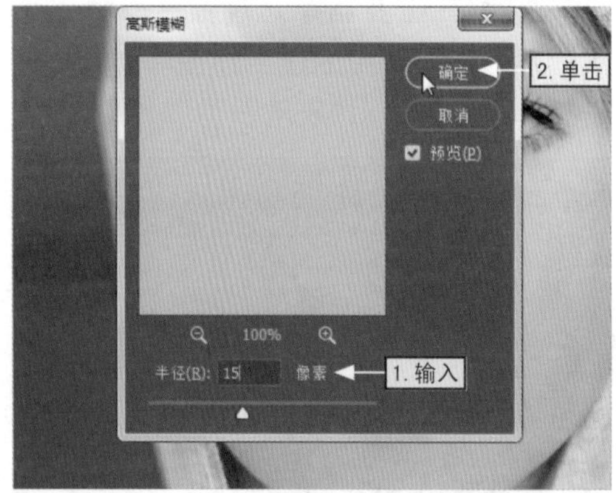

图13-21

步骤07 返回到“图层”面板中，然后设置“肤色美化”图层的不透明度为“80%”，以使人物皮肤的颜色更加自然，如图13-22所示

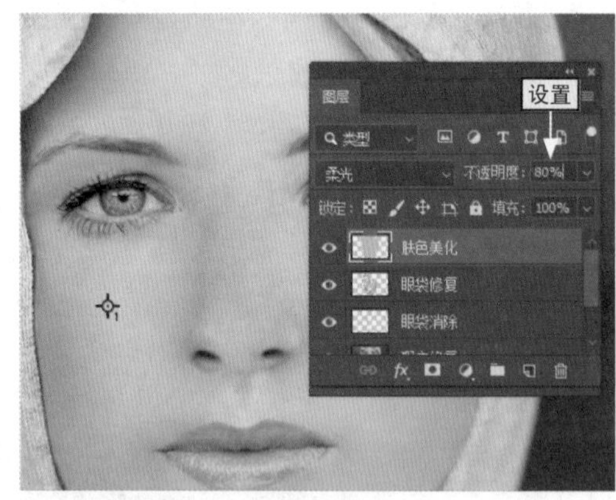

图13-22

13.1.4

修正唇部的色彩

处理人物图像的五官部分时，唇部是一个非常重要的部位，可以为人物图像的面部增光添彩。因此需要对其进行单独处理，其具体操作如下。

步骤01 在“图层”面板中新建一个空白图层，并重命名为“双唇美化”，设置不透明度为“60%”，如图13-23所示。

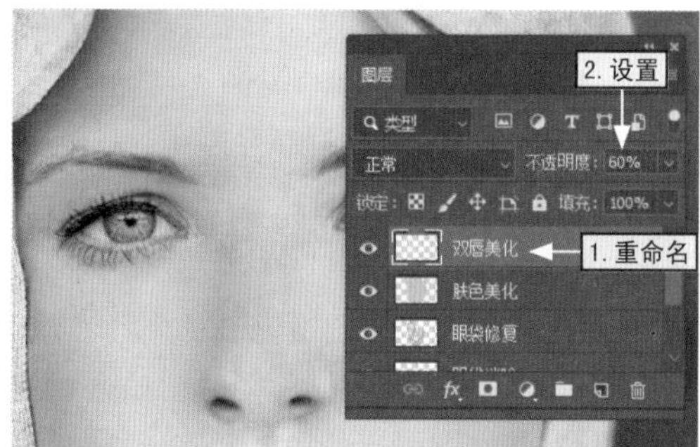

图13-23

步骤02 单击“设置前景色”按钮打开“拾色器”对话框，选择需要的颜色，然后单击“确定”按钮，如图13-24所示。

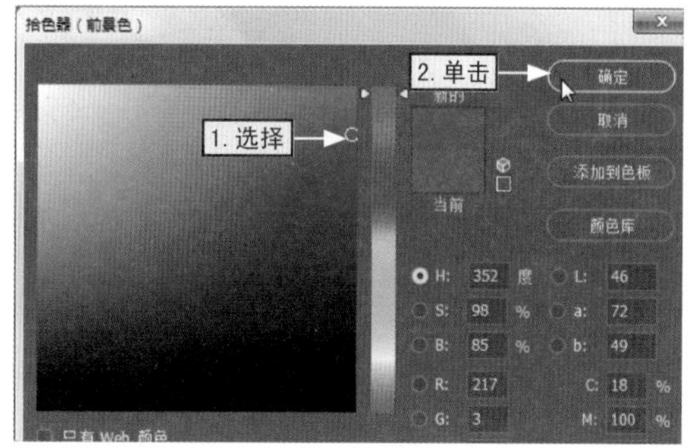

图13-24

步骤03 选择画笔工具，然后在人物的双唇上进行涂抹，并以相同的方法为其应用“高斯模糊”滤镜，如图13-25所示。

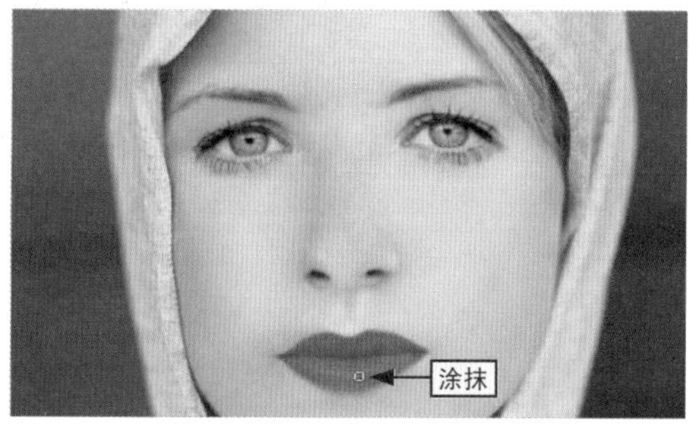

图13-25

步骤04 选择仿制图章工具，设置“模式”为“变亮”，不透明度为“80%”，在嘴唇周围涂抹修复嘴唇，如图13-26所示。

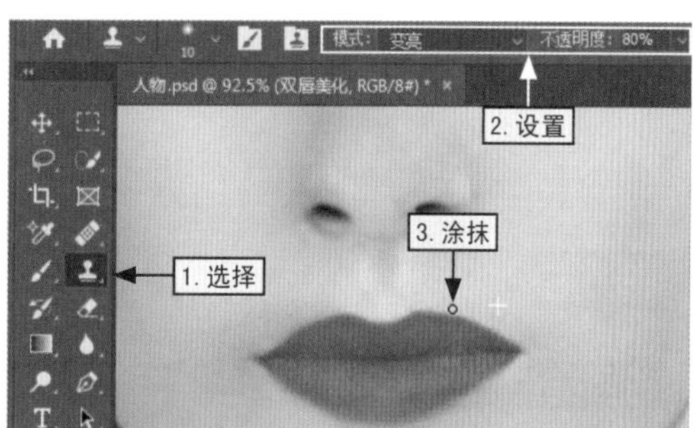

图13-26

步骤05 在“图层”面板中单击“创建新的填充或调整图层”下拉按钮，选择“曲线”命令，如图13-27所示。

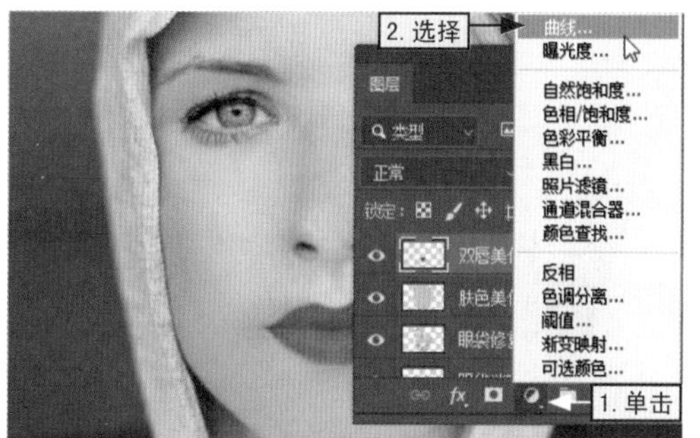

图13-27

步骤06 打开“属性”面板，在“通道”下拉列表框中选择“红”选项，向上拖动曲线进行调整，如图13-28所示。

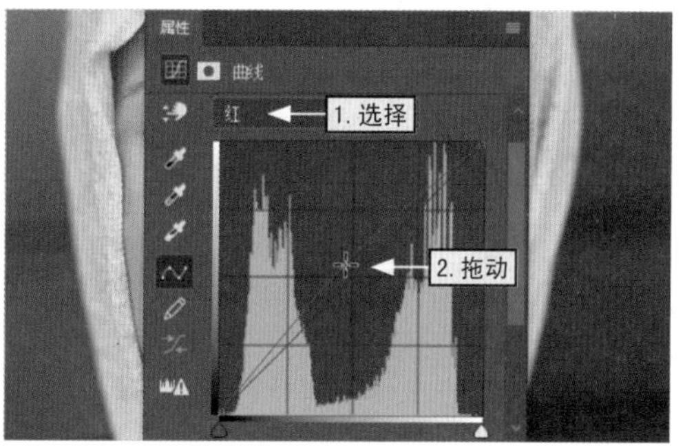

图13-28

步骤07 在“通道”下拉列表框中选择“绿”选项，向下拖动曲线进行调整，如图13-29所示。

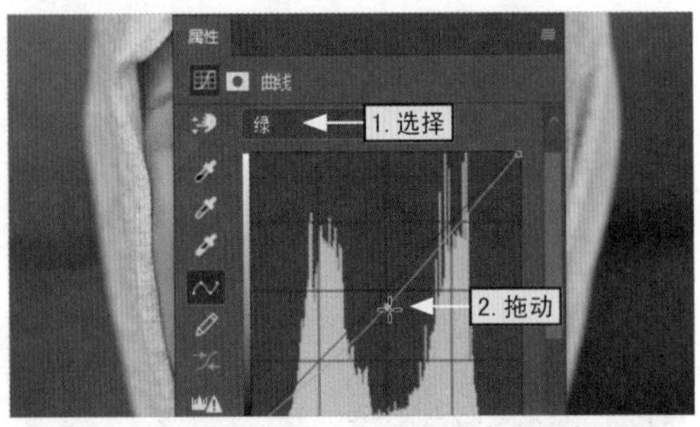

图13-29

步骤08 在“通道”下拉列表框中选择“蓝”选项，向下拖动曲线进行调整，如图13-30所示。

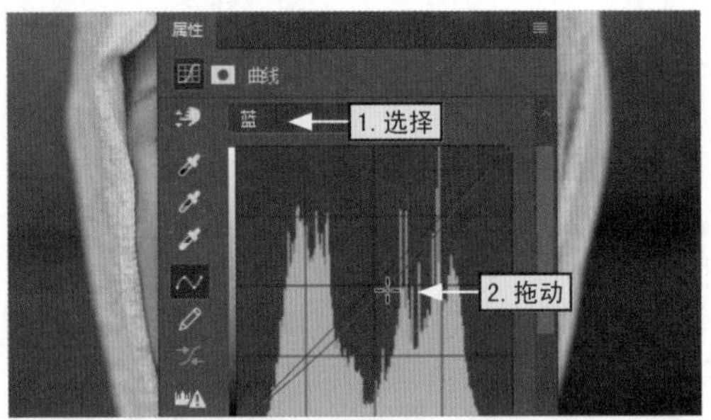

图13-30

步骤09 单击“蒙版”按钮，然后单击“反相”按钮，即可查看到使用曲线调整唇色后的最终效果，如图13-31所示。

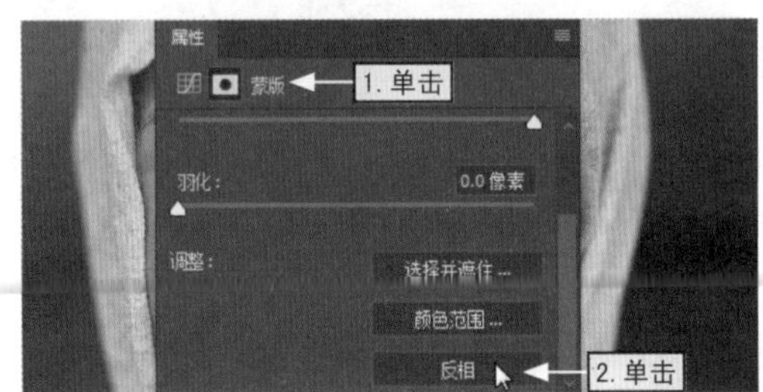

图13-31

13.1.5

增强脸部的立体感

增强人物脸部的立体感，可以使人物图像的脸部轮廓更加分明与清晰，从而更具有特色，其具体操作如下。

步骤01 在“图层”面板中新建一个空白图层，并重命名为“脸部美化”，设置图层模式为“柔光”，如图13-32所示。

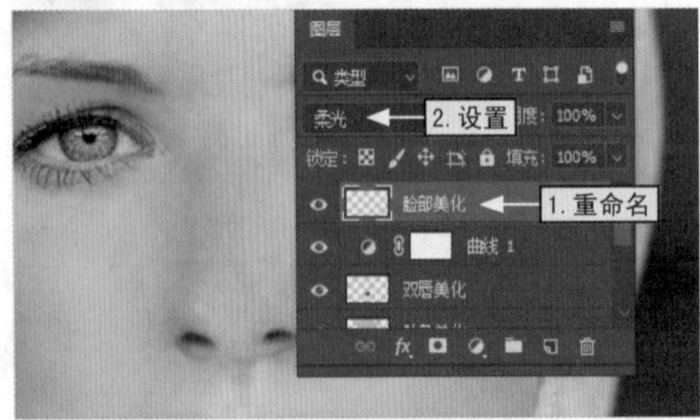

图13-32

步骤02 单击“设置前景色”按钮打开“拾色器”对话框，在图像嘴唇上单击鼠标拾色，单击“确定”按钮，如图13-33所示。

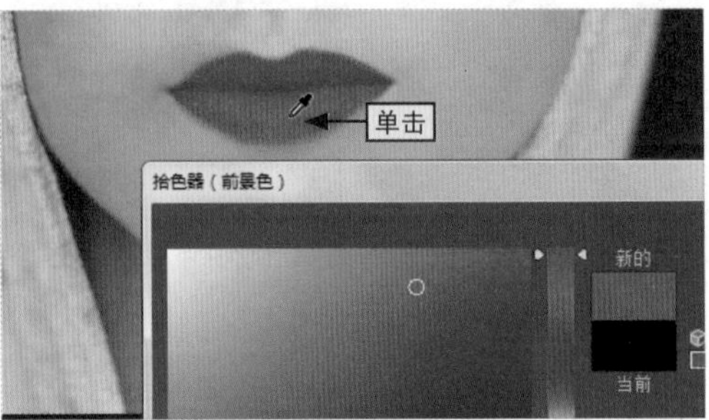

图13-33

步骤03 选择画笔工具，设置不透明度为“45%”，在脸部两侧进行涂抹，并为其应用“高斯模糊”滤镜，如图13-34所示。

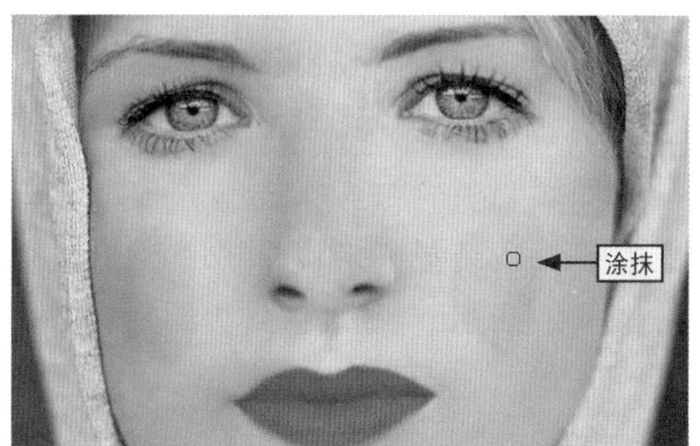

图13-34

步骤04 在“图层”面板中新建一个空白图层，并重命名为“脸部立体”，设置图层模式为“柔光”，如图13-35所示。

图13-35

步骤05 设置前景色为“黑色”，选择画笔工具，设置不透明度为“45%”，在面部的阴暗部分涂抹，并为其应用“高斯模糊”滤镜，如图13-36所示。

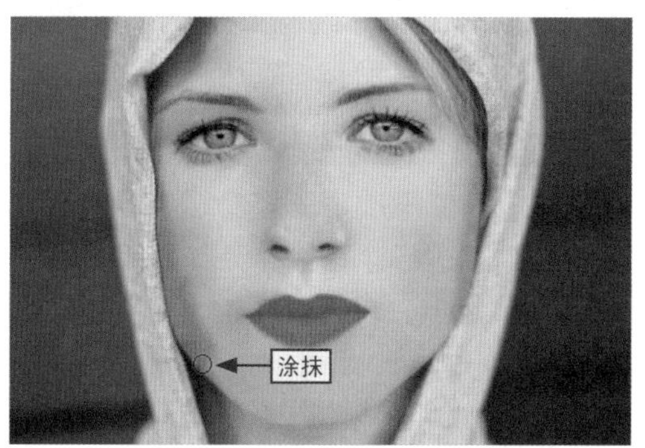

图13-36

步骤06 在“图层”面板中新建一个空白图层，并重命名为“脸部立体1”，设置图层模式为“柔光”，如图13-37所示。

图13-37

步骤07 设置前景色为“白色”，选择画笔工具，设置不透明度为“45%”，在面部的高光部分进行涂抹，并为其应用“高斯模糊”滤镜，如图13-38所示。

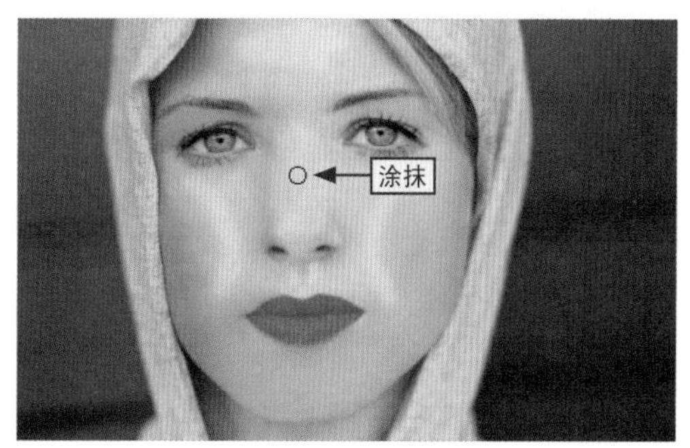

图13-38

13.1.6 加深眉毛的颜色

在对人像照片进行处理时，会发现有的照片中的人物眉毛颜色太浅，此时可以通过Photoshop来加深眉毛颜色，其具体操作如下。

步骤01 在“图层”面板中新建一个空白图层，并重命名为“眉毛美化”，单击“创建新的填充或调整图层”下拉按钮，选择“曲线”命令，如图13-39所示。

图13-39

步骤02 打开“属性”面板，保持该面板中的默认设置，直接单击“关闭”按钮，即可创建出一个曲线调整图层，如图13-40所示。

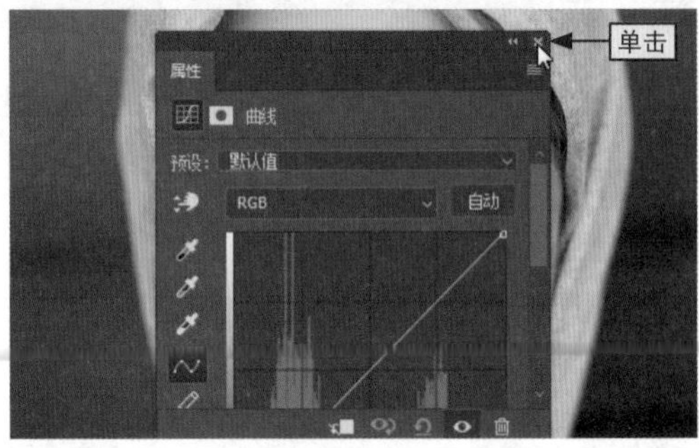

图13-40

步骤03 设置曲线调整图层的混合模式为“正片叠底”，双击曲线调整图层的缩览图。打开“属性”面板，单击“反相”按钮对图像进行反相操作，如图13-41所示。

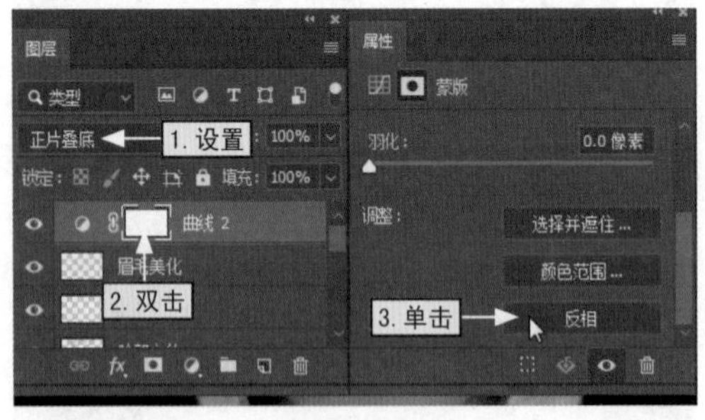

图13-41

步骤04 设置前景色为“白色”，选择画笔工具，设置不透明度为“20%”，在眉毛和睫毛上进行涂抹，并为其应用“高斯模糊”滤镜即可，如图13-42所示。

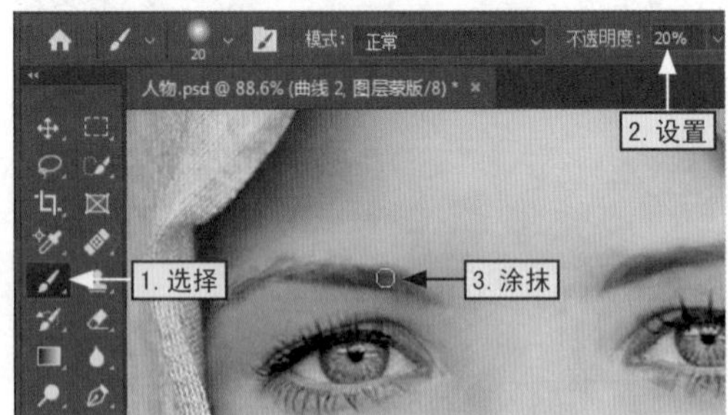

图13-42

13.1.7 调整图像的色调

在对人物图像进行前期精修后，还需要对其色调进行调整，从而使其更加自然与柔和，其具体操作如下。

步骤01 在“图层”面板中单击“创建新的填充或调整图层”下拉按钮，选择“色相/饱和度”命令，然后在打开的“属性”对话框分别设置色相、饱和度和明度，单击“关闭”按钮，如图13-43所示。

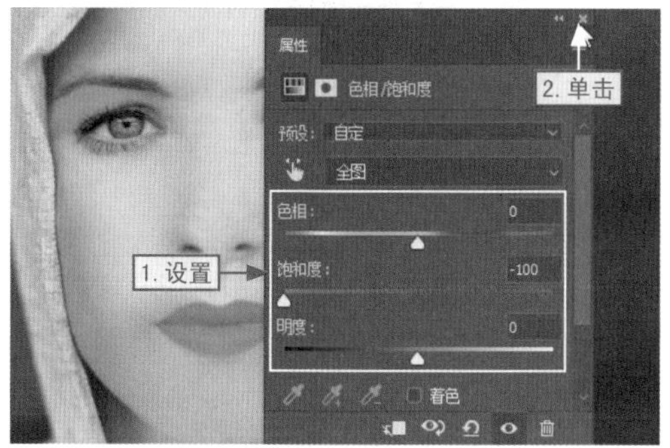

图13-43

步骤02 在“图层”面板中设置图层模式为“柔光”，设置不透明度为“40%”。创建“色相/饱和度2”图层，在打开的“属性”面板中设置色相、饱和度和明度，单击“关闭”按钮，如图13-44所示。

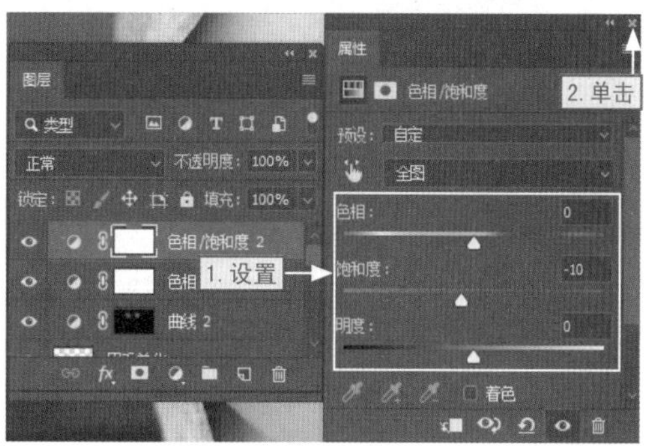

图13-44

步骤03 在“属性”面板中单击“蒙版”按钮，单击“反相”按钮使图像反相，如图13-45所示。

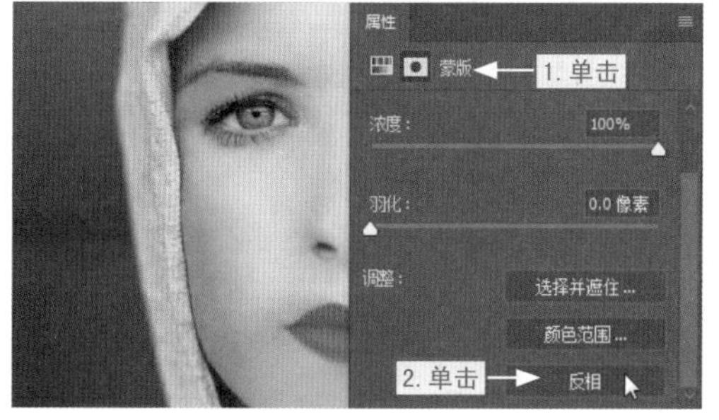

图13-45

步骤04 设置前景色为“白色”，选择画笔工具，在嘴唇上按住鼠标进行涂抹，如图13-46所示。

图13-46

步骤05 按【Ctrl+Alt+Shift+E】组合键盖印所有的可见图层，从而生成“图层1”。然后在“滤镜”菜单项中选择“其他/高反差保留”命令，打开“高反差保留”对话框，设置半径，单击“确定”按钮，如图13-47所示。

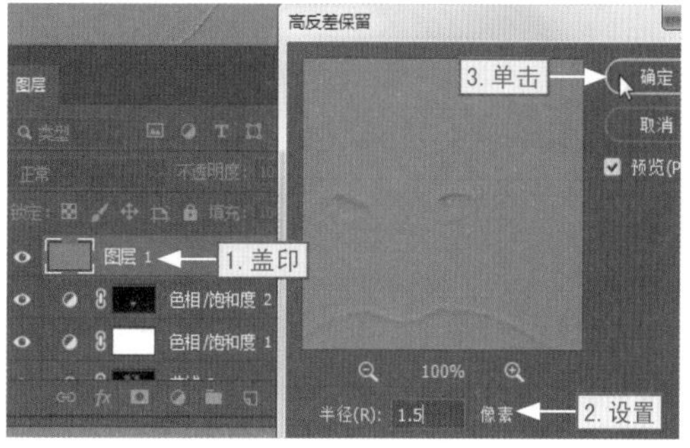

图13-47

步骤06 设置图层模式为“柔光”，在面板中单击“添加图层蒙版”按钮。反相蒙版，然后使用白色的画笔工具在眼睛、鼻子以及嘴唇等处进行涂抹，如图13-48所示。

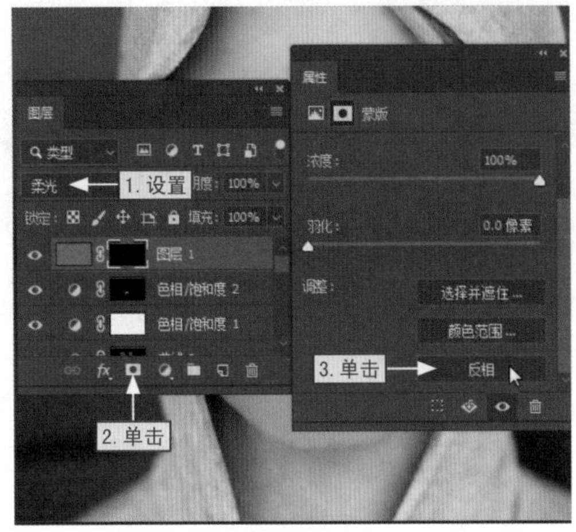

图13-48

步骤07 在菜单项中选择“滤镜/锐化/USM锐化”命令，打开“USM锐化”对话框，设置相应的参数，然后单击“确定”按钮并保存图像即可，如图13-49所示。

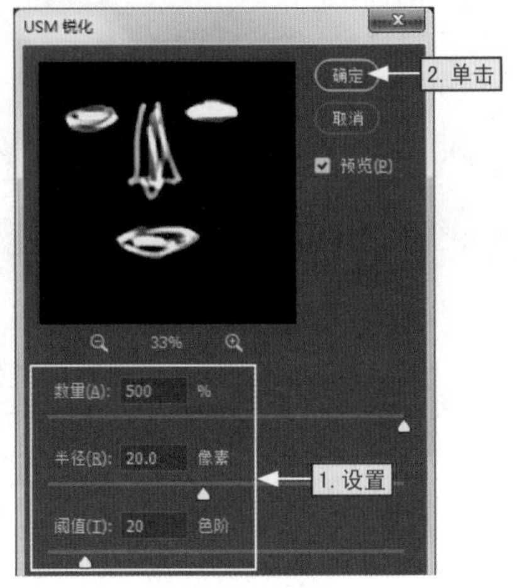

图13-49

13.2 时尚纸质手提袋制作

手提袋是一种简易的袋子，制作材料有纸张、塑料以及无纺布工业纸板等，通常用在厂商盛放产品、送礼时盛放礼品或用作包类产品使用等。由于纸质手提袋是很多产品都会配的一个包装物品，它也会让消费者感觉产品更完整，所以纸质手提袋受到许多消费者的喜爱。纸质手提袋的设计要尽量地大方、醒目，但不要使用过于花哨的图案，因为淡雅、平和是纸质手提袋设计的主流。

本节素材	/素材/Chapter13/手提包装袋/
本节效果	/效果/Chapter13/手提包装袋/

13.2.1 制作纸质手提袋的背景

通常情况下，纸质手提袋有4个印刷面，由于相对应的面相同，所以基本上制作两个面即可，也就是正面与侧面。与其他平面设计一样，制作纸质手提袋也是从设计背景开始，其具体操作如下。

步骤01 启动Photoshop CC应用程序，单击“新建”按钮打开“新建文档”对话框，设置文件名称、文件大小以及分辨率等，单击“创建”按钮，如图13-50所示。

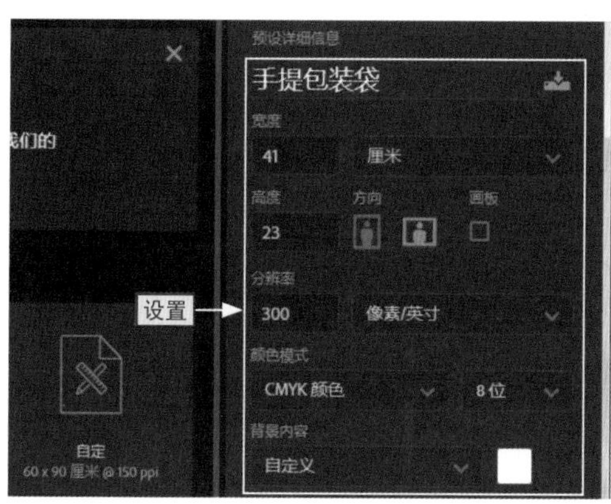

图13-50

步骤02 在菜单栏中选择“视图/标尺”命令显示出标尺，然后拖动标尺参考线为设计文件添加“3厘米”的出血范围（上下左右都需添加），如图13-51所示。

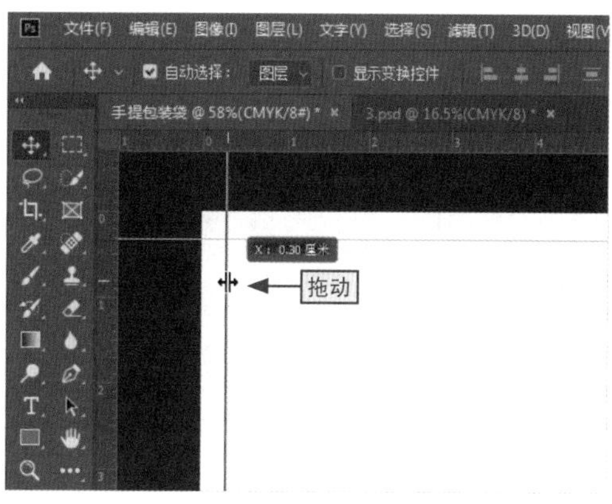

图13-51

拓展知识 | 平面设计中的出血

出血是印刷业的一种专业术语，指超出版心部分印刷。简单而言，出血就是让部分视觉元素刻意地超出裁剪线，以避免在切割印刷品时伤及版面的主体视觉元素或留下白边。因此，平面设计就有设计尺寸和成品尺寸，设计尺寸比成品尺寸大，大出来的部分需要在印刷后裁切掉，印出来并裁切掉的部分就称为印刷出血，而裁剪线以内为最后需要的成品内容。

步骤03 新建空白图层，在设计文件“32.3厘米”处添加参考线，规划出手提袋正面的设计范围，并为其创建选区。设置背景色为“#fcf5cb”，为选区填充背景色，如图13-52所示。

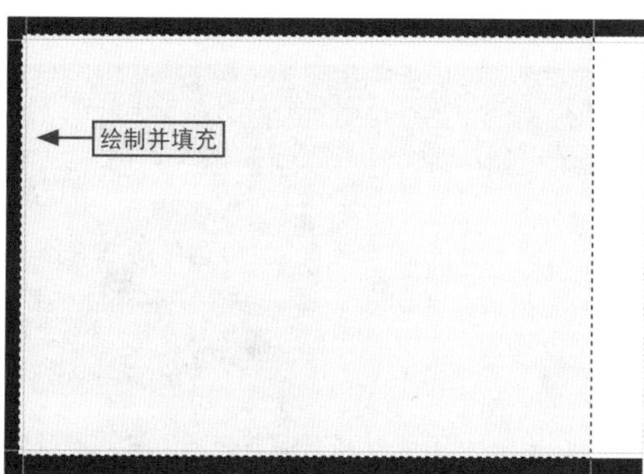

图13-52

步骤04 按【Ctrl+D】组合键取消选区的选择状态，在“图层”面板中选择“创建新的填充或调整图层/曲线”命令，在打开的“属性”面板中调整图像，然后单击“关闭”按钮，如图13-53所示。

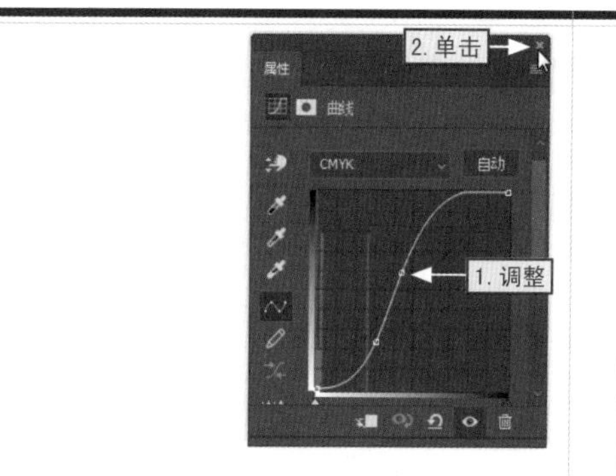

图13-53

步骤05 将素材文件“01.png”置入设计文件中，并调整图像的大小与位置，生成“01”图层，然后为图层添加“曲线”调整图层，如图13-54所示。

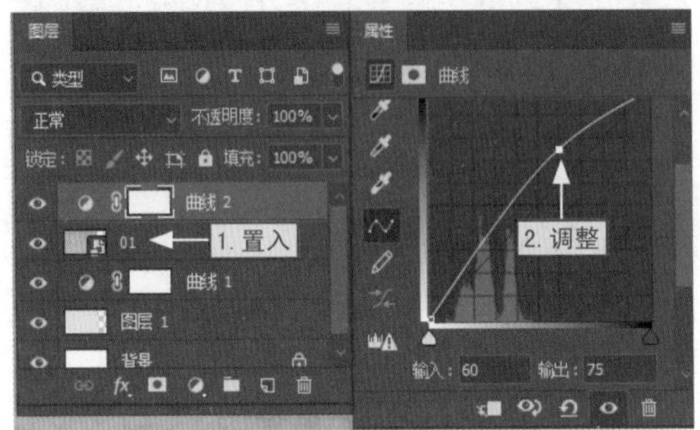

图13-54

步骤06 将素材文件“02.jpg”置入设计文件中，并调整图像的大小、位置，生成“02”图层，调整图像的不透明度并为其添加蒙版，然后使用画笔工具在图像上涂抹，如图13-55所示。

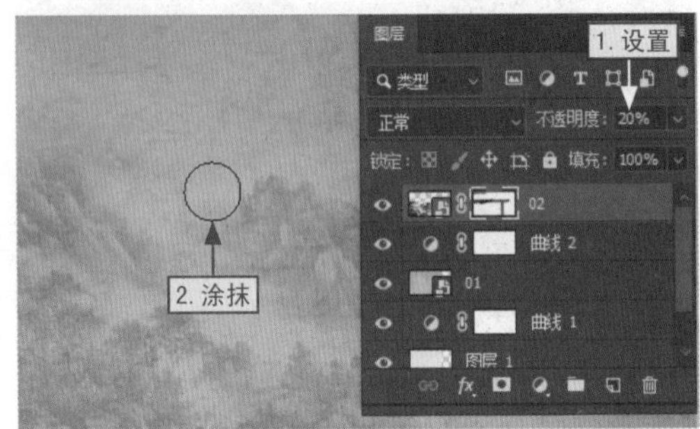

图13-55

步骤07 新建空白图层，设置背景色为“#d7ba73”，在设计文件右侧创建选区，并为其填充背景色，规划出手提袋侧面的范围，如图13-56所示。

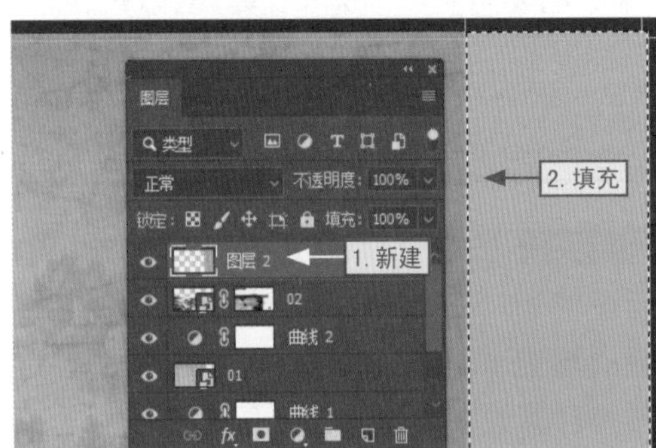

图13-56

步骤08 将素材文件“03.jpg”和“04.jpg”置入设计文件中，并调整图像的大小与位置，生成“03”和“04”图层，如图13-57所示。

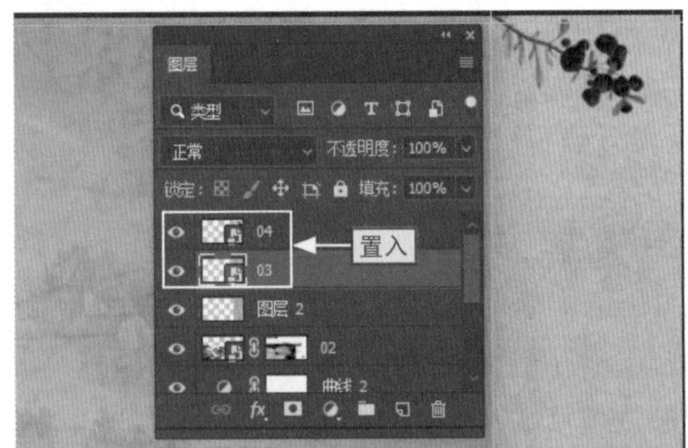

图13-57

步骤09 复制“04”图层，按【Ctrl+T】组合键使图像进入变形状态，调整图像的大小与位置，然后按【Enter】键退出变形状态，此时即可完成手提袋背景的制作，如图13-58所示。

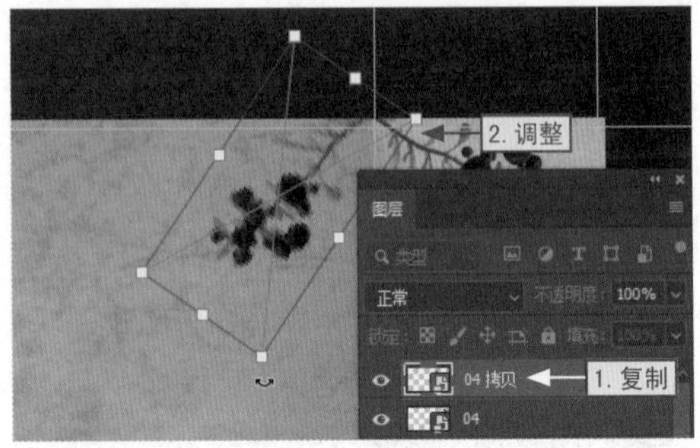

图13-58

13.2.2

制作纸质手提袋的正面

手提袋印刷过程中，正面通常以公司的Logo、公司的名称或公司的经营理念为主，不要设计得过于复杂，这样才能加深消费者对公司及产品的印象，获得较好的宣传效果，从而刺激消费者的购买欲望，其具体介绍如下。

步骤01 将素材文件“05.png”置入设计文件中，调整大小与位置，生成“05”图层，在“图层”面板中选择“添加图层样式/颜色叠加”命令，如图13-59所示。

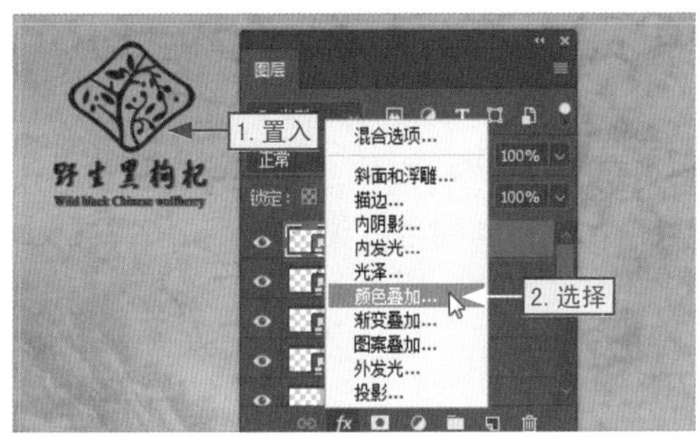

图13-59

步骤02 打开“图层样式”对话框，在“颜色叠加”栏中对相应属性进行设置，单击“确定”按钮，如图13-60所示。

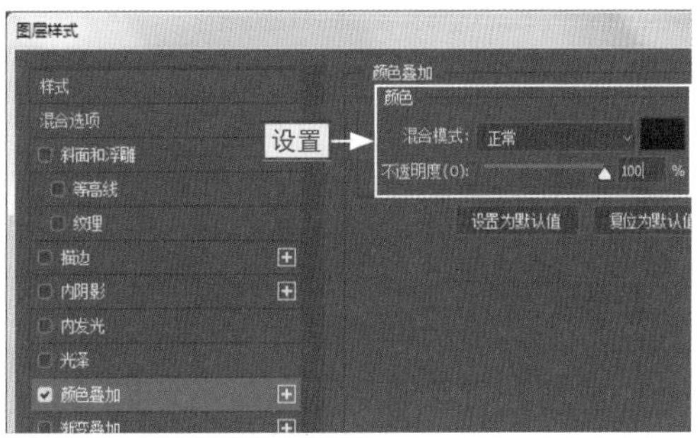

图13-60

步骤03 通过浏览器搜索并下载“Senty Golden Bell 新蒂金钟体”，然后双击下载的可执行文件，如图13-61所示。

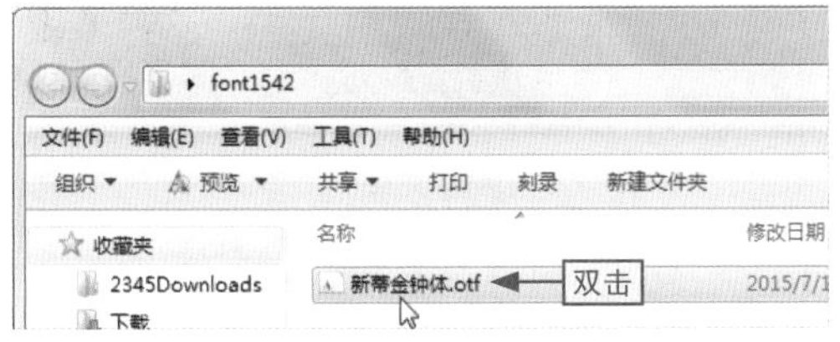

图13-61

步骤04 在打开的对话框中单击“安装”按钮即可对字体进行安装，此时Photoshop中将自动应用该字体，如图13-62所示。

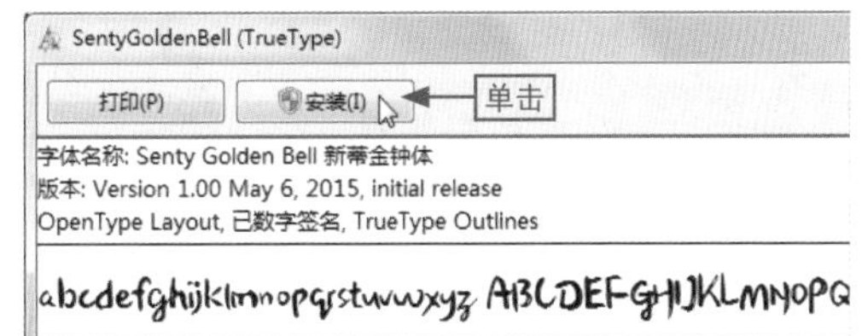

图13-62

步骤05 在工具箱中选择横排文字工具，在设计文件的相应位置输入“黑”，在“字符”面板中对文字属性进行设置，然后以相同方法在相应位置输入文本“枸”和“杞”，如图13-63所示。

图13-63

步骤06 将素材文件“06.png”置入设计文件中，调整大小与位置，生成“06”图层，然后为图层添加“颜色叠加”效果，如图13-64所示。

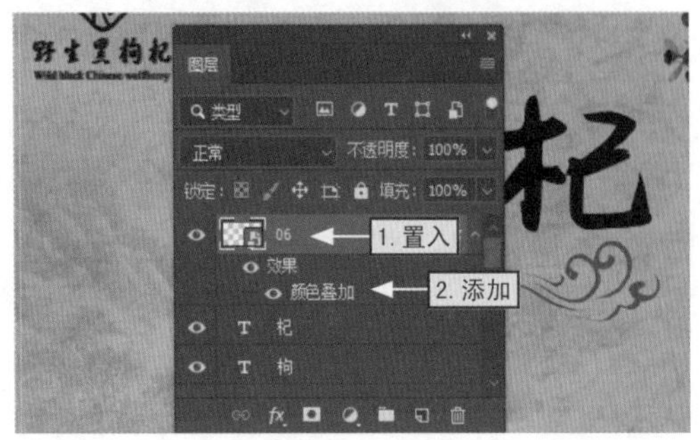

图13-64

步骤07 复制“06”图层，按【Ctrl+T】组合键并在图像上单击鼠标右键，选择“水平翻转”命令，然后调整复制图层的大小与位置，如图13-65所示。

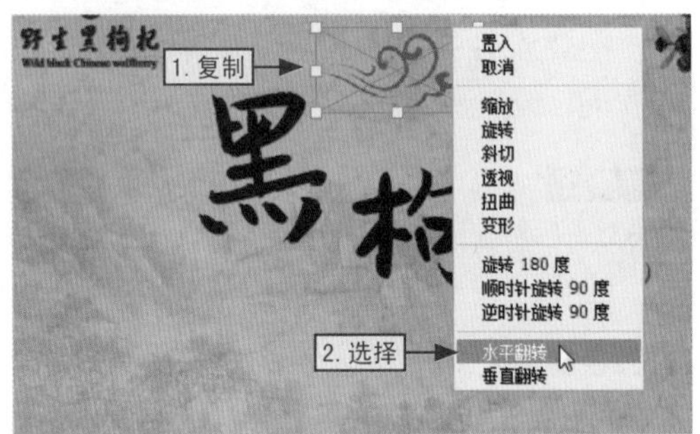

图13-65

步骤08 在工具箱中选择横排文字工具，在设计文件的相应位置输入中文与英文，然后为文字应用相应的字体格式，如图13-66所示。

图13-66

步骤09 将素材文件“07.png”置入设计文件中并复制图层，调整大小与位置，然后在图像上输入文字并调整字体格式，如图13-67所示。

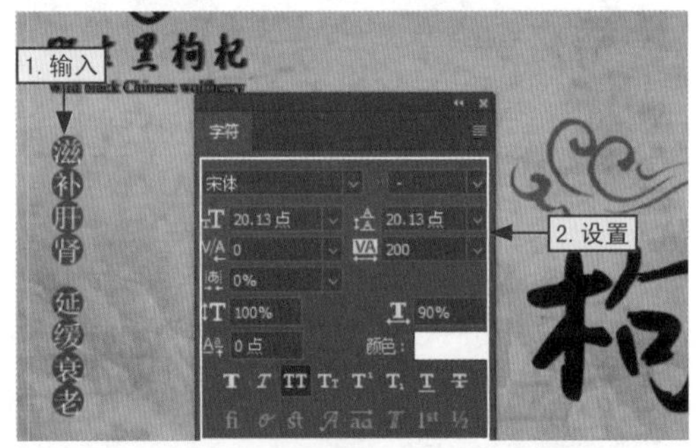

图13-67

步骤10 将素材文件“08.png”和“09.png”置入设计文件中，调整大小与位置，生成“08”和“09”图层。多次复制“08”图层，然后调整复制图像的大小与位置，此时即可完成手提袋正面的设计，如图13-68所示。

图13-68

13.2.3 制作纸质手提袋的侧面

手提袋的侧面相对于正面而言简单许多，甚至可以直接不需要使用文字与图案进行修饰。不过，在本案例中，由于需要配合产品制作手提袋的侧面，所以里面还是含有一些常规的元素，其具体操作如下。

步骤01 选择横排文字工具，在侧面部分拖动鼠标绘制文本框，输入产品介绍文字，然后设置文字格式，如图13-69所示。

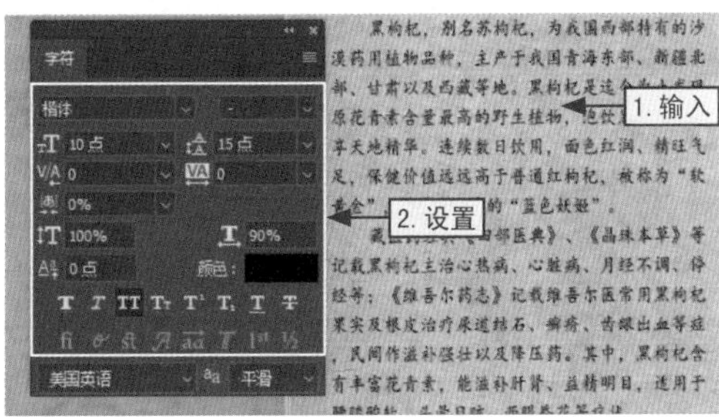

图13-69

步骤02 以相同的方法在侧面部分拖动鼠标绘制文本框，输入公司地址与联系电话，并设置文字格式，如图13-70所示。

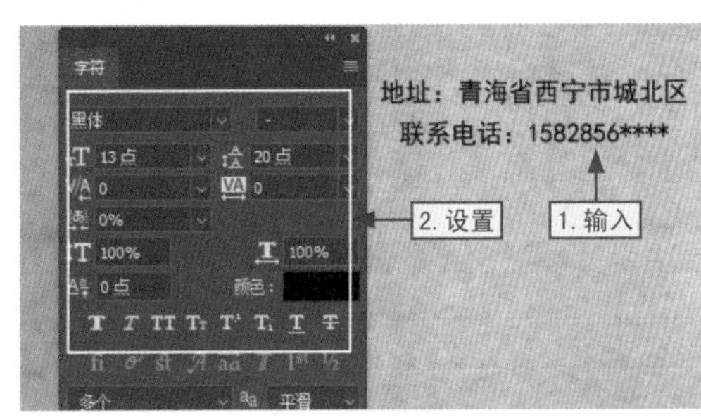

图13-70

步骤03 将素材文件“10.png”置入设计文件中，调整大小与位置，然后为图层应用“颜色叠加”效果，如图13-71所示。

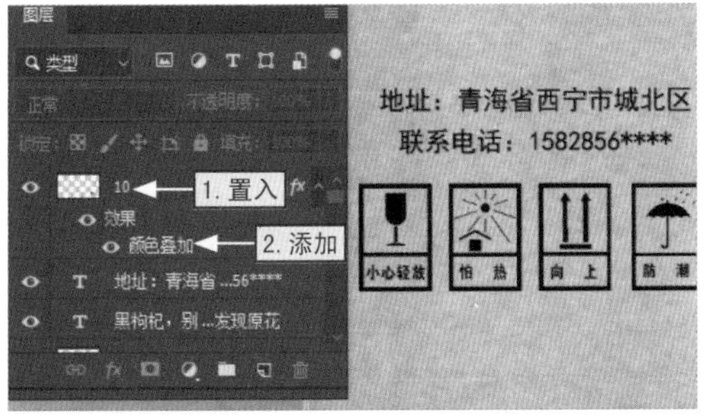

图13-71

步骤04 将素材文件“11.jpg”、12.jpg”和“13.jpg”置入设计文件中，调整大小与位置即可，如图13-72所示。

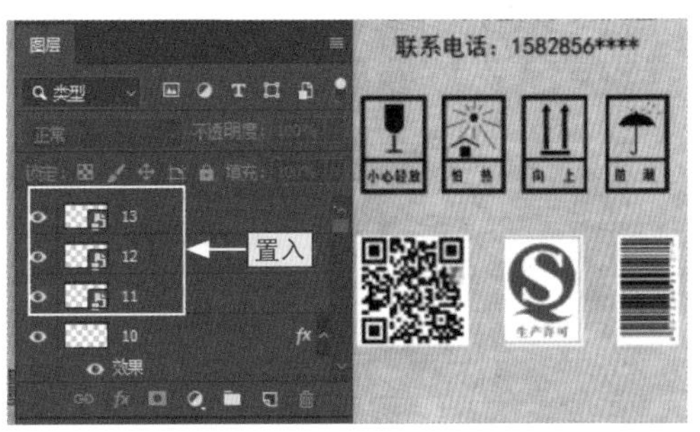

图13-72

13.2.4 设计纸质手提袋效果图

前面小节中已经完成了纸质手提袋的制作，不过该手提袋为平面效果，此时需要将其制作为立体图，从而设计出完整的手提袋效果图，其具体操作如下。

步骤01 在“图层”面板中隐藏背景图层，选择“图层/拼合图层”命令，如图13-73所示。

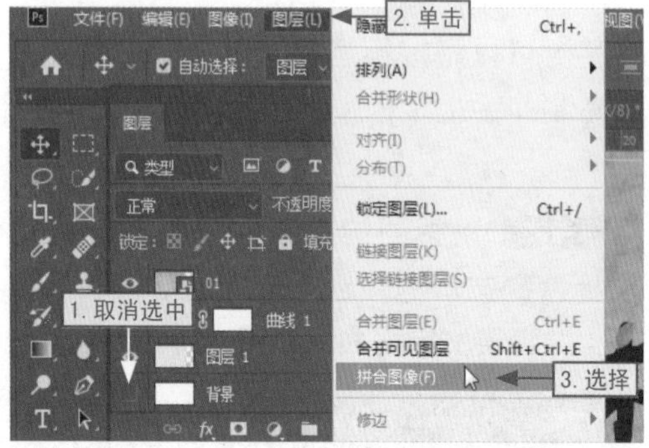

图13-73

步骤02 新建50×50（厘米）、300（像素/英寸）、RGB颜色模式、背景色为白色的效果文件，如图13-74所示。

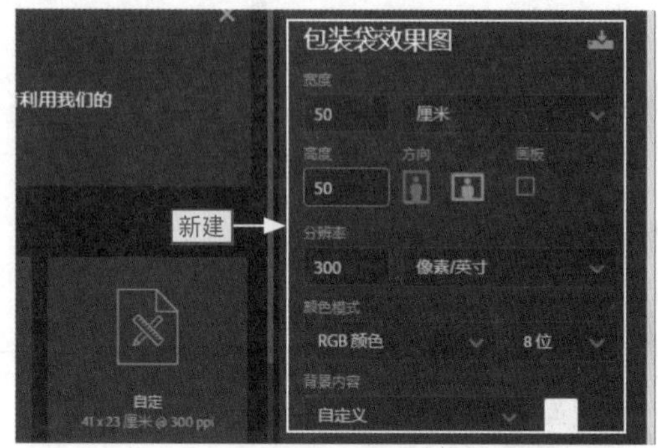

图13-74

步骤03 在设计文件中通过矩形选框工具选择参考线内的正面部分，按【Ctrl+C】组合键复制选区，如图13-75所示。

图13-75

步骤04 切换到效果文件中，粘贴复制的正面部分，在菜单栏中选择“编辑/变换/扭曲”命令，如图13-76所示。

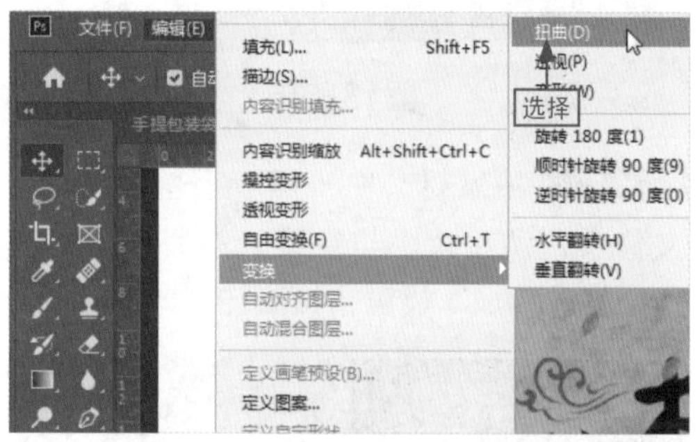

图13-76

步骤05 将鼠标光标移动到左侧中间的控制点上，按住左键向上拖动（可添加参考线），如图13-77所示。

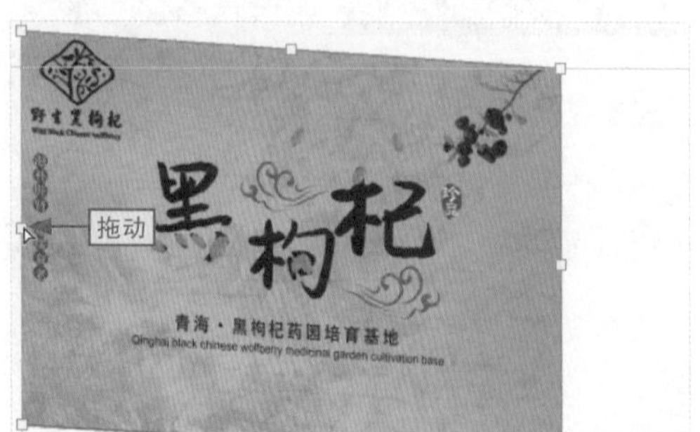

图13-77

步骤06 将然后鼠标光标移动到左上角的控制点上，按住左键向下拖动，将图形进行透视调整，如图13-78所示。

图13-78

步骤07 以相同方法将侧面部分复制到效果文件中，然后进入到扭曲状态中，调整侧面部分的扭曲效果，如图13-79所示。

图13-79

步骤08 选择钢笔工具，在图像上绘制路径，然后单击鼠标右键，选择“建立选区”命令将其转换为选区，如图13-80所示。

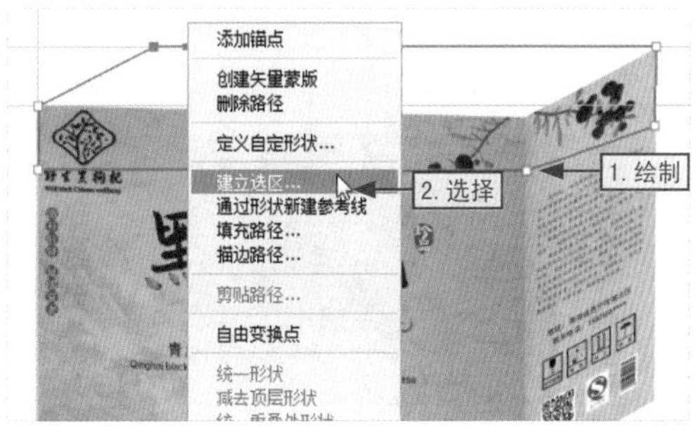

图13-80

步骤09 新建图层 3，将其移动到“图层 1”下方，然后将前景色设置为灰色，为选区填充前景色，然后取消选区，如图13-81所示。

图13-81

步骤10 选择矩形选框并绘制选区，选择“图像/调整/[亮度/对比度]”命令，打开“亮度/对比度”对话框，设置亮度为55，单击“确定”按钮，如图13-82所示。

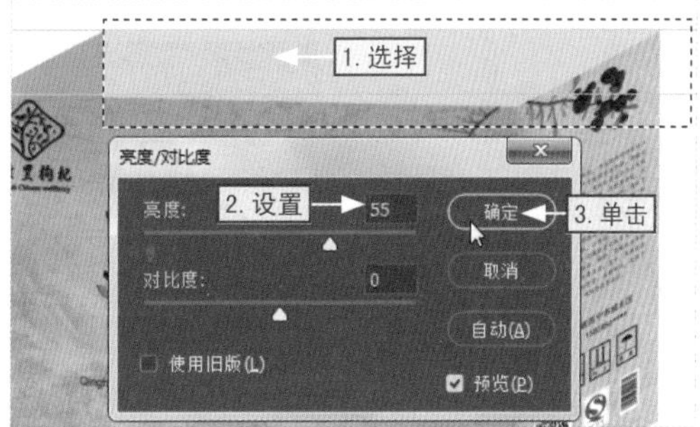

图13-82

步骤11 取消选区，选择图层 2，使用钢笔工具绘制选区，按【Delete】键删除选区，如图13-83所示。

图13-83

步骤12 以相同方法删除上面部分内容，取消选区，选择椭圆工具，然后在效果文件中依次绘制出形状，如图13-84所示。

图13-84

步骤13 选择矩形选框并绘制选区，选择“图像/调整/[亮度/对比度]”命令，打开“亮度/对比度”对话框，设置亮度为20，单击“确定”按钮，如图13-85所示。

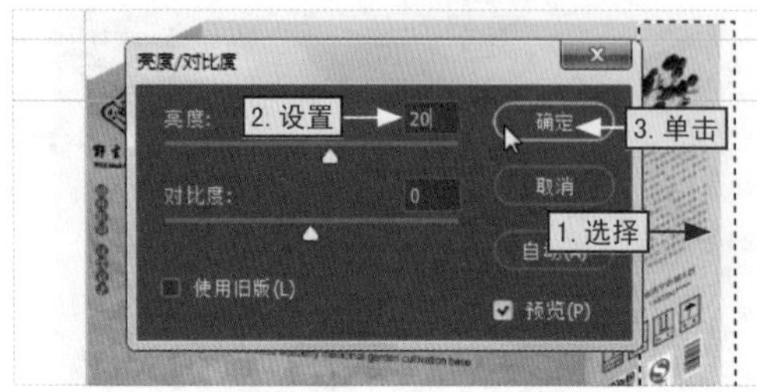

图13-85

步骤14 以相同方法调整其他部分的凹陷效果，选择钢笔工具并绘制路径，设置前景色。然后选择画笔工具，设置直径为“50像素”，硬度为“0”，如图13-86所示。

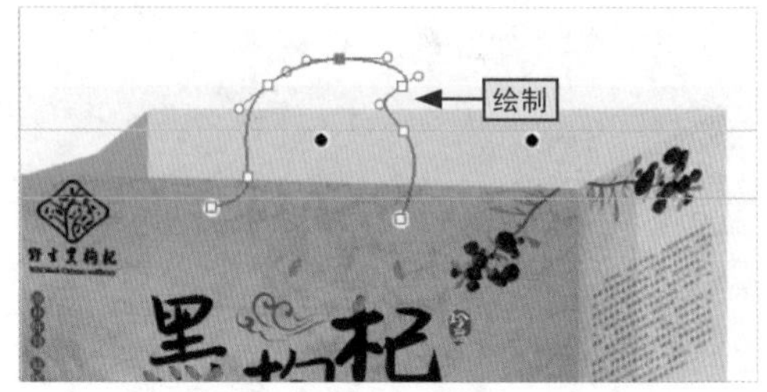

图13-86

步骤15 新建空白图层，在“路径”面板中单击“用画笔描边路径”按钮进行路径描绘，然后在“路径”面板中单击灰色隐藏路径，如图13-87所示。

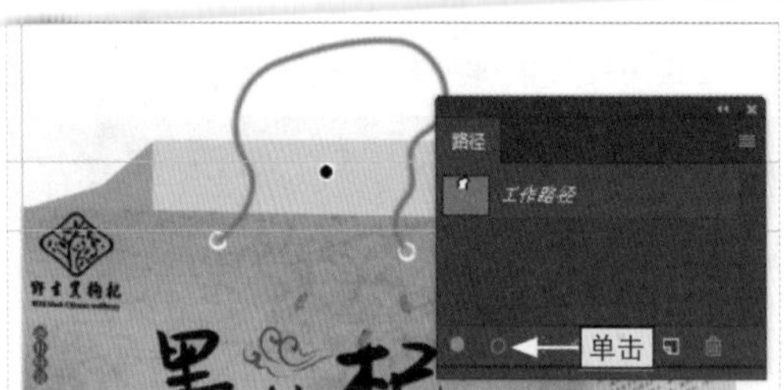

图13-87

步骤16 在菜单栏中选择“图层/图层样式/斜面和浮雕”命令，在打开的“图层样式”对话框中对属性进行设置，单击“确定”按钮，如图13-88所示。

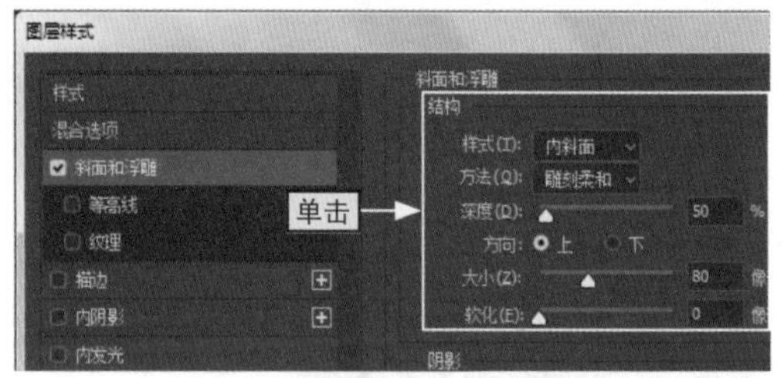

图13-88

步骤17 新建图层 5，以相同方法为另外一个正面制作线绳，然后将图层 5移动到图层 3下方即可完成整个包装袋的制作，其效果如图13-89所示。

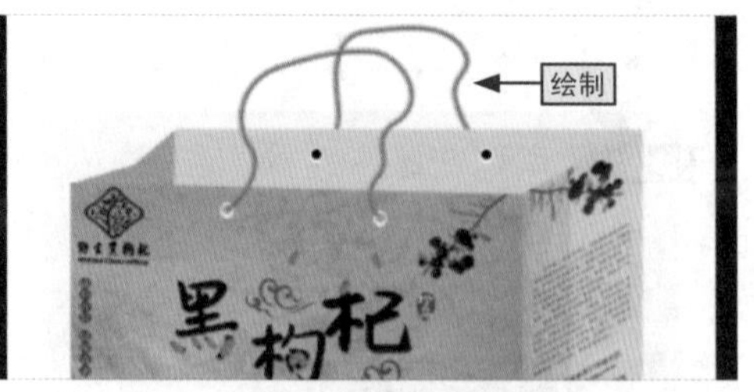

图13-89

13.3 创意平面广告设计

平面广告是一种传递信息的方式，是主办方与受众间的媒介，其主要目的是为了获取相应的商业经济。其中，平面广告由多种元素组成，如图像、文字、形状以及各种色彩等，而富有创意的平面广告更能吸引观众的注意力，起到良好的宣传作用。

本节素材	/素材/Chapter13/平面广告/
本节效果	/效果/Chapter13/平面广告.psd

13.3.1 处理广告背景

在本例中，需要制作一个美食产品的平面广告，其背景是由远山、鲜花以及背景色组合而成，通过调整各种背景对象的不透明度和摆放的位置，从而丰富平面广告的背景，使用画面的内容变得丰富，给观众带来舒适的感觉，其具体操作如下。

步骤01 启动Photoshop CC应用程序，在开始界面中单击“新建”按钮，打开“新建文档”对话框，如图13-90所示。

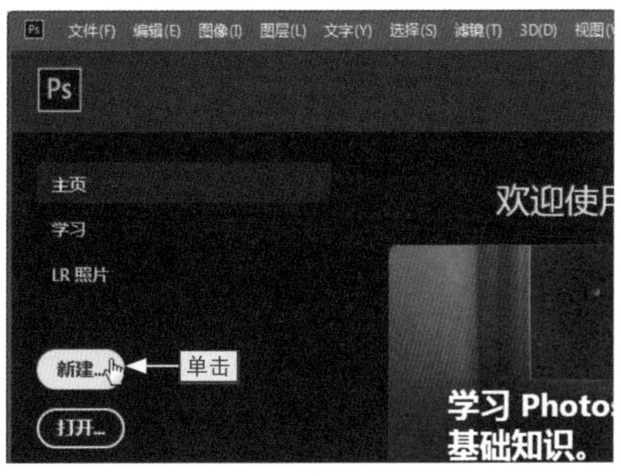

图13-90

步骤02 设置文件名称、文件大小以及分辨率等，然后单击“创建”按钮创建文档，如图13-91所示。

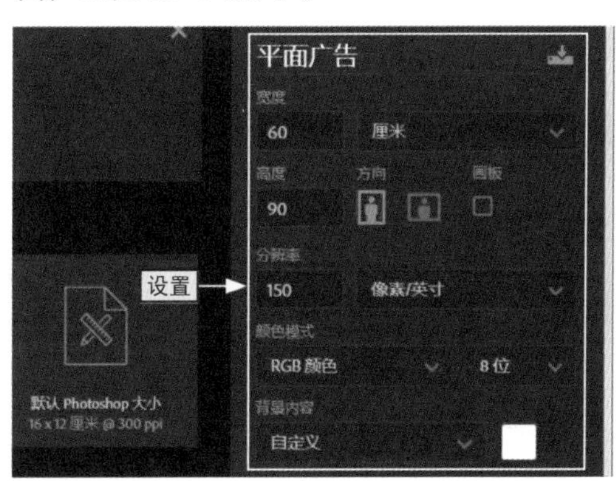

图13-91

步骤03 在“图层”面板中单击“创建新图层”按钮新建空白图层，在工具箱中单击“设置前景色”按钮，如图13-92所示。

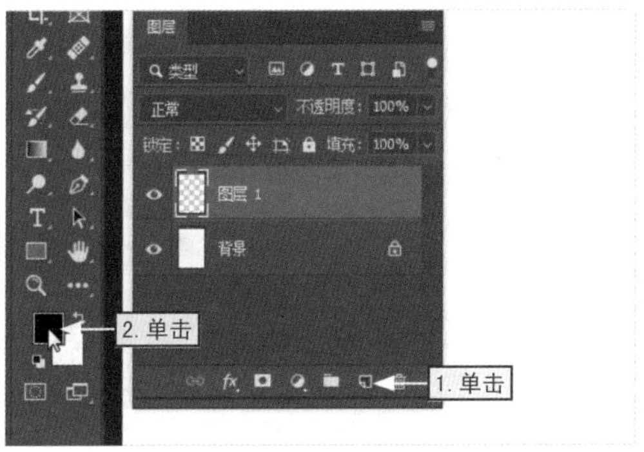

图13-92

步骤04 打开“拾色器（前景色）”对话框，选择目标颜色，然后单击“确定”按钮，如图13-93所示。

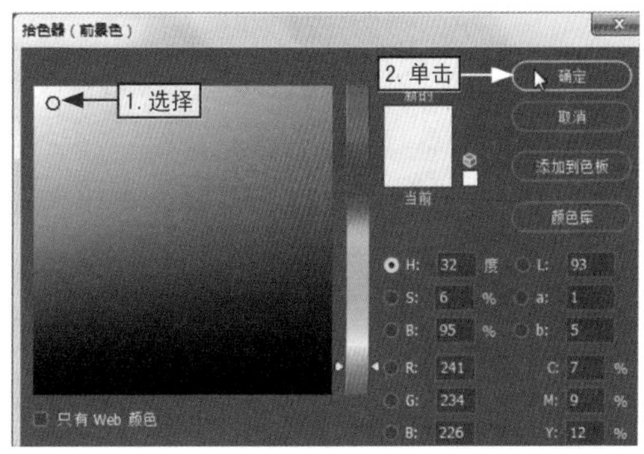

图13-93

步骤05 按【Alt+Delete】组合键将前景色应用到新建的图层中，然后打开素材文件“01.jpg”，并将其复制到设计文件中，调整图像的位置与大小，如图13-94所示。

图13-94

步骤06 在菜单栏中选择“图像/调整/去色”命令删除图像的颜色，然后在“图像”面板中调整“图层 2”的不透明度为“15%”即可，如图13-95所示。

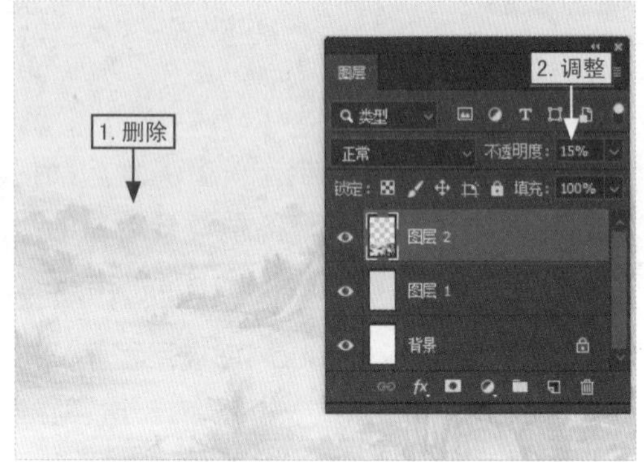

图13-95

13.3.2

抠取与修饰主体对象

由于素材文件中的部分图像带有背景，所以需要使用抠图工具将其抠取出来，然后以适合的大小放置在设计文件中合适的位置，最后为图像添加相应的图像样式，从而使整个画面显得比较自然，其具体操作如下。

步骤01 打开素材文件“02.jpg”，解锁背景图层，使用快速选择工具删除图像的背景。将图像复制到设计文件中，生成“图层 3”，然后调整图像的大小与位置，如图13-96所示。

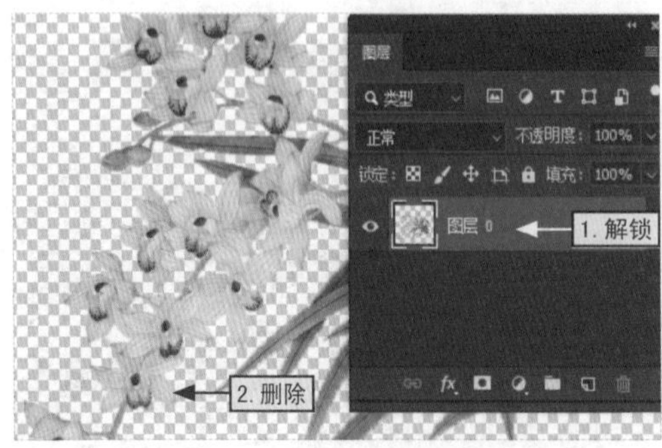

图13-96

步骤02 复制“图层 3”，在复制的图层上按【Ctrl+T】组合键，然后在其上单击鼠标右键，选择“水平翻转”命令，如图13-97所示。

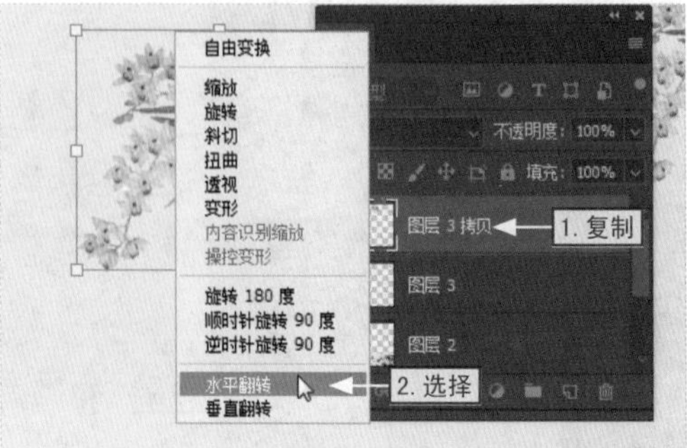

图13-97

步骤03 选择“图层 3”和“图层 3 拷贝”选项，将不透明度都设置为“80%”，如图13-98所示。

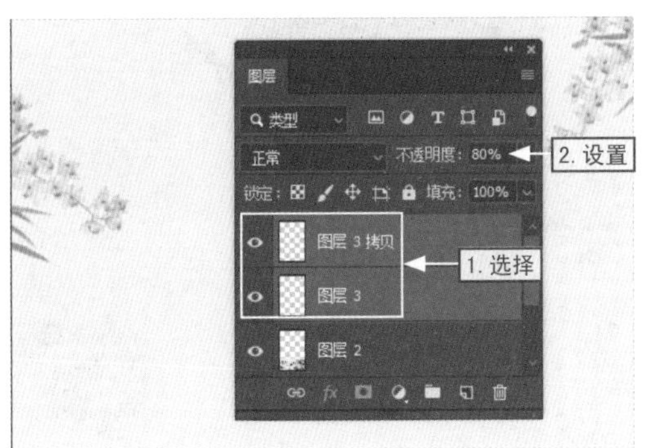

图13-98

步骤04 在菜单栏中选择“文件/置入嵌入对象”命令，打开“置入嵌入的对象”对话框，选择目标文件，然后单击“置入”按钮，如图13-99所示。

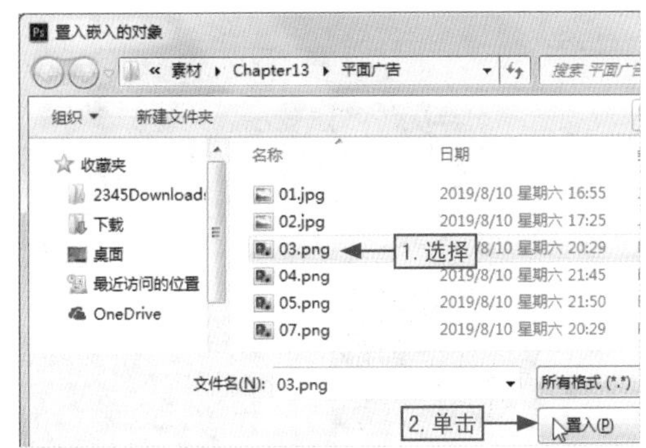

图13-99

步骤05 调整置入图像的大小与位置，然后设置其图层的不透明度为“80%”，如图13-100所示。

图13-100

步骤06 打开素材文件“04.png”，将图像复制到设计文件中，并调整图像的大小与位置，如图13-101所示。

图13-101

步骤07 在“图层”面板中双击“图层4”选项前的缩略图，打开“图层样式”对话框，选择“投影”选项卡，在“结构”栏中设置投影属性，然后单击“确定”按钮，如图13-102所示。

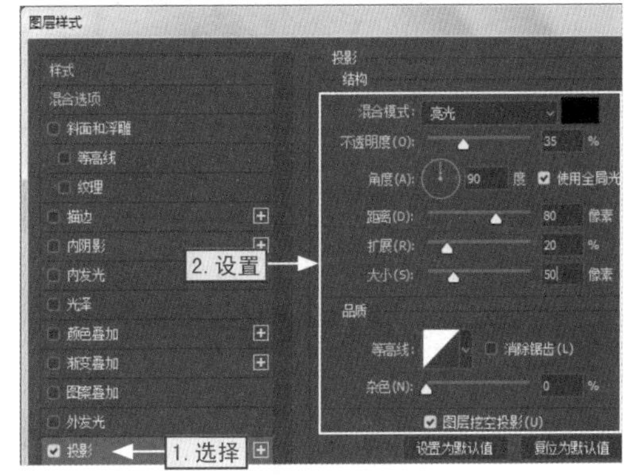

图13-102

步骤08 打开素材文件“05.png”，然后将其复制到设计文件中，生成“图层 5”，多次复制该图层，然后将这些图像放置到不同位置，并调整大小，如图13-103所示。

图13-103

步骤09 以相同的方法，将素材文件“06.png”至“09.png”复制到设计文件中，然后对它们的大小与位置进行相应的调整，如图13-104所示。

图13-104

13.3.3 文字添加与色调调整

在平面广告中，将所有图像素材都整合到一起后，就可以输入相应的介绍文字。同时，为了让文字更加具有特色，可以对其色调进行相应的调整，其具体操作如下。

步骤01 在工具箱中选择直排文字工具，在设计文件的图像上输入文字，在“字符”面板中设置文字的格式，如图13-105所示。

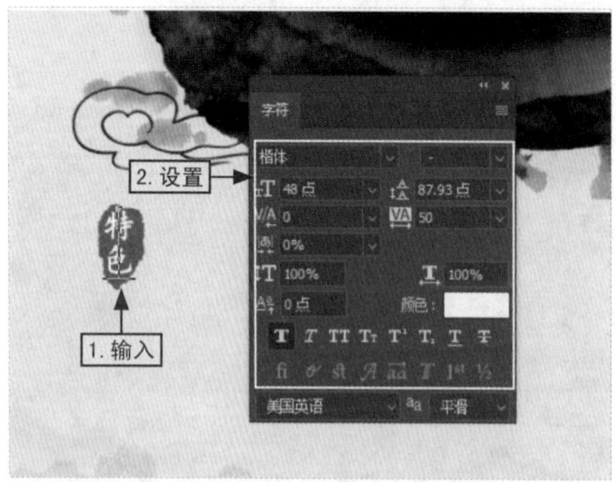

图13-105

步骤02 选择横排文字工具，输入相应的文字，然后在“字符”面板中设置字符，如图13-106所示。

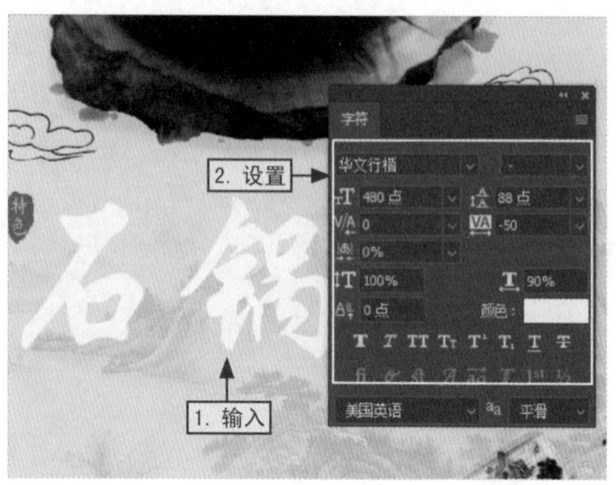

图 13-106

步骤03 在“石锅鸡”文字图层上单击鼠标右键，选择“栅格化文字”命令将文字栅格化，如图13-107所示。

图13-107

步骤05 在菜单栏中选择“图像/调整/曲线”命令，打开“曲线”对话框，拖动曲线进行调整，然后单击“确定”按钮，如图13-109所示。

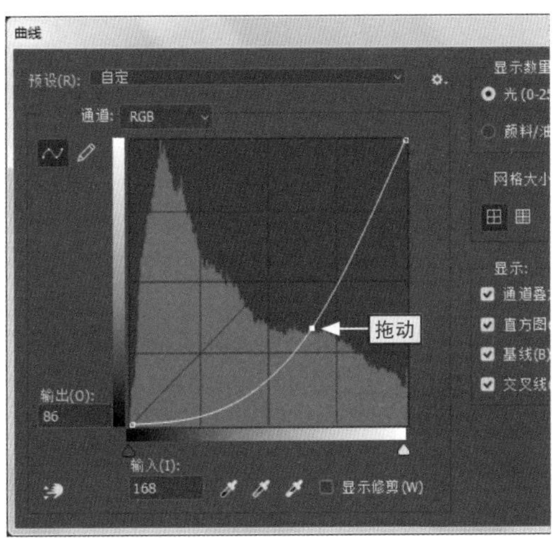

图13-109

步骤04 将素材文件“10.jpg”置入设计文件中，在其图层上右击，选择“创建剪贴蒙版”命令，如图13-108所示。

图13-108

步骤06 以相同方法输入其他文字，然后设置文字的字体格式与段落格式，其具体效果如图13-110所示。

图13-110